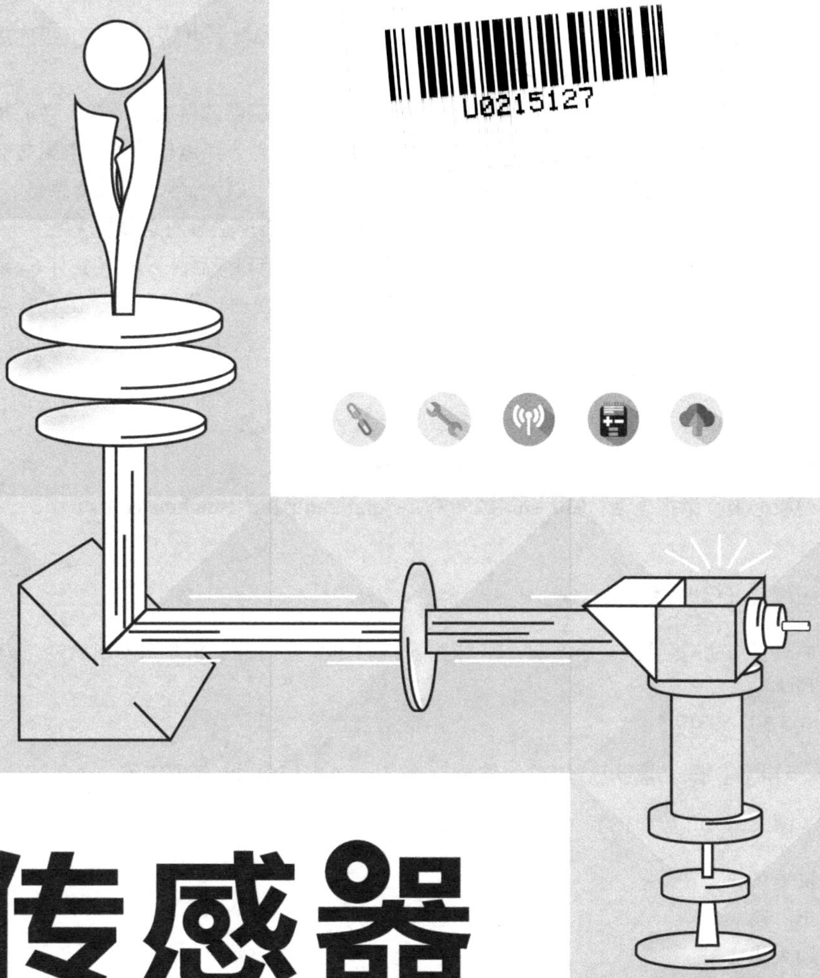

传感器原理及应用

第二版

张洪润　邓洪敏　郭竞谦　著

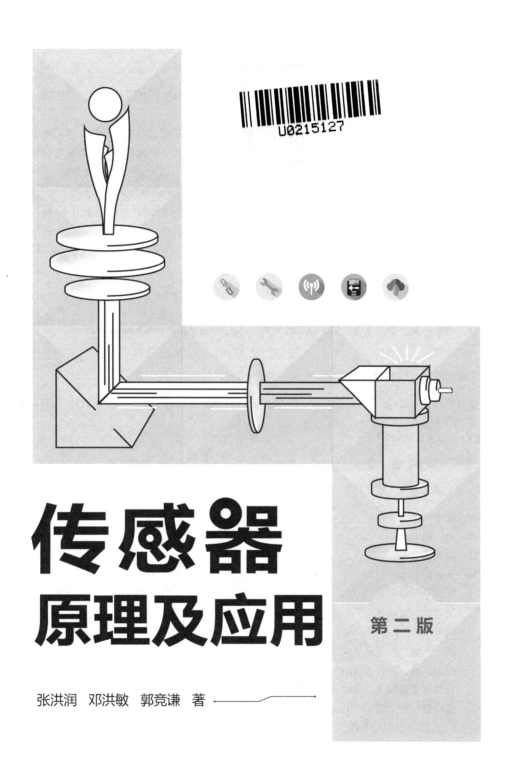

清華大學出版社
北京

内容简介

本书系统全面地介绍各类传感器的结构、工作原理、特性、参数、电路及典型工程应用，并覆盖传感技术研究中的最新成果。

全书内容共分10章，第1章对传感技术的定义、作用以及传感器的组成、分类、性能指标进行简要介绍；第2~8章介绍各种传感技术，包括光电传感器、数字传感器、热电传感器、电阻传感器、电容传感器、电感传感器、压电传感器、霍尔传感器、声敏传感器、超声波传感器、气敏传感器、湿敏传感器、生物传感器技术；第9~10章介绍无线传感器、超导传感器和智能传感器的原理与应用。

全书提供具有代表性的102个工程应用实例，每章末均有小结和课后练习题（共计63道）。

本书理论与应用实践相结合，适合用作高等院校电子信息、物理、仪器仪表、工业自动化、自动控制、机电一体化、计算机应用、生物医学、精密仪器测量与控制、汽车与机械类等专业的教材，也可以作为科研人员、工程技术人员及自学人员的参考用书。

图书在版编目（CIP）数据

传感器原理及应用/张洪润，邓洪敏，郭竞谦著．—2版．—北京：清华大学出版社，2021.10
（2023.9重印）
ISBN 978-7-302-59319-5

Ⅰ.①传… Ⅱ.①张… ②邓… ③郭… Ⅲ.①传感器-基本知识 Ⅳ.①TP212

中国版本图书馆CIP数据核字（2021）第210068号

责任编辑：夏毓彦
装帧设计：王　翔
责任校对：闫秀华
责任印制：丛怀宇

出版发行：清华大学出版社
网　　址：http://www.tup.com.cn，http://www.wqbook.com
地　　址：北京清华大学学研大厦A座　　**邮　　编：**100084
社 总 机：010-83470000　　**邮　　购：**010-62786544
投稿与读者服务：010-62776969，c-service@tup.tsinghua.edu.cn
质 量 反 馈：010-62772015，zhiliang@tup.tsinghua.edu.cn
印 装 者：三河市君旺印务有限公司
经　　销：全国新华书店
开　　本：185mm×260mm　　**印　　张：**21.75　　**字　　数：**550千字
版　　次：2008年7月第1版　　2021年12月第2版　　**印　　次：**2023年9月第3次印刷
定　　价：79.00元

产品编号：092704-01

前言

随着现代科学技术的飞速发展，当今社会已经跨入了信息技术时代。特别是我国在各行各业中，人们对信息资源的需求日益增长，对信息技术的掌握和利用显得更加迫切。而信息的获取和处理都离不开传感器。

十年前我们在清华大学出版社组织编写并出版《传感器原理及应用》和《传感器原理、检测及应用》两本教材，二者在内容上相辅相承，相得益彰；出版后受到全国各地广大师生和科研工作者的亲睐，并取得了良好的社会和经济效益。针对《传感器原理及应用》一书，这些年我们收到了不少反馈意见，不少读者也提出一些好的建议，为了能更好地满足教学与课时安排的需求，我们在原书的基础上重新做了修订。

本次修订的内容侧重在紧跟电子技术和计算机技术发展的最新趋势与最前沿动向，紧扣教学、科研实践的需要，并结合我们多年教学经验和科研工作的体验，希望能得到读者的认同。

全书共分 10 章，分别介绍传感技术的作用、原理、结构特征以及使用方法，内容包括：光电传感器（色敏光、红外光、激光、核辐射光、CCD 图像传感器等）、数字传感器（光栅、磁栅、码盘、感应同步器）、热电传感器（铂电阻、铜电阻、热电偶、热开关、集成温度传感器等）、电阻电感电容式传感器（R、L、C）、霍尔传感器、生物传感器（酶、微生物、免疫、生物分子、仿生传感器等）、无线传感器、超导传感器、智能传感器等。

本书在每章均有典型应用实例，共计 102 个；章末均有对内容进行梳理、归纳、总结，帮助读书理清知识架构的脉络体系的小结；并精心设计课后 63 道习题，用以提高学生的理解与动手能力。

本书教材内容系统、全面、新颖实用，讲解深入浅出，图文并茂，注重培养学生解决实际问题的能力，最终达到提升学生综合能力的目的。

本书可作为高等院校电子信息、物理、仪器仪表、工业自动化、自动控制、机电一体化、计算机应用等专业的大学本科及研究生教材，也可作为科研人员、工程技术人员和维护修理人员的自学参考书。

本教材在编写过程中得到了四川大学、清华大学、南京大学、复旦大学、浙江大学、中国科技大学、南开大学、重庆大学、西南交通大学、电子科技大学、成都理工大学以及四川师范大学相关专业老师的大力支持和帮助，在此一并表示衷心感谢。

本书由张洪润、邓洪敏、郭竞谦、黄爱明主笔，并负责全书的统稿和审校。参加编写的人员还有张乘称、田维北、高利珍、徐庆元、宋宝增、唐水花、卫逸宁、赵姝玲、赵鑫等。

限于作者水平，书中难免存在不足之处，恳请广大读者批评指正。

四川大学绵阳全息能源科学研究院
张洪润
2021.9

目录

Contents 目录

Contents 目录

Contents 目录

Contents 目录

概　论　　第 1 章

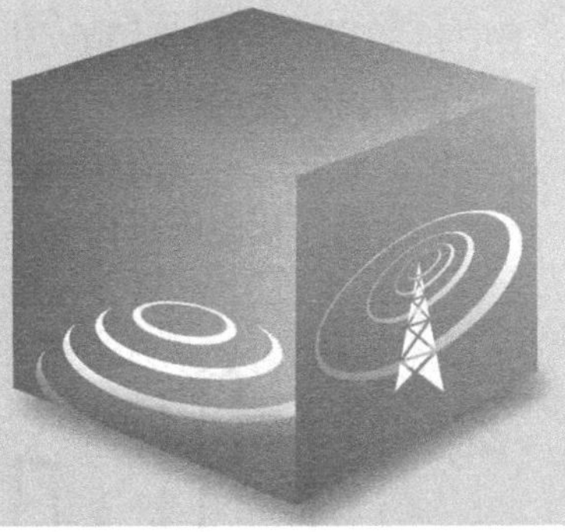

学习要点

① 了解传感技术的定义、作用、特性参数及发展趋势；
② 掌握传感技术的组成、分类及器件选择注意事项。

现代信息技术的三大基础是信息的拾取、传输和处理技术，也就是传感技术、通信技术和计算机技术，它们分别构成了信息技术系统的“感官”、“神经”和“大脑”。如果没有“感官”感受信息，或者“感官”迟钝都难以形成高精度、高反应速度的控制系统。美国曾把 20 世纪 80 年代称作传感技术时代，日本则把传感技术列为十大技术之首。可见传感技术是一种和其他多种现代科学技术密切相关的尖端技术。因此，认真学习传感技术及其应用是非常重要的。

1.1　传感技术的定义及作用

人们通常将能把被测物理量或化学量转换为与之有确定对应关系的电量输出的装置称为传感器（传感器也称变换器、换能器、转换器、变送器、发送器或探测器等，本书采用传感器一词），这种技术称为传感技术。传感器输出的信号有多种形式，如电压、电流、频率、脉冲等，以满足信息的传输、处理、记录、显示和控制等要求。

传感器是测量装置和控制系统的首要环节。如果没有传感器对原始参数进行精确可靠的测量，那么，无论是信号转换还是信息处理，或者是最佳数据的显示和控制，都将成为一句空话。可以说，没有精确可靠的传感器，就没有精确可靠的自动检测和控制系统。现代电子技术和计算机技术为信息转换与处理提供了极其完善的手段，使检测与控制技术发展到了一个崭新阶段。但是如果没有各种精确可靠的传感器去检测各种原始数据并提供真实的信息，那么电子计算机也无法发挥其应有的作用。如果把计算机比喻为人的大脑，则传感器为人的五官。

在航天器上，装备着多种检测与控制系统，传感器测量出航天器的飞行参数、姿态和发动机工作状态的各个物理量，传送给各种自动控制系统，并进行自调节，使航天器按人们预先设计的轨道正常运行。

在生产中，尤其是自动化生产过程中，用各种传感器来监视和控制生产过程中的各个参数，以便使设备工作在最佳状态，产品达到最好的质量。

在机器制造工业中，对于机床，以前只是测量一些静态的性能参数，而现在要进行动态性能测量。如在切削状态下的动态稳定性、自激现象、加工精度等，因此要利用有关的传感器测量刀架、床身等有关部位的振动、机械阻抗等参数，检验其动态特性。在超精加工中，要求对零件尺寸精度进行“在线”检测与控制，只有具有“耳目”作用的传感器才能提供出有关的信息。

图 1.1 和图 1.2 为日本电子工业振兴协会关于目前社会各应用领域对传感器需求情况的调查结果，从图中可以看出，传感器的应用领域是十分广泛的。

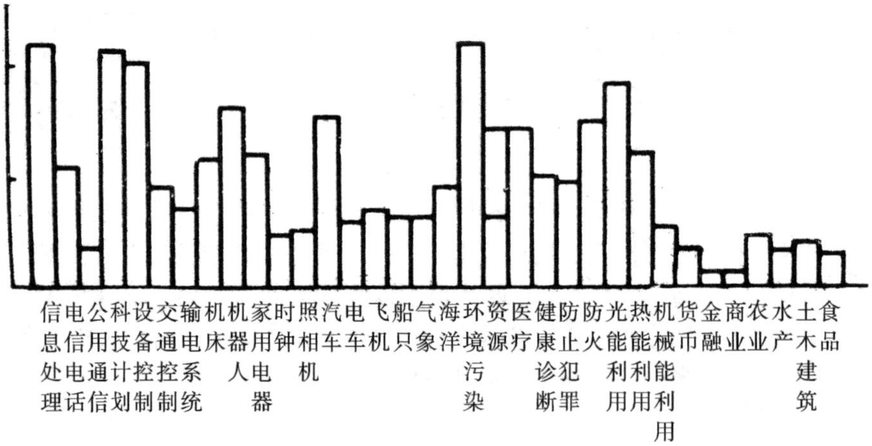

图 1.1　传感器的应用领域

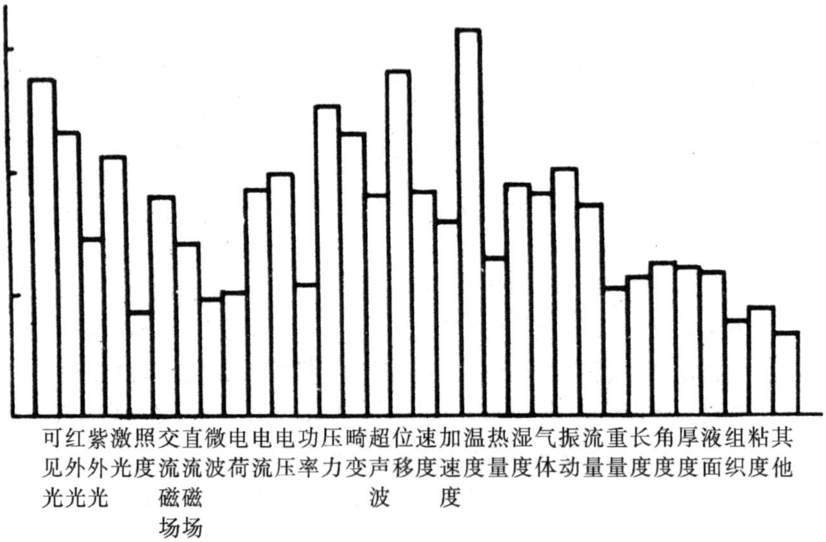

图 1.2　传感器在现代科学技术中的需求量

1.2　传感器的组成与分类

1.2.1　传感器的组成

通常，传感技术中传感器由敏感元件、传感元件和其他辅助件组成，有时也将信号调节与转换电路、辅助电源作为传感器的组成部分，如图 1.3 所示。

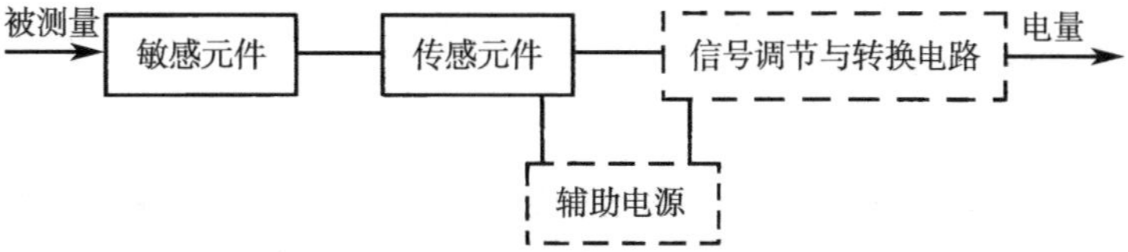

图 1.3　传感器组成方块图

- 敏感元件：直接感受被测量（一般为非电量），并输出与被测量成确定关系的其他量（一般为电量）的元件。如应变式压力传感器的弹性膜片就是敏感元件，它的作用是将压力转换为弹性膜片的变形。敏感元件如果直接输出电量（热电偶），它就同时兼为传感元件了。还有些传感器的敏感元件和传感元件合为一体，如压阻式压力传感器。
- 传感元件：又称变换器，一般情况下，它不直接感受被测量，而是将敏感元件的输出量转换为电量输出，如应变式压力传感器中的应变片就是传感元件，它的作用是将弹性膜片的变形转换成电阻值的变化。传感元件有时也直接感受被测量而输出与被测量成确定关系的电量，如热电偶和热敏电阻。
- 信号调节与转换电路：能把传感元件输出的电信号转换为便于显示、记录、处理和控制的有用电信号的电路。信号调节与转换电路的种类要视传感元件的类型而定，常用的电路有电桥、放大器、振荡器、阻抗变换器等。

1.2.2　传感器的分类

传感器一般按测定量和转换原理两种方法进行分类。

1. 按测定量分类

按测定量分类，有利于传感器的使用者根据测定量的种类，选取相应的传感器，再配上对应的测试线路就能完成测量，分类结果如表 1.1 所示。例如，待测量为红外线，可选用光传感器；待测量为温度，可选用温度传感器，以此类推。

这种分类法只阐明了传感器的用途，而未突出传感器的原理，特别是把变换原理互不相同的传感器归为一类，很难看出每个传感器上有什么共性和差异，这不利于从物理基础上去把握变换器的内在规律。

表 1.1　测定量的分类

分　类	测　　定　　量
机械	长度、厚度、位移、液面、速度、加速度、旋转角、旋转数、质量、重量、力、压力、真空度、力矩、旋转力、风速、流速、流量、振动
音响	声压、噪声
频率	频率、时间
电气	电流、电压、电位、功率、电荷、阻抗、电阻、电容、电感、电磁波
磁性	磁通、磁场
温度	温度、热量、比热
光	照度、光度、彩色、紫外线、红外线、光位移
射线	辐照量、剂量
湿度	湿度、水分
化学	纯度、浓度、成分、pH 值、黏度、密度、比重、气·液·固体分析
生理	心音、血压、血流、脉电波、血流冲击、血液氧饱和度、血液气体分压、气流量、速度、体温、心电波、脑电波、肌肉电波、网膜电波、心磁波
信息	模拟、数字量、运算、传递、相关值

2. 按转换原理分类

对传感器按转换原理分类，结果如表 1.2 所示。这种按传感器的转换原理进行的分类，易于从原理上认识传感器的变换特性。每一种传感器需要配以原理上基本相同的测量电路，如果再配上不同的敏感元件，就可以实现多种非电量的测量，有利于扩大传感器的应用范围。

按转换原理分类，把传感器分为两大类，第一类为能量控制型传感器，第二类为能量转换型传感器。前一类需要外附电源，传感器才能工作，因而是无源的，它能用于静态和动态的测量；后一类能把非电量直接变为电量，一般不需要电源，是有源的，因而又称为发电式传感器，它主要用于动态的测量。

表 1.2　按转换原理分类

能量控制型	能量转换型
电阻 电感 } 几何尺寸的控制 电容	压电效应
应变电阻效应	磁致伸缩效应
磁阻效应	热电效应
热阻效应	光电动势效应
光电效应	光电放射效应
磁致伸缩效应	热电效应
霍尔效应	光子滞后效应
电离效应	热磁效应
约瑟夫逊效应	热电磁效应

1.3 传感器的特性参数与选择注意事项

传感器的特性参数名目繁多，有些名词相互混淆，定义也不尽相同。因此在选择时，一定要弄清各种参数的含义。下面介绍几个主要的参数。

1.3.1 静态参数

静态参数的含义如图 1.4 所示。

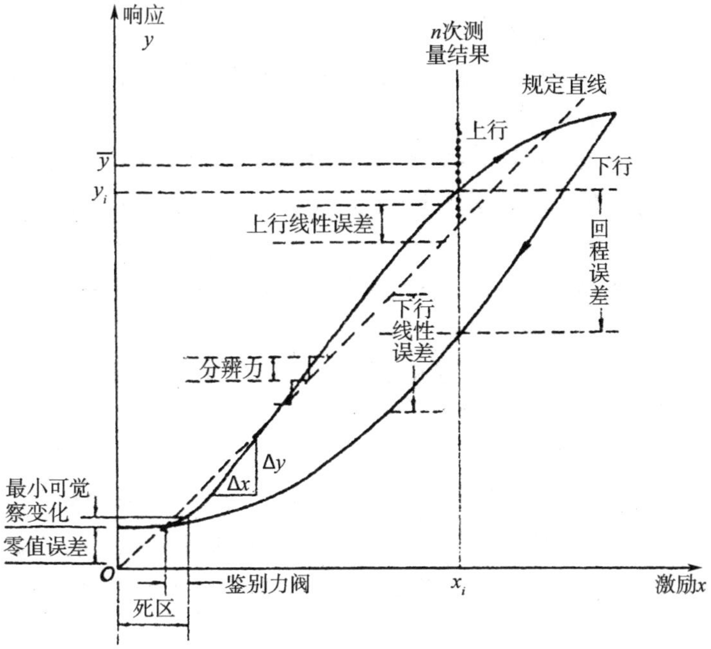

图 1.4 传感器的静态参数示意图

(1) 精密度 (Precision)

精密度又称精度，表示测量结果中随机误差大小的程度。随机误差指在同一被测量的多次测量过程中，以不可预知方式变化的测量误差的分量。表征对同一被测量作 n 次测量的结果的分散性，可用参数 S 来表示，S 称为［实验］标准偏差，公式为：

$$S = \sqrt{\frac{\sum_{i=1}^{n} (y_i - \overline{y})^2}{n-1}} \tag{1.1}$$

其中，y_i 为第 i 次测量值，$\overline{y}$ 为 n 次测量结果的算术平均值：

$$\overline{y} = \frac{1}{n}\sum_{i=1}^{n} y_i \tag{1.2}$$

(2) 其他参数

- 正确度（Correctness）：正确度表示测量结果中系统误差大小的程度。系统误差指在同一被测量的多次测量过程中，保持恒定或以可预知方式变化的测量误差的分量。
- 准确度（Accuracy）：准确度又称精确度，表示测量结果与被测量的（约定）真值之间的一致程度。二者之差称为绝对误差，绝对误差与被测量（约定）真值之比称为相对误差。准确度反映了测量结构中系统误差与随机误差的综合。通常所谓0.1、0.5、1.0等级的传感器，意味着它们的精确度分别为0.1%、0.5%和1%。
- 灵敏度（Sensitivity）：灵敏度表示传感器的响应变化 Δy 除以相应的激励变化 Δx，是对时间而言的。
- 稳定度（Stability）：稳定度是指在规定条件下传感器保持其特性恒定不变的能力，通常是对时间而言的。
- 鉴别力（Discrimination）：鉴别力是指传感器对激励值微小变化的响应能力。鉴别力阈是指传感器的响应产生一个可觉察变化的最小激励变化值。
- 分辨力（Resolution）：分辨力是指传感器的指示装置对紧密相邻量值有效辨别的能力。一般认为模拟式指示装置的分辨力为标尺分度值的一半，数字式指示装置的分辨力为末位数的一个字码。
- 死区（Dead Band）：死区是指不引起传感器响应有任何可觉察变化的最大激励变化范围。
- 回程误差（Hysteresis Error）：由于施加激励值的方向（上行程和下行程）不同，传感器对同一激励值给出不同的响应。此二者之差的绝对值称为回程误差。
- 线性误差（Linearity Error）：线性误差表示校准曲线与规定直线之间的最大偏差。
- 零值误差（Zero Error）：线性误差表示当激励为零值时，传感器响应偏离零位的示值。

1.3.2 动态参数

动态参数的含义如图1.5所示。

- 时间常数 τ：在恒定激励下，传感器响应从零到达稳态值63%的时间。这个定义仅限于一阶或近似为一阶的系统。
- 上升时间 t_r：表示在恒定激励下，传感器响应从稳态值的10%～90%所经历的时间。
- 稳定时间 t_s：在恒定激励下，传感器响应上下波动稳定在稳态值规定百分比以内（例如±5%）所经历的最小时间。
- 过冲量 δ：在恒定激励下，传感器响应超过稳态值的最大值。过冲只有在二阶以上的系统且阻尼较小时才会出现。
- 频率响应：在不同频率的激励下，传感器响应幅值的变化情况。通常称幅值下降到最大值70%的高频率和低频率分别为上限频率 f_H（高频端）和下限频率 f_L（低频端），二者之差称为带宽 BW。如果带宽不以幅值下降到 70% 为标准（例如以下降到 90% 为标准），则需标注出。上限频率 f_H 与上升时间 t_r 有一定的联系，其关系大致是：

$$f_H t_r = 0.35 \sim 0.45 \tag{1.3}$$

如果频率响应出现峰值，则出现峰值的频率通常称为谐振频率 f_p。

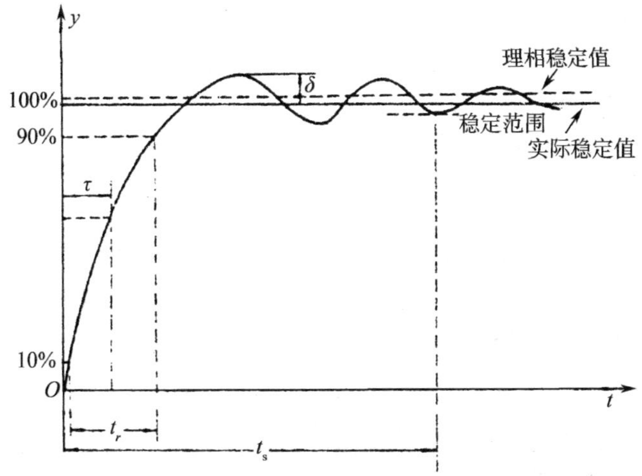

（a）传感器的阶跃响应

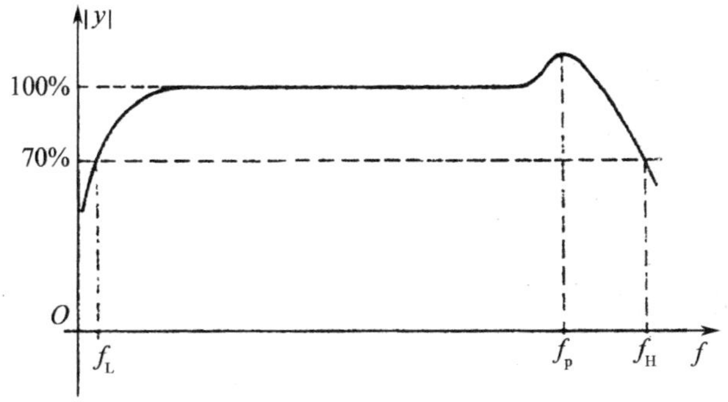

（b）传感器的频率响应

图 1.5　传感器的动态参数示意图

1.3.3　传感器选择注意事项

1. 与测量条件有关的事项

（1）测量目的。

（2）被测量。

（3）测量范围。

（4）超标准过大输入信号的出现次数。

(5) 输入信号的带宽。
(6) 测量的精度。
(7) 测量所需的时间。

2. 与性能有关的事项

(1) 传感器精度。
(2) 传感器稳定度。
(3) 响应速度。
(4) 模拟量或数字量。
(5) 输出量及其数量级。
(6) 对信号获取对象所产生的负载效应。
(7) 校正周期。
(8) 超标准过大输入信号的保护。

3. 与使用条件有关的事项

(1) 设置场所。
(2) 环境条件（如温度、湿度、振动等）。
(3) 测量全过程所需要的时间。
(4) 传感器与其他设备的距离及连接方式。
(5) 传感器所需的功率容量。

4. 与购买和维修有关的事项

(1) 价格。
(2) 交货日期。
(3) 服务与维修制度。
(4) 零配件的储备。
(5) 保修期限。

1.4 传感器的发展趋势

随着科学技术发展的需要，传感器的研制和生产已经提到日程上来了，“头脑”（计算机）发达，感觉（传感器）“迟钝”的情况再也不允许存在下去了。因此近年来传感器的地位受到广泛重视。

传感器技术所涉及的知识非常广泛，渗透到各个学科领域。但是它们的共性是利用物理定律和物质的物理特性，将非电量转换成电量。所以如何采用新技术、新工艺、新材料以及探索新理论，以达到高质量的转换效能，是总的发展途径。

由于科学技术迅猛发展，工艺过程自动化程度越来越高，因此对测控系统的精度提出更高的要求。近年来，微型计算机组成的测控系统已经在许多领域得到应用，而传感器作为微型机的接口必须解决相容技术，根据这些特点，传感器将向以下几个方面发展。

1. 高精度

为了提高测控精度，必须使传感器的精度尽可能高，例如对于火箭发动机燃烧室的压力测量，希望测试精度能优于0.1%，对超精加工“在线”检测精度高于0.1μm，因此需要研制出高精度的传感器，以满足测量的需要。目前我国已研制出精度优于0.05%的传感器。

2. 小型化

很多测控场合要求传感器具有尽可能小的尺寸。例如生物医学工程中颅压的测量，风洞中压力场分布的测量等。压阻传感器的出现，使压力传感器在小型化方面取得重大进展。目前我国已有外径为2.8mm的压阻式压力传感器。

3. 集成化

集成化传感器有两种类型：一种是将传感器与放大器、温度补偿电路等集成在同一芯片上，既减小体积，又增加抗干扰能力；另一种是将同一类的传感器集成在同一芯片上，构成二维阵列式传感器，或称面型固态图像传感器，它可以测量物体的表面状况。

4. 数字化

为了实现传感器与计算机直接联机，致力于数字式传感器研究是很重要的。

5. 智能化

智能传感器是传感器与微型计算机结合的产物，它兼有检测与信息处理功能。与传统传感器相比它有很多特点，它的出现是传感器技术发展中的一次飞跃。国外已经有商品化的智能传感器，我国也开始了智能传感器的研究工作。

1.5 小 结

1. 通常将能把被测物理量或化学量转换成为与之有确定对应关系的电量输出的装置称为传感器，这种技术则被称为传感技术。

2. 传感技术中传感器一般由敏感元件、传感元件和其他辅助件组成。

3. 传感器种类繁多。有的传感器可以同时测量多种参数，有时对于同一种物理量又可用多种不同类型的传感器测量。因此，对于传感器的分类就有很多种方法。

4. 传感器的特性参数
   - (1) 静态参数：精密度、正确度、准确度、灵敏度、稳定度、鉴别力、分辨力、死区、回程误差、线性误差、零位误差等
   - (2) 动态参数
     - ① 时间常数 τ
     - ② 上升时间 t_r
     - ③ 稳定时间 t_s
     - ④ 过冲量 δ
     - ⑤ 频率响应

5. 传感器选择注意事项
   - ① 与测量条件有关的事项
   - ② 与性能有关的事项
   - ③ 与使用条件有关的事项
   - ④ 与购买和维修有关的事项

6. 传感器的发展趋势为：① 高精度；② 小型化；③ 集成化；④ 数字化；⑤ 智能化。

1.6 习　　题

1. 何为传感技术及传感器？

2. 传感器通常由哪几部分组成？通常传感器可以分成哪几类？若按转换原理分类，可以分成哪两类？

3. 传感器的特性参数主要有哪些？选用传感器时要注意些什么问题？

第 2 章 光电传感技术

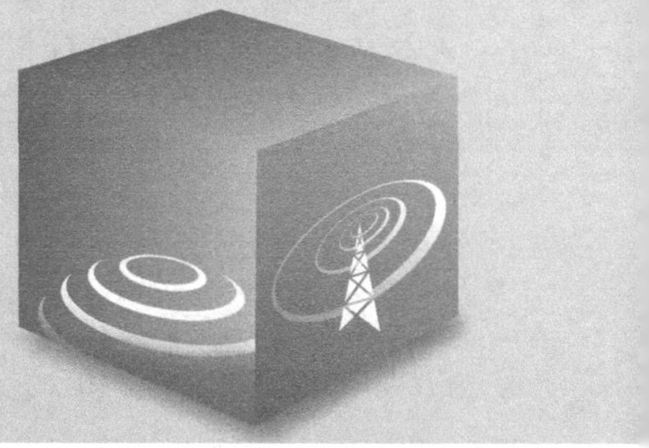

学习要点

① 了解光电传感技术的基本原理；

② 掌握光敏二极管、光敏三极管、光敏电阻、光电池、高速光电二极管、光电倍增管，以及色敏光电、光位置、红外光、光固态 CCD 图像、光纤、激光、核辐射（光）传感器等的结构、特性及使用注意事项。

光电传感技术用于检测非电量，具有结构简单、非接触、高可靠性、高精度和反应快等特点。因此，广泛应用于空间位置测定（如导弹制导、雷管引爆、定位跟踪、人造卫星检测）、图像控制、辐射检测、光谱辐射补量、工业监视、病情初期诊断等领域。

光电传感器是将光信号转换为电信号的一种传感器。使用这种传感器测量非电量时，只需将这些非电量的变化转换成光信号的变化，就可以将非电量的变化转换成电量的变化进行检测。

2.1 光电传感器的工作原理

光电传感器的工作原理基于光电效应。通常，光可以被看作是由一连串具有一定能量的粒子 —— 光子所组成，每一个光子的能量 E 与其频率 v 成正比。即：

$$E = hv \tag{2.1}$$

式中，h 为普朗克常数，$6.626 \times 10^{-34}\,\mathrm{J \cdot s}$；$v$ 为光的频率（$\mathrm{s^{-1}}$）。

当光照射物体时，物体受到一连串具有能量的光子的轰击，于是物体中的电子吸收了入射光子的能量，进而发生相应的效应（如发射电子、电导率变化、产生电动势等），这种现象称为光电效应。通常将光电效应分为三类。

（1）在光线作用下能使电子逸出物体表面的现象，称为外光电效应。著名的爱因斯坦光电效应方程为：

$$hv = \frac{1}{2}mv_0^2 + A_0 \tag{2.2}$$

式中，m 为电子质量；v_0 为电子逸出速度；A_0 为物体的表面电子逸出功。

方程式（2.2）就描述了这一物理现象。基于外光电效应的光电元件有光电管、光电倍增管等。

（2）在光线作用下能使物体的电阻率 $1/R$ 改变的现象，称为内光电效应。基于内光电效应的光电元件有光敏电阻等。

（3）在光线作用下能使物体产生一定方向电动势的现象，称为光生伏特效应。基于光生伏特效应的光电元件有光电池、光敏二极管、光敏三极管等。

上述可见，光电元件的种类很多，通常可分为真空光电元件和半导体光电元件两类，本章主要介绍常用的半导体光电元件与真空光电元件。

2.2　光敏二极管

光敏二极管广泛应用于光纤通信、红外线遥控器、光电耦合器、控制伺服电机转速的检测和光电读出装置等场合。

2.2.1　工作原理和结构

光敏二极管的结构与普通半导体二极管一样，都有一个 PN 结，两根电极引线，而且都是非线性器件，具有单向导电性能。不同之处在于光敏二极管的 PN 结装在管壳的顶部，可以直接受到光的照射，其结构和电路如图 2.1 所示。

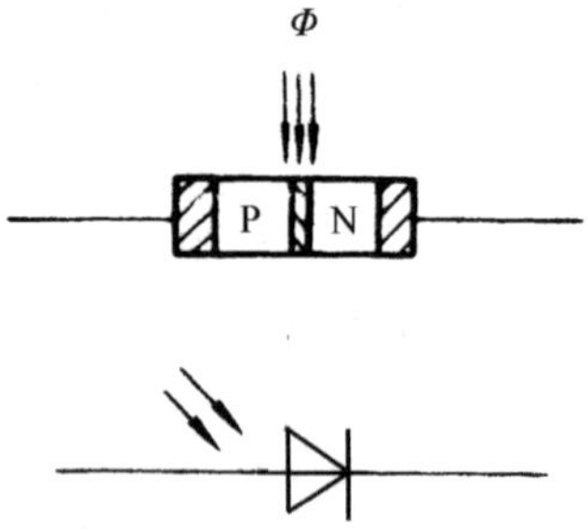

（a）结构示意图及图形符号

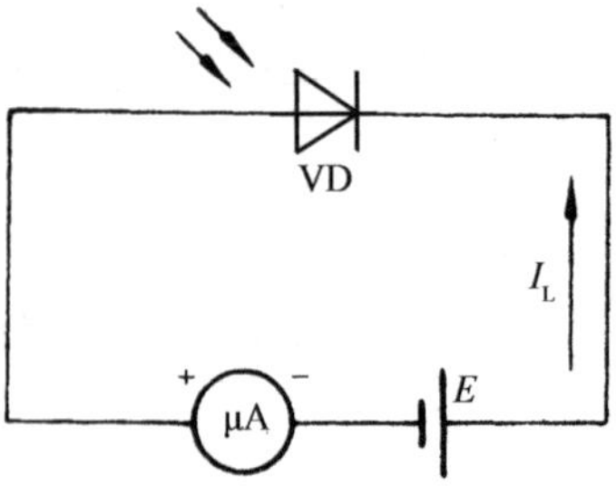

（b）基本应用电路

图 2.1　光敏二极管

光敏二极管在电路中通常处于反向偏置状态，当没有光照射时，其反向电阻很大，反向电流很小，这种反向电流称为暗电流。当有光照时，PN 结及其附近产生电子－空穴对，它们在反向电压作用下参与导电，形成比无光照时大得多的反向电流，该反向电流称为光电流，此时光敏二极管的反向电阻下降。光电流与光照强度成正比。如果外电路接上负载，便可获得随光照强弱变化的电信号。

2.2.2　基本特性

光敏二极管的基本特性包括光谱特性、伏安特性、光照特性、温度特性和响应特性等。

1. 光谱特性

光敏二极管在入射光射度一定时，输出的光电流（或相对灵敏度）随光波波长的变化而变化。一种光敏二极管只对一定波长的入射光敏感，这就是它的光谱特性，参见图 2.2。

由图 2.2 中的曲线可以看出，不管是硅管还是锗管，当入射光波长增加时，相对灵敏度都下降，这是因为光子能量太小，不足以激发电子－空穴对，当入射光波长太短时，由于光波穿透能力下降，光子只在半导体表面激发电子－空穴对，而不能到达 PN 结，因此相对灵敏度也下降。

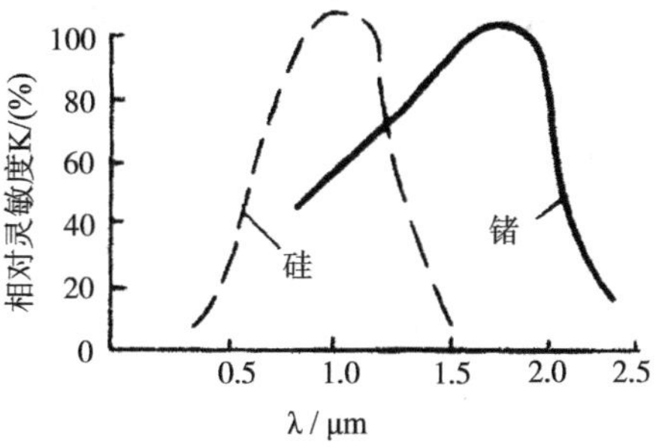

图 2.2　光敏二极管的光谱特性

从曲线还可以看出，不同材料的光敏二极管，其光谱响应峰值波长也不同。如硅管的峰值波长为 1.1μm 左右，锗管的为 1.8μm，由此可以确定光源与光电器件的最佳匹配。由于锗管的暗电流比硅管大，因此锗管性能较差。故在探测可见光或赤热物体时，都用硅管；但对红外光进行探测时，采用锗管较为合适。

2. 伏安特性

光敏二极管的伏安特性指的是在一定照度下的电流电压特性。光敏二极管的伏安特性如图 2.3 所示。

从图 2.3 可以看出，在无偏压时，光敏二极管仍有光电流输出，这是由光敏二极管的光电效应性质所决定的。

3. 光照特性

光敏二极管的光照特性如图 2.4 所示，它给出了光敏二极管的光电流与照度的关系。从图中可以看出，光敏二极管光照特性的线性好。

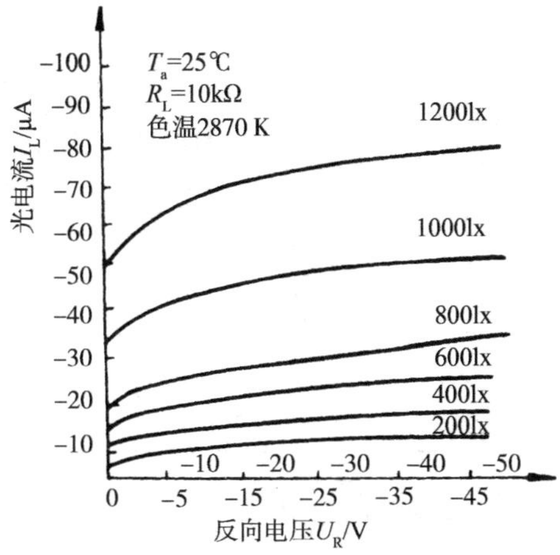

图 2.3　光敏二极管的伏安特性

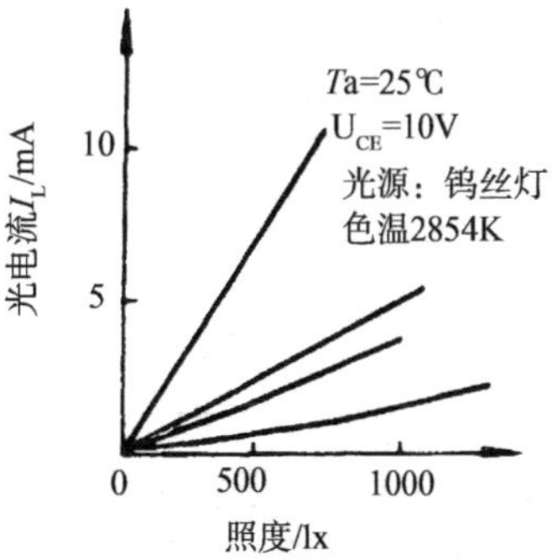

图 2.4　光敏二极管的光照特性

4. 温度特性

温度变化对光敏二极管输出电流的影响较小，但是对暗电流的影响却十分显著，如图 2. 5 所示。光敏二极管在高照度下工作时，由于亮电流比暗电流大得多，温度影响相对来说比较小，但在低照度下工作时，因为亮电流较小，暗电流随温度的变化就会严重影响输出信号的温度稳定性，因此可做如下几点考虑：① 选用硅光敏二极管，这是因为硅管的暗电流要比锗管的暗电流小几个数量级；② 在电路中采取适当的温度补偿措施；③ 将光信号进行调制，对输出的电信号采用交流放大，利用电路中隔直电容的作用，隔断暗电流。

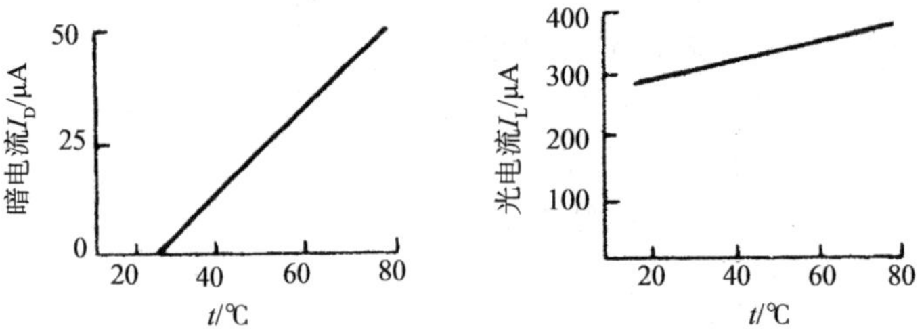

图 2. 5　光敏二极管的温度特性

5. 响应特性

硅光敏二极管的上升时间 $t_r \leqslant 5$ns，响应速度很快，因此，硅光敏二极管适合于要求快速响应或入射光调制频率较高的场合。

2. 2. 3　型号参数

表 2. 1 中的光敏二极管主要用于光信号接收器件，也可做其他光电自动控制的快速接收器件。

表 2. 1　2CU 型光敏二极管的型号参数

型号	波长范围 λ/μm	工作电压 V/V	暗电流 I_D/μA	灵敏度 S_n /(μA/μW)	响应时间 t/ns	结电容 C_j/pF	光敏区	
							面积 A /mm^2	直径 D /mm
2CU 101 - A ~ D	0. 5 ~ 1. 1	15	<10	>0. 6	<5	0. 4、1. 0、2. 0、5. 0	0. 06、0. 20、0. 78、3. 14	0. 28、0. 6、1. 0、2. 0
2CU 201 - A ~ D	0. 5 ~ 1. 1	50	5、50、20、40	0. 35	<10	1、1. 6、3. 6、13	0. 19、0. 78、3. 14、12. 6	0. 5、1. 0、2. 9、4. 0

表 2. 2 中的光敏二极管主要用于可见光和近红外光探测器，以及光电转换的自动控制仪器、触发器、光电耦合、编码器、特性识别、过程控制和激光接收等方面。

表 2.2　2DU 型光敏二极管的型号参数

<table>
<tr><th>型号</th><th>最高工作电压 V_{RM}/V</th><th>暗电流 I_D/μA</th><th>环电流 I_H/μA</th><th>光电流 I_L/μA</th><th>灵敏度 S_n /(μA/μW)</th><th>峰值波长 λ_p/μm</th><th>响应时间 t/ns</th><th>结电容 C_j/pF</th><th>正向压降 V_i/V</th></tr>
<tr><td>2DUAG</td><td>50</td><td>≤0.05</td><td>≥3</td><td rowspan="4">>6</td><td rowspan="4">>0.4</td><td rowspan="4">0.88</td><td rowspan="4"><100</td><td rowspan="4"><8</td><td><3</td></tr>
<tr><td>2DU1A</td><td>50</td><td>≥0.1</td><td>≤5</td><td rowspan="3"><5</td></tr>
<tr><td>2DU2A</td><td>50</td><td>0.1～0.3</td><td>5～10</td></tr>
<tr><td>2DU3A</td><td>50</td><td>0.3～1.0</td><td>10～30</td></tr>
<tr><td>2DUBG</td><td>50</td><td><0.05</td><td><3</td><td rowspan="4">>0.2</td><td rowspan="4">>0.4</td><td rowspan="4">0.88</td><td rowspan="4"><100</td><td rowspan="4"><8</td><td><3</td></tr>
<tr><td>2DU1B</td><td>50</td><td><0.1</td><td><3</td><td rowspan="3"><5</td></tr>
<tr><td>2DU2B</td><td>50</td><td>0.1～0.3</td><td>5～10</td></tr>
<tr><td>2DU3B</td><td>50</td><td>0.3～1.0</td><td>10～30</td></tr>
</table>

其他型号的光敏二极管（如2CU1～2CU4型）可用于可见光及近红外光的接收、自动控制仪器和电气设备的光电转换系统，而2CU80型为低照度宽光谱光敏二极管，可用于多段亮度计和地物光谱仪及微弱光的探测。

2.2.4　应用举例

从前面的讲述可以看出，光敏二极管的应用十分广泛。限于篇幅，本节仅举3个应用实例，供读者参考。

1. 光电路灯控制电路

如图2.6所示为一个路灯的自动控制电路。从图可知，在无光照射时，光敏二极管（反向）截止，电阻 R_1 上的压降 V_A 很小，则晶体管 T_1 截止，T_2 截止，继电器J不动作，路灯保持亮。有光照射时，光敏管产生光电流 I_L，R_1 电压下降，V_A 上升，光强达到某一值时 T_1 导通，T_2 导通，J动作将闭端打开，使路灯灭。即白天灯灭，晚上灯亮，起到了自动控制的作用。

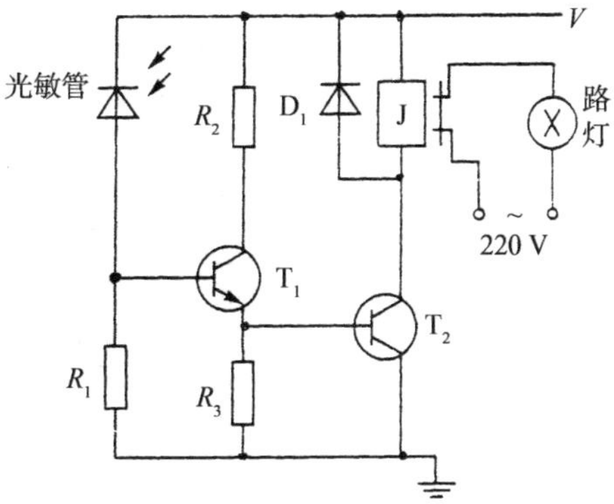

图2.6　光电路灯控制电路

2. 光强测量电路

图2.7所示为由稳压管、光敏二极管和电桥组成的测量电路。无光照时，V_A 很大，FET导通，调整 R_W，使电桥平衡，即指针为0。有光照时，光敏管产生 I_L，A点电位 V_A 下降，R_2 上电流下降，V_B 减小；光照不同，I_L 不同，V_A 不同，R_2 上压降不同，光强可以通过电流计读数显示出来。

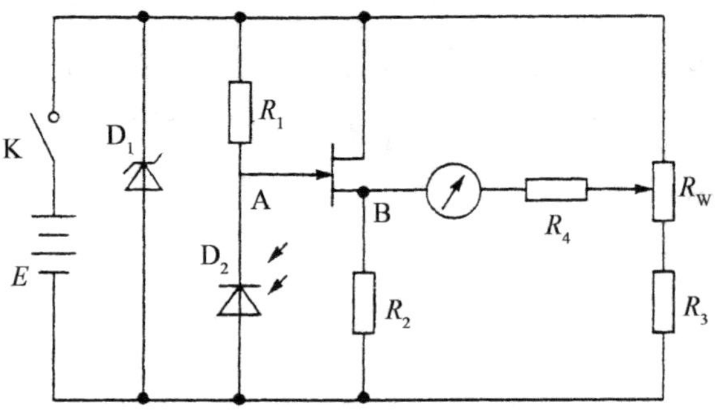

图 2.7　光强测量电路

3. 照度计

便携式照度计电路如图 2.8 所示。其中，光电传感器 TFA1001W 是将光敏二极管与放大器 R_f 集成在一起，使输出为线性，灵敏度为 5μA/lx。此电路采用 9V 电池供电，接 200Ω 负载电阻，可获得的输出电压为：

$$V_0 = \Phi S_1 R_L \tag{2.3}$$

式中，S_1 为 TFA1001W 光电集成传感器灵敏度；Φ 为光照灵敏度。

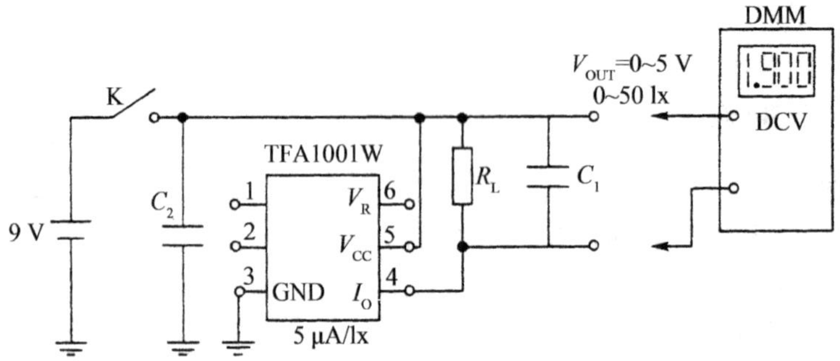

图 2.8　便携式照度计电路

2.3　光敏三极管

光敏三极管的应用范围如同光敏二极管，十分广泛地应用于光纤通信、光电读出装置、红外线遥控器、光电耦合器和控制伺服电机转速的检测等场合。

2.3.1　工作原理和结构

光敏三极管与反向偏置的光敏二极管类似，不过它具有两个 PN 结，因而可以获得电流增益，具有比光敏二极管更高的灵敏度，其结构和电路如图 2.9 所示。

光敏三极管按图 2.9 所示的电路连接时，它的集电结反向偏置，发射结正向偏置。当光线通过透明窗口照射发射结时，和光敏二极管相似，在 PN 结附近产生电子-空穴对，它们在内电场作用下作定向运动，形成光电流，并造成基区中空穴的积累，于是发射区中的电子大量注入基区。由于基区很薄，只有一小部分从发射区注入的电子与基区的空穴复合，而大部分电子将穿过基区流向与电源正极相接的集电极，形成集电极电流 I_c。由于光照所产生的光电流相当于普通三极管的基极电流，因此集电极电流是原始光电流的 β 倍。

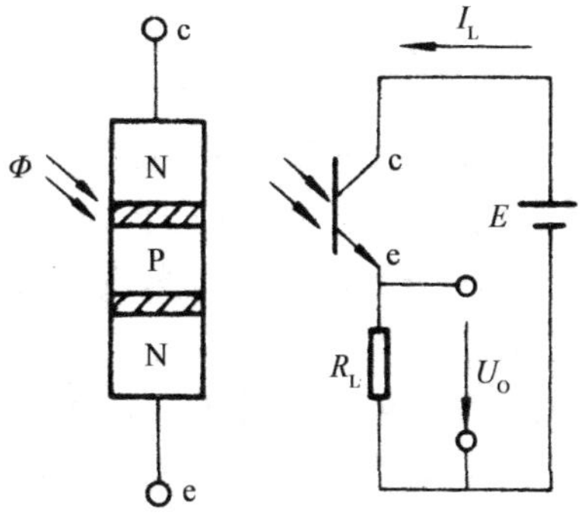

（a）结构示意图　　（b）应用电器

图 2.9　光敏三极管

2.3.2　基本特性

光敏三极管的基本特性与光敏二极管类似，同样包括光谱特性、伏安特性、光照特性、温度特性、响应特性等。

1. 光谱特性

光敏三极管的光谱特性与光敏二极管一样，参见图 2.2。

2. 伏安特性

光敏三极管的伏安特性如图 2.10 所示，从图中可以看出：① 在无偏压时，光敏三极管仍有光电流输出，这是由光敏管的光电效应性质所决定的；② 光敏三极管的光电流比同样照度下的光敏二极管要大 β 倍；③ 光敏三极管在不同照度下的输出特性和一般三极管在不同基极电流时的输出特性一样，因而只要把入射光的光照变化看成基极电流的变化，就可把光敏三极管看成一般三极管。

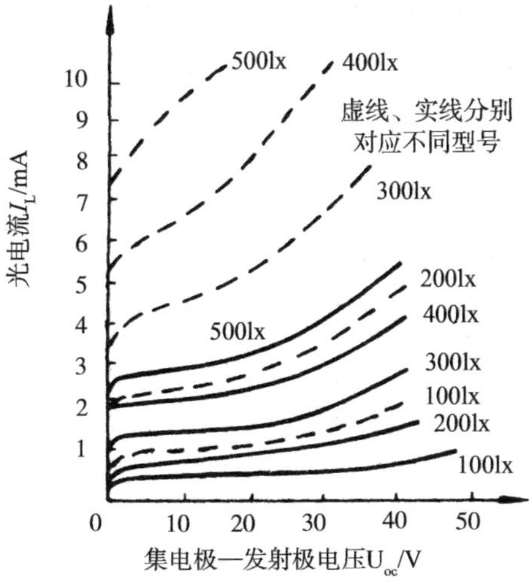

图 2.10　光敏三极管的伏安特性

3. 光照特性

光敏三极管的光照特性如图 2.11 所示，它给出了光敏三极管的光电流与照度的关系。

从图中可以看出，光敏三极管光照特性的线性没有二极管的好，而且在照度小时，光电流随照度的增加而增加得较小，即其起始要慢。当光照足够大时，输出电流又有饱和现象（图中未画出），这是由于三极管的电流放大倍数在小电流和大电流时都下降的缘故。

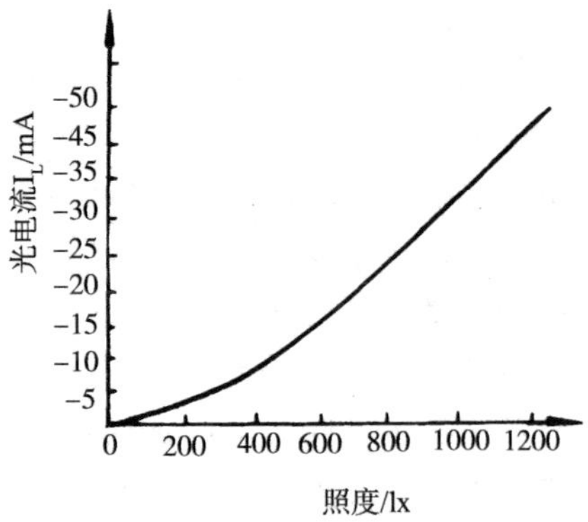

图 2.11　光敏三极管的光照特性

4. 温度特性

光敏三极管的温度特性与光敏二极管一样，参见图 2.5。

5. 响应特性

硅光敏三极管的上升时间 $t_r \leqslant 3\mu s$，可见三极管的响应速度比二极管慢得多，相差几个数量级。因此，在要求快速响应的场合应选用硅光敏二极管。

2.3.3　型号参数

表 2.3 中 3DU 系列光敏三极管用于近红外光探测器以及光耦合、编码器、译码器、过程控制等方面。

表 2.3　光敏三极管的型号参数

型号	反向击穿电压 $V_{(BR)CE}$/V	最高工作电压 $V_{(RM)CE}$/V	暗电流 I_D/μA	光电流 I_L/mA	开关时间/μs t_r	t_d	t_f	t_g	峰值波长 λ_p/μm	最大功率 P_M/mW
3DU11、12、13	>15、45、75	>10、30、50	<0.3	0.5～1.0	<3	<2	<3	<1	0.88	30、50、100
3DU21、22、23	>15、45、75	>10、30、50		1.0～2.0						30、50、100
3DU31、32、33	>15、45、75	>10、30、50		>2.0						30、50、100

表 2.4 为“紫外－可见－近红外”硅光敏三极管的型号参数，用于炮筒高温退火、印染颜色的识别与控制及光度测量等方面。

表 2.4　硅光敏三极管的型号参数

型号	光电流 I_L/mA	暗电流 I_D/μA	波长范围 λ/μm	紫外光电流 I_Z/μA
3DU100A	>0.5	<0.1	0.3～1.05	>10
3DU100B		<0.05		

表 2.5 为 3DU912 型高灵敏度光敏三极管的型号参数，可用于光电计数、自动控制、转速测量、自动报警、近红外通信与测量等装置，还可用于电子计算机的纸带读取、文字

读取等输入装置以及光耦合线路、光符号传感器中。

表 2.5　3DU912 型高灵敏度光敏三极管的型号参数

型号	最高工作电压 V_{max}/V	光电流 I_L/mA	光电响应时间 t/s	最大电流 I_{cm}/mA	最大耗散功率 P_{cm}/mW	最高结温 T_{JM}/℃
3DU912	10	2	$10^{-3} \sim 10^{-4}$	20	100	100
3DU912A	15	2				
3DU912B	15	10				
3DU912C	30	5				
3DU912D	30	10				

表 2.6 中所列为 ZL 型硅光敏三极管的型号参数，它是一种光谱响应范围很宽的光敏管，对蓝紫光比较灵敏，对近紫外光也有一定的响应，同时对黄、绿、红光，以及近红外光也很灵敏。可用于多波段亮度计、光电传真机、近紫外光探测装置等。

表 2.6　ZL 型硅光敏三极管型号参数

型号	波长范围 λ/μm	峰值波长 λ_p/μm	最高工作电压 V/V	暗电流 I_D/μA	光电流 1000lx V_{CC}=6V I_L/mA
ZL－1	0.3～1.05	0.7	6	≤1	1.5
ZL－2	0.3～1.05	0.7	6	≤0.1	2.0
ZL－3	0.3～1.05	0.7	6	≤0.1	4.0
ZL－4	0.3～1.05	0.7	6	≤0.01	2.0
ZL－5	0.3～1.05	0.7	6	≤0.01	4.0

2.3.4　应用举例

如前所述，光敏三极管的应用十分广泛。限于篇幅，本节仅举了 4 个应用实例供读者参考。

1. 脉冲编码器

图 2.12 是脉冲编码器的工作原理示意图。其中，图（a）是其电路原理图，图（b）是其光栅转盘的结构图。

V_i 为 24V 电源电压，V_o 为输出电压，N 为光栅转盘上总的光栅辐条数，R_1 和 R_2 为限流电阻器，而 A 和 B 则分别是光敏二极管的发射端和光敏三极管的接收端。当转轴受外部因素的影响而以某一转速 n 转动时，光栅转盘也随着以同样的速度转动。所以，在转轴转动一圈的时间内，接收端将接收到 N 个光信号，从而在其输出端输出 N 个电脉冲信号。由此可知，脉冲编码器输出的电信号 V_o 的频率 f 是由转轴的转速 n 确定的。于是有：

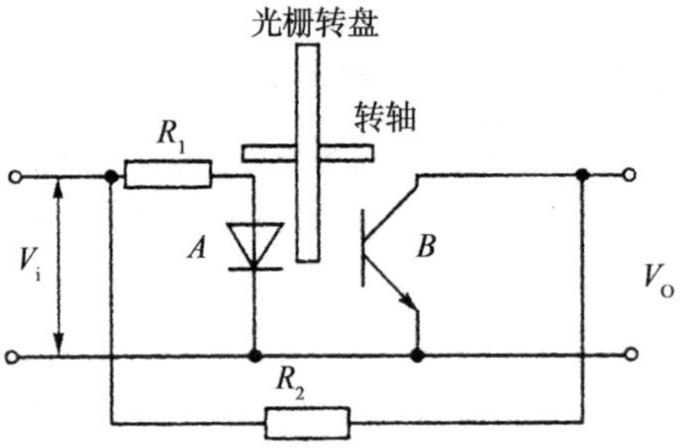

（a）电路原理图

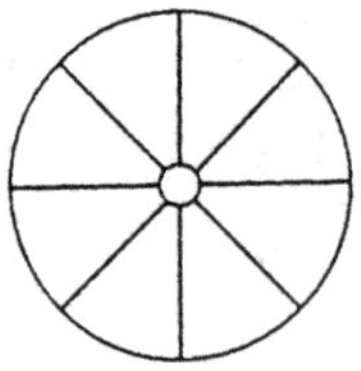

（b）光栅转盘结构图

图 2.12　脉冲编码器工作原理

$$f = nN \tag{2.4}$$

式（2.4）决定了脉冲编码器输出信号的频率 f 与转轴的转速之间的关系。

2. 光电数字转速表

图 2.13 是光电数字转速表的工作原理图。图 2.13（a）是透光式，在待测转速轴上固定一带孔的调制盘，在调制盘一边由白炽灯产生恒定光，透过盘上小孔到达光敏二极管或光敏三极管组成的光电转换器上，转换成相应的电脉冲信号，经过放大整形电路输出整齐的脉冲信号，转换通过该脉冲频率测定。图 2.13（b）是反光式，在待测转速的盘上固定一个涂上黑白相间条纹的圆盘，它们具有不同的反射信号，转换成电脉冲信号。

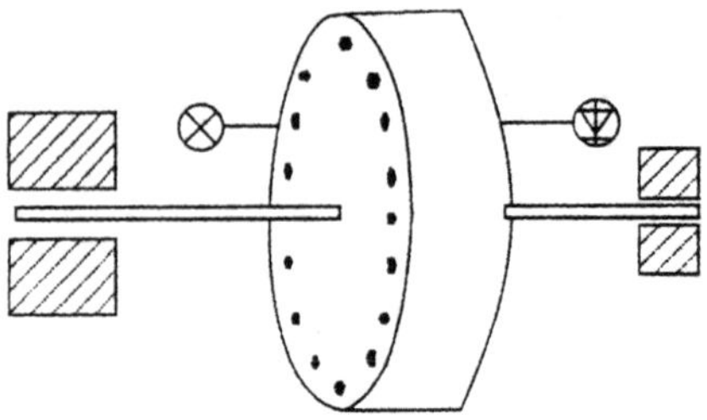

（a）透光式

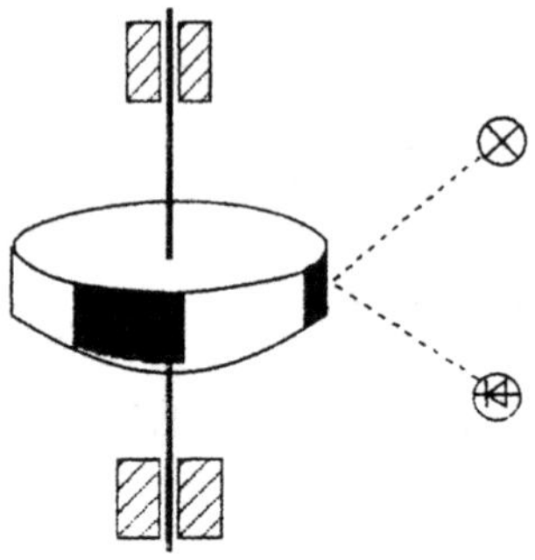

（b）反光式

图 2.13　光电数字转速表原理图

转速每分 n 与脉冲频率 f 的关系式为：

$$n = \frac{f}{N} \times 60 \tag{2.5}$$

式中，N 为孔数或黑白条纹数目。

频率可用一般的频率计测量。光电器件多采用光电池、光敏二极管和光敏三极管以提高寿命、减小体积、减小功耗和提高可靠性。

光电转换电路如图 2.14 所示。BG_1 为光敏三极管，当光线照射 BG_1 时，产生光电流，使 R_1 上压降增大，导致晶体管 BG_2 导通，触发由晶体管 BG_3 和 BG_4 组成的射极耦合触发器，使 U_0 为高电位。反之，U_0 为低电位。该脉冲信号 U 可送到计数电路计数。

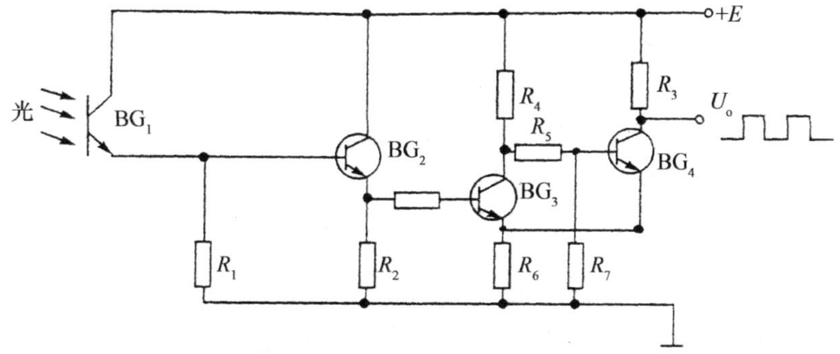

图 2.14　光电脉冲转换电路

3. 光控转速表

图 2.15 是一个光控制测量转速的电路。光盘 m 在其圆周方向开有若干个均布圆孔，它随电动机一起转动，并使穿过孔的光线能够照射到 3DU 型光敏三极管上。IC1 等构成滞后比较器、R_{W1} 用来调节比较电平。IC2 等构成单稳态电路，K 是量程选择开关，3DJ6 场效应管构成恒流电路，表头 A 指示转速值。

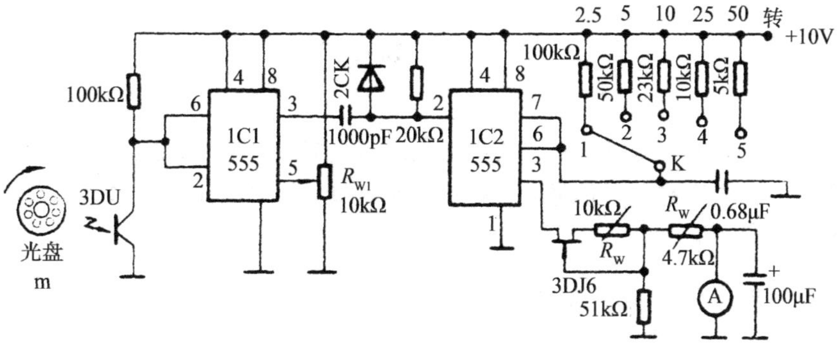

图 2.15　转速表电路

电机带动光盘转动，每到开孔处，3DU 受光照射一次，它便导通一次，使 IC1 输出一个脉冲，用其下跳沿去触 IC2 定时输出高电平，也就是用 IC2 单稳态电路来测量光脉冲的频率，通过表头 A 即可转换转速指示。

4. 光电式烟尘浓度计

工厂烟囱烟尘的排放是环境污染的重要来源，为了控制和减少烟尘的排放量，对烟尘的监测是必要的。如图 2.16 所示为光电式烟尘浓度计工作原理图。

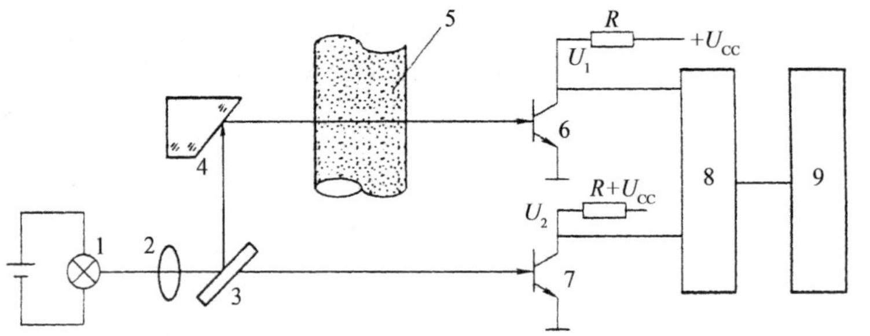

1. 光源；2. 聚光透镜；3. 半透半反镜；4. 反射镜；
5. 被测烟尘；6、7. 光敏三极管；8. 运算器；9. 显示器

图 2.16　光电式烟尘浓度计工作原理

光源出发的光线经半透半反镜分成两束强度相等的光线，一路光线直接到达光敏三极管 7 上，产生作为被测烟尘浓度的参比信号。另一路光线穿过被测烟尘到达光敏三极管 6 上，其中一部分光线被烟尘吸收或折射，烟尘浓度越高，光线的衰减量越大，到达光敏三极管 6 的光通量就越小。两路光线均转换成电压信号 U_1、U_2，由运算器 8 计算出 U_1、U_2 的比值，并进一步算出被测烟尘的浓度。

采用半透半反镜 3 及光敏三极管 7 作为参比通道的好处是：当光源的光通量由于种种原因有所变化或因环境温度变化引起光敏三极管灵敏度发生改变时，由于两个通道结构完全一样，所以在最后运算 U_1/U_2 值时，上述误差可自动抵消，减小了测量误差。根据这种测量方法也可以制作烟雾报警器，从而及时发现火灾。

2.4　光敏电阻

光敏电阻是一种利用光敏感材料的内光电效应（光导效应）制成的光电元件。它具有精度高、体积小、性能稳定、价格低等特点，所以被广泛应用在自动化技术中作为开关式光电信号传感元件。

2.4.1　工作原理、材料与结构

1. 工作原理

光敏电阻由一块两边带有金属电极的光电半导体组成，电极和半导体之间呈欧姆接触，使用时在它的两电极上施加直流或交流工作电压，如图 2.17 所示。在无光照射时，光敏电阻 R_G 呈高阻态，回路中仅有微弱的暗电流通过。在有光照射时，光敏材料吸收光能，使电阻率变小，R_G 呈低阻态，从而在回路中有较强的亮电流通过。光照越强，阻值越小，亮电流越大。如果将该亮电流取出，经放大后即可作为其他电路的控制电流。当光照射停止时，光敏电阻又逐渐恢复原值呈高阻态，电路又只有微弱的暗电流通过。

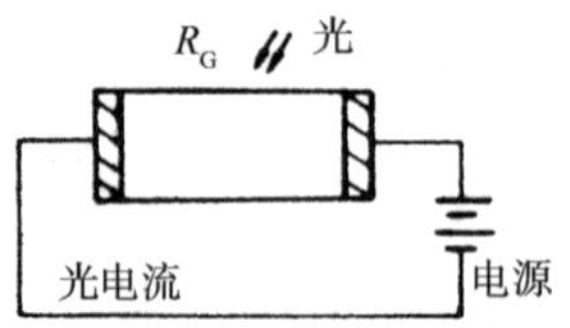

图 2.17　光敏电阻工作原理

2. 材料与结构

用于制造光敏电阻的材料主要有金属的硫化物、硒化物和锑化物等半导体材料。目前生产的光敏电阻主要是硫化镉，为提高其光灵敏度，在硫化镉中再掺入铜、银等杂质。

光敏电阻的外形、结构和符号如图 2.18 所示。通常采用涂敷、喷涂等方法在陶瓷基片上涂上栅状光导电体膜（硫化镉多晶体）经烧结而成。为防止受潮，采用两种封闭方法：① 金属外壳，顶部有透明玻璃窗口的密封结构；② 没有外壳，但在其表面涂上一层防潮树脂。

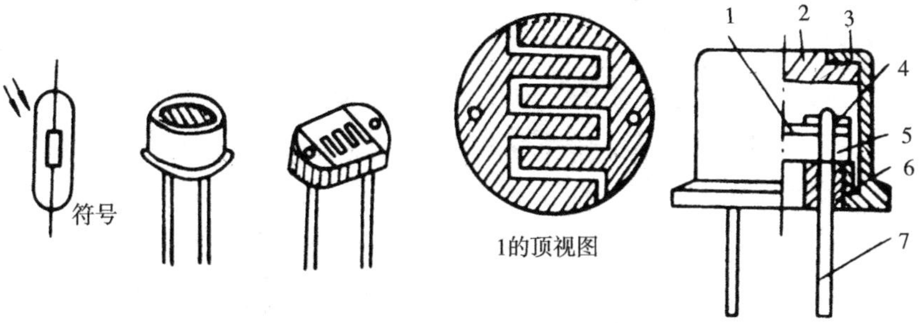

1. 光导层（CdS）；2. 玻璃窗口；3. 金属外壳；4. 电极；
5. 陶瓷基座；6. 黑色绝缘玻璃；7. 电极引线

图 2.18　光敏电阻外形结构

2.4.2　主要参数和基本特性

1. 主要参数

光敏电阻的主要参数包括暗电阻、亮电阻、光谱响应范围、峰值波长、时间常数等。

（1）暗电阻与亮电阻

这是光敏电阻性能中最主要的一个参数。所谓暗电阻是指在不受光照射时所测得的电阻值。这时在给定工作电压下，流过光敏电阻的电流叫暗电流。在有光照射时，光敏电阻的阻值称为亮电阻，此时的电流叫亮电流。亮电流与暗电流的差值称为光电流。

显然，亮电阻与暗电阻之差越大，光电流越大，灵敏度越高，光敏电阻的性能越好。实用的光敏电阻，其暗电阻往往超过 1MΩ，甚至高达 100MΩ，而亮电阻则在几千欧以下。

（2）光谱响应范围及峰值波长

光敏电阻的光谱响应特性表示光敏电阻对各种单色光的敏感程度。对应于一定敏感程度的波长区间称为光谱响应范围。对光谱响应最敏感的波长数值称为光谱响应峰值波长。

（3）时间常数

时间常数是指光敏电阻自停止光照起，到电流下降到原来值的 63% 所需的时间。不同材料的光敏电阻具有不同的时间常数。

2. 基本特性

光敏电阻的基本特性包括伏安特性、光照特性、光电灵敏度、光谱特性、频率特性和温度特性等。

(1) 伏安特性

在一定的照度下，加在光敏电阻两端的电压和光电流之间的关系曲线，称为光敏电阻的伏安特性，如图 2.19 所示。可以看出，光电流随外加电压的增加而增加，而且没有饱和现象。在外加电压为一定值时，光电流的数值随光照的增强而增加。在使用时，光敏电阻受耗散功率的限制，两端的电压不能超过最高工作电压，图中虚线为允许功耗曲线，由它可确定光敏电阻的正常工作电压。

(2) 光照特性

在一定外加电压下，光敏电阻的光电流与光通量 Φ 之间的关系曲线，称为光照特性，如图 2.20 所示。从图上来看，该曲线是非线性的，因此光敏电阻不宜用作定量检测元件，而常在自动控制中用作光电开关。

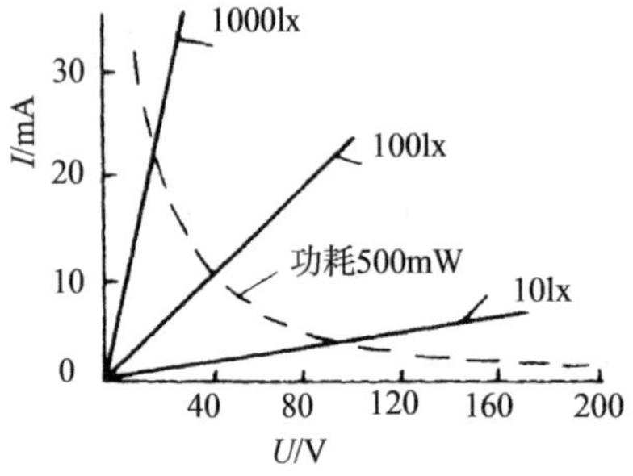

图 2.19 光敏电阻的伏安特性

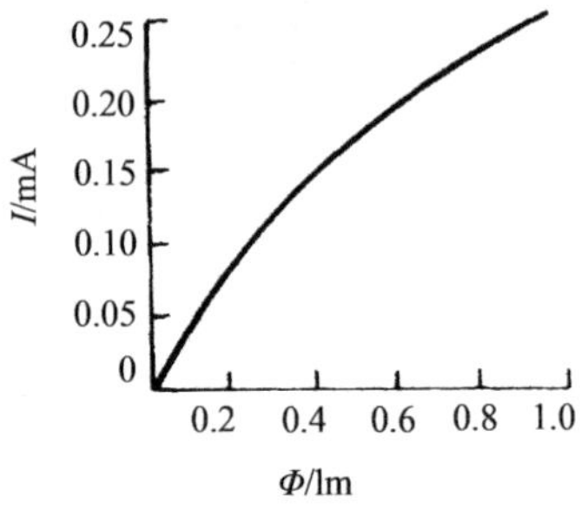

图 2.20 光敏电阻的光照特性

(3) 光电灵敏度

光电灵敏度是指单位光通量入射时能输出的光电流的大小，即 $\gamma = \mathrm{d}I/\mathrm{d}\Phi$。光照不同，灵敏度也发生变化。光照增大，灵敏度下降。最大灵敏度是指在光敏电阻上加以最大电压时，光电流 I_m 与光通量 Φ 之比值，即 $r_m = I_m/\Phi$。

相对灵敏度是指在单位外加电压下，入射单位光通量时对应的光电流输出，即：

$$K = \frac{\gamma}{U} = \frac{I}{\Phi U}$$

(4) 光谱特性

光敏电阻对于不同波长的光，其灵敏度是不同的。图 2.21 所示为三种不同材料光敏电阻的光谱特性曲线。从图中看出，硫化镉的峰值在可见光区域，而硫化铅的峰值在红外区域。因此，在选用光敏电阻时，应当把光敏电阻的材料和光源的种类结合起来考虑，才能获得满意的结果。

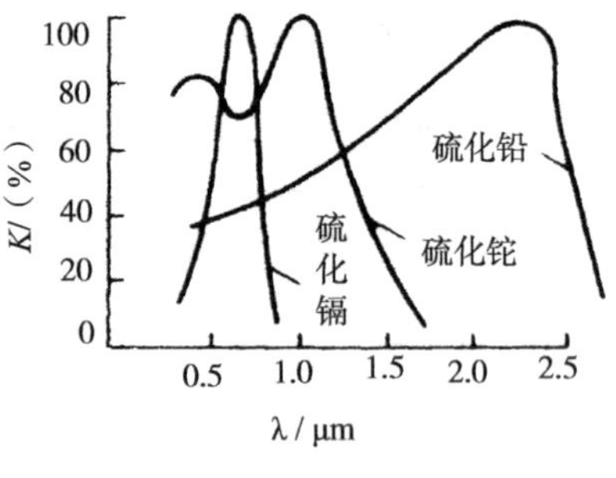

图 2.21 光敏电阻的光谱特性

(5) 频率特性

当光敏电阻受到脉冲光照时，光电流要经过一段时间才能达到稳态值，而在停止光照后，光电流也不立刻为零，这就是光敏电阻的时延特性。由于不同材料的光敏电阻时延特性不同，因此它们的频率特性也不同。图 2. 22 所示为相对灵敏度与光强变化频率之间的关系曲线。可以看出，硫化铅的使用频率比硫化铊高得多，但多数光敏电阻的时延都比较大，所以它不能用在要求快速响应的场合。

（6）温度特性

图 2. 23 所示为硫化铅光敏电阻的光谱温度特性曲线。光敏电阻和其他半导体器件一样，受温度影响较大。随着温度的升高，它的暗电阻和灵敏度都下降。同时温度变化也影响它的光谱特性。从图中可看出，随着温度的升高，光谱特性曲线的峰值向波长短的方向移动。

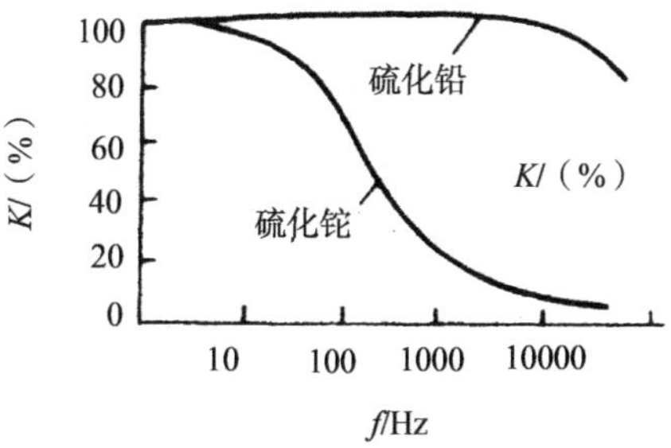

图 2. 22　光敏电阻的频率特性

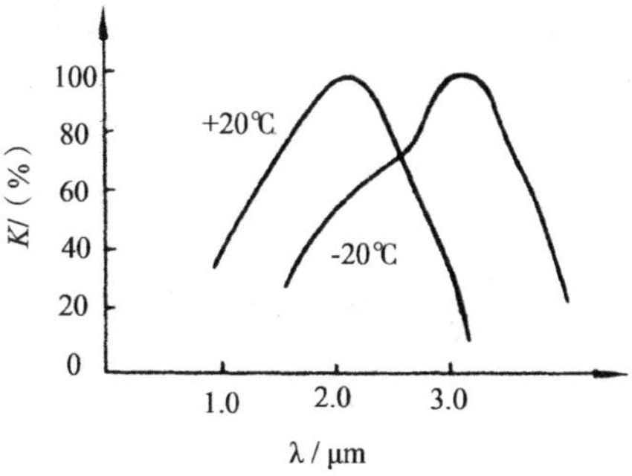

图 2. 23　硫化铅光敏电阻的光谱温度特性

2. 4. 3　常用光敏电阻的性能参数

表 2. 7 列出了常用国产 MG 型光敏电阻的性能参数，以供选用。

表 2. 7　MG 型光敏电阻的性能参数

型号规格	外径尺寸 /mm	封装方式	额定功率 /mW	亮阻 /kΩ	暗阻 /MΩ	使用环境温度 /℃	时间常数 /ms	最高工作电压 /V	技术条件号
MG41—21（MG41—20A）	Φ9. 2	金属玻璃全封密封装	20	≤1	≥0. 1	－40 ~ ＋70℃	≤20	100	ROV，468，039，JT
MG41—22（MG41—20B）	Φ9. 2		20	≤2	≥1	－40 ~ ＋70℃	≤20	100	
MG41—23（MG41—20C）	Φ9. 2		20	≤5	≥5	－40 ~ ＋70℃	≤20	100	
MG41—24（MG41—20D）	Φ9. 2		20	≤10	≥10	－40 ~ ＋70℃	≤20	100	
MG41—47（MG41—100A）	Φ9. 2		100	≤100	≥50	－40 ~ ＋70℃	≤20	100	
MG41—48（MG41—100B）	Φ9. 2		100	≤200	≥100	－40 ~ ＋70℃	≤20	150	
MG41—2 × 12（MG41—2 × 10B）	Φ9. 2		2 × 10	≤2	≥1	－40 ~ ＋70℃	≤20	2 × 50	
MG41—2 × 13（MG41—2 × 10C）	Φ9. 2		2 × 10	≤5	≥5	－40 ~ ＋70℃	≤20	2 × 50	

（续表）

型号规格	外径尺寸/mm	封装方式	额定功率/mW	亮阻/kΩ	暗阻/MΩ	使用环境温度/℃	时间常数/ms	最高工作电压/V	技术条件号
MG42—02（MG42—5A）	Φ7	金属玻璃全封密封装	5	≤2	≥0.1	-25 ~ +55℃	≤50	20	ROV，468，043，JT
MG42—03（MG42—5B）	Φ7		5	≤5	≥0.5	-25 ~ +55℃	≤50	20	
MG42—04（MG42—5C）	Φ7		5	≤10	≥1	-25 ~ +55℃	≤50	20	
MG42—05（MG42—5D）	Φ7		5	≤20	≥2	-25 ~ +55℃	≤50	20	
MG42—16（MG42—10A）	Φ7		10	≤50	≥10	-25 ~ +55℃	≤20	50	
MG42—17（MG42—10B）	Φ7		10	≤100	≥20	-25 ~ +55℃	≤20	50	
MG43—52	Φ20		200	≤2	≥1	-40 ~ +70℃	≤20	250	ROV，468，046，JT
MG43—53	Φ20		200	≤5	≥5	-40 ~ +70℃	≤20	250	
MG43—54	Φ20		200	≤10	≥10	-40 ~ +70℃	≤20	250	
MG43—2×42	Φ20		2×100	≤2	≥2	-40 ~ +70℃	≤20	2×125	
MG43—2×43	Φ20		2×100	≤5	≥5	-40 ~ +70℃	≤20	2×125	
MG45—12	Φ5	塑料封装	10	≤2	≥2	-40 ~ +70℃	≤20	50	（Φ4.5 照相机用）RVO，468，048，JT
MG45—13	Φ5		10	≤5	≥5	-40 ~ +70℃	≤20	50	
MG45—14	Φ5		10	≤10	≥10	-40 ~ +70℃	≤20	50	
MG45—32	Φ9		50	≤2	≥2	-40 ~ +70℃	≤20	150	
MG45—33	Φ9		50	≤5	≥5	-40 ~ +70℃	≤20	150	
MG45—34	Φ9		50	≤10	≥10	-40 ~ +70℃	≤20	150	
MG45—52	Φ16		200	≤2	≥2	-40 ~ +70℃	≤20	250	
MG45—53	Φ16		200	≤5	≥5	-40 ~ +70℃	≤20	250	
MG45—54	Φ16		200	≤10	≥10	-40 ~ +70℃	≤20	250	

2.4.4 应用举例

1. 阅读环境照度监视器

在学生中普遍存在着视力下降的问题，其原因之一就是读书环境的光线太暗，监视器利用光敏电阻采光可监测阅读环境的照度。当光照度低于100lx（国家规定标准阅读照度）时，扬声器播放乐曲告警，阅读环境照度监视器电路如图2.24所示。

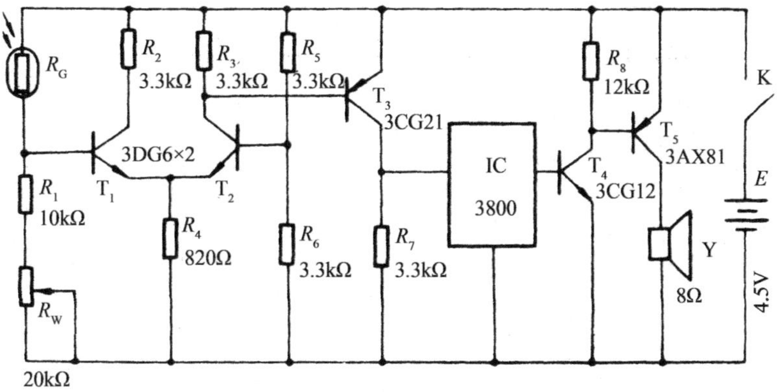

图 2.24　阅读环境照度监视器电路

R_G、R_1、R_W 构成采光电路，T_1 和 T_2 组成差动放大电路，以提高稳定性。光敏电阻 R_G 作为 T_1 的上偏置电阻，T_2、T_3 复合作为开关去控制音乐集成电路 IC 工作。T_4、T_5 构成复合功率放大以推动扬声器 Y。

R_G 的电阻值随光照强度的变化而改变，光照越强阻值越小。R_1 和 R_W 的值根据 R_G 在 100lx 光照时的值调定。当光照度由小增大到 100lx 时，R_G 阻值减小，T_1 导通，T_2、T_3 截止，IC 不工作，扬声器不发声。当光照度低于 100lx 时，R_G 阻值增大，T_1 失去偏流而截止，T_2、T_3 导通，IC 工作，扬声器放出乐曲。

本例中的 R_G 应尽可能选择其光谱特性曲线的峰值在波长为 55nm 绿色光附近的光敏电阻。此外，由于光敏电阻变化的非线性，并且有较大的离散性，所以必须对 R_1 和 R_W 加以调整。

2. 光电式带材跑偏检测装置

不论是钢带薄板，还是塑料薄膜、纸张、胶片等，在加工过程中极易偏离正确位置而产生所谓跑偏现象。带材过程中的跑偏不仅影响其尺寸精度，还会造成卷边、毛刺等质量问题。带材跑偏检测装置就是用来检测带材在加工过程中偏离正确位置的大小及方向，从而为纠偏控制机构电路提供一个纠偏信号，其工作原理和测量电路如图 2.25 所示。

光源 1 发出的光经透镜 2 会聚成平行光束后，再经透镜 3 会聚入射到光敏电阻 4（R_1）上。透镜 2、3 分别安置在带材合适位置的上、下方，在平行光束到达透镜 3 的途中，将有部分光线受到被测带材的遮挡，而使光敏电阻受照的光通量减小。R_1、R_2 是同型号的光敏电阻，R_1 作为测量元件安置在带料下方，R_2 作为温度补偿元件用遮光罩覆盖。R_1 ~ R_4 组成一个电桥电路，当带材处于正确位置（中间位置）时，通过预调电桥平衡，使放大器输出电压 U 为零。如果带材在移动过程中左偏时，遮光面积减小，光敏电阻的光照增加，阻值变小，电桥失衡，放大器输出负压 U_0；若带材右偏，则遮光面积增大，光敏电阻的光照减弱，阻值变大，电桥失衡，放大器输出正压 U_0。输出电压 U_0 的正负及大小，反映了带材走偏的方向及大小。输出电压 U_0 一方面由显示器显示出来，另一方面被送到纠偏控制系统，作为驱动执行机构产生纠偏动作的控制信号。

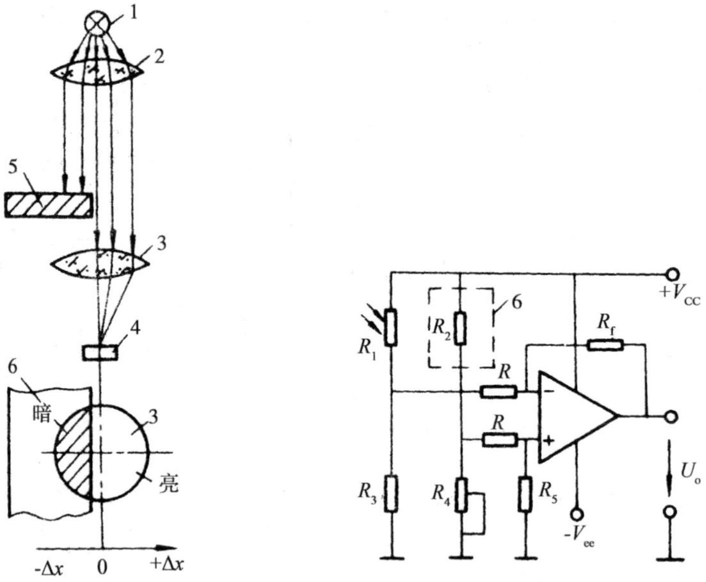

（a）原理示意图　　（b）测量电路

1. 光源；2、3. 透镜；4. 光敏电阻 R_1；5. 被测带材；6. 遮光罩

图 2.25　带材跑偏检测装置

2.5　光　电　池

光电池是在光线照射下，能直接将光量转变为电动势的光电元件。实质上它就是电压源。这种光电元件是基于阻挡层的光电效应。

光电池的种类很多，有硒光电池、氧化亚铜光电池、硫化铊光电池、硫化镉光电池、锗光电池、硅光电池、砷化镓光电池等。其中最受重视的是硅光电池和硒光电池，因为它们有一系列优点，例如性能稳定、光谱范围宽、频率特性好、转换效率高、能耐高温辐射等。另外，由于硒光电池的光谱峰值位置在人眼的视觉范围，所以很多分析仪器、测量仪表也常常用到它。下面着重介绍硅和硒两种光电池。

2.5.1　工作原理和结构

硅光电池是在一块 N 型硅片上，用扩散的方法掺入一些 P 型杂质（例如硼）形成 PN 结，如图 2.26 所示。

入射光照射在 PN 结上时，若光子能量 $h\nu$ 大于半导体材料的禁带宽度 E_g，则在 PN 结内产生电子-空穴对，在内电场的作用下，空穴移向 P 型区，电子移向 N 型区，使 P 型区带正电，N 型区带负电，因而 PN 结产生电势。

硒光电池是在铝片上涂硒，再用溅射的工艺，在硒层上形成一层半透明的氧化镉。在正反两面喷上低溶合金作为电极，如图 2.27 所示。在光线照射下，镉材料带负电，硒材料上带正电，形成光电流或光电势。

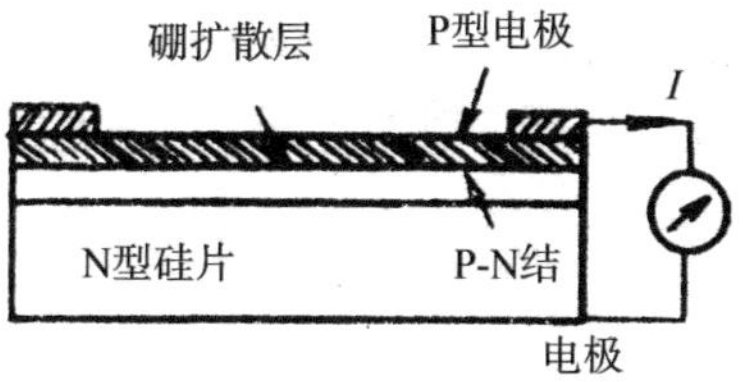

图 2.26　硅光电池结构示意图

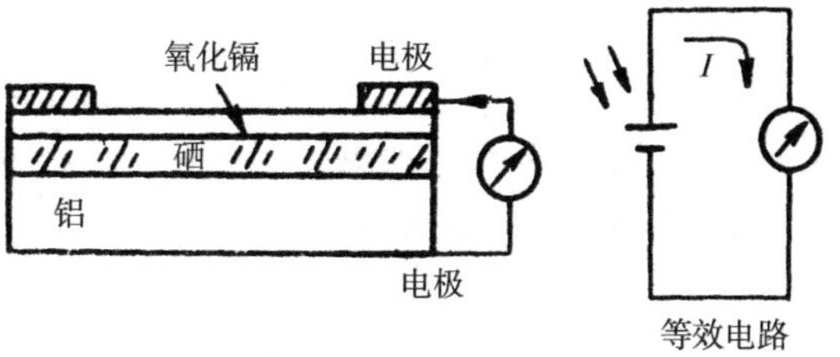

图 2.27　硒光电池结构示意图

2.5.2　基本特性

光电池的基本特性主要包括光谱特性、光照特性、频率特性和温度特性等。

1. 光谱特性

硒光电池和硅光电池的光谱特性曲线，如图 2.28 所示。从曲线上可以看出，不同的光电池，光谱峰值的位置不同。例如硅光电池在 8000Å 附近，硒光电池在 5400Å 附近。

硅光电池的光谱范围广，即为 4500Å ~ 11000Å 之间，硒光电池的光谱范围为 3400Å ~ 7500Å。因此硒光电池适用于可见光，常用于照度计测定光的强度。

在实际使用中，应根据光源性质来选择光电池；反之，也可以根据光电池特性来选择光源。例如硅光电池对于白炽灯在温度为 2850K 时，能够获得最佳的光谱响应；但是要注意，光电池光谱值位置不仅和制造光电池的材料有关，同时也和制造工艺有关，而且也随着使用温度的不同而有所移动。

2. 光照特性

光电池在不同的光强照射下可产生不同的光电流和光生电动势。硅光电池的光照特性曲线如图 2.29 所示。从曲线可以看出，短路电流在很大范围内与光强成线性关系。开路电压随光强变化是非线性的，并且当照度在 2000lx 时就趋于饱和了。因此把光电池作为测量元件时，应把它当作电流源的形式来使用，不宜用作电压源。

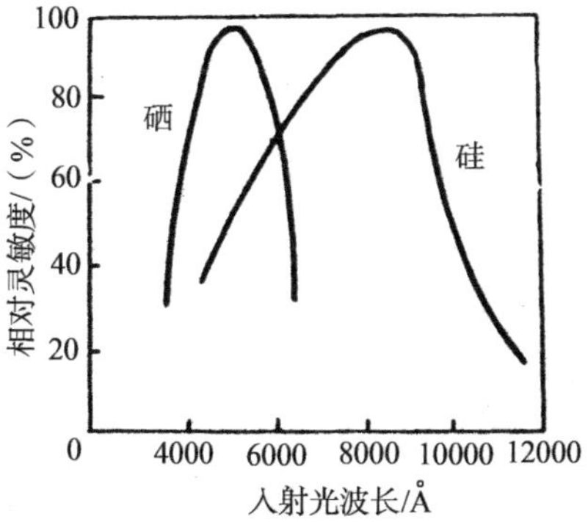

图 2.28　光电池的光谱特性

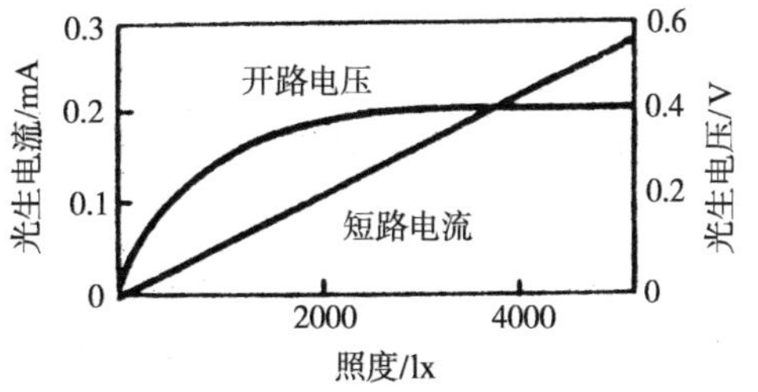

图 2.29　硅光电池的光照特性

所谓光电池的短路电流，是反映外接负载电阻相对于光电池内阻很小时的光电流。而光电池的内阻是随着照度增加而减小的，所以在不同照度下可用大小不同的负载电阻为近似“短路”条件。从实验中知道，负载电阻越小，光电流与照度之间的线性关系越好，且线性范围越宽。对于不同的负载电阻，可以在不同的照度范围内，使光电流与光强保持线性关系。所以应用光电池作测量元件时，所用负载电阻的大小，应根据光强的具体情况而定。总之，负载电阻越小越好。

3. 频率特性

光电池在作为测量、计数、接收元件时，常用交变光照。光电池的频率特性就是反映光的交变频率和光电池输出电流的关系，如图 2. 30 所示。从曲线可以看出，硅光电池有很高的频率响应，可用在高速计数、有声电影等方面。这是硅光电池在所有光电元件中最为突出的优点。

4. 温度特性

光电池的温度特性主要描述光电池的开路电压和短路电流随温度变化的情况。由于它关系到应用光电池设备的温度漂移，影响到测量精度或控制精度等主要指标，因此它是光电池的重要特性之一。光电池的温度特性曲线如图 2. 31 所示。从曲线看出，开路电压随温度升高而下降的速度较快，而短路电流随温度升高而缓慢增加。因此当光电池用作测量元件时，在系统设计中应该考虑到温度的漂移，从而采取相应的措施来进行补偿。

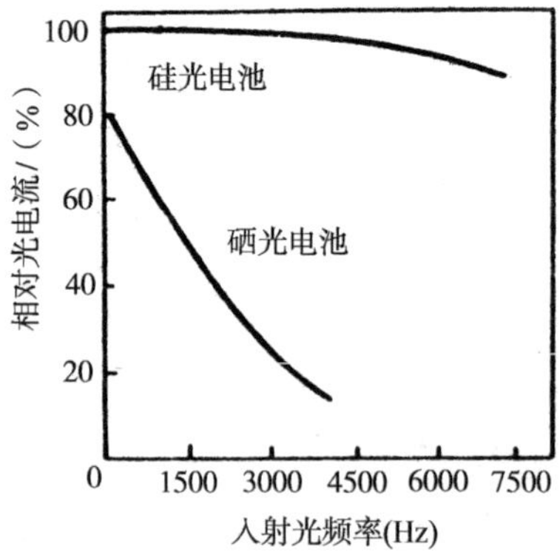

图 2. 30　光电池的频率特性

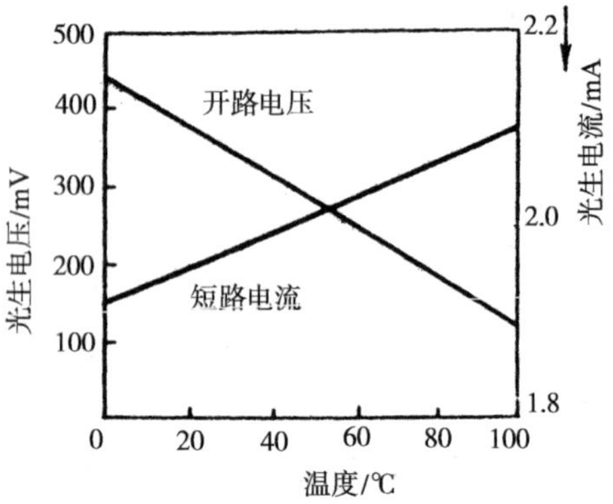

图 2. 31　光电池的温度特性

2. 5. 3　型号参数

表 2. 8 为国产硅光电池的特性参数。由表可见，硅光电池的最大开路电压为 600mV，在照度相等的情况下，光敏面积越大，输出的光电流也越大。

表 2. 8　硅光电池 2CR 型特性参数

型　号	参　数				
	开路电压 /mV	短路电流 /mA	输出电流 /mA	转换效率 /(%)	面积 /mm²
2CR11	450 ~ 600	2 ~ 4		>6	2. 5 × 5
2CR21	450 ~ 600	4 ~ 8		>6	5 × 5

（续表）

型　号	参　数				
	开路电压 /mV	短路电流 /mA	输出电流 /mA	转换效率 /（%）	面积 /mm²
2CR31	450～600	9～15	6.5～8.5	6～8	5×10
2CR32	550～600	9～15	8.6～11.3	8～10	5×10
2CR33	550～600	12～15	11.4～15	10～12	5×10
2CR34	550～600	12～15	15～17.5	12 以上	5×10
2CR41	450～600	18～30	17.6～22.5	6～8	10×10
2CR42	500～600	18～30	22.5～27	8～10	10×10
2CR43	550～600	23～30	27～30	10～12	10×10
2CR44	550～600	27～30	27～35	12 以上	10×10
2CR51	450～600	36～60	35～45	6～8	10×20
2CR52	500～600	36～60	45～54	8～10	10×20
2CR53	550～600	45～60	54～60	10～12	10×20
2CR54	550～600	54～60	54～60	12 以上	10×20
2CR61	450～600	40～65	30～40	6～8	ϕ17
2CR62	500～600	40～65	40～51	8～10	ϕ17
2CR63	550～600	51～65	51～61	10～12	ϕ17
2CR64	550～600	61～65	61～65	12 以上	ϕ17
2CR71	450～600	72～120	54～120	>6	20×20
2CR81	450～600	88～140	66～85	6～8	ϕ25
2CR82	500～600	88～140	86～110	8～10	ϕ25
2CR83	550～600	110～140	110～132	10～12	ϕ25
2CR84	550～600	132～140	132～140	12 以上	ϕ25
2CR91	450～600	18～30	13.5～30	>6	5×20
2CR101	450～600	173～288	130～228	>6	ϕ35

注：① 测试条件：在室温 30℃下，入射辐照度 $E_c = 100\mathrm{mW/cm^2}$，输出电流是在输出电压为 400mV 下测得的。

② 光谱范围：0.4μm～1.1μm；峰值波长：0.8μm～0.9μm；响应时间：10^{-8}s～10^{-6}s；使用温度：－55℃～＋125℃。

③ 2DR 型参数分类均与 2CR 型相同。

2.5.4　应用举例

光电池的应用面很广，下面介绍 2 款最为典型的应用。

1. 太阳电池电源

一般太阳电池电源系统主要由太阳电池方阵、蓄电池组、调节控制器和阻塞二极管组成。

如图 2. 32 如果还需要向交流负载供电，则可加一个直流 - 交流变换器。其中，太阳电池方阵是按输出功率和电压的要求，选用若干片性能相近的单体光电池，经串联、并联连接后封装成一个可以单独作电源使用的太阳电池组件。有光照射时，太阳电池方阵发电并对负载供电，同时也对蓄电池组充电，以储存能量，供无太阳光照射时使用。无光照时，蓄电池组给负载供电，阻塞二极管反偏防止给光电池供电即二极管逆流造成浪费（放电）。调节控制器是将太阳电池方阵、蓄电池组和负载连接起来，实现充、放电自动控制的中间控制器。在充电电压达到蓄电池上限电压时，它能自动切断充电电路，停止对蓄电池充电。当蓄电池电压低于下限值时，能自动切断输出电路。因此，调节控制器不仅能使蓄电池供电电压保持在一定范围，而且能防止蓄电池因充电电压过高或过低而损伤。逆变器是将直流电转换为交流电的装置。

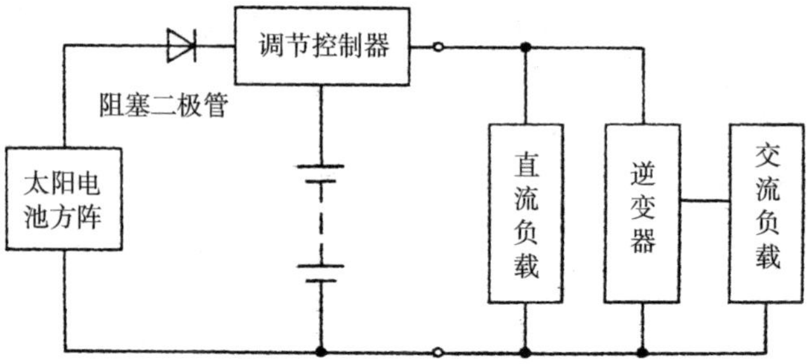

图 2. 32　太阳电池电源示意图

2. 路灯光电自动开关

如图 2. 33 所示为路灯自动控制器的电路。电路主回路由交流接触器 CJD－10 的三个常开触头并联以适应较大负荷的需要，接触器触头的通断由控制回路控制。当天黑时，光电池 2CR 本身的电阻和 R_1、R_2 组成分压器，使 BG_1 基极电位为负，BG_1 导通，经 BG_2、BG_3、BG_4 构成多级直流放大，BG_4 导通使继电器 J 动作，从而接通交流接触器，使常开

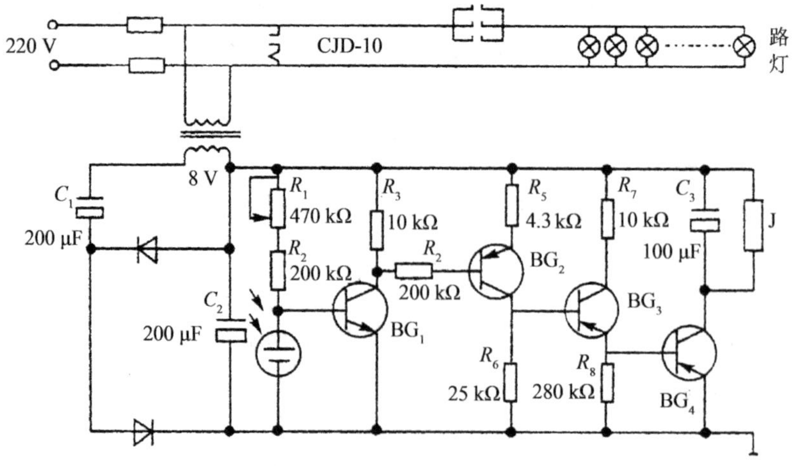

图 2. 33　路灯自动控制器电路

触头闭合，路灯亮。当天亮时，硅光电池受光照射后，它产生 0.2V ~ 0.5V 电动势，使 BG_1 在正偏压后而截止，后面多级放大器不工作，BG_1 截止，继电器 J 释放使回路触头断开，灯灭。调节 R_1 可调整 BG_1 的截止电压，以调节自动开关的灵敏度。

2.6 高速光电二极管

高速光电二极管主要用于光纤通信和光电自动控制的快速接收器件。

随着高速光通信和信息处理技术的发展，提高光电传感器的响应速度变得越来越重要，人们相继研制了一批高速光电器件，例如，PIN 结光电二极管、雪崩式光电二极管等。由于它们具有一般 PN 结光电二极管的线性特性，仅在结构上有所不同，因此，本节介绍它们的结构原理和相关特性参数。

2.6.1 类型结构

1. PIN 结光电二极管

PIN 结光电二极管结构如图 2.34 所示。它与一般 PN 结光电二极管不同之处在于，P 层和 N 层之间增加了一层很厚的高电阻率的本征半导体（I）。同时，将 P 层做得很薄。当入射光照射在 P 层上时，由于 P 层很薄，大量的光被较厚的 I 层吸收，激发较多的载流子形式光电流；又由于 PIN 结光电二极管比 PN 结光电二极管施加较高的反偏置电压，使其耗尽层加宽。当 P 型半导体和 N 型半导体结合后，在交界处就形成电子和空穴的浓度差别，因此，N 区的电子要向 P 区扩散，P 区空穴向 N 区扩散，P 区一边失去空穴，留下带负电的杂质离子，N 区一边失去电子，留下带正电的杂质离子，在 PN 交界面形成空间电荷，即在交界处形成了很薄的空间电荷区，即为 PN 结。在该区域中，多数载流子已扩散到对方而复合掉，或者说消耗尽了，因此，空间电荷区有时又称为耗尽层，它的电阻率很高。扩散越强，耗尽层越宽。同时，加强了它的 PN 结内电场，加速了光电子的定向运动，大大减小了漂移时间，因而提高了响应速度。PIN 结光电二极管仍然具有一般 PN 结光电二极管的线性特性。因此，在光信号检测技术中得到广泛应用。

2. 雪崩式光电二极管（APD）

雪崩式光电二极管的结构如图 2.35 所示。它不同于普通二极管的结构，在 PN 结的 P 型区外侧增加一层掺杂浓度极高的 P^+ 层。当在其上加高反偏压时，以 P 层为中心的两侧产生极强的内部加速场（可达 10^5V/cm）。当光照射时，P^+ 层受光子能量激发的电子从价带跃迁到导带，在高电场作用下，电子以高速通过 P 层，并在 P 区产生碰撞电子，形成大量新生电子-空穴对，并且它们也从电场中获得高能量，与从 P^+ 层来的电子一起再次碰撞 P 区的其他原子，又产生大批新生电子-空穴对。当所加反向偏压足够大时，不断产生二次电子发射，形成“雪崩”式的载流子，构成强大的光电流。

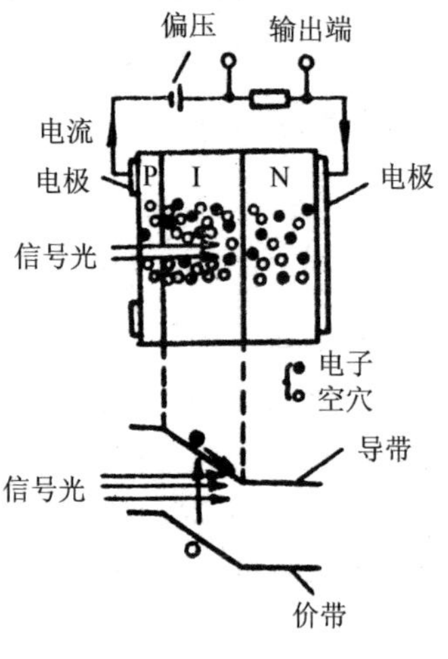

图 2.34　PIN 结光电二极管结构

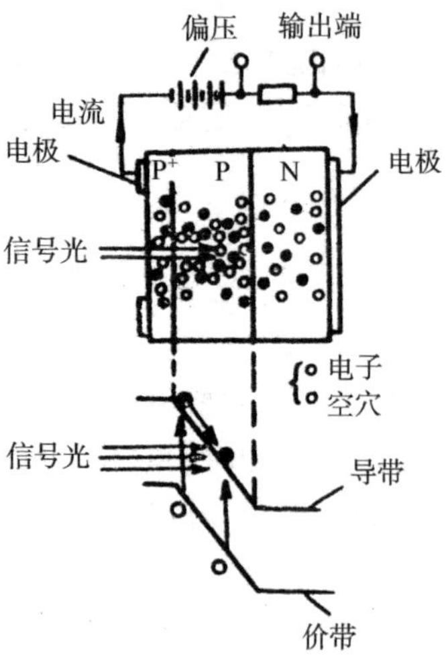

图 2.35　雪崩式光电二极管（APD）结构

显然，APD 的响应时间极短，灵敏度很高，它在光通信中应用前景广阔。

2.6.2　特性参数

下面以硅 PIN 型光电二极管为例，讲解高速光电二极管的特性参数。其基本参数见表 2.9，外形尺寸见图 2.36，特性曲线见图 2.37。

表 2.9　高速光电二极管的基本参数

型号或名称	光谱范围 /μm	峰值波长 /μm	灵敏度 /（μA/μW）	响应时间 /s	最小可探测功率 /$WHz^{1/2}$
硅雪崩光电二极管	0.4 ~ 1.1	0.8 ~ 0.86	>30	10^{-9}	$NEP = 5 \times 10^{-14}$
硅 PIN 型光电二极管	0.4 ~ 1.1	0.8 ~ 0.86	>30	$\leqslant 10^{-9}$	$NEP = 5 \times 10^{-14}$

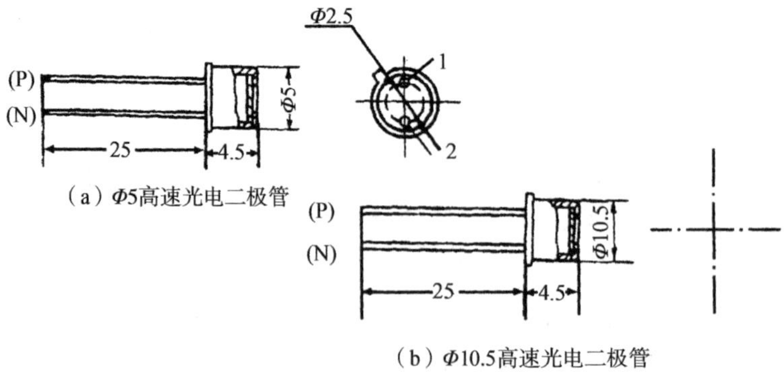

图 2.36　信号快速接收光电二极管外形尺寸图

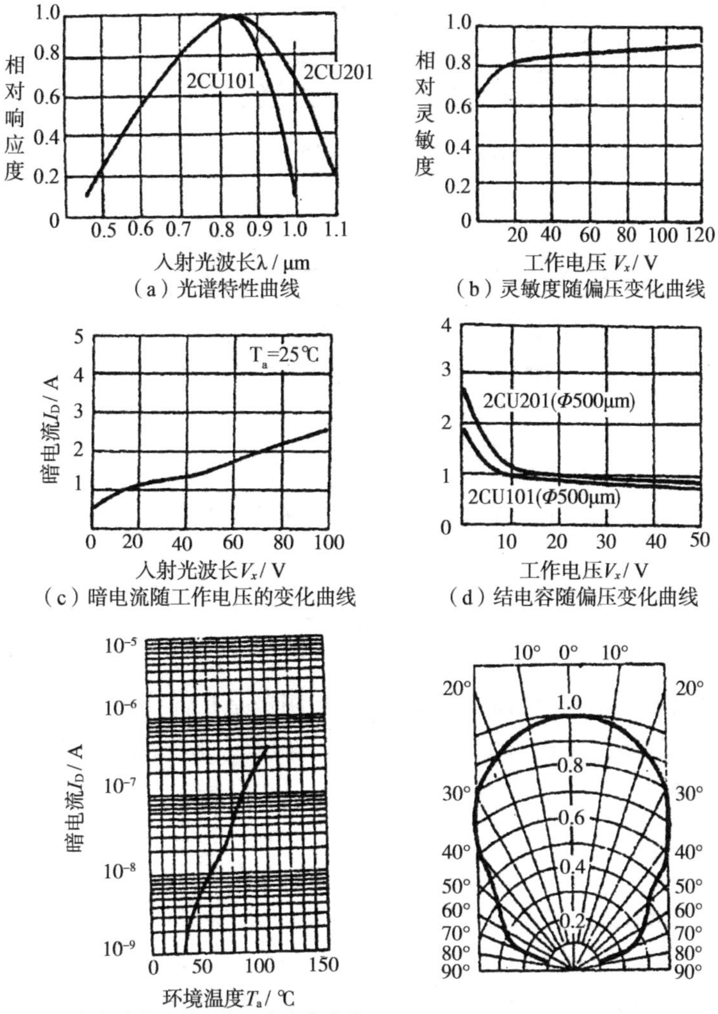

（a）光谱特性曲线　（b）灵敏度随偏压变化曲线

（c）暗电流随工作电压的变化曲线　（d）结电容随偏压变化曲线

（e）暗电流随环境温度变化曲线　（f）入射光角分布曲线

图 2.37　信号快速接收光电二极管特性曲线图

从图表中可以看出，高速光电二极管的外形与一般硅光电二极管类似，但灵敏度为一般硅光电二极管的 50 倍以上，响应时间高出 2 个数量级，探测精度高出 5 个数量级。因此，高速光电二极管广泛应用于高速信息处理系统领域。

2.7　光电倍增管

光电倍增管主要用于高精度的分析仪器，如原子分光光度计等。它的特点是将微小光电电流进行放大，光电流最大可达 10^{-3}A ~ 10^{-4}A，以便能直接连接到指示仪表（微安表）。

当入射光很微弱时，普通光电管产生的光电流很小，只有零点几个微安，很不容易探测，这时常用光电倍增管对电流进行放大，图 2.38 是光电倍增管的外形和工作原理图。

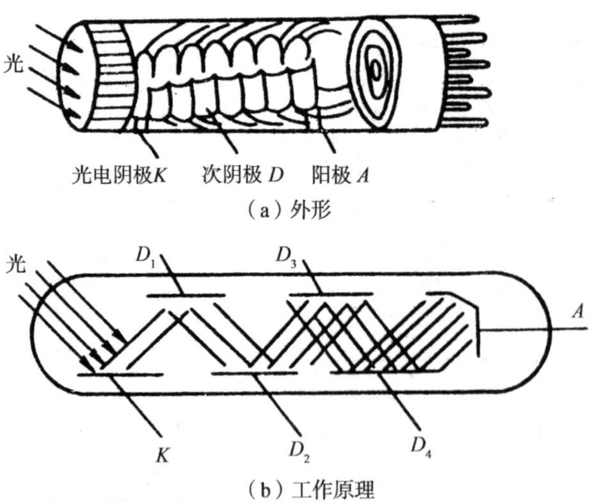

图 2.38　光电倍增管的外形和工作原理

2.7.1　结构组成

光电倍增管由光电阴极、次阴极（倍增电极）以及阳极这三部分组成，如图 2.38 所示。光电阴极是由半导体光电材料锑铯做成。次阴极是在镍或铜-铍的补底上涂上锑铯材料而形成的。次阴极多的可达 30 级，通常为 12 ~ 14 级。阳极是最后用来收集电子的，它输出的是电压脉冲。

2.7.2　工作原理

光电倍增管除光电阴极外，还有若干个倍增电极。使用时在各个倍增电极上均加上电压。阴极电位最低，从阴极开始，各个倍增电极的电位依次升高，阳极电位最高。同时这些倍增电极用次级发射材料制成，这种材料在具有一定能量的电子轰击下，能够产生更多的“次级电子”。由于相邻两个倍增电极之间有电位差，因此存在加速电场，对电子加速。从阴极发出的光电子，在电场的加速下，打到第一个倍增电极上，引起二次电子发射。每个电子能从这个倍增电极上打出 3 ~ 6 倍个次级电子；被打出来的次级电子再经过电场的加速后，打在第二个倍增电极上，电子数又增加 3 ~ 6 倍，如此不断倍增，阳极最后收集到的电子数将达到阴极发射电子数的 $10^5 \sim 10^6$ 倍，即光电倍增管的放大倍数可达到几万倍到几百万倍。光电倍增管的灵敏度就比普通光电管高几万到几百万倍，因此在很微弱的光照时，它就能产生很大的光电流。

2.7.3　主要参数

光电倍增管的参数主要有以下几个：信增系数，光电阴极灵敏度、光电倍增管总灵敏度，暗电流，本底脉冲，光谱特性等。

1. 倍增系数 *M*

倍增系数 M 等于各倍增电极的二次电子发射系数 δ_i 的乘积。如果 n 个倍增电极的 δ_i

都一样，则 $M=\delta_i^n$，因此，阳极电流 I 为：

$$I=i\,\delta_i^n \tag{2.6}$$

式中，i 表示光电阴极的光电流。

光电倍增管的电流放大倍数 β 为：

$$\beta=\frac{I}{i}=\delta_i^n \tag{2.7}$$

M 与所加电压有关，一般 M 在 $10^5\sim10^8$ 之间。如果电压有波动，倍增系数也要波动，因此 M 具有一定的统计涨落。一般阳极和阴极之间的电压为 1000V ~ 2500V，两个相邻的倍增电极的电位差为 50V ~ 100V。对所加电压越稳越好，这样可以减小统计涨落，从而减小测量误差。

2. 光电阴极灵敏度和光电倍增管总灵敏度

另外，由于光电倍增管的灵敏度很高，因此不能受强光照射，否则将会损坏。

一个光子在阴极上能够打出的平均电子数叫作光电阴极的灵敏度。而一个光子在阳极上产生的平均电子数叫作光电倍增管的总灵敏度。

光电倍增管的实际放大倍数或灵敏度如图 2.39 所示。它的最大灵敏度可达 10A/lm，极间电压越高，灵敏度越高；但极间电压也不能太高，太高反而会使阳极电流不稳。

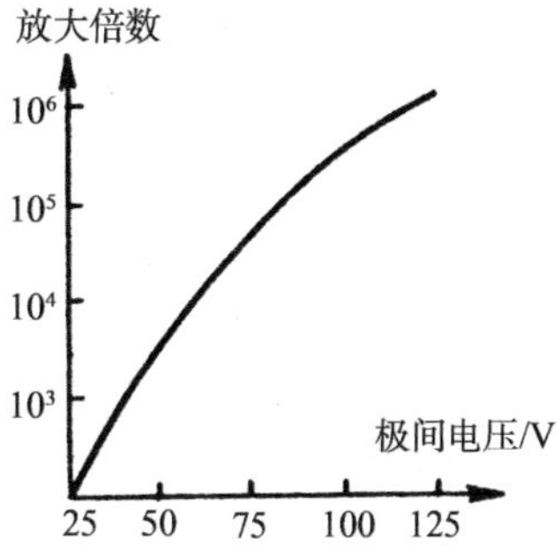

图 2.39　光电倍增管的特性曲线

3. 暗电流和本底脉冲

一般在使用光电倍增管时，必须把管子放在暗室里避光使用，使其只对入射光起作用；但是由于环境温度、热辐射和其他因素的影响，即使没有光信号输入，加上电压后阳极仍有电流，这种电流称为暗电流。这种暗电流通常可以用补偿电路加以消除。

光电倍增管的阴极前面放一块闪烁体，就构成闪烁计数器。在闪烁体受到人眼看不见的宇宙射线的照射后，光电倍增管就会有电流信号输出，这种电流称为闪烁计数器的暗电流，一般把它称为本底脉冲。

4. 光电倍增管的光谱特性

光电倍增管的光谱特性与相同材料的光电管的光谱特性很相似。

2.7.4　应用举例

光电倍增管主要用于高精度分析仪器，下面以闪烁计数器为例，说明其应用。

闪烁计数器是一种通用的精密核辐射探测器。核辐射源辐射的粒子能量被闪烁体（荧光体）吸收转换为闪光（光子），闪光传输到倍增管的光阴极转换为光电子，经倍增放大后输出电脉冲信号至记录设备中，图 2.40 为闪烁计数器原理图。只要探测出脉冲信号的数目及幅度，便可以测出射线的强弱与能量的大小。光电倍增管输出的脉冲信号必须经放大器放大，由于传递方式不同，通常采用两种放大器，一种是高输入阻抗的电压放大器，另一种是低输入阻抗的电流放大器。图 2.41（a）实际上为高输入阻抗射极跟随器电路，其中 180kΩ 的负载电阻将倍增管的电流脉冲变为电压脉冲，送入射随器，送到主放大器，完成阻抗变换。图 2.41（b）为低输入阻抗的放大器电路，阻抗约为几十欧姆。

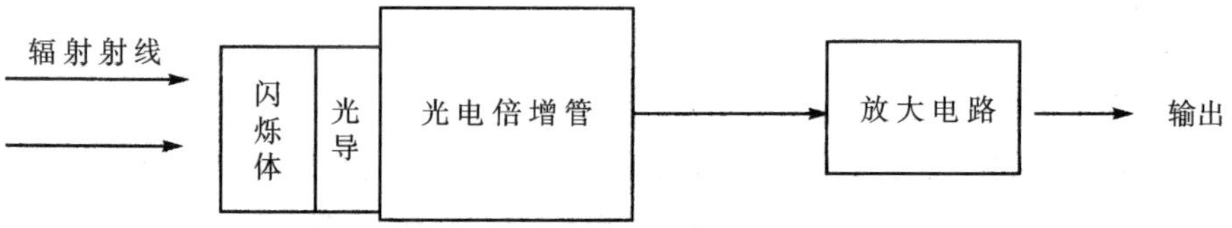

图 2.40　闪烁计数器原理图

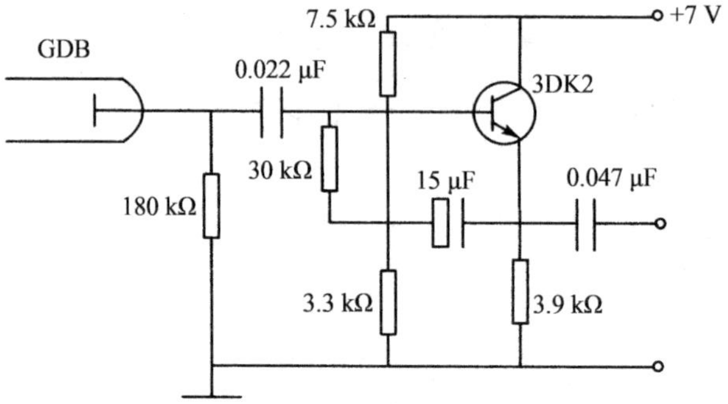

（a）高输入阻抗射极跟随器电路

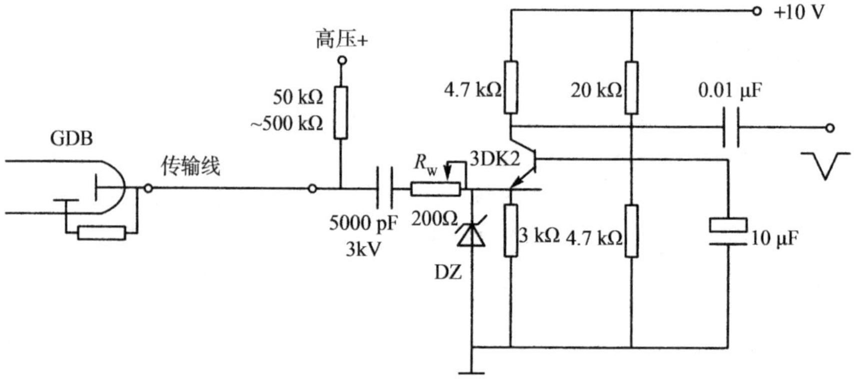

（b）低输入阻抗的电流放大器

图 2.41　两种常用的放大器电路

2.8　色敏光电传感器

色敏光电传感器是半导体光敏传感元件中的一种。它是基于内光电效应将光信号转换为电信号的光辐射探测元件。但不管是光电导器件还是光生伏特效应元件，它们检测的都是在一定波长范围内光的强度，或者说光子的数目。而半导体色敏元件则可用来直接测量从可见光到近红外波段内单色辐射的波长。这是近年来出现的一种新型光敏元件。

2.8.1 基本原理

色敏光电传感器相当于两支结构不同的光电二极管的组合，故又称光电双结二极管。其结构原理及等效电路如图 2.42 所示。

在图 2.42 中所表示的 P^+-N-P 不是晶体管，而是结深不同的两个 P-N 结二极管，浅结的二极管是 P^+-N 结；深结的二极管是 P-N 结。当有入射光照射时，P^+、N、P 三个区域及其间的势垒区中都有光子吸收，但效果不同。如上所述，紫外光部分吸收系数大，经过很短距离已基本吸收完毕。在此，浅结的光电二极管对紫外光的灵敏度高，而红外部分吸收系数较小，这类波长的光子则主要在深结区被吸收。因此，深结的那支光电二极管对红外光的灵敏度较高。这就是说，在半导体中不同的区域对不同的波长分别具有不同的灵敏度。这一特性给我们提供了将这种器件用于颜色识别的可能性，也就是可以用来测量入射光的波长。将两支结深不同的光电二极管组合，就构成了可以测定波长的半导体色敏传感器。在具体应用时，应先对该色敏元件进行标定。也就是说，测定不同波长的光照射下，该器件中两支光电二极管短路电流的比值 I_{SD2}/I_{SD1}，I_{SD1} 是浅结二极管的短路电流，它在短波区较大。I_{SD2} 是深结二极管的短路电流，它在长波区较大。因而二者的比值与入射单色光波长的关系就可以确定。根据标定的曲线，实测出某一单色光时的短路电流比值，即可确定该单色光的波长。

图 2.43 表示为不同结深二极管的光谱响应曲线。图中 V_{D1} 代表浅结二极管，V_{D2} 代表深结二极管。

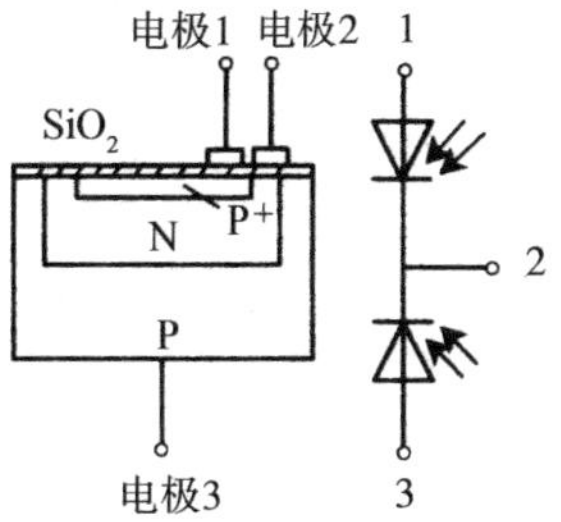

图 2.42 色敏光电传感器结构和等效电路图

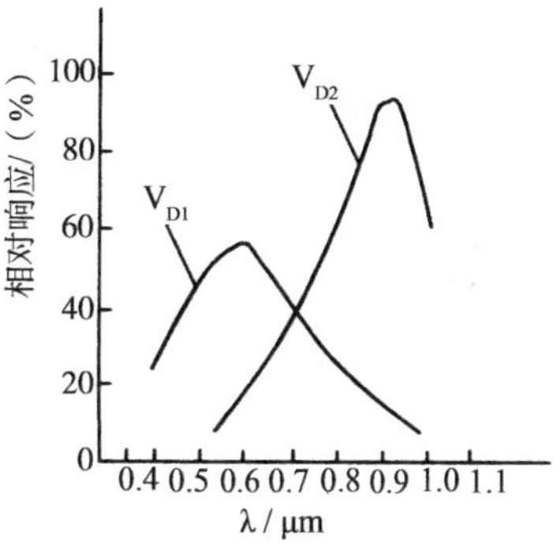

图 2.43 硅色敏管中 V_{D1} 和 V_{D2} 的光谱响应曲线

2.8.2 基本特征

色敏光电传感器的基本特征主要包括：光谱特性，短路电流比－波长特性和温度特性。

1. 光谱特性

色敏光电传感器的光谱特性是表示它所能检测的波长范围，不同型号之间略有差别。图2.44（a）给出了国产CS-1型色敏光电传感器的光谱特性，其波长范围是400nm～1000nm。

2. 短路电流比－波长特性

短路电流比－波长特性是表征半导体色敏元件对波长的识别能力，是赖以确定被测波长的基本特性。图2.44（b）表示上述CS-1型色敏光电传感器的短路电流比－波长特性曲线。

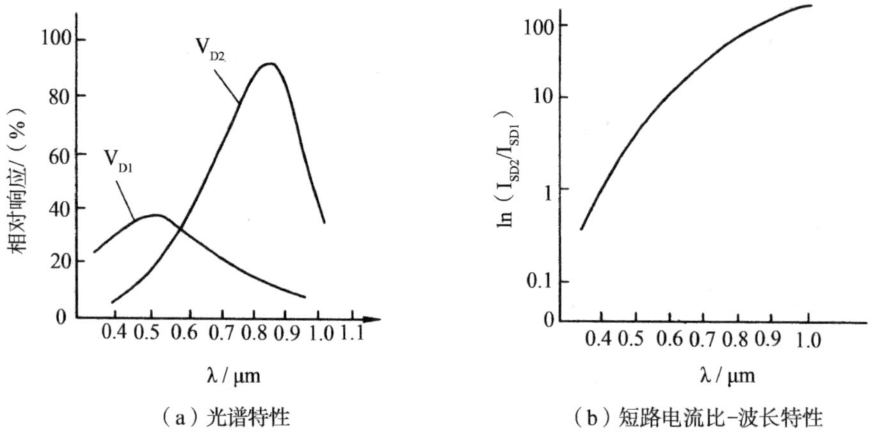

（a）光谱特性　　（b）短路电流比-波长特性

图2.44　色敏光电传感器的特性

3. 温度特性

由于色敏光电传感器测定的是两支光电二极管短路电流之比，而这两支光电二极管是做在同一块材料上的，具有相同的温度系数。这种内部补偿作用使色敏光电传感器的短路电流比对温度不十分敏感，因此通常可不考虑温度的影响。

2.8.3　应用举例

图2.45所示为检测光波长（即信号颜色）的处理电路。它由色敏光电传感器、两路对数电路及运算放大器OP_3构成。

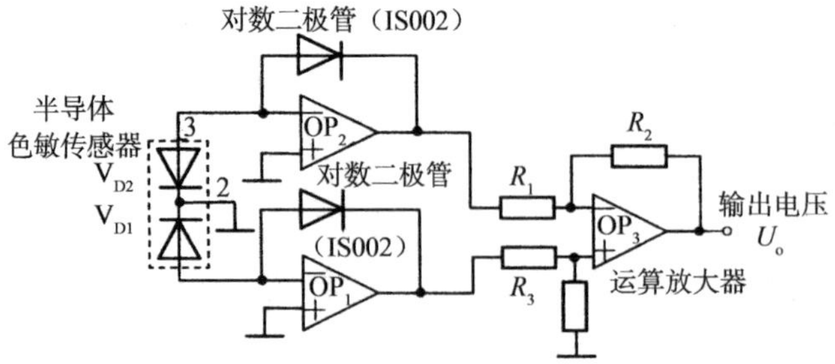

图2.45　色彩信号处理电路

识别色彩，必须获得两支光电二极管的短路电流比。故采用对数放大器电路，在电流比较小的时候，二极管两端加上的电压和流过电流之间存在近似对数关系，即 OP_1、OP_2 输出分别跟 $\ln I_{SD1}$、$\ln I_{SD2}$ 成比例，OP_3 取它们的差。输出为 $U_0 = C\ (\ln I_{SD_2} - \ln I_{SD1}) = C\ln\ (I_{SD2}/I_{SD1})$，其正比于短路电流比 I_{SD2}/I_{SD1} 的对数。其中 C 为比例常数。将电路输出电压经 A/D 变换，处理后即可判断出与电平对应的波长（即颜色）。

2.9 光位置传感器

2.9.1 结构原理

光位置传感器是一种硅光电二极管，它利用光线来检测位置，其工作原理如图 2.46 所示。当光线照射到硅光电二极管的某一位置时，结区的光电子向 N 层漂移，空穴向 P 层漂移。到达 P 层的空穴分成两部分：一部分沿表面电阻 R_1 流向 1 端，形成光电流 I_1；另一部分沿着表面电阻 R_2 流向 2 端形成光电流 I_2。当电阻层均匀分布时，$\frac{R_2}{R_1}=\frac{x_2}{x_1}$，则 $\frac{I_2}{I_1}=\frac{R_2}{R_1}=\frac{x_2}{x_1}$，故只要测出 I_1 和 I_2 就可以求得光照射的位置。

光位置传感器同样适用二维位置检测，其原理如图 2.47 所示，a，b 极用于检测 x 方向，a′，b′极用于检测 y 方向。目前该光位置传感器能测定的面积为 $13 \times 13\text{mm}^2$。

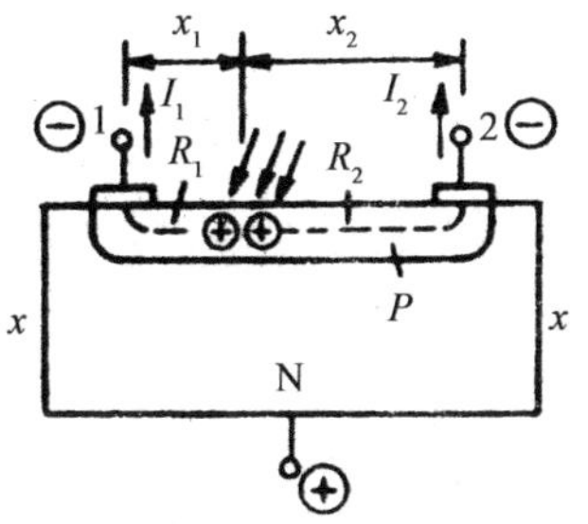

图 2.46 光位置传感器

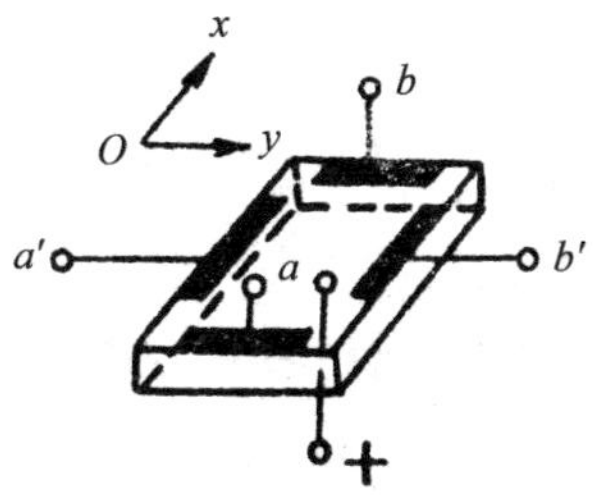

图 2.47 光平面位置检测原理

2.9.2 主要用途

光位置传感器常用于机械加工的定位装置，也可以作为机器人的眼睛和其他位置检测。

2.10 红外光传感器

红外技术是在最近几十年中发展起来的一门新兴技术。它已在科技、国防和工农业生产等领域获得了广泛的应用。红外光传感器按其应用可分为以下几方面：① 红外辐射计，用于辐射和光谱辐射测量；② 搜索和跟踪系统，用于搜索和跟踪红外目标，确定其空间位置并对其运动进行跟踪；③ 热成像系统，可产生整个目标红外辐射的分布图像，如红外图像仪、多光谱扫描仪等；④ 红外测距和通信系统；⑤ 混合系统，是指以上各类系统中的两个或多个的组合。

2.10.1 红外辐射基础

红外辐射俗称红外线，它是一种不可见光，由于是位于可见光中红色光以外的光线，故称红外线。它的波长范围大致在 0.76μm ~ 1000μm，红外线在电磁波谱中的位置如图 2.48 所示。工程上又把红外线所占据的波段分为四部分，即近红外、中红外、远红外和极远红外。

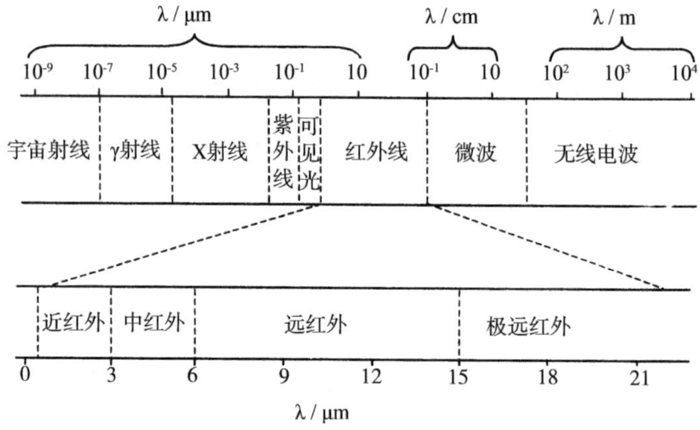

图 2.48 电磁波谱图

红外辐射的物理本质是热辐射。一个炽热物体向外辐射的能量大部分是通过红外线辐射出来的。物体的温度越高，辐射出来的红外线越多，辐射的能量就越强。而且，红外线被物体吸收，可以显著地转变为热能。

红外辐射和所有电磁波一样，是以波的形式在空间直线传播的。它在大气中传播时，大气层对不同波长的红外线存在不同的吸收带，红外线气体分析器就是利用该特性工作的，空气中对称的双原子气体，如 N_2、O_2、H_2 等不吸收红外线。而红外线在通过大气层时，有三个波段透过率高，它们是 2μm ~ 2.6μm、3μm ~ 5μm 和 8μm ~ 14μm，统称为“大气窗口”。这三个波段对红外探测技术特别重要，因为红外探测器一般都工作在这三个波段（大气窗口）之内。

2.10.2 红外光传感器的工作原理与结构

红外光传感器按工作原理可以分为光量子型和热电型两大类，其光量子型可直接把红外光能转换成电能，如对红外线敏感的光敏电阻和 PN 结型光生伏特效应器件，它们能在低室温下工作，灵敏度很高，响应速度快，但红外光的波长相应范围窄，可用于遥感成像等方面。热电型吸收红外光后变为热能，使材料的温度升高，电学性质发生变化，人们利用这个现象制成了测量光辐射的器件。这类器件中应用最广泛的就是红外光敏热释电效应器件。有较宽的红外波长相应范围，且价格便宜，所以倍受重视，发展很快，这里主要介绍热释电传感器。

1. 热释电效应及器件

由物理光学可知，光照射到材料上后一部分被吸收，且光强随着透入材料的深度而指数衰减，距表面 x 处的光强表示为：

$$\Phi(x)=\Phi_0 e^{-\alpha x} \tag{2.8}$$

式中，α 是吸收系数，也称为相对衰减梯度，它与材料和光的波长有关；Φ_0 为照射到材料表面的光强。

一些陶瓷材料具有自发极化（如铁电晶体）的特征，且其自发极化的大小在温度有稍许变化时变化很大。在温度长时间恒定时由自发极化产生的表面极化电荷数目一定，它吸附空气中的电荷达到平衡，并与吸附在空气中的符号相反的电荷产生中和；若温度因吸收红外光而升高，则极化强度会减小，使单位面积上极化电荷相应减少，释放一定量的吸附电荷；若与一个电阻连成回路（见图 2.49）会形成电流 I_s，则电阻上可产生一定的压降（ΔU），这种因温度变化引起自发极化值变化的现象称为热释电效应。

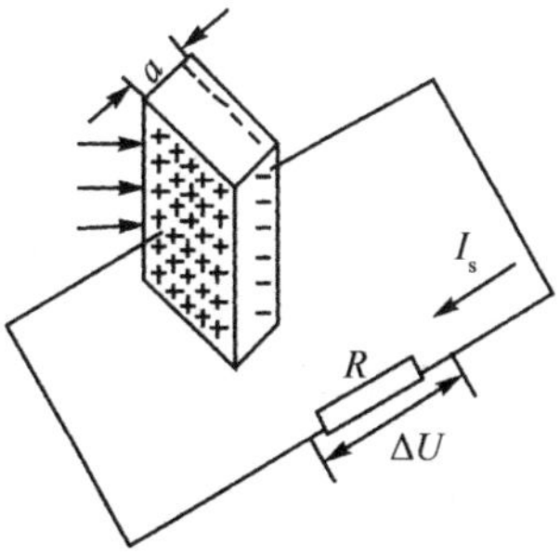

图 2.49 热释电效应原理示意图

为了使光照射引起整个材料的温度易于达到热平衡，一般采用陶瓷薄片。当连续光照达到热平衡，即吸热等于放热时温度不再变化，则不再释放电荷，R 上的压降就变为零，即无信号输出。因此热释电效应只能探测辐射的变化。实验证实，电阻上压降的变化表示为：

$$\Delta U=S\cdot\frac{dp_s}{dt}\cdot R=S\cdot\frac{dp_s}{dT}\cdot\frac{dT}{dt}\cdot R=S\cdot\chi\cdot R\cdot\frac{dT}{dt} \tag{2.9}$$

式中，S 为电极面积；$\frac{dp_s}{dt}$为自发极化矢量，随时间的变化；$\frac{dp_s}{dT}$是热释电系数χ（$10^{-8}\,C\cdot cm^{-2}\cdot K^{-1}$）；$\frac{dT}{dt}$是温度对时间的变化率，可以说是温度的变化速度。

由于$\frac{dT}{dt}$与红外线强度的变化成正比，结合式（2.9），可以得出输出信号 ΔU 正比于红外线强度的变化。用于检测时将热释电元件粘于支座上，并用一个具有透红外线单晶硅窗的金属壳封装。因为热释电元件为绝缘体，R 约为 $10^{12}\Omega$，易引入外部噪音，用场效应管进行阻抗交换和信号放大，所以一般将场效应管与输入电阻一起装入管壳内，如图 2.50 所示。通常为了增加热释电元件对红外线等电磁波的吸收，在元件表面被覆一层黑化膜。实用的热释电材料有 $LiTaO_3$、Sr0.48Ba0.52Nb_2O_6、$PbTiO_3$、ZnO 和 Ti_3AsSe_4 等。

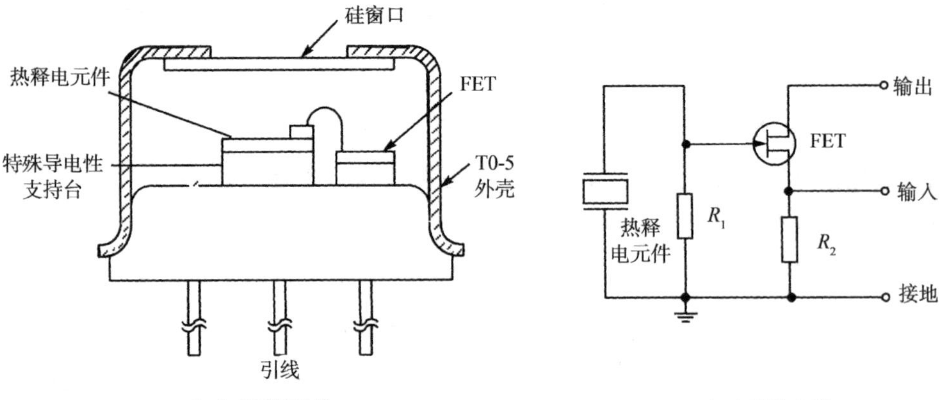

图 2.50　热释电传感器的结构和等效电路

2. 双元型红外传感器

双元型红外传感器是一种新型热释电传感器，专门用来检测人体辐射的红外线能量，目前已广泛应用于国际安全防御系统、自动控制、告警系统等。

目前，市场上常见的热释电传感器有国产的SD02、PH5324，日本的SCA02-1，美国的P2288等，大多数可以互换。双元型敏感单元的内部结构。SD02热释电传感器由敏感单元、场效应管、高阻抗变换管、滤光窗等组成，并在氮气环境下封装而成。图2.51为双元型敏感单元的内部结构。

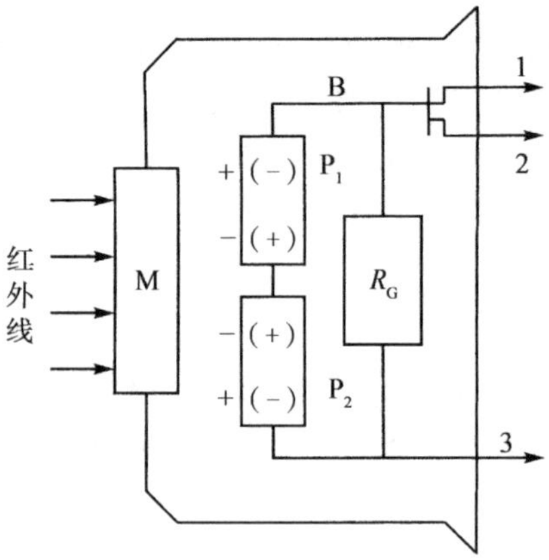

图 2.51　双元型敏感单元的内部结构

(1) 敏感单元

敏感单元用热释电材料锆钛酸铅（PZT）制成。这种材料在外加电场撤销后，仍然保持极化状态，且极化强度随温度升高而下降。制作时先把这些材料制成很薄的薄片，再从薄片两面各引出一根电极，构成有极性的小电容。此结构由于温度的变化而输出的热释电信号是有极性的。然后把两个极性相反的热释电敏感单元做在同一晶片上，这样由于环境的影响而使整个晶片发生温度变化时，极性相反的敏感单元产生的热释电信号相互抵消，传感器无输出；当人体静止在传感器检测范围内时，两个敏感单元产生的热释电相互抵消，也无信号输出；同样，在阳光下，由于阳光的移动速度极慢，加上传感器的频率响应低（一般为0.1Hz～10Hz）、在红外波长敏感范围窄（一般为5μm～15μm），因而热释电传感器可以抗可见光及其绝大部分红外线的干扰，只对运动的人体敏感。

(2) 高阻抗变换管（RG）和场效应管（BG）

由于常用的热释电敏感材料的阻抗值高达$10^{13}\Omega$，因此要用场效应管进行阻抗变换。在SD02中一般采用2SK303V3等构成源极跟随器，高阻抗电阻起释放栅极电荷的作用。一般在源极输出接法下，源极电压约为0.4V～1.0V。

（3）滤光窗

由于光感元件对各个波长具有一定的敏感性，为了对阳光、电灯光等有一定的抗干扰性，而对人体发出的红外线最敏感，在一块薄玻璃片上镀多层滤光层薄膜。该光窗能有效地滤除 7.0μm～14μm 波长以外的红外线。

物体发出的红外辐射能量最强时，其波长与温度的关系满足 $\lambda_m \cdot T = 2\ 989$（μm·K）（其中：$\lambda_m$ 为最大波长，T 绝对温度）。而人体温度为 36℃～37℃，辐射红外线最强波长为 9.67μm～9.64μm，恰好落在滤光窗的响应波长范围内。因此，滤光窗能很好地让人体辐射的红外线通过而阻止其他射线通过，以免引起干扰。但是，当电灯距传感器太近时，在灯泡开关时，仍有可能因传感器有信号输出而使后续电路误动作。

（4）菲涅尔透镜

热释电传感器只有与菲涅尔透镜配合使用，才能发挥最大作用，可使传感器的探测半径从不足 2m 提高到至少 10m 范围。菲涅尔透镜实际是一个透镜组，每个单位一般都只有一个不大的视场，且相邻的视场既不连续，也不交叉，都相隔一个盲区（见图 2.52）。这样，当人体在装有菲涅尔透镜的传感器监控范围内运动时，人体辐射的红外线通过菲涅尔透镜传到传感器上，形成一个不断交替变化的盲区和亮区，使得敏感单元的温度不断变化，相当于进入一个视场后，又走出这个视场，再进入另一视场，传感器从而输出信号。

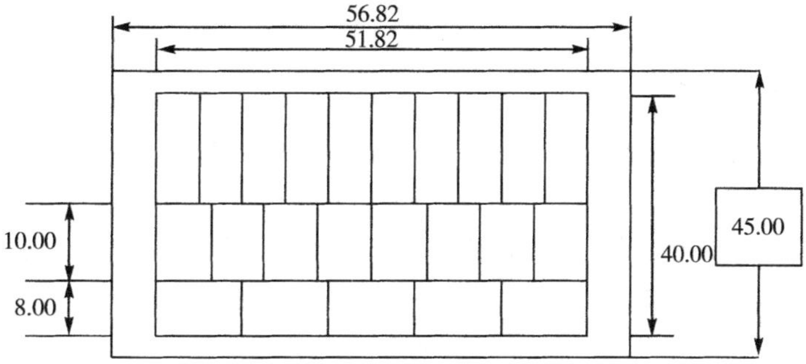

图 2.52　菲涅尔透镜的外形图

2.10.3　应用举例

下面通过 2 个例子来介绍红外光传感器的应用。

1. 红外测温仪

红外测温仪是利用热辐射物体在红外波段的辐射通量来测量温度的。当物体的温度低于 1000℃时，它向外辐射的不再是可见光而是红外光了，可用红外探测器检测温度。如采用分离出所需波段的滤光片，可使红外测温仪工作在任意红外波段。

图 2.53 是目前常见的红外测温仪方框图。它是一个包括光、机、电的一体化红外测温系统，图中的光学系统是一个固定焦距的透射系统，滤光片一般采用只允许 8μm～14μm 的红外辐射能通过的材料。步进电机带动调制盘转动，将被测的红外辐射调制成交变的红外辐射线。红外探测器一般为（钽酸锂）热释电探测器，透镜的焦点落在其光敏面上。被测目标的红外辐射通过透镜聚焦在红外探测器上，红外探测器将红外辐射变换为电信号输出。

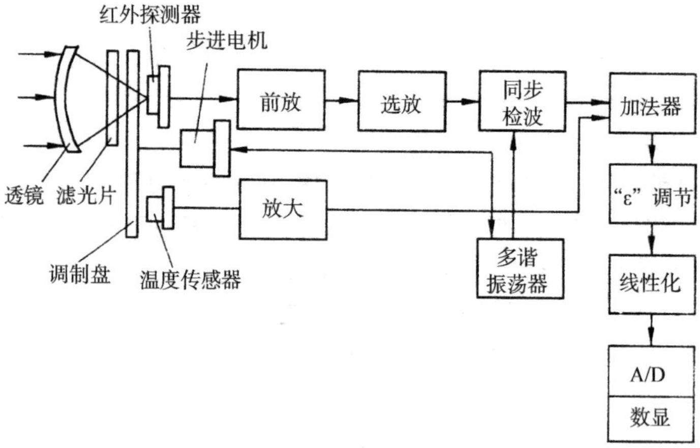

图 2.53 红外测温仪方框图

红外测温仪电路比较复杂，包括前置放大，选频放大，温度补偿，线性化，发射率（ε）调节等。目前已有一种带单片机的智能红外测温仪，利用单片机与软件的功能，大大简化了硬件电路，提高了仪表的稳定性、可靠性和准确性。

红外测温仪的光学系统可以是透射式，也可以是反射式。反射式光学系统多采用凹面玻璃反射镜，并在镜的表面镀金、铝、镍或铬等对红外辐射反射率很高的金属材料。

2. 红外线气体分析仪

红外线气体分析仪是根据气体对红外线具有选择性吸收的特性来对气体成分进行分析的。不同气体的吸收波段（吸收带）不同，图 2.54 给出了几种气体对红外线的透射光谱，从图中可以看出，CO 气体对波长为 4.65μm 附近的红外线具有很强的吸收能力，CO_2 气体则在 2.78μm 和 4.26μm 附近以及波长大于 13μm 的范围，对红外线有较强的吸收能力。如分析 CO 气体，则可以利用 4.65μm 附近的吸收波段进行分析。

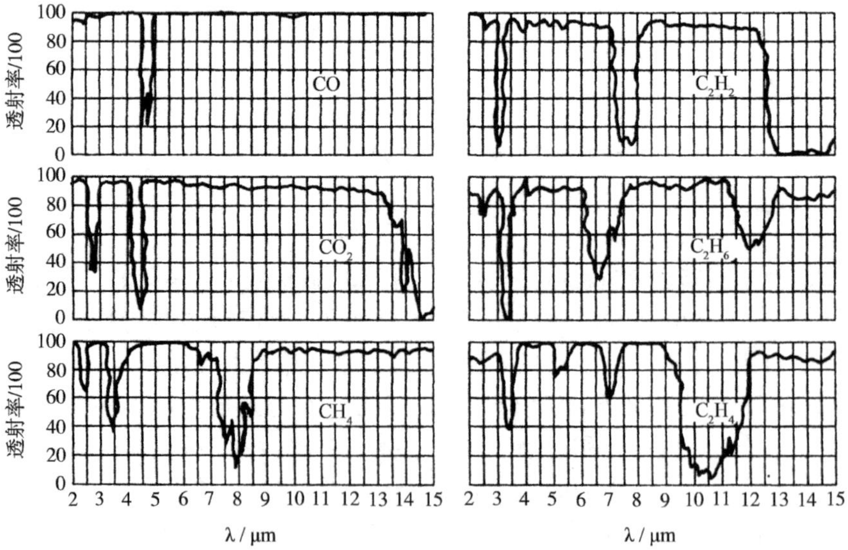

图 2.54 几种气体对红外线的透射光谱

图 2.55 是工业用红外线气体分析仪的结构原理图。它由红外线辐射光源、气室、红外操测器及电路等部分组成。

光源由镍铬丝通电加热发出 3μm ~ 10μm 的红外线，切光片将连续的红外线调制成脉冲状的红外线，以便于红外线检测器信号的检测。测量气室中通入被分析气体，参比气室中封入不吸收红外线的气体（如 N_2 等)。红外检测器是薄膜电容型，它有两个吸收气室，充以被测气体，当它吸收了红外辐射能量后，气体温度升高，导致室内压力增大。测量时(如分析 CO 气体的含量)，两束红外线经反射、切光后射入测量气室和参比气室。由于测量气室中含有一定量的 CO 气体，该气体对 4.65μm 的红外线有较强的吸收能力，而参比气室中气体不吸收红外线，这样射入红外探测器两个吸收气室的红外线光造成能量差异，使两个吸收室压力不同，测量边的压力减小，于是薄膜偏向定片方向，改变了薄膜电容两电极间的距离，也就改变了电容 C。如被测气体的浓度愈大，两束光强的差值也愈大，则电容的变化也愈大，因此电容变化量反映了被分析气体中被测气体的浓度。

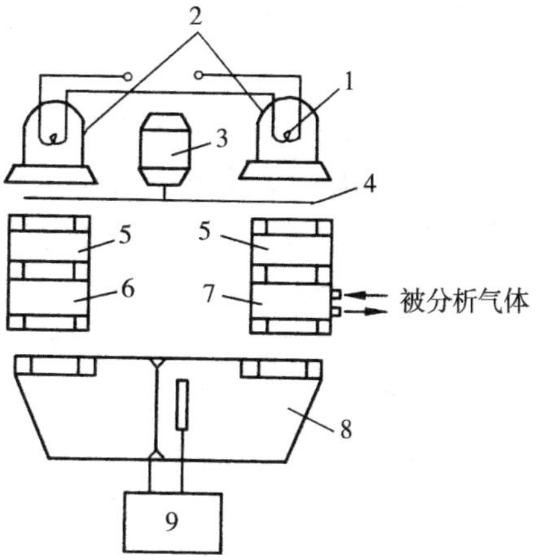

1.光源；2.抛物体反射镜；3.同步电动机
4.切光片；5.滤波气室；6.参比室；
7.测量室；8.红外探测器；9.放大器

图 2.55　红外线气体分析仪结构原理图

图 2.55 所示结构中还设置了滤波气室。它是为了消除干扰气体对测量结果的影响。所谓干扰气体，是指与被测气体吸收红外线波段有部分重叠的气体，如 CO 气体和 CO_2 气体在 4μm ~ 5μm 波段内红外吸收光谱有部分重叠，则 CO_2 的存在对分析 CO 气体带来影响，这种影响称为干扰。为此，在测量边和参比边各设置了一个封有干扰的滤波气室，它能将 CO_2 气体带红外线可吸收波段的能量全部吸收，因此左右两边吸收气室的红外线能量之差只与被测气体（如 CO）的浓度有关。

2.11　光固态图像传感器

光固态图像传感器是高度集成的半导体光敏传感器，以电荷转移为核心，包括光电信号转换、信号存储和传输、处理的集成光敏传感器，具有体积小、重量轻、功耗小、成本低等优点，可探测可见光、紫外光、χ 射线、红外光、微光和电子轰击等，广泛用于图像识别和传送，例如：摄像系统、扫描仪、复印机、机器人的眼睛等。固态图像传感器按其结构可分为三大类：一种是电荷耦合器件（Charge-Coupled Devices，简称 CCD)，第二种是 MOS 型图像传感器，又称自扫描光电二极管阵列（Self Scanned Pholtodiode Array，简称 SSPA)，第三种是电荷注入器件（Charge Injection Device，简称 CID)。目前前两者用得最多，CCD 型图像传感器噪声低，在很暗的环境条件下性能仍旧良好；MOS 型图像传感器质量很高，可用低压电源驱动，且外围电路简单，下面分别介绍。

2.11.1 电荷耦合器件（CCD）

CCD是一种以电荷包的形式存储和传递信息的半导体表面器件，是在MOS结构电荷存储器的基础上发展起来的，所以有人将其称为“排列起来的MOS电容阵列”。一个MOS电容器是一个光敏元，可以感应一个像素点，则一个图像有512×320个像素点，就需要同样多个光敏元，即传递一幅图像需要由许多MOS光敏元大规模集成的器件。

1. MOS光敏元的结构及原理

图2.56给出P型半导体MOS光敏元的结构图，制备时先在P-Si片上氧化一层SiO_2介质层，其上再沉积一层金属A1作为栅极，在P-Si半导体上制作下电极。

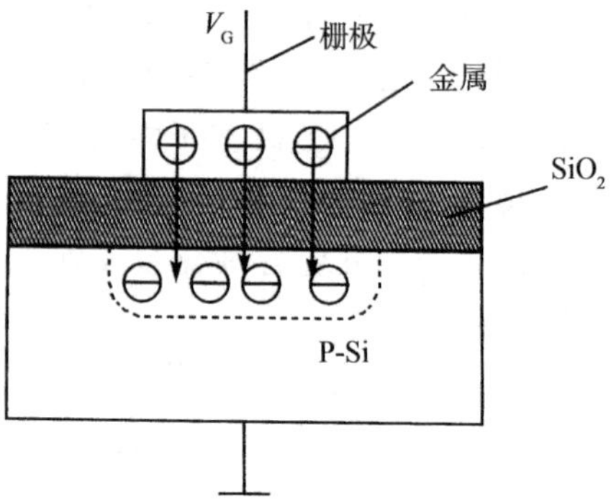

图2.56 半导体与SiO_2界面电荷分布

其原理如下：给栅极突然加一个V_G正脉冲（$V_G > V_T$阈值电压），金属电极板上就会充上一些正电荷，电场将P-Si中SiO_2界面附近的空穴排斥走，在少数电子还未移动到此区时，在SiO_2附近出现耗尽层，耗尽区中的电离物质为负离子，此时半导体表面处于非平衡状态，表面区有表面势Φ_s，若衬底电位为0，则表面处电子的静电位能为$-q\Phi_s$。

在半导体空间电荷区，电位的变化由泊松方程所决定。设半导体与SiO_2界面为原点，耗尽层厚度为x_d，泊松方程及边界条件为：

$$
\begin{cases}
\dfrac{d^2V(x)}{dx^2} = -\dfrac{\rho}{\varepsilon_0\varepsilon_s} = \dfrac{qN_A}{\varepsilon_0\varepsilon_s} \\
V\Big|_{x=x_d} = 0 \\
E\Big|_{x=x_d} = -\dfrac{dV}{dx}\Big|_{x=x_d} = 0
\end{cases}
\tag{2.10}
$$

式中，$V(x)$为距离表面x处的电势；E为x处的电场；N_A为P-Si中掺杂物质的浓度；ε_0、ε_s分别为真空和SiO_2的介电常数。

解得：

$$
V(x) = \frac{qN_A}{2\varepsilon_0\varepsilon_s}(x - x_d)^2 \tag{2.11}
$$

于是，如图2.56所示，半导体与绝缘体界面$x=0$处的电位为：

$$
\Phi_s = V(x)\Big|_{x=0} = \frac{qN_A x_d^2}{2\varepsilon_0\varepsilon_s} \tag{2.12}
$$

因为 Φ_s 大于 0，电子位能 $-q\Phi_s$ 小于 0，则表面处有存储电荷的能力，一旦有电子，电子就会向耗尽层的表面处运动，将表面的这种状态称为电子势阱或表面势阱。若 V_G 增加，栅极上充的正电荷数目增加，在 SiO_2 附近的 P-Si 中形成的负离子数目响应增加，耗尽区的宽度增加，表面势阱加深。另外若形成 MOS 电容的半导体材料是 N-Si，则 V_G 加负电压时，在 SiO_2 附近的 N-Si 中形成空穴势阱。

当光照射 MOS 电容器时，半导体吸收光子，产生电子－空穴对，少数电子会被吸收到势阱中，光强越大，产生电子－空穴对越多，势阱中收集的电子数就越多；反之，光越弱，收集的电子数越少，因此势阱中电子数目的多少可以反映光的强弱，能够说明图像的明暗程度，于是说，这种 MOS 电容器实现了光信号向电荷信号的转变。若给光敏元阵列同时加上 V_G，整个图像的光信号将同时变为电荷包阵列。当有部分电子填充到势阱中时，耗尽层深度和表面势将随着电荷的增加而减小（由于电子的屏蔽作用，在一定光强下的一定时间内会被电子充满），所以收集电子的量要调整适当。

2. 电荷转移原理

设想在驱动脉冲作用下，将电荷包阵列一个一个自扫描从同一输出端输出，形成图像时，域脉冲串，即每一电荷包信号不断向邻近的光敏元转移，间距为 15μm～20μm，若两个相邻 MOS 光敏元所加的栅压分别为 $V_{G1} < V_{G2}$（见图 2.57）。因 V_{G2} 高，表面形成的负离子多，则表面势 $\Phi_2 > \Phi_1$，电子的静电位能 $-q\Phi_2 < -q\Phi_1 < 0$，则 V_{G2} 吸引电子能力强，形成的势阱深，则 1 中电子有向 2 中下移的趋势。若串联很多光敏元，且使 $V_{G1} < V_{G2} < \cdots < V_{GN}$，可形成一输运电子路径，实现电子的转移。

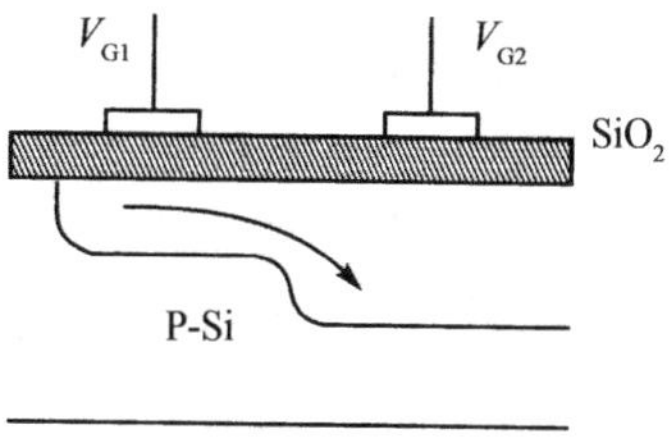

图 2.57 电子转移示意图

3. CCD 的工作原理

由前面分析可知，MOS 电容的电荷存储和转移原理是通过在电极上加不同的电压实现的。电极的结构按所加电压的相数分为二相、三相和四相系统。由于二相结构要保证电荷单向移动，必须使电极下形成不对称势阱，通过改变氧化层厚度或掺杂浓度来实现，这两者都使工艺复杂化。以图 2.58 的三相三位 N 沟 CCD 器件为例说明其工作原理，其中，I_P（图中未画出）为输入电极，I_G（图中未画出）为输入控制极，O_G 为输出控制极，O_P 为输出极，Φ_1、Φ_2、Φ_3 为三个驱动脉冲，它们的顺序脉冲（时钟脉冲）为 $\Phi_1 \to \Phi_2 \to \Phi_3 \to \Phi_1$，且三个脉冲的形状完全相同，彼此间有相位差（差 1/3 周期）。Φ_1 驱动 1、4 电极，Φ_2 驱动 2、5 电极，Φ_3 驱动 3、6 电极。

在 t_1 时刻，$\Phi_1=1$，$\Phi_2=\Phi_3=0$。1、4 势阱最深，2、5，3、6 势阱为 0；t_2 时刻，$\Phi_1=1/2$，$\Phi_2=1$，$\Phi_3=0$，1、4 势阱变为 1/2，2、5 变为 1，势阱 1、4 中的电子会向势阱 2、5 中移动。依次如下变化：

t_3：$\Phi_1=0$，$\Phi_2=2$，$\Phi_3=0$；Φ_1 电极下的电子全部转移至 Φ_2 电极下的势阱 2、5 中。

t_4：$\Phi_1=0$，$\Phi_2=1/2$，$\Phi_3=1$；Φ_2 电极下 2、5 中的电子向 Φ_3 电极下的势阱 3、6 中转移。

t_5：$\Phi_1=0$，$\Phi_2=0$，$\Phi_3=1$，Φ_2 电极下的电子全部转移至 Φ_3 电极下的势阱 3、6 中。

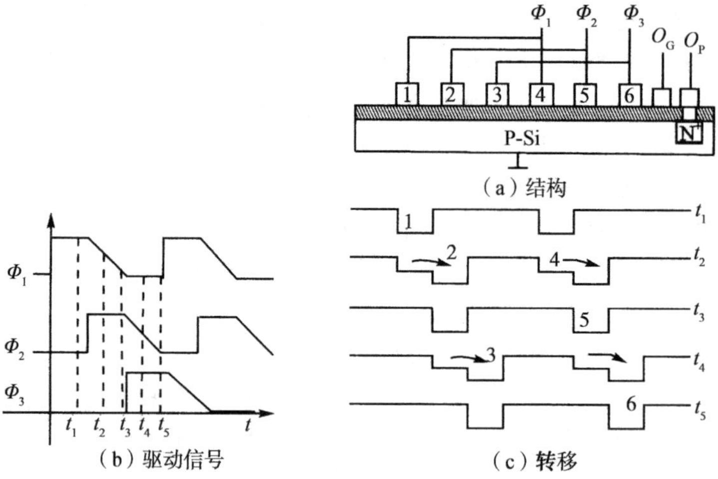

图 2.58　三相三位 N 沟 CCD 器件的结构、驱动和转移示意图

如此通过脉冲电压的变化，在半导体表面形成不同存储电子的势阱，且右边产生更深势阱，左边形成阻挡电势势阱，使电荷自左向右做定向运动。以至电荷包直接传输输出。由于在传输过程中继续的光照会产生电荷，使信号电荷发生重叠，在显示器中出现模糊现象。因此在 CCD 摄像器件中有必要把摄像区和传输区分开，并且在时间上保证信号电荷从摄像区转移到传输区的时间远小于摄像时间。

4. CCD 图像传感器

CCD 图像传感器从结构上可分为线列型和面阵型两种。

(1) 线列型 CCD 图像传感器的工作原理

线列型 CCD 图像传感器由线列光敏区、转移栅、模拟移位寄存器、偏置电荷电路、输出栅和信号读出电路等组成。在该传感器中有一列 N 个 MOS 光敏元的线列和两列对应共 N 位的 CCD 移位寄存器，两者中间设有转移栅，用以控制光敏单元势阱中的电荷信号向 CCD 寄存器中转移。每个光敏元上有一个梳状公用电极，电位为 Φ_p，光敏元间用隔离沟道将它们分开。当光照射在光敏元阵列上且梳状电极施加高压时，光敏元产生势阱经积分聚集光电荷，各处光电荷的多少与光强和积分时间成正比。在光积分时间结束时，提高转移栅和 CCD 移位寄存器的相应电压，再降低梳状电极电压，各光敏元中所积累的电荷并行地转移到移位寄存器中，然后由移位寄存器的驱动时钟脉冲将光生电荷串行移出，并按原有的时序重新排列。输出电路将光生电荷变成电压信号输出，通常输出电路由输出栅 G_0、输出反偏二极管、复位管 V_1 和输出跟随器 V_2 组成。当输出一个电荷包时，在复位管 V_1 上加正脉冲，使 V_1 导通，其漏极直流偏压 U_{RD} 预置到 A 点（电容充电达到预定点高值）；当 V_1 截止后，Φ_4 变为低电压时，输出栅 G_0 上可以加上直流偏压使电荷通过，信号电荷将被送到 A 点的电容上，使 A 点电位降低，A 点的电压变化可从跟随器 V_2 的源极测出。A 点的电压变化量 ΔV_A 与 CCD 输出电荷量的关系为：

$$\Delta U_A = \frac{Q}{C_A} \tag{2.13}$$

式中，Q 为输出电荷量；C_A 为 A 点的等效电容（MOS 管电容和输出二极管的电容之和）。

输出跟随器 V_2 的电压增益可表示为：

$$A_U = \frac{g_m R_s}{1 - g_m R_s} \tag{2.14}$$

式中，g_m 为 MOS 场效应晶体管 V_2 的跨导。

输出信号与电荷量的关系为：

$$\Delta U = \frac{Q}{C_A} \cdot A_U = \frac{Q}{C_A} \frac{g_m R_s}{1 - g_m R_s} \tag{2.15}$$

总之，每输出一个电荷包，在输出端便到一个负脉冲，其幅值正比于信号电荷包的大小；不同信号电荷包的大小转换为信号对脉冲幅度的调制，即 CCD 可以输出调幅信号脉冲列。

（2）面阵型 CCD 图像传感器

面阵型 CCD 图像器件的感光单元呈二维矩阵排列，能检测二维平面图像。按传输和读出方式可分为行传输、帧传输和行间传输三种。下面分别给以介绍。

① 行传输（LT）面阵型 CCD

图 2.59（a）为 LT 面阵 CCD 的结构图。它由选址电路、感光区、输出寄存器组成。当感光区光积分结束后，由行选址电路分别一行行地将信号电荷通过输出寄存器转移到输出端。行传输的缺点是需要选址电路，结构较复杂，且在电荷转移过程中，必须加脉冲电压，与光积分同时进行，会产生“拖影”，故较少采用。

② 帧传输（FT）面阵型 CCD

图 2.59（b）为帧传输 CCD 面阵型图像传感器的结构图，它可以简称为 FT-CCD。由感光区、暂存区和输出寄存器三部分组成。感光区由并行排列的若干电荷耦合沟道组成，各沟道之间用沟阻隔开，水平电极条横贯各沟道。假设有 M 个转移沟道，每个沟道有 N 个感光单元，则整个感光区有 $M \times N$ 个单元。它一般采用三相时钟（见图 2.60），感光区的三相时钟为：$I_{\Phi1}$，$I_{\Phi2}$，$I_{\Phi3}$。暂存区的三相时钟为 $S_{\Phi1}$，$S_{\Phi2}$，$S_{\Phi3}$。读出寄存器的三相时钟为 $R_{\Phi1}$，$R_{\Phi2}$，$R_{\Phi3}$。暂存区的结构与感光区相同，用覆盖金属遮光。设置暂存区是为了消除“拖影”，以提高图像的清晰度并与电视图像扫描制式相匹配。

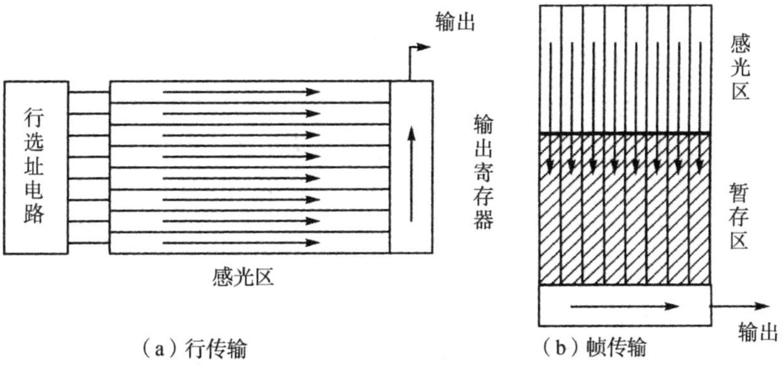

图 2.59　面阵型 CCD 图像器件感光单元的结构

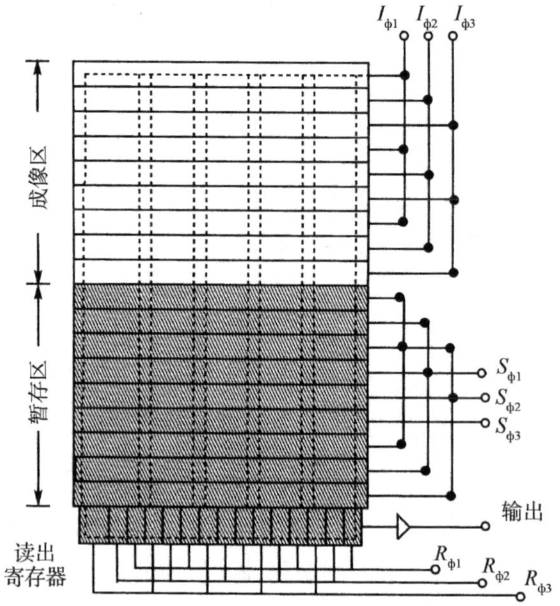

图 2.60　帧传输驱动结构

帧传输结构的工作过程是：感光区在积分期积累起一帧电荷包，积分期结束后，感光区和暂存区加频率为f_{cv1}的驱动时钟，感光区的信号电荷包向下转移至暂存区，然后感光区进入下一个积分期，暂存区内电荷图像在频率为f_{cv2}的驱动下向读出寄存器转移。读出寄存器在频率为f_{CH}的时钟驱动下，使电荷包一个一个输出，（f_{CH}大于$M \cdot f_{cv2}$）。为了减小电荷包在感光区转移时的光子拖影，频率f_{cv1}需较高，为了降低输出寄存器的驱动率f_{CH}，必须适当降低f_{cv2}。而f_{cv1}必须与感光区的积分期相适应（大于$N \cdot f_{cv2}$）。实际中应该选择适当的频率以达到最佳图像质量。

为了减少图像的闪烁，帧传输面型图像传感器一般采用隔行扫描的方式，即在每个帧周期中显示两场，第一场显示所有的奇数行，第二场显示偶数行。实现这种扫描方式，帧传输图像传感器本身的结构不需改变，只需改变感光区各相电极时序脉冲。帧传输图像传感器的主要优点是分辨率高，弥散性低，噪声小。缺点是由于设置暂存区，使器件面积增加了 50%。

③ 行间传输（ILT）面阵型 CCD

图 2.61（a）给出行间传输 CCD 图像传感器的结构。它的光敏单元彼此分开，如图 2.61（b）所示。每列光敏单元的右侧是垂直转移寄存器。各个光敏单元的信息号电荷包通过转移栅转移到遮光的垂直转移寄存器中，然后再按顺序从各行的转移寄存器转移到水平读出寄存器中。这种传输方式的时钟电路较复杂，但调制转移函数（MTF）较好。

ILT-CCD 的单元平面结构如图 2.62 所示，光敏元件 1 产生并积累信号电荷；3 排泄过量的信号电荷；2 是上述两个环节的控制栅，2 与 3 的共同作用是避免过量载流子沿信道从一个势阱溢汇到另一个势阱，从而造成再生图像的光学拖影与弥散；4 是光敏元件 1 两

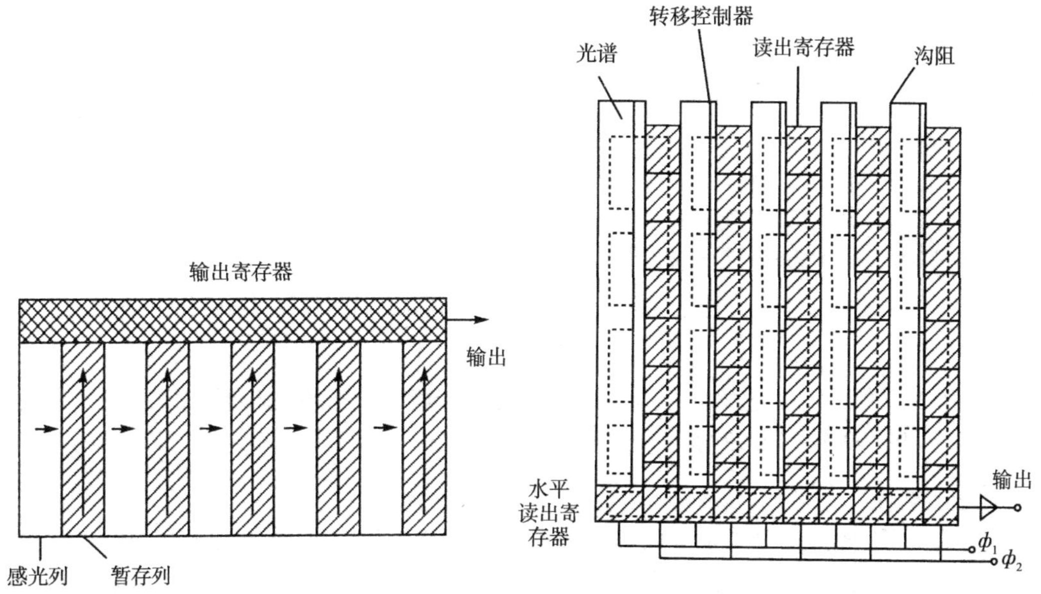

(a) 感光器件结构　　(b) 敏感单元结构

图 2.61　行间传输 CCD 面阵型图像传感器

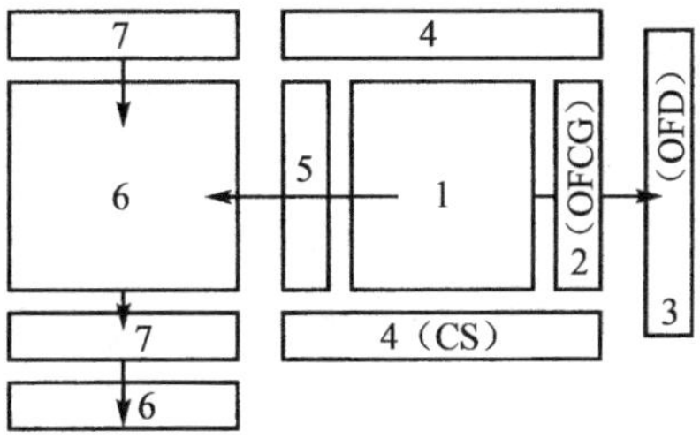

1. 光敏元件；2. 控制栅；3. 排泄电荷；4. 沟阻；
5. 控制栅；6. 寄存控制器；7. 垂直转移寄存器

图 2.62　LT－CCD 的单元平面结构

侧的沟阻（CS），它的作用是将相邻的两个像素隔离开；光生信号电荷在控制栅 5 和寄存控制栅 6 双重作用下进入转移寄存器；然后，在转移栅控制之下，沿垂直转移寄存器 7 的体内信道，依次移向水平转移寄存器读出。

（3）CCD 图像传感器的特性参数

用来全面评价 CCD 传感器件的主要参数有：转移效率、分辨率、暗电流、灵敏度、响应率、光谱响应、噪声、动态范围及线性度、调制传递函数、功耗等。不同的应用场合，对特性参数的要求也各不相同。

① 转移效率

当 CCD 中电荷包从一个势阱转移到另一个势阱时，若 Q_1 为转移一次后的电荷量，Q_0

为原始电荷，则转移效率定义为：

$$\eta = \frac{Q_1}{Q_0} \tag{2.16}$$

若转移损耗定义为：

$$\varepsilon = 1 - \eta \tag{2.17}$$

则光信号电荷进行 N 次转移时，总转移效率为：

$$\frac{Q_N}{Q_0} = \eta^N = (1 - \varepsilon)^N \tag{2.18}$$

由于 CCD 中的每个电荷在传送的过程中要进行成百上千次的转移，因此要求转移效率必须达到99.99% ~99.999%。

② 分辨率

分辨率是图像传感器最重要的特性，用调制转移函数 MTF 来表征。当光强以正弦变化的图像作用在传感器上时，电信号幅度随光像空间频率的变化为调制转移函数 MTF。一般光像的空间频率的单位用线对/毫米表示（一个线对是两个相邻光强度最大值之间的间隔），图像传感器电极的间隔用空间频率 f_0（单元数/毫米）表示，通常光像的空间频率 f 用 f/f_0 归一化。例如，假设传感器上光像的最大强度间隔为 300μm，传感器的单元间隔为 30μm，则归一化空间频率为 0.1。分辨能力指其分辨图像细节的能力，主要取决于感光单元之间的距离。根据奈奎斯特采样定理，定义图像传感器的最高分辨率 f_m 等于它的空间采样频率 f_0（即毫米中的线对）的一半，即：

$$f_m = \frac{1}{2} f_0 \tag{2.19}$$

③ 暗电流

暗电流起因于热激发产生的电子-空穴对，是缺陷产生的主要原因。光信号电荷的积累时间越长，其影响就越大。同时暗电流的产生不均匀，在图像传感器中出现固定图形，暗电流限制了器件的灵敏度和动态范围，在大暗电流或小暗电流处，多数会出现暗电流尖峰。暗电流与温度密切相关，温度每降低 10℃，暗电流约减小一半。对于其中每个器件，产生暗电流尖峰的缺陷总是出现在相同位置的单元上，利用信号处理，把出现暗电流尖峰的单元位置存储在 PROM（可编程只读存储器）中，单独读取相应单位的信号值，就能消除暗电流尖峰的影响。

④ 灵敏度

图像传感器的灵敏度是指单位发射照度下，单位时间、单位面积发射的电量，计算公式为：

$$S = \frac{N_s q}{HAt} \tag{2.20}$$

式中，H 为光像的发射照度；A 为单位面积，N_s 为 t 时间内收集的载流子数；q 为电数；

单位为 mA/W。发射量与测量值的关系为 1W（2856k）=20 流明。

如图 2.63 所示为 CCD 图像传感器的光谱灵敏度特性。光从表面照射传感器时，通过多晶硅层，使蓝光的灵敏度下降。从背面照射时，器件的厚度必须减薄到约为 10μm。另外，在图像传感器表面加上多层涂层，使之具有光学透镜一样的性能时，则更为有效。灵敏度有时用平均量子效率表示。设硅的吸收波长在 400nm～1 100nm 范围，平均量子效率的理论值为 100%，而对应的量子效率用百分比表示。

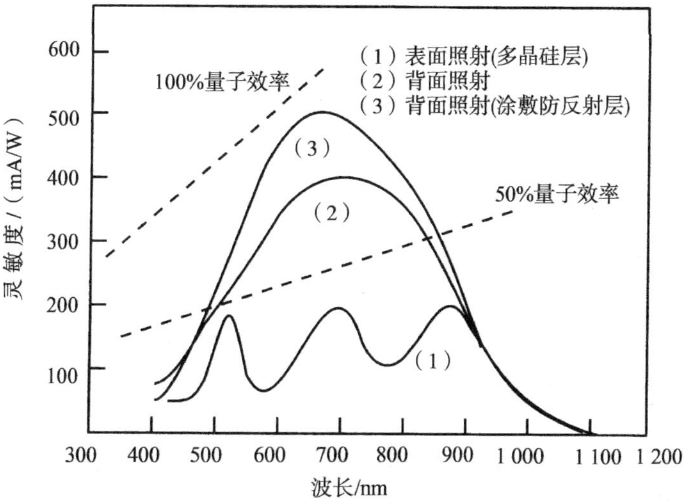

图 2.63　光谱灵敏度特性

⑤ 噪声

噪声是图像传感器的主要参数。CCD 是低噪声器件，但由于其他因素产生的噪声也会叠加到信号电荷上，使信号电荷的转移受到干扰。噪声的来源有转移噪声、散粒噪声、电注入噪声、信号输出噪声等。散粒噪声虽然不是主要的噪声源，但是在其他几种噪声可以采用有效措施来降低或消除的情况下，散粒噪声就决定了图像传感器的噪声极限值。在低照度、低反差下应用时，更为显著。

5. 线列型 CCD 摄像系统

图 2.64 为一个线列型 CCD 摄像系统。图中由光学系统将图像聚集到 CCD 光敏元上，光敏元将光强分布变成与之成正比的电荷强度分布，然后由脉冲电路按时序取样，使其变成串行的图像电信号，经放大后再将图像信号送入图像显示器或记录器。线列 CCD 只能完成一维扫描（行扫），与之垂直的另一维扫描（帧扫）需要用机械的方法实现，所以线列 CCD 摄像系统适合于航空、航天飞行器上的一维扫描，也可用于文件阅读或计算机的图像输入，这时文件或图像是在转鼓的带动下作匀速运动，即文件或图像本身的运动可以算作一维扫描（帧扫）。还可以利用拼接技术将多个线列型 CCD 图像传感器连接在一起，组成复合线列型 CCD 图像传感器系统，使成像系统分辨率产生突破性进展，因此这个复合系统可成为遥感技术和图像处理中最主要、最先进的获取信息的工具。

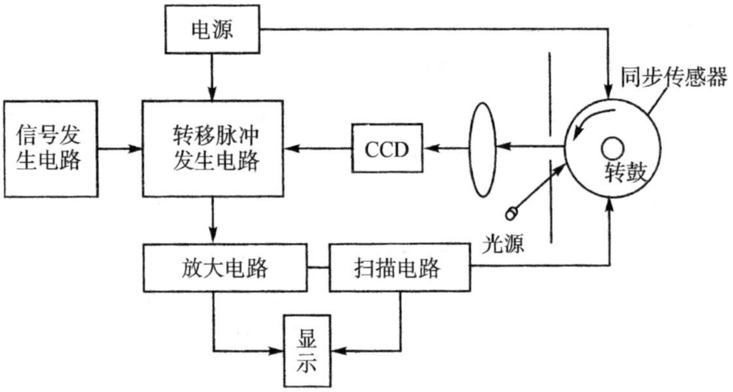

图 2.64　线列型 CCD 摄像系统

2.11.2　MOS 图像传感器

MOS 图像传感器与 CCD 图像传感器一样也可分为线型和面型两种。

1. MOS 线型固态图像传感器

图 2.65 是 MOS 单通道线型固态图像传感器的结构示意图，它由感光区和传输区两部分组成。感光区由一列光敏单元组成，传输区由转移栅及一列移位寄存器组成。光照产生的信号电荷存储于感光区的光敏二极管中，接通转移栅后，信号电荷流入传输区。传输区是遮光的，以防因光生噪声电荷干扰导致的图像模糊。

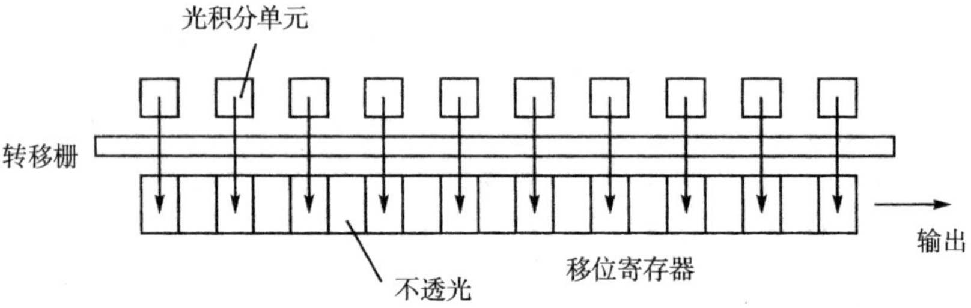

图 2.65　MOS 单通道线型固态图像传感器的结构

图 2.66 示出由光敏二极管与 MOS 晶体管组成的线型固态图像传感器的结构及其输出信号。光敏二极管 D 将入射光转变成电信号，由 MOS 场效应晶体管组成选址电路，与每个光敏二极管相对应。MOS 场效应晶体管的栅极连接到移位寄存器的各级输出端上。光敏二极管使作开关用的 MOS 场效应晶体管的源浮置，使用同衬底构成的 P-N 结。从图中分析光敏二极管 D_2，若 S_2 一旦接通，在反向偏置的 P-N 结电容上充电直至电荷饱和。经过一个时钟周期后，S_2 断开，D_2 的一端浮置。在这种状态下，若光照射不到光敏二极管 D_2 上，则在下一个扫描周期中，即使 S_2 再次接通也没有充电电流流过，但若此时光照射 P-N 结，光子将产生电子－空穴对，在 D_2 上将有放电电流流过，D_2 中存

储的电荷将与入射光量成比例地减少。也就是说，到下一次 S_2 接通为止的一个扫描周期内，失去的电荷量与入射光量成比例。为了弥补上述电荷损失，在 S_2 下一次接通时，将有充电电流流过。这充电电流将成为正比于入射光量的视频信号。这样，光敏二极管在一个扫描周期内将入射光积分变成视频信号。所以，这种模式称为电荷存储模式。

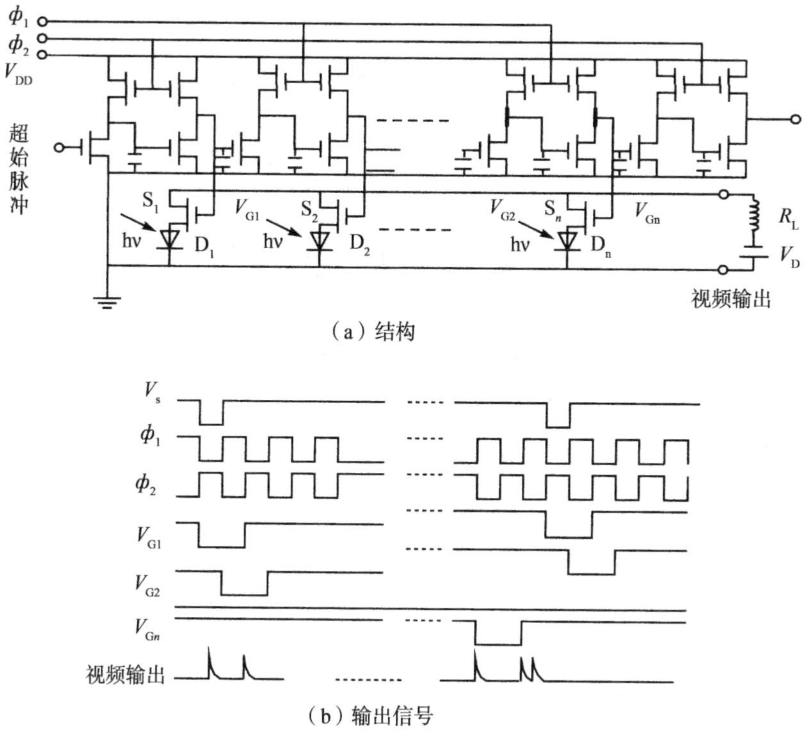

图 2.66 MOS 线型固态图像传感器的结构及其输出信号

图 2.67 为双通道线型固态图像传感器的结构和双通道结构。其总转移效率比单通道型高，且 MTF 特性也较好。它有两个移位寄存器平行地配置在感光区的两侧。当光生信号电荷积累后，时钟脉冲接通转移栅 φ_{XA} 和 φ_{XB}。信号电荷就转移到移位寄存器，奇数光敏单元转移到 A 寄存器，偶数光敏单元转移到 B 寄存器。256 单元的器件在 5V 时钟脉冲下，工作频率为 10MHz 时，总的转移效率可达 95%。

2. MOS 面型固态图像传感器

MOS 面型图像传感器的结构是二维的，必须有 X-Y 二维选址电路，其结构如图 2.68 所示。传感器是多个单元的二维矩阵。每个单元由光敏二极管 D 和 MOS 场效应晶体管组成。光敏二极管产生并积累光生电荷，而 MOS 场效应晶体管作读出开关。当水平与垂直扫描脉冲电压分别使水平与垂直 MOS 场效应晶体管（SW_H 与 SW_V）均处于导通时，矩阵由光敏二极管组成，用二相时钟脉冲驱动。其输出图像信息积累的信号电荷才能依次读出。

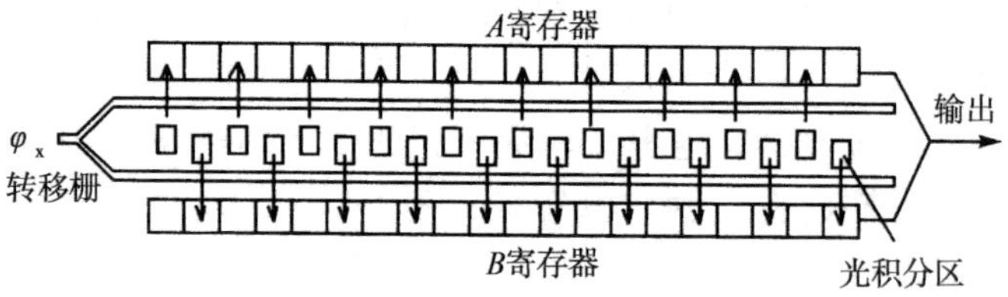

（a）结构原理

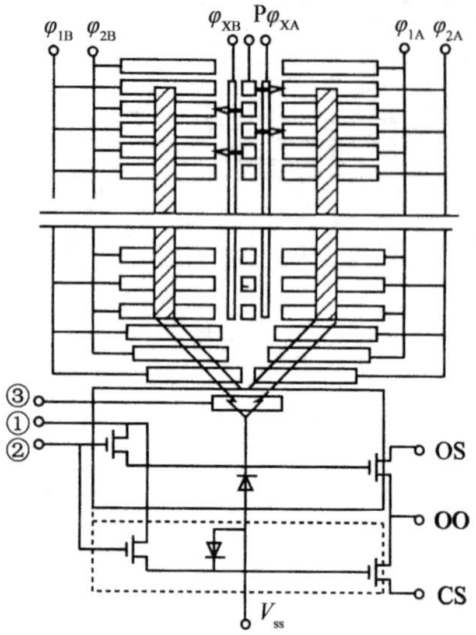

（b）二相时钟结构

图 2.67　双通道线型固态图像传感器

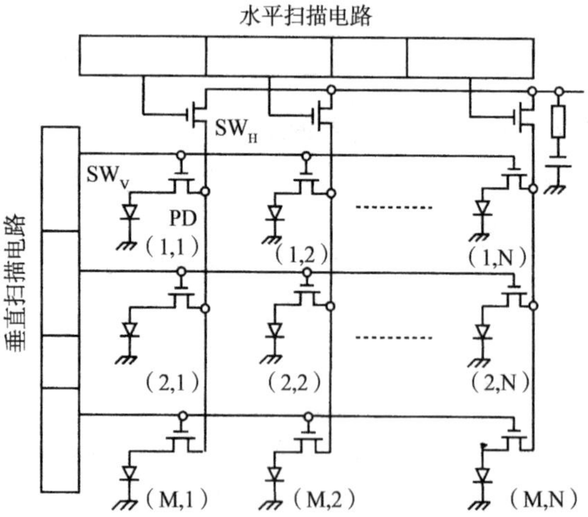

图 2.68　MOS 面型图像传感器的结构

扫描电路一般用 MOS 移位寄存器构造，这种构造往往混入脉冲噪声。这种噪声会形成再生图像上固定形状的“噪声图像”。采用外电路差分放大器可以消除这种噪声。另一缺点是由于 MOS 场效应晶体管的漏区与光敏二极管相邻很近，当光照射到漏区，衬底内也会形成光生电荷并且向各处扩散。因而会在再生图像上出现纵线状光学拖影。当光足够强时，由于光点的扩展而又会造成再生图像的弥散现象。在光敏二极管和 MOS 场效应晶体管之间加一隔离层，可以防止寄生电流的扩散。

3. CMOS 有源像素图像传感器

CMOS 技术可以将图像传感器阵列、驱动电路和信号处理电路、控制电路、模拟-数字转换器、改进的界面完全集成在一起，能够满足低成本，高性能，高集成度，灵巧的单芯片数字成像系统的应用需要。

图 2.69 为 CMOS 图像传感器的典型结构。由光敏单元阵列、信号处理电路、定时和控制电路、译码器、计数器、门闩电路等单元构成，高级的 CMOS 图像传感器还集成有模拟－数字转换器等单元。器件采用单一的 5V 电源。光敏单元将光信号转换为电信号，经过信号处理后，以模拟或数字信号输出。器件编程工作，可以随机读取象元阵列中感兴趣的图像信息。起始脉冲和平行数据输出命令限制了积分时间和窗口参数。

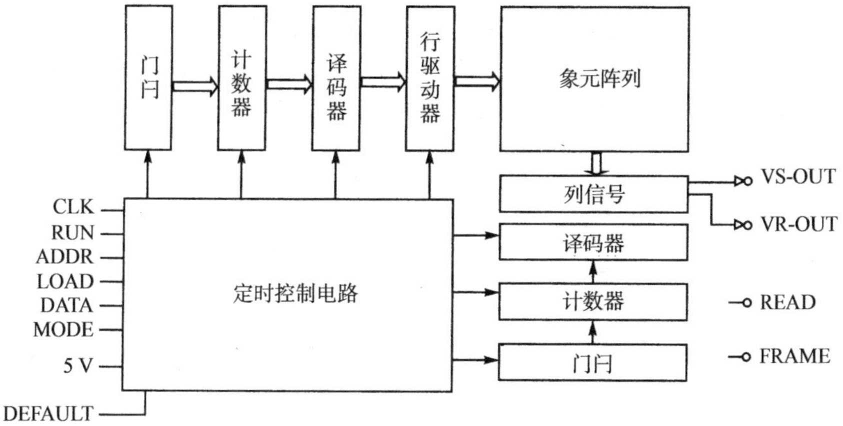

图 2.69　CMOS 图像传感器结构

2.11.3　应用举例

1. CCD 在汽车前照灯配光测试中的应用

整个系统由工业用 CCD 摄像机、图像处理卡、监视器及微型计算机等构成。其结构框图如图 2.70 所示。本系统中的图像处理卡具有实时同步捕捉、快速 A/D 转换和采集存储等功能，如 VC32 彩色图像卡，有四份图像帧存储器，512×512×8bit 帧存量，以满足测量要求。摄像机采用彩色摄像机，最低照度 0.1lux，水平清晰度 320×410TVL。图像卡接受由 CCD 摄像机采集的汽车前照灯在幕布上的图像视频信号，经图像卡的 A/D 模拟转换电路转化成数字信号，数字信号值的大小对应于前照灯的光线强弱，并存储在帧存储器中，由显示逻辑将数字信号转换成视频信号输出到监视器显示，通过软件访问帧存储器并进行各种数据处理，结果可通过打印机输出。软件由以下几个子程序组成。

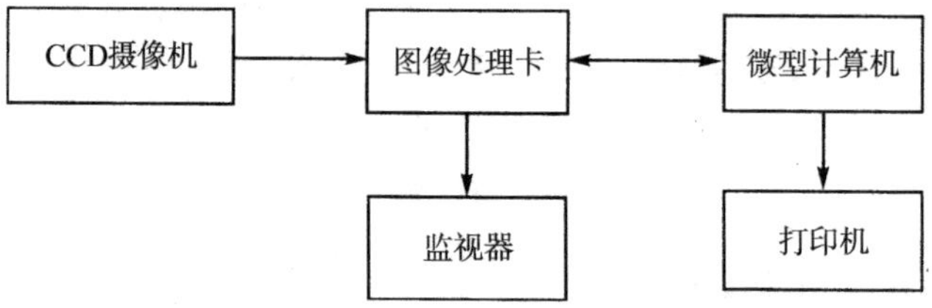

图 2.70　CCD 汽车前照灯配光测试系统结构框图

（1）数据采集与计算模块：对图像视频信号进行采集，并将数据存储于帧存储器中。对采集的数据进行处理，并对指定数据进行计算。

（2）数据动态修正模块：自动对数据进行修正。

（3）图像处理模块：实现车灯图像监视器显示。

（4）测量结果输出模块：将测量结果通过显示器显示的同时可通过打印机打印。

2. CCD 传感器在光电精密测径系统中的应用

光电精密测径系统采用新型的光电器件——CCD 传感器检测技术，可以对工件进行高精度的自动检测，能用数字显示测量结果和对不合格工件进行自动筛选。其测量精度可达 ±0.003mm。光电精密测径系统主要由 CCD 传感器、测量电路系统和光学系统组成，工作原理框图如图 2.71 所示。

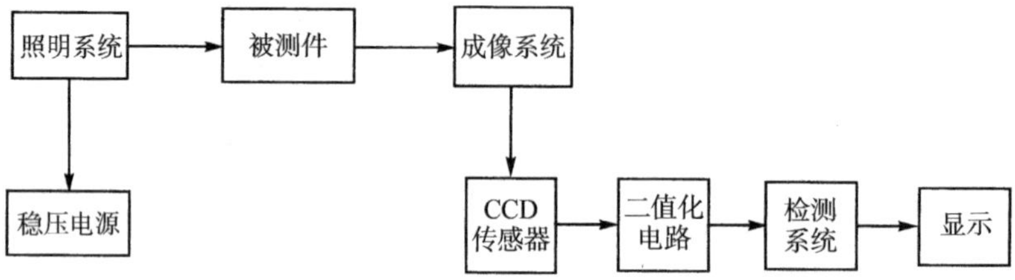

图 2.71　光电精密测径系统

被测工件被均匀照明后，经成像系统按一定倍率准确地成像在 CCD 传感器的光敏面上，则在 CCD 传感器光敏面上形成了被测件的影像，这个影像反映了被测件的直径尺寸。被测件直径与影像之间的关系为：

$$D = \frac{D'}{\beta} \tag{2.21}$$

式中，D 为被测件直径大小；D' 为被测件直径在 CCD 光敏面上影像的大小；β 为光学系统的放大率。

因此，只要测出被测件影像的大小，就可以由上式求出被测件的直径尺寸。

光固态 CCD 图像传感器的应用，除上述两个应用实例外，还广泛应用于摄像系统、扫描仪、复印机、机器人的眼睛等。

2.12 光纤传感器

光导纤维传感器（简称光纤传感器），是目前发展得极快的一种传感器。

自从1977年发表了第一篇光纤传感器论文以来的四十多年中，已研制出多种光纤传感器，内容涉及位移、速度、加速度、液体、压力、流量、振动、水声、温度、电压、电流、磁场，核辐射、应变、荧光、PH值、DNA生物等光纤传感器。

光纤传感器和其他传感器相比具有：抗电磁干扰强（不怕电磁干扰）、灵敏度高（有的甚至高出几个数量级）、重量轻、体积小（光纤直径只有几十微米到几百微米）、柔软等特点。它对军事，航天航空技术和生命科学等的发展起着十分重要的作用，应用前景十分广阔。

2.12.1 光纤的传光原理

光纤是一种多层介质结构的对称圆柱体，包括纤芯、包层、涂敷层及护套，如图2.72所示。纤芯材料的主体是SiO_2玻璃，并掺入微量的GeO_2、P_2O_5以提高材料的光折射率。其芯直径5μm～75μm。包层可以是一层、二层或多层结构，总直径约100μm～200μm，包层材料主要也是SiO_2，掺入了微量的B_2O_3或SiF_4以降低包层对光的折射率。涂敷层为硅硐或丙烯酸盐以保护光纤不受损害，增加光纤的机械强度。护套采用不同颜色的塑料管套，一方面起保护作用，另一方面以颜色区分各种光纤。许多根单条光纤组成光缆。

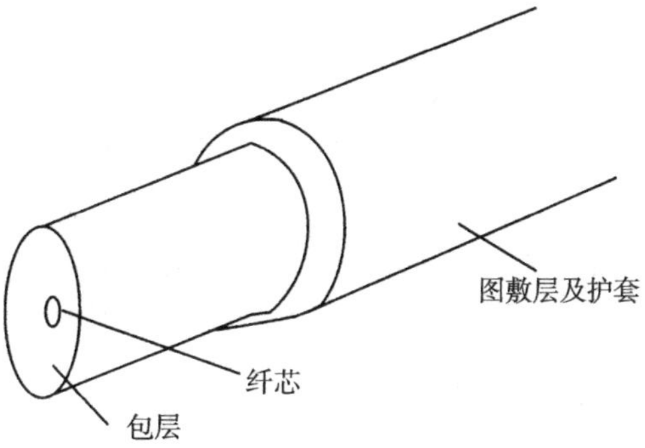

图2.72 光纤的结构

若光线以较小入射角θ_1（见图2.73）入射，由光密介质（n_1）入射向光疏介质（n_2），则一部分光以折射角θ_2折射入光疏介质，一部分以$90°-\theta_1$角反射回光密介质。其入射方向与折射方向关系为：

$$\frac{\sin\theta_1}{\sin\theta_2}=\frac{n_2}{n_1} \tag{2.22}$$

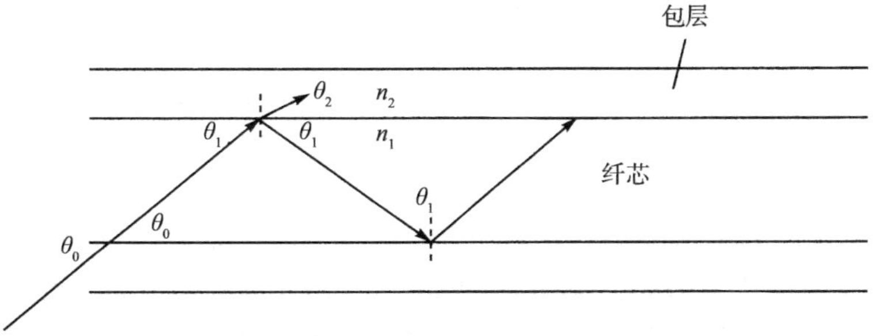

图2.73 光纤的传光原理示意图

式中 $\sin\theta_1/\sin\theta_2$ 为一定值。若增大 θ_1，则 θ_2 增大，当 θ_1 达到 θ_c 时，折射角 $\theta_2=90°$，即折射光折向界面方向，称此时的入射角 θ_c 为临界角。所以：

$$\sin\theta_c=\frac{n_1}{n_2} \tag{2.23}$$

当入射角 θ_1 大于临界角时，光线就不会透过其界面而全部反射到光密介质内部，即发生全反射。这时光线射入光纤端面时与光纤轴的夹角 $90°-\theta_1$ 小于一定值，光线就不会射出纤芯而不断地在纤芯和包层界面产生全反射而向前传播。

一般纤芯到包的折射率变化有两种形式：阶跃折射率（即前面计的折射率在界面突变）和渐变折射率，且两者只是引起光的传播形式的不同，目的都是要使光线无损耗地从一端传向另一端，而实际上光线在光纤中传播时存在能量衰减。假设入射端和出射端光功率分别为 P_1 和 P_0，则光纤的能量损耗 α 可以表示为：

$$\alpha=\frac{10}{L}\lg\frac{P_1}{P_0} \tag{2.24}$$

式中，L 为光纤长度。

能量损耗产生的原因大致有三个方面：(1) 吸收损耗，是指光纤材料吸收光能量和纤芯层里氢氧离子振动的能量吸收；(2) 微弯损耗，光纤微微弯曲或绕于一个小轴上时，纤芯与包层界面上某些地方光线不满足全反射而进入包层；(3) 散射损耗，因纤芯材料折射率的变化而产生散射，在其他方向上可看到微弱的光信号。

2.12.2 光纤传感器的工作原理

按工作原理，一般将光纤传感器分为两大类：一类是传光型，也称非功能型光纤传感器，又可以细分为光纤传输回路型和光纤探头型；另一类是传感型，也称作功能型光纤传感器，又可以细分为干涉型、非干涉性和光电混合型。前者是将光源的光通过光纤送入调制器，使待测信号与光互相作用，导致光的性质（光强、波长或频率、相位、偏振态、时分等）发生变化成为调制光，再经光纤送入光探测器，经解调后获得被测信息，如图 2.74 所示。其中光纤是不连续的，只起传导功能，而用其他敏感元件感觉信息。后者（传感器）中光纤是连续的，它不仅传导光，而且利用它对外界信号的敏感能力和检测功能，使入射光的光学性质发生变化来实现传和感的功能。

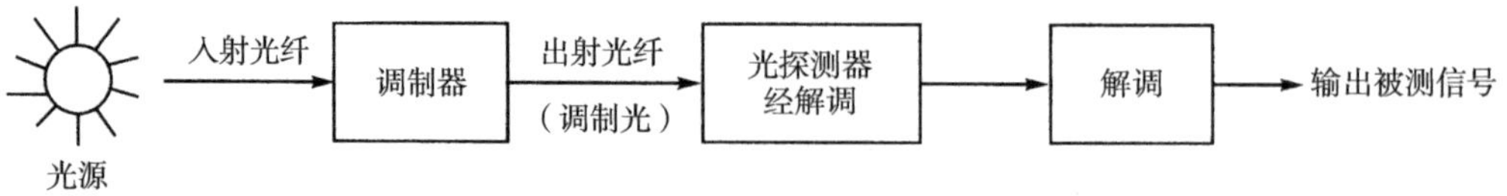

图 2.74 传光型光纤传感器的原理示意图

实际上光源的光与光纤的接口或光纤的光与调制器的连接都采用光纤接头，被接头有活接头和死接头两种。其中活接头有用于固体激光器与光纤的连接头（见图 2.75），光耦效率约为 10% ~20%。用聚焦透镜耦合的光耦合器，将透镜和光纤都固定于支架，它的耦合效率可达70%。死接头一般是用光纤融接器将二光纤对接，或将带尾的发光二极管光源与光纤连接。

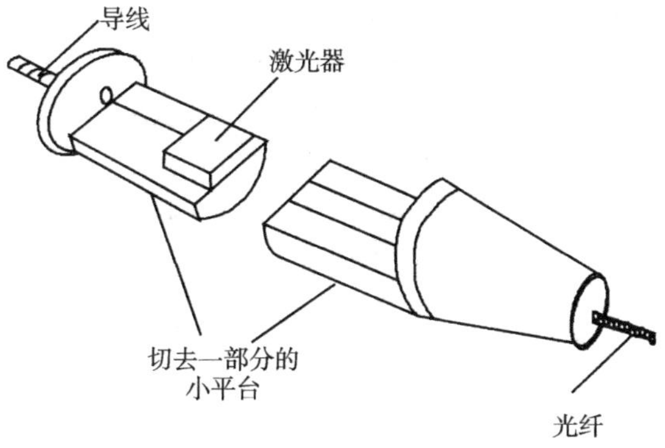

图 2.75　用于连接激光器与光纤的接头

按调制类型将光纤传感器分为强度调制型光纤传感器、相位调制型光纤传感器、频率调制光纤传感器、时分调制光纤传感器和偏振调制光纤传感器等。由于这种分类方法体现了各种传感器的具体转换机理，易于理解，因此下面主要以其调制类型作简单介绍。

1. 强度调制原理

光源发射的光经入射光纤传输到调制器——它由可动反射器等组成，经反射器把光反射到出射光纤，通过出射光纤传输到光电接收器。而可动反射器的动作受到被测信号的控制，因此反射出的光强是随被测量变化的。光电接收器接收到光强变化的信号，经解调得到被测物理量的变化。当然，还可采用可动透射调制器或内调制型-微弯调制等。图 2.76 为三种强度调制原理示意图。可动反射调制器中出射光纤能收到多少光强，由入射光纤射出的光斑在反射屏上形成的基圆大小决定，而圆半径由反射面到入射光纤的距离决定，它又受待测物理量控制（如微位移、热膨胀等），因此出射光纤收到的光强调制信号代表了待测物理量的变化，经解调可得到与待测物理量成比例的电信号，运算即得到待测量的变化。

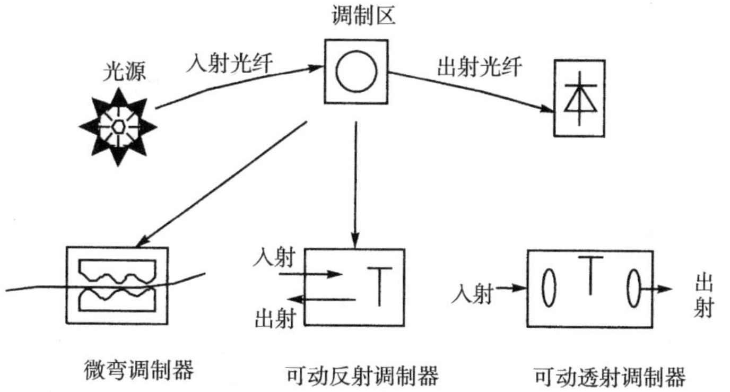

图 2.76　三种强度调制原理示意图

2. 相位调制原理

将光纤的光分为二束，一束相位受外界信息的调制，一束作为参考光使两束光叠加形成干涉花纹，通过检测干涉条纹的变化可确定出两束光相位的变化，从而测出使相位变化的待测物理量。如图 2.77 给出相位调制传感器的原理图，其调制机理分为两类：一类是将机械效应转变为相位调制，如将应变、位移、水声的声压等通过某些机械元件转换成光纤的光学量（折射率等）的变化，从而使光波的相位变化。另一类利用光学相位调制器将压力、转动等信号直接改变为相位变化。

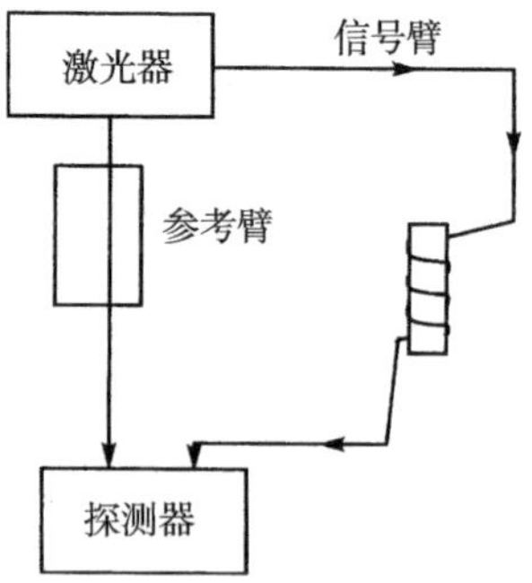

图 2.77　相位调制原理示意图

3. 频率调制原理

单色光照射到运动物体上后，反射回来时，由于多普勒效应，其频移后的频率为：

$$f_{移后}=\frac{f_0}{1-v/c}\approx f_0\ (1+v/c) \tag{2.25}$$

式中，f 为单色光频率；c 为光束；v 为运动物体的速度。

将此频率的光与参考光共同作用于光探测器上，并产生差拍，经频谱分析器处理求出频率变化，即可推知速度。

4. 时分调制

利用外界因素调制返回信号的基带频谱，通过检测基带的延迟时间、幅度大小的变化，来测量各种物理量的大小和空间分布的方法。

5. 偏振调制

在外界因素作用下，使光的某一方向振动比其他方向占优势，这种调制方式为偏振调制。

2.12.3　应用举例

利用光纤传感器的调制机理、光纤导光及调制方式可以制备出各种光纤传感器，比如光纤压力传感器、光纤温度传感器、光纤磁敏传感器、光纤辐射剂量传感器和光纤图像传感器等。

1. 光纤辐射剂量传感器

图 2.78 为光纤辐射剂量传感器的结构。按原理可以分为吸光型和发光型。吸光型是利用光纤吸收了放射性线后，衰减量发生变化的机理。发光型是利用光纤受放射性射线的辐照后其内部发光的机理。一般光在光纤中传输时，光纤对光有一定吸收损耗，但很小。若用 X、γ 射线辐照光纤，可使光纤对传输光的吸收损耗发生变化，从而使输出功率 P_0 相

应地改变。光强指示下降。X、γ 射线的辐射剂量不同，光纤对传输运光的吸收损耗不同，使输出 P_0 下降幅度不同，由此可相应算出 X、γ 射线的剂量。

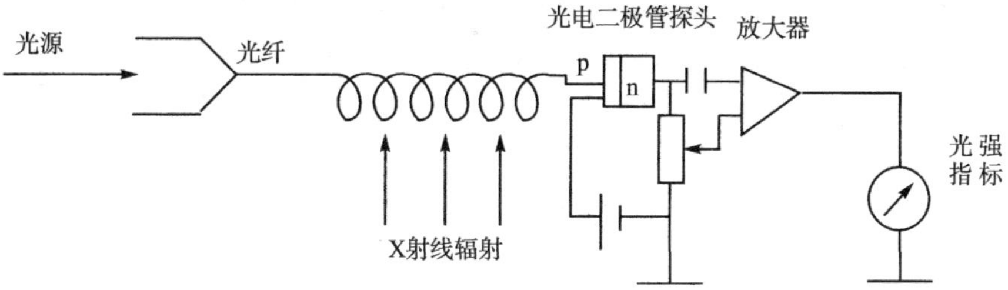

图 2. 78　光纤辐射剂量传感器的结构

2. 光纤电流传感器

图 2. 79 为一个光纤电流传感器的结构示意图。感应元件是一段镍护套光纤，将其固定于通电流的螺线管中心。若通过螺线管的电流不同，螺线管中的磁场就不同，镍护套受此磁场的作用发生磁滞伸缩，使光纤在径向轴方向受到应力，从而纤芯折射率和长度都发生变化，引起信号臂与参考臂的相位差异，通过探测相位差来探测电流的大小。

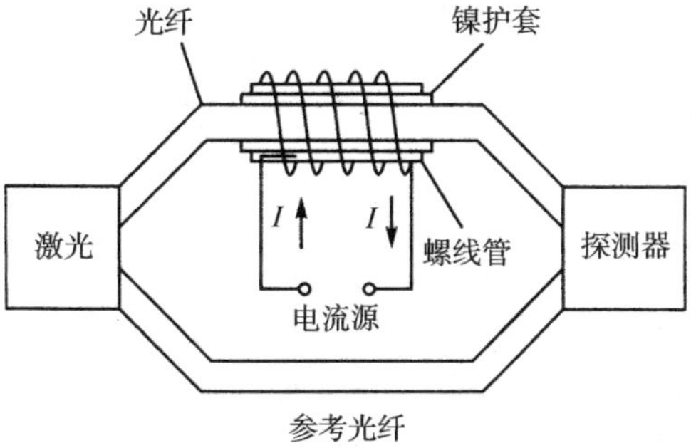

图 2. 79　光纤电流传感器的结构

3. 光纤图像传感器

图像光纤是由数目众多的光纤组成一个图像单元（或像素单元），典型数目为 0. 3 ~ 10 万股，每一股光纤的直径约为 10μm，图像经图像光纤传输的原理如图 2. 80 所示。在光纤的两端，所有的光纤都是按同一规律整齐排列的。投影在光纤束一端的图像被分解成许多像素，然后，图像是作为一组强度与颜色不同的光点传送，并在另一端重建原图像。

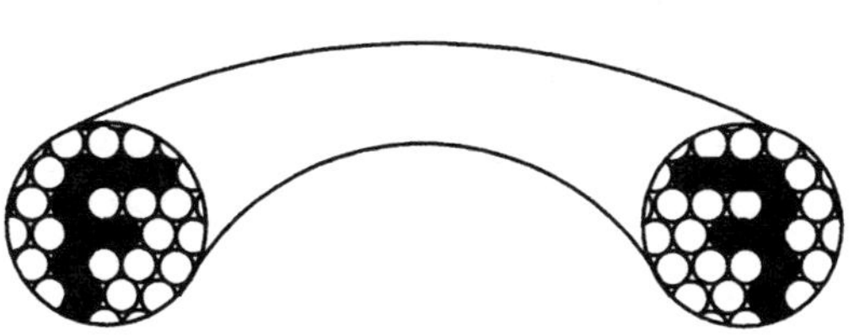

图 2. 80　图像光纤传输的原理图

工业用内窥镜用于检查系统的内部结构，它采用光纤图像传感器，将探头放入系统内部，通过光束的传输在系统外部可以观察监视，如图 2.81 所示。光源发出的光通过传光束照射到被测物体上照明视场，通过物镜和传像束把内部图像按照图 2.81 的原理传送出来，以便观察、照相，或通过传像束送入 CCD 器件，将图像信号转换成电信号，送入微机进行处理，可在屏幕上显示和打印。

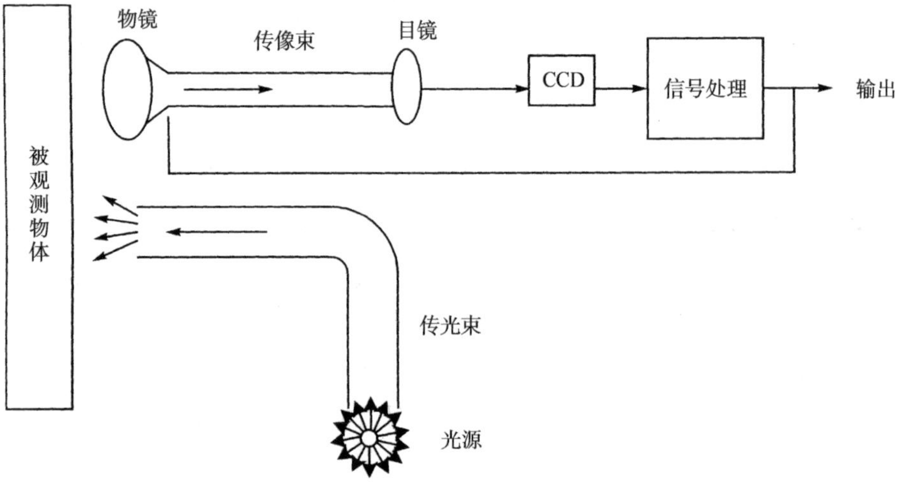

图 2.81　工业用内窥镜的结构

4. 光纤加速度传感器

光纤加速度传感器的组成结构如图 2.82 所示。它是一种简谐振子的结构形式。激光束通过分光板后分为两束光，透射光作为参考光束，反射光作为测量光束。当传感器感受加速度时，由于质量块 M 对光纤的作用，从而使光纤被拉伸，引起光程差的改变。相位改变的激光束由单模光纤射出后与参考光束会合产生干涉效应。激光干涉仪的干涉条纹的移动可由光电接收装置转换为电信号，经过处理电路处理后便可正确地测出加速度值。

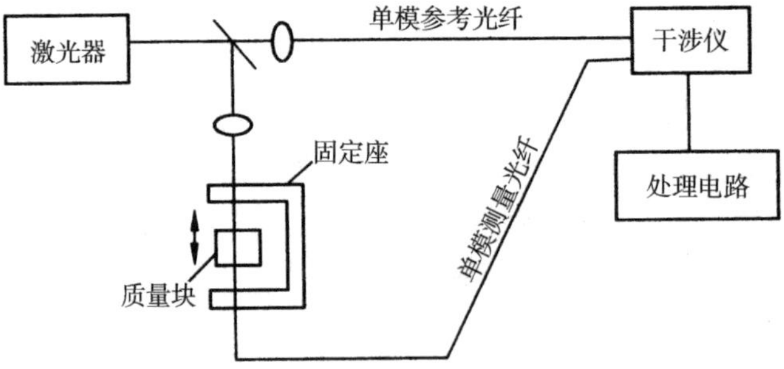

图 2.82　光纤加速度传感器的结构

5. 光纤温度传感器

光纤温度传感器是目前仅次于加速度、压力传感器而广泛使用的光纤传感器。根据工作原理可分为相位调制型、光强调制型和偏振光型等。这里仅介绍一种光强调制型的半导体光吸收型光纤温度传感器，图 2.83 为这种传感器的结构原理图，它的敏感元件是一个半导体光吸收器，光纤用来传输信号。传感器是由半导体光吸收器、光纤、发射光源和包括光控制器在内的信号处理系统等组成。它体积小、灵敏度高、工作可靠，广泛应用于高压电力装置中的温度测量等特殊场合。

这种传感器的基本原理是利用了多数半导体的能带随温度的升高而减小的特性，如图 2.84 所示。材料的吸收光波长将随温度增加而向长波方向移动，如果适当地选定一种波长在该材料工作范围内的光源，那么就可以使透射过半导体材料的光强随温度而变化，从而达到测量温度的目的。

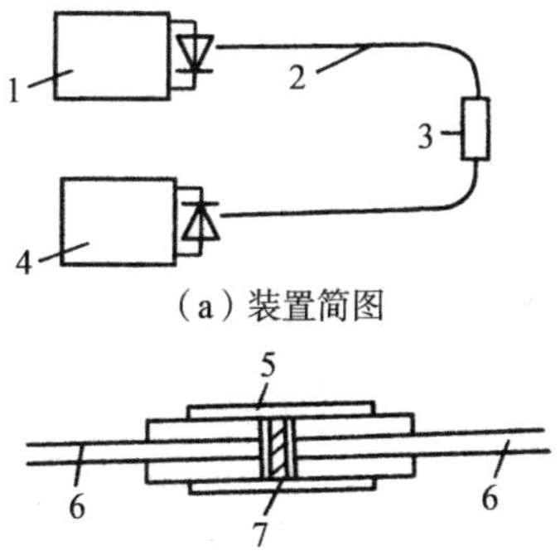

（a）装置简图

（b）探头

1. 光源；2. 光纤；3. 探头；4. 光探测器；
5. 不锈钢套；6. 光纤；7. 半导体吸收元件

图 2.83　半导体光吸收型光纤温度传感器

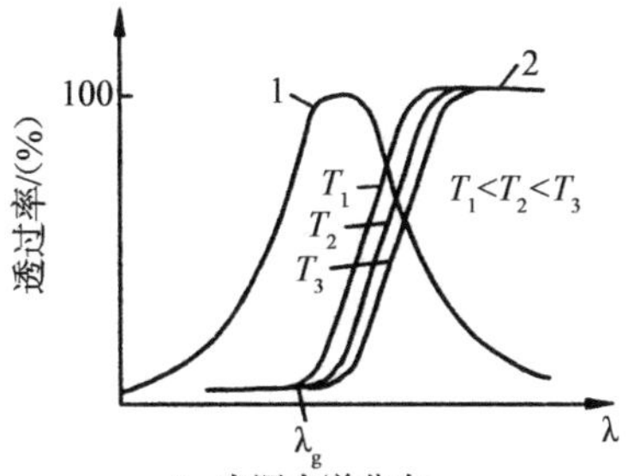

1. 光源光谱分布；
2. 吸收边沿透射率 $f(\lambda, T)$

图 2.84　半导体的光透过率特性

这种光纤温度传感器结构简单、制造容易、成本低、便于推广应用，可在 -10℃ ~ 300℃的温度范围内进行测量，响应时间约为 2s。

6. 光纤旋涡流量传感器

光纤旋涡流量传感器是将一根多模光纤垂直地装入流管，当液体或气体流经与其垂直的光纤时，光纤受到流体涡流的作用而振动，振动的频率与流速有关系，测出频率便可知流速。这种流量传感器的结构示意图如图 2.85 所示。

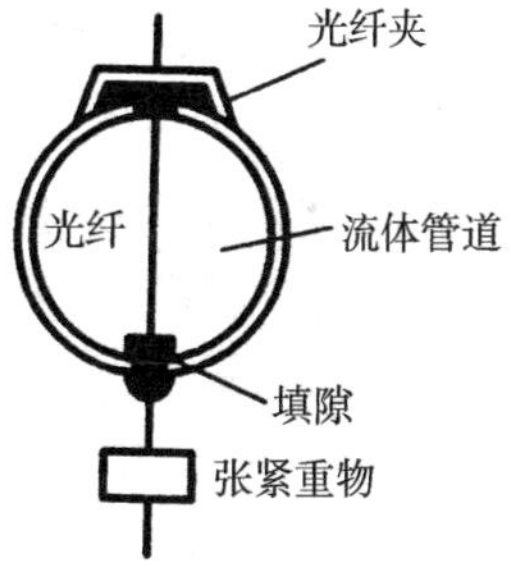

图 2.85　光纤旋涡流量传感器的结构

当流体流动受到一个垂直于流动方向的非流线体阻碍时，根据流体力学原理，在某些条件下，在非流线体的下游两侧产生有规则的旋涡，其旋涡的频率 f 近似与流体的流速成正比，即：

$$f \approx \frac{Sv}{d} \tag{2.26}$$

式中，v 为流速；d 为流体中物体的横向尺寸大小；S 为斯特罗哈（Strouhal）数，它是一个无量纲的常数，仅与雷诺数有关。

式（2.26）是旋涡流体流量计测量流量的基本理论依据。由此可见，流体流速与涡流频率呈线性关系。

在多模光纤中，光以多种模式进行传输，在光纤的输出端，各模式的光就形成了干涉图样，这就是光斑。一根没有外界扰动的光纤所产生的干涉图样是稳定的，当光纤受到外界扰动时，干涉图样的明暗相间的斑纹或斑点发生移动。如果外界扰动是由流体的涡流引起的，那么干涉图样的斑纹或斑点就会随着振动的周期变化来回移动，这时测出斑纹或斑点移动，即可获得对应于振动频率f的信号，根据式（2.26）推算流体的流速。

这种流量传感器可测量液体和气体的流量，因为传感器没有活动部件，测量可靠，而且对流体流动不产生阻碍作用，所以压力损耗非常小。这些特点是孔板、涡轮等许多传统流量计所无法比拟的。

2.13 激光传感器

自1960年激光问世以来，虽然历史不长，但其发展速度很快，激光技术已经成为近代最重要的科学技术之一，并已广泛应用于工业生产、国防军事、医学卫生和非电量测量等各方面。

2.13.1 激光产生的机理

原子在正常分布状态下，总是稳定地处于低级E_1，如无外界作用，原子将长期保持这种稳定状态。一旦原子受到外界光子的作用，赋予原子一定的能量E后，原子就从低能级E_1跃迁到高能级E_2，这个过程称为光的受激吸收。光受激后，其能量有下列关系：

$$E = hv = E_2 - E_1 \tag{2.27}$$

式中，$E_2 - E_1$为光子的能量；v为光的频率；h为普朗克常数（6.623×10^{-34}J·s）。

处于高能级E_2的原子在外来光的诱发下，从高能级E_2跃迁至低能级E_1而发光。这个过程叫作光的受激辐射。根据外光电效应知道，只有外来光的频率等于激发态原子的某一固有频率（即红限频率）时，原子的受激辐射才能产生，因此，受激辐射发出的光子与外来光子具有相同的频率、传播方向和偏振状态。一个外来光子激发原子产生另一个同性质的光子，这就是说一个光子放大为N_1个光子，N_1个光子将诱发出N_2个光子（$N_2 > N_1$）……在原子受激辐射过程中，光被加强了，这个过程称为光放大。

在外来光的激发下，如果受激辐射大于受激吸收，原子在某高能级的数目就多于低能级的数目，相对于原子正常分布状态来说，称之为粒数反转。当激光器内工作物质中的原子处于反转分布，这时受激辐射占优势，光在这种工作物质中传播时，会变得愈来愈强。通常把这种处于粒子数反转分布状态的物质称为增益介质。

增益介质通过外界提供能量的激励，使原子从低能级跃迁到高能级上，形成粒子数反转分布，外界能量就是激光器的激励能源。

当工作物质实现了粒子数反转分布后，只要满足式（2.27）条件的光就可使增益介质受激辐射。为了使受激辐射的光强度足够大，通常还设计一个光学谐振腔。光学谐振腔由两个平行对置的反射镜构成，一个为全反射镜，另一个为半反半透镜，其间放有工作物质。当原子发出来的光沿谐振腔轴向传播时，光子碰到反射镜后，就被反射折回，在两反射镜间往返运行，不断碰撞物质，使工作物质受激辐射，产生雪崩式的放大，从而形成了强大的受激辐射光，该辐射光被称为激光。然后，激光由半反半透镜输出。

2.13.2 激光的优点

激光与普通光相比，具有如下的优点。

1. 方向性强

激光具有高平行度，其发散角小，一般约为0.18°，比普通光微波小2~3个数量级。激光光束在几千米之外的扩展范围不到几厘米，因此，立体角极小，一般可至10^{-3}rad；由于它的能量高度集中，其亮度很高，一般比同能量的普通光源高几百万倍。例如，一台高能量的红宝石激光器发射的激光会聚后，能产生几百万摄氏度的高温，能熔化一切金属。

2. 单色性好

激光的频率宽度很窄，比普通光频率宽度的1/10还小，因此，激光是最好的单色光。例如，普通光源中，单色性最好的是同位素氪86（^{86}Kr）灯发出的光，其中心波长λ = 605.7nm，$\Delta\lambda$ = 0.0047nm；而氦氖激光器λ = 632.8nm，$\Delta\lambda = 10^{-6}$nm。

3. 相干性好

激光的时间相干性和空间相干性都很好。所谓相干性好就是指两束光在相遇区域内发出的波相叠加，并能形成较清晰的干涉图样或能接收到稳定的拍频信号。时间相干是指同一光源在相干时间τ内的不同时刻发出的光，经过不同路程相遇而产生的干涉。空间相干是指同一时间由空间不同点发出的光的相干性。由于激光的传播方向、振动态、频率、相位完全一致，因此，激光具有优良的时间和空间相干性。

2.13.3 激光器及其特性

由上述内容可知，要产生激光必须具备三个条件：（1）必须有能形成粒子数反转分布的工作物质（增益介质）；（2）激励能量（光源）；（3）光学谐振腔。将这三者结合在一起的装置称为激光器。

到目前为止，激光器按增益介质可分为如下几种。

1. 固体激光器

它的增益介质为固态物质。尽管其种类很多，但其结构大致相同，特点是体积小而坚固，功率大，目前，输出功率可达几十兆瓦。常用的固体激光器有红宝石激光器、掺钕的钇铝石榴石激光器（简称YAG激光器）和钕玻璃激光器等。

2. 液体激光器

它的工作物质是液体。液体激光器最大的特点是它发出的激光波长可在一波段内连续可调，连续工作，而不降低效率。液体激光器可分为有机液体染料激光器、无机液体激光器和螯合物激光器等。较为重要的是有机染料激光器。

3. 气体激光器

气体激光器的工作物质是气体。其特点是小巧，能连续工作，单色性好，但是输出功率不及固体激光器。目前，已开发了各种气体原子、离子、金属蒸气、气体分子激光器。常用的有 CO_2 激光器、氦氖激光器和 CO 激光器等。

4. 半导体激光器

半导体激光器是继固体和气体激光器之后发展起来的一种效率高、体积小、重量轻、结构简单，但输出功率小的激光器。其中有代表性的是砷化镓激光器。半导体激光器广泛应用于飞机、军舰、坦克、大炮上的瞄准、制导、测距等。

2.13.4 应用举例

激光技术有着非常广泛的应用，如激光精密机械加工、激光通信、激光音响、激光影视、激光武器和激光检测等。激光技术用于检测是利用它的优异特性，将它作为光源，配以光电元件来实现的。它具有测量精度高、范围大、检测时间短及非接触式等优点，主要用来测量长度、位移、速度、振动等参数。

1. 激光测距

激光测距是激光测量中一个很重要的方面。如飞机测量其前方目标的距离，激光潜艇定位等。激光测距的原理如图 2.86 所示。激光测距首先测量激光射向目标，而后又测量经目标反射到激光器的往返一次所需要的时间间隔 t，然后，按下式求出激光探测器到目标的距离 D：

$$D = c\frac{t}{2} = \frac{1}{2}ct \tag{2.28}$$

式中，c 为激光传播速度（$3\times10^{8}\,\mathrm{m/s}$）；$t$ 为激光射向目标而又返回激光接收器所需要的时间。

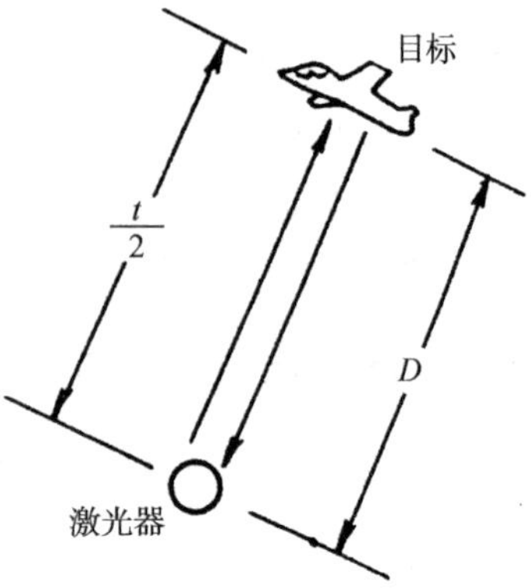

图 2.86 激光测距示意图

时间间隔 t 可利用精密时间间隔测量仪测量。目前，国产时间间隔测量的单次分辨率达 ±20ps。由于激光方向性强，功率大，单色性好，这些对于测量远距离，判别目标方位，提高接收系统的信噪比和保证测量的精确性等起着很重要的作用。激光测距的精度主要取决于时间间隔测量的精度和激光的散射。例如，D = 1500km，激光往返一次所需要的时间间隔为 10ms ± 1ns， ± 1ns 为测时误差。若忽略激光散射，则测距误差为 ± 15cm；若测时精度为 ± 0.1ns，则测距误差可达 ± 1.5cm。若采用无线电波测量，其误差比激光测距误差大得多。

在激光测距的基础上，发展了激光雷达。激光雷达不仅能测量目标距离，而且还可以测出目标方向以及目标运动速度和加速度。激光雷达已成功地用于对人造卫星的测距和跟踪。这种雷达与无线电雷达相比，具有测量精度高、探测距离远、抗干扰能力强等优点。

2. 激光测流速

激光测流速应用得最多的是激光多普勒流速计，它可以测量火箭燃料的流速、飞行器喷射气流的速度、风洞气流速度以及化学反应中粒子的大小及汇聚速度等。

激光多普勒流速计的基本原理如图 2.87 所示。激光测流速是基于多普勒原理。所谓多普勒原理就是光源或者接收光的观察者相对于传播流体的介质而运动，则观察者所测得的流速不仅取决于光源，而且还取决于光源或观察者的运动速度的大小和方向，当激光照射到跟流体一起运动的微粒上时，激光被运动着的微粒所散射，根据多普勒效应，散射光的频率相对于入射光将产生正比于流体速度的偏移。若能测量散射光的偏移量，那么就能得到流体的速度。

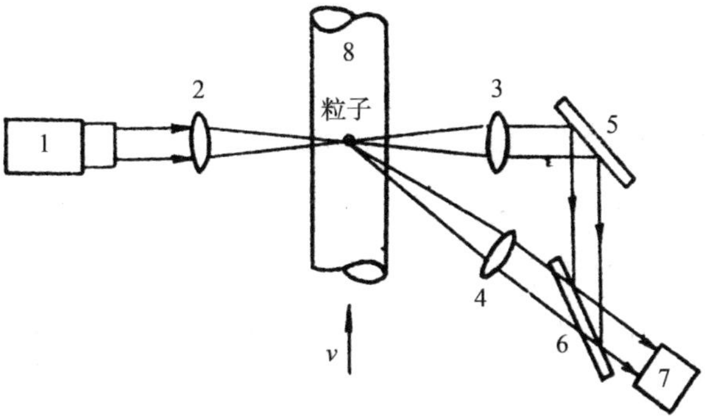

图 2.87　激光多普勒流速计原理图

流速计主要包括光学系统和多普勒信号处理两大部分。激光器 1 发射出来的单色平行光经聚焦透镜 2 聚焦到被测流体区域内，运动粒子使一部分激光散射，散射光与未散光之间发生频偏。散射光与未散射光分别由两个接收透镜 3 和 4 接收，再经平面镜 5 和分光镜 6 重合后，在光电倍增管 7 中进行混频，输出一个交流信号；该信号输入到频率跟踪器内进行处理，即可获得多普勒频偏 f_d，从 f_d 就可以得到运动粒子的流速 v。运动物体（v）所引起的光学多普勒频偏为：

$$f_d = \frac{2v}{\lambda} \tag{2.29}$$

式中，λ 为激光波长。当激光波源频率确定后，λ 为定值，所以频偏与速度 v 成正比。

3. 激光测长度

激光测长度是光学测长度的近代发展。由于激光是理想的光源，使激光测长度能达到非常精密的程度。在实际测量中，在数米长度内，其测量精度可在 0.1μm 内。

从光学原理可知，某单色光的最大可测长度 L 与该单色光源波长 λ 及其谱线宽度 δ 关系为：

$$L = \frac{\lambda^2}{\delta}$$

用普通单色光源，如氪 86（$\lambda = 605.7\text{nm}$），普线宽度 $\delta = 0.00047\text{nm}$，测量的最大长

度仅为$L=38.5cm$。若要测量超过38.5cm的长度，必须分段测量，这样将降低了测量精度。若用氦氖激光器作光源（$\lambda=632.8nm$），由于它的谱线宽度比氪86小4个数量级以上，它的最大可测量长度达几十千米。因此，激光测长度成为精密机械制造工业和光学加工工业的重要技术。

2.14 核辐射（光）传感器

核辐射（光）传感器的测量原理是基于核辐射粒子的电离作用、穿透能力、物体吸收、散射和反射等物理特性，利用这些特性制成的传感器可用来测量物质的密度、厚度，分析气体成分，探测物体内部结构等，它是现代检测技术的重要部分。在国防、工业、医学等领域中广泛应用。

2.14.1 核辐射源——放射性同位素

在核辐射传感器中，常用α、β、γ和X射线的核辐射源，产生这些射线的物质通常是放射性同位素。所谓放射性同位素就是原子序数相同，原子质量不同的元素。这些同位素在没有外力作用下，能自动发生衰变，衰变中释放出上述射线。其衰减规律为：

$$J=J_0e^{-\lambda} \tag{2.30}$$

式中，J、J_0分别为t和t_0时刻的辐射强度；λ为衰变常数。

核辐射检测要采用半衰期比较长的同位素。半衰期是指放射性同位素的原子核数衰变到一半所需要的时间，这个时间又称为放射性同位素的寿命。核辐射检测除了要求使用半衰期比较长的同位素外，还要求放射出来的射线要有一定的辐射能量。目前常用的放射性同位素约有20余种，它们被列于表2.10中。

表2.10 常用的放射性同位素有关参数

同位素	符号	半衰期	辐射种类	α射线能量	β射线能量	γ射线能量	X射线能量
碳^{14}	^{14}C	5720年	β		0.155		
铁^{55}	^{55}Fe	2.7年	X				5.9
钴^{57}	^{57}Co	270天	γ，X			0.136，0.0014	6.4
钴^{60}	^{60}Co	5.26天	β，γ			1.17，1.33	
镍^{63}	^{63}Ni	125年	β		0.067		
氪^{85}	^{85}Kr	9.4年	β，γ		0.672，0.159	0.513	
锶^{90}	^{90}Sr	19.9年	β		0.54，2.24		
钌^{106}	^{106}Ru	290天	β，γ		0.035，3.9	0.52	
铯^{134}	^{134}Cs	2.3年	β，γ		0.24 0.658，0.090	0.568，0.602 0.744	
铈^{144}	^{144}Ce	282天	β，γ		0.3，2.96	0.03～0.23 0.7～2.2	

（续表）

同位素	符　号	半衰期	辐射种类	α 射线能量	β 射线能量	γ 射线能量	X 射线能量
钷^{147}	^{147}Pm	2.2 年	β		0.229		
铥^{170}	^{170}Tm	120 天	β，γ		0.884，0.004 0.968	0.0841，0.001	
铱^{192}	^{192}Ir	747 天	β，γ		0.67	0.137，0.651	
钋^{210}	^{210}Po	138 天	α，γ	5.3		0.8	
钚^{238}	^{238}Pu	86 年	X				12 ~ 21
镅^{241}	^{241}Am	470 年	α，γ	5.44，0.06		5.48，0.027	

说明：射线能量单位为 MeV。

2.14.2　核辐射的物理特性

1. 核辐射

核辐射是放射性同位素衰变时，放射出的具有一定能量和较高速度的粒子束或射线。主要有四种：α 射线、β 射线、γ 射线和 X 射线。

α，β 射线分别是带正、负电荷的高速粒子流；γ 射线不带电，是以光速运动的光子流，从原子核内放射出来；X 射线是原子核外的内层电子被激发射出来的电磁波能量。

式（2.30）表示了某种放射性同位素的核辐射强度。由该式可知，核辐射强度是以指数规律随时间而减弱。通常以单位时间内发生衰变的次数表示放射性的强弱。辐射强度单位用 Bq（贝克）表示：1Bq 的辐射强度就是辐射源 1s 内发生 1 次核衰变即，$1\text{Bq} = 1\text{s}^{-1}$。

2. 核辐射与物质的相互作用

（1）核辐射射线的吸收、散射和反射

α，β，γ 射线穿透物质时，由于原子中的电子会产生共振，振动的电子形成四面八方散射的电磁波，在其穿透过程中，一部分粒子能量被物质吸收，一部分粒子被散射掉，因此，粒子或射线的能量将按下述关系式衰减：

$$J = J_0 e^{-a_m \rho h} \tag{2.31}$$

式中，J_0，J 为分别为射线穿透物质前、后的辐射强度；h 为穿透物质的厚度；ρ 为穿透物质的密度；a_m 为穿透物质的质量吸收系数。

三种射线中，γ 射线穿透能力最强，β 射线次之，α 射线最弱，因此，γ 射线的穿透厚度比 β，α 射线要大得多。

β 射线的散射作用表现最为突出。当 β 射线穿透物质时，容易改变其运动方向而产生散射现象。当产生相反方向散射时，更容易产生反射。反射的大小取决于散射物质的性质和厚度。β 射线的散射随物质的原子序数增大而加大。当原子序数增大到极限情况时，投射到反射物质上的粒子几乎全部反射回来。反射的大小与反射物质的厚度有如下关系：

$$J_h = J_m \left(1 - e^{-\mu_h h}\right) \tag{2.32}$$

式中，J_h 为反射物质厚度为 h（mm）时，放射线被反射的强度；J_m 为当 h 趋向无穷大时的反射强度，J_m 与原子序数有关；μ_h 为辐射能量的常数。

由式（2.31）、(2.32）可知，当 J_0，a_m，J_m，μ_h 等已知后，只要测出 J 或 J_h 就可求出其穿透厚度 h。

(2) 电离作用

当具有一定能量的带电粒子穿透物质时，在它们经过的路程上就会产生电离作用，形成许多离子对。电离作用是带电粒子和物质相互作用的主要形式。

α 粒子由于能量、质量和电荷大，故电离作用最强，但射程（带电粒子在物质中穿行时，能量耗尽前所经过的直线距离）较短。

β 粒子质量小，电离能力比同样能量的 α 粒子要弱；由于 β 粒子易于散射，所以其行程是弯弯曲曲的。

γ 粒子几乎没有直接的电离作用。

在辐射线的电离作用下，每秒钟产生的离子对的总数，即离子对形成的频率可由下式表示：

$$f_e = \frac{1}{2} \frac{E}{E_d} C \cdot J \tag{2.33}$$

式中，E 为带电粒子的能量；E_d 为离子对的能量；J 为辐射源的强度；C 为在辐射源强度为 1Bq 时，每秒放射出的粒子数。

利用式（2.33）可以测量气体密度等。

2.14.3　应用举例

核辐射与物质的相互作用是核辐射传感器检测物理量的基础。利用电离、吸收和反射作用以及 α、β、γ 和 X 射线的特性可以检测多种物理量。常用电离室、盖格计数管、闪烁计数管和半导体检测核辐射强度，分析气体，鉴别各种粒子等。

1. 电离室

利用电离室测量核辐射强度的示意图如图 2.88 所示。在电离室两侧的互相绝缘的电极上，施加极化电压，使两极板间形成电场，在射线作用下，两极板间的气体被电离，形成正离子和电子，带电粒子在电场作用下运动形成电流 I，于是在外接电阻上便形成压降。电流 I 与气体电离程度成正比，电离程度又正比于射线辐射强度，因此，测量电阻 R 上的电压值就可以得到核辐射强度。

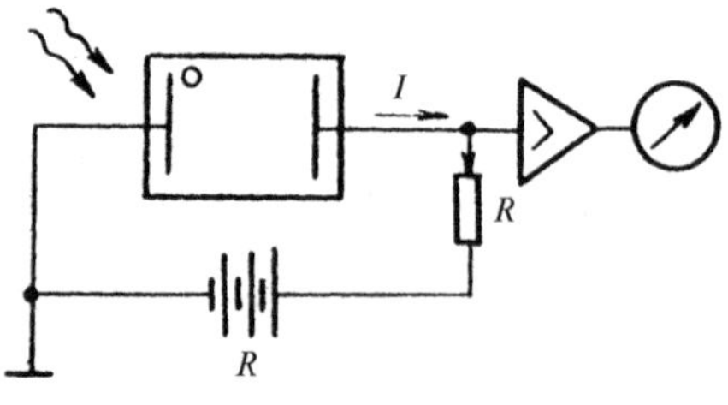

图 2.88　电离室结构示意图

电离室主要用于探测 α，β 粒子。电离室的窗口直径约 100mm 左右，不必太大。γ 射线的电离室同 α，β 的电离室不太一样，由于 γ 射线不直接产生电离，因而只能利用它的反射电子和增加室内气压提高 γ 光子与物质作用的有效性，因此，γ 射线的电离室必须密闭。

2. 盖格计数管

盖格计数管又称为气体放电计数管，其结构如图 2.89（a）所示。计数管中心有一根金属丝并与管子绝缘，它是计数管的阳极；管壳内壁涂有导电金属层，为计数管的阴极，并在两极间加上适当电压。计数管内充有氩、氮等气体，当核辐射进入计数管内后，管内气体被电离。当电子在外电场的作用下向阳极运动时，由于碰撞气体产生次级电子，次极电子又碰撞气体分子，产生新的次级电子，这样次级电子急剧倍增，发生“雪崩”现象，使阳极放电。放电后，由于雪崩产生的电子都被中和，阳极积聚正离子，这些正离子被称为“正离子鞘”。正离子的增加使阳极附近电场降低，直至不产生离子增值，原始电离的放大过程停止。在外电场作用下，正离子鞘向阴极移动，在串联电阻 R 上产生脉冲电压，其大小正比于正离子鞘的总电荷。由于正离子鞘到达阴极时得到一定的动能，能从阴极打击出次级电子。由于此时阳极附近的电场已恢复，又一次产生次级电子和正离子鞘，于是又一次产生脉冲电压，周而复始，便产生连续放电。

盖格计数管的特性曲线如图 2.89（b）所示。J_1，J_2 代表入射的核辐射强度，且 $J_1 > J_2$，由图可知，在外电压 U 相同的情况下，入射的核辐射强度越强，盖格计数管内产生的脉冲 N 越多。盖格计数管常用于探测 α 射线和 β 粒子的辐射量（强度）。

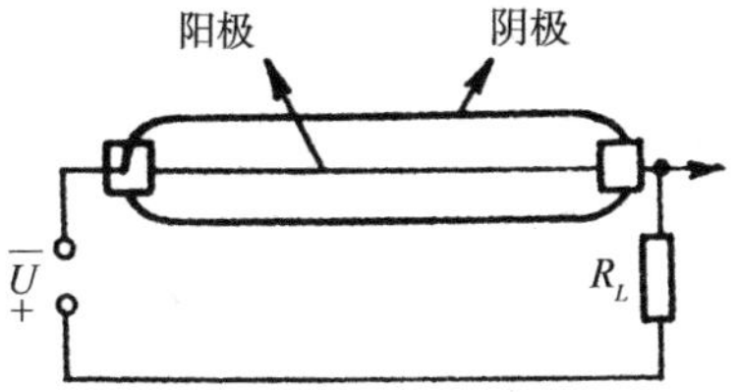

（a）盖格计数管的结构

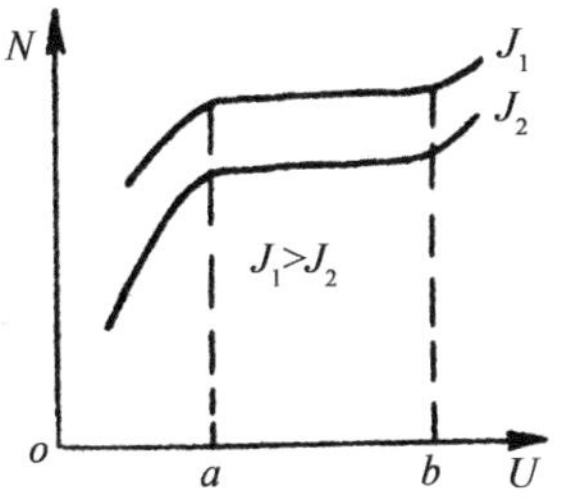

（b）盖格计数管的特性曲线

图 2.89　盖格计数管

3. 闪烁计数管

闪烁计数管由闪烁晶体（受激发光物体，常有气体、液体和固体三种，分为有机和无机两类）和光电倍增管组成，如图 2.90 所示。当核辐射照射在闪烁晶体上后，便激发出微弱的光，闪光射到光电倍增管，经过 N 级倍增后，倍增管的阳极形成脉冲电流，经输出处理电路，就得到与核辐射有关的电信号，送至指示仪表或记录器显示。

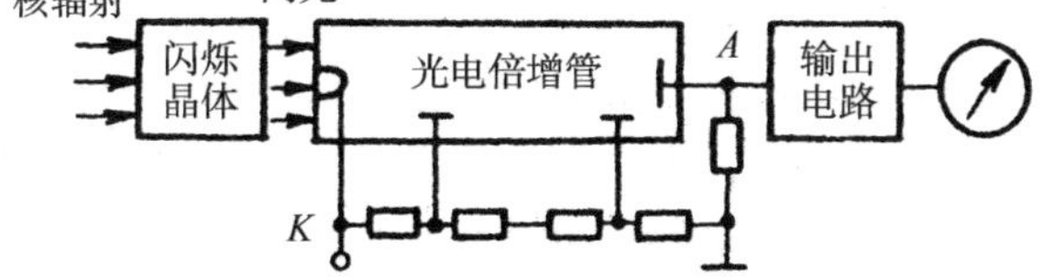

图 2.90　闪烁计数管结构示意图

2.15 光电传感技术工程应用举例

光电传感技术应用十分广泛，器件种类繁多。前面的叙述已分别举了不少应用实例。在此，再举几个典型的应用，供参考。

2.15.1 光电传感器的模拟量检测

光电传感器的模拟量检测以光电比色温度计为例。

光电比色温度计是根据热辐射定律，使用光电池进行非接触测温的一个典型例子。根据有关的辐射定律，物体在两个特定波长 λ_1、λ_2 上的 I_{λ_1}、I_{λ_2}之比与该物体的温度成指数关系：

$$\frac{I_{\lambda_1}}{I_{\lambda_2}} = K_1 e^{-K_2/T} \tag{2.34}$$

式中，K_1、K_2 是与 λ_1、λ_2 及物体的黑度有关的常数。

因此，我们只要测出 I_{λ_1}与 I_{λ_2}之比，就可根据式（2.34）算出物体的温度 T。图 2.91 所示为光电比色温度计工作原理图。

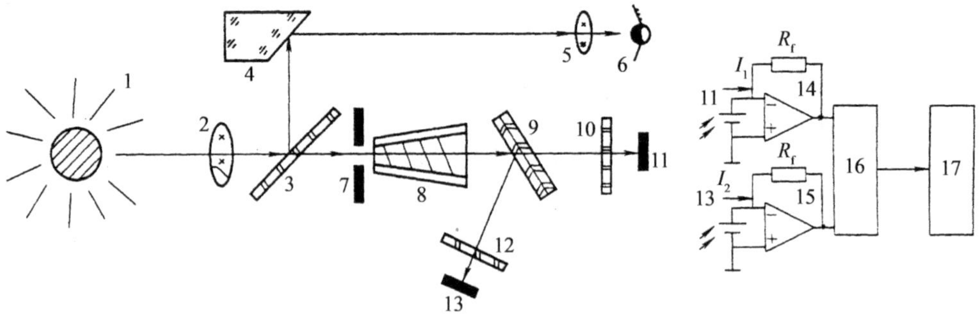

（a）光路图　　（b）测量转换电路

1. 测温对象；2. 物镜；3. 半透半反镜；4. 反射镜；5. 目镜；6. 使用者的眼睛；7. 光阑；
8. 光导棒；9. 分光镜；10、12. 滤光片；11、13. 硅光电池；
14、15. 电流/电压变换器；16. 运算电路；17. 显示器

图 2.91　光电比色温度计工作原理

测温对象发出的辐射光经物镜 2 投射到半透半反镜 3 上，它将光线分为两路：第一路光线经反射镜 4、目镜 5 到达使用者的眼睛，以便瞄准测温对象；第二路光线穿过半透半反镜成像于光阑 7，通过光导棒 8 混合均匀后投射到分光镜 9 上，分光镜的功能是使红外光通过，可见光反射。红外光透过分光镜到达滤光片 10，滤光片的功能是进一步起滤光作用。它只让红外光中的某一特定波长 λ_1 的光线通过，最后被硅光电池 11 所接收，转换为与 I_{λ_1}成正比的光电流 I_1。滤光片 12 的作用是只让可见光中的某一特定波长 λ_2 的光线通过，最后被硅光电池 13 所接收。转换为与 I_{λ_2}成正比的光电流 I_2。I_1、I_2 分别经过电流/电压转换器 14、15 转换为电压 U_1、U_2，再经过运算电路算出 U_1/U_2 值。由于 U_1/U_2 值可以

代表 I_{λ_1}、I_{λ_2}，故采用一定的办法可以进一步根据式（2.34）计算出被测物的温度 T，由显示器 17 显示出来。

2.15.2 光电传感器的数字量检测

光电开关和光电断续器是光电式传感器的数字量检测的常用器件，它们是用来检测物体的靠近、通过等状态的光电传感器。近年来，随着生产自动化、机电一体化的发展，光电开关及光电断续器已发展成系列产品，其品种及产量日益增加，用户可根据生产需要，选用适当规格的产品，而不必自行设计光路及电路。

从原理上讲，光电开关及光电断续器没有太大的差别，都是由红外发射元件与光敏接收元件组成，只是光电断续器是整体结构，其检测距离只有几毫米至几十毫米，而光电开关的检测距离可达数十米。

1. 光电开关

光电开关可分为两类：遮断型和反射型，如图 2.92 所示，图（a）中，发射器和接收器相对安放，轴线严格对准。当有物体从两者中间通过时，红外光束被遮断，接收器接收不到红外线而产生一个电脉冲信号。反射型分为两种情况：反射镜反射型及被测物体反射型（简称散射型），分别如图 2.92（b）、（c）所示。反射镜反射型传感器单侧安装，需要调整反射镜的角度以取得最佳的反射效果，它的检测距离不如遮断型。散射型安装最为方便，并且可以根据被检测物上的黑白标记来检测，但散射型的检测距离较小，只有几百毫米。

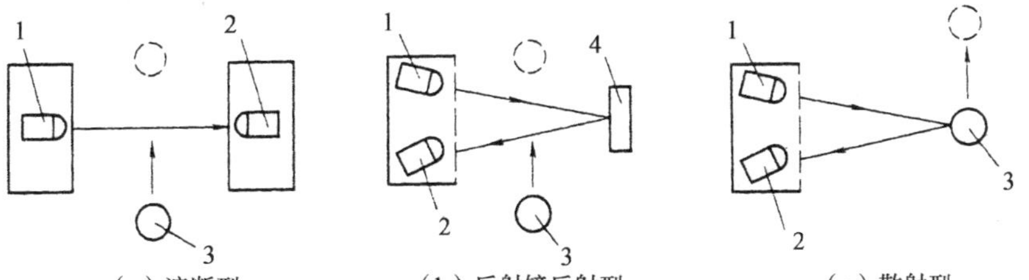

（a）遮断型　（b）反射镜反射型　（c）散射型

1. 发射器；2. 接收器；3. 被测物；4. 反射镜

图 2.92　光电开关类型及应用

光电开关中的红外光发射器一般采用功率较大的红外发光二极管（红外 LED）。而接收器可采用光敏三极管、光敏达林顿三极管或光电池。为了防止日光灯的干扰，可在光敏元件表面加红外滤光透镜。其次，LED 可用高频（40kHz 左右）脉冲电流驱动，从而发射调制光脉冲，相应地，接收光电元件的输出信号经选频交流放大器及解调器处理，可以有效地防止太阳光的干扰。

光电开关可用于生产流水线上统计产量、检测装配件到位与否以及装配质量（如瓶盖是否压上、标签是否漏贴等），并且可以根据被测物的特定标记给出自动控制信号。目前，它已广泛地应用于自动包装机、自动灌装机、装配流水线等自动化机械装置中。

2. 光电断续器

光电断续器的工作原理与光电开关相同，但其光电发射、接收器做在体积很小的同一塑料壳体中，所以两者能可靠地对准，其外形如图 2.93 所示。它也可分成遮断式和反射式两种。遮断式（也称槽式）的槽宽、槽深及光敏元件各不相同，并已形成系列化产品，可供用户选择。反射型的检测距离较小，多用于安装空间较小的场合。由于检测范围小，光电断续器的发光二极管可以直接用直流电驱动，红外 LED 的正向压降约为 1.2V ~ 1.5V，驱动电流控制在几十毫安。

光电断续器是价格便宜、结构简单、性能可靠的光电器件。它广泛应用于自动控制系统、生产流水线、机电一体化设备、办公设备和家用电器中。例如，在复印机中，它被用来检测复印纸的有无；在流水线上检测细小物体的暗色标记，以及检测物体是否靠近的接近开关、行程开关等。图 2.94 所示为光电断续器的部分应用。

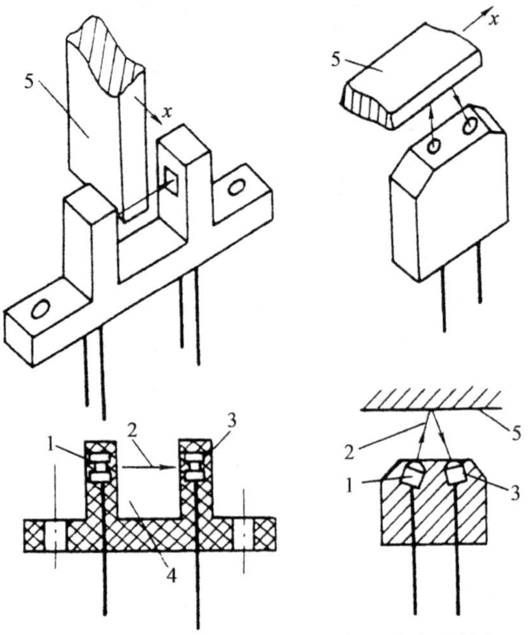

（a）遮断式　　（b）反射式

1. 发光二极管；2. 红外光；3. 光电元件；4. 槽；5. 被测物

图 2.93　光电断续器

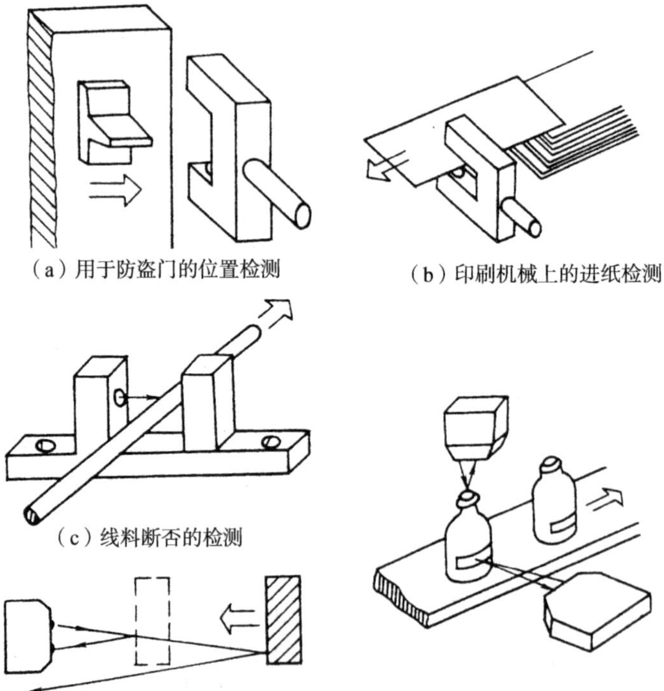

（a）用于防盗门的位置检测

（b）印刷机械上的进纸检测

（c）线料断否的检测

（d）瓶盖及标签的检测

（e）用于物体接近与否的检测

图 2.94　光电断续器的应用实例

3. 光电式转速表

由于机械式转速表和接触式电子转速表精度不高，且影响被测物的运转状态，已不能满足自动化的要求。光电式转速表有反射式和透射式两种，它可以在距被测物数十毫米处非接触地测量其转速。由于光电器件的动态特性较好，因此可以用于高转速的测量而又不影响被测物的转动，图 2.95 所示为利用光电开关制成的反射式光电转速表工作原理图。

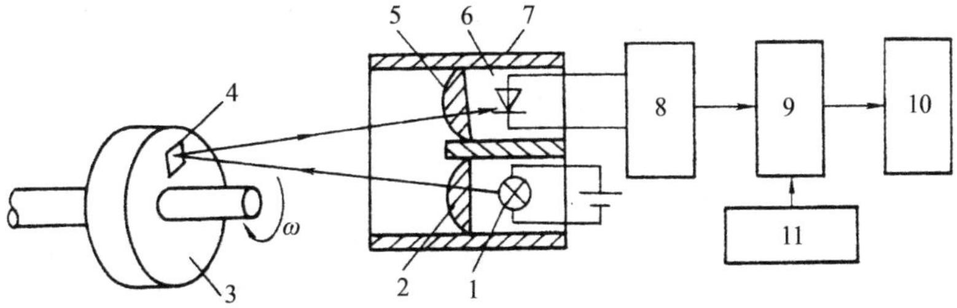

1. 光源；2、5. 透镜；3. 被测旋物；4. 皮光纸；6. 光敏二极管；
7. 遮光罩；8. 放大整形电路；9. 频率计电路；10. 显示器；11. 时基电路

图 2.95　光电式转速表工作原理

光源 1 发出的光线经透镜 2 会聚成平行光束照射到旋转物上，光线经事先粘贴在旋转物体上的反光纸 4 反射回来，经透镜 5 聚焦后落在光敏二极管 6 上，它产生与转速对应的电脉冲信号，经放大整形电路 8 得到 TTL 电平的脉冲信号，经频率计电路 9 处理后由显示器 10 显示出每分钟或每秒钟的转数即转速。反光纸在圆周上可等分地贴多个，从而减少误差和提高精度。这里由于测量的是数字量，所以可不用参比信号。事实上，图 2.95 中的光源、透镜、光敏二极管和遮光罩就组成了一个光电开关。

光电式传感器的应用领域参见本章小结，可见是十分广泛，应用实例举不胜举，限于篇幅，此处不再叙述。

2.16 小　　结

1. 光电式传感技术的理论基础是光电效应
   - ① 外光电效应
   - ② 内光电效应
   - ③ 光生伏特效应

2. 基于光电效应的器件有
   - ① 光电管、光电倍增管等→外光电效应
   - ② 光敏电阻等→内光电效应
   - ③ 光电池、光敏晶体管等→光生伏特效应

3. 采用光传感器的信息处理技术的应用领域如表 2.11 所示。从表中可见，应用十分广泛。

表 2.11　采用光传感器的信息技术的应用领域

	科学应用	工业应用	医学应用	其他应用
图像控制	耐热、耐辐射线远距离图像检测；用 OMA 识别各种光谱学图形；模拟和数字光运算	各种生产线工艺监视；工业用 TV；元件自动分选装置；半导体 IC 版图测量	X 射线、可见光、超声波等各种层析 X 射线摄影法，各种内部摄像机，眼底摄像机	民用电视摄影，公害监视装置；高速公路烟雾监视
空间位置测量	人造卫星检测；宇宙飞船飞行姿态控制等；水平传感器；定位用太阳跟踪器；水平结构研究等	发现森林火灾；制导消防火箭；监控燃料点火；汽车停放收费计；发现违法者；发现飞机、坦克火灾等	引导盲人；判断炎症大小；眼科确定视点位置；眼球检查	检测船舶、飞机、入侵者；导弹制导；航行控制；引爆雷管；火炮控制；飞机碰撞警报
辐射测量	月亮、行星、恒星温度的测定；天气状况的远距离测量；太阳常数的测定；植物内热传导的研究；地球热平衡的测量；大气热辐射研究；热绝缘研究	铁路车辆的热轴；非接触体的识别；工艺控制；焊接、铜锭等的温度测量；电子电路和 IC 的检查等	皮肤的温度测定；癌的早期发现；从绷带外进行伤口诊断；监视感染；远距离生物检测；皮肤加热和温感研究	目标的标定；鱼类、野生动物追踪装置
光谱辐射计量	地球、行星大气成分的测定；行星上动植物的检测；地表分析；宇宙飞船的大气检测器；气象观测；大气辐射研究	湍流的检测；有机物、气体等的分析；呼气中酒精成分的确定；管子泄漏的发现；水中油的检测；锗、硅中氧的调节	空气污染的检测与监控；血液与呼出气体中 CO_2 的确定	地表分析；气体检测；目标与背景的标定；燃料蒸气的检测；液体氧管中杂质的检测等
热图像	地球资源考察；海洋潮汐的检测及绘图；从卫星上发现火山；火山研究；石油勘探；水污染的检测与研究；裂缝位置的确定，冰山侦察	各种非破坏性试验检查；地下管道等位置的确定；红外光学材料的检查；绝热效率的研究；微波电场图形	癌的早期发现及测定；烫伤、冻伤等的诊断；发病初期诊断；手足折断的位置判定；胎位确定；地球极地用衣服的效率研究	侦察与监视；绘制热分布地图；潜艇的发现；车辆、人员、武器、地下导弹、阵地的发现；损伤测定
反辐射利用	制造识别；行星、月亮表面结构调查；宝石的鉴定；水质检查外延膜厚度的鉴定；病作物的检测	工业监视；对制作中的胶片胶卷试验；树木、农作物的病害检查；放映机的自动调焦	瞳孔直径的测定；血管梗塞位置的确定；眼球活动的监视；通过不透明角膜进行眼睛检查；其他治疗过程的检查	夜间运行；发现入侵者；地表监视；发现伪装；瞄准；宇宙飞行器在轨道上相接与着陆
辐射源利用	宇宙通信；动物通信设备的分析；计算机外部输入设备；动物夜间习性的研究；夜间照相照明	发现入侵者、防止盲目着陆，防碰撞；输送物计数；红外线加热与干燥；电缆连接；交通工具相对速度检测；数据网络	盲人用测距与障碍物的探测热疗法	地面通信；武器制导；红外线系统的逆探测；测距；发现入侵者

2.17 习　　题

1. 光电效应有哪几种？与之对应的光电器件各有哪些？

2. 什么是光生伏特效应？

3. 试比较光敏电阻、光电池、光敏二极管和光敏三极管的性能差异，并简述在不同场合下应选用哪种器件最为合适。

4. 简述外光电效应的光电倍增管的工作原理。若单位时间入射到单位面积上的光子为10个（一个光子等效于一个电子电量），光电倍增管共有16个倍增极，输出阳极电流为20A，且16个倍增极二次发射电子数按自然数的平方递增，试求光电倍增管的电流放大倍数和倍增系数。

5. 简述电荷耦合器件的工作原理。用它如何组成电视摄像系统？

6. 如何实现线型CCD电荷的四相定向转移？试画出定向转移图。

7. 简述光纤的结构和传光原理。光纤传感器有哪些类型？它们之间有何区别？

8. 图2.96所示电路的工作原理，应如何选择光源的波长？

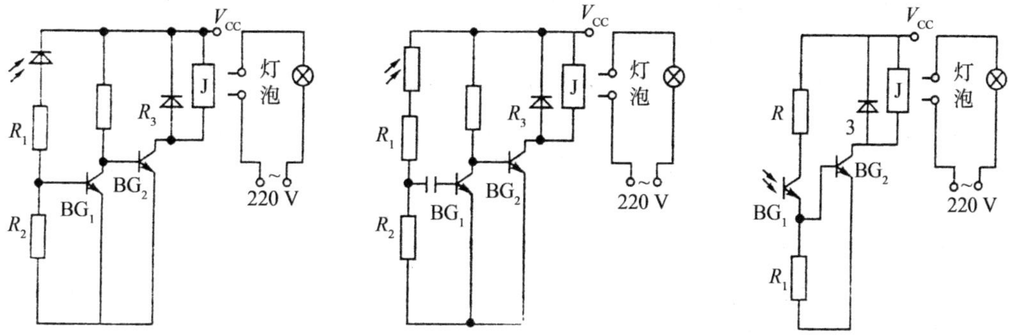

图2.96　电路工作原理图

9. 试设计一个红外控制的电扇开关控制电路。

10. 设计一个自动航标电路图。

要求：(1) 用Si太阳能电池和蓄电池联合供电。

(2) 用日光照度自动打开关闭。

11. 设计一个热淋浴水温自动控制电路。

要求：(1) 硅太阳能电池与蓄电池组合供电。

(2) 带有显示温度合适的显示装置并说明电路原理。

第3章 数字传感技术

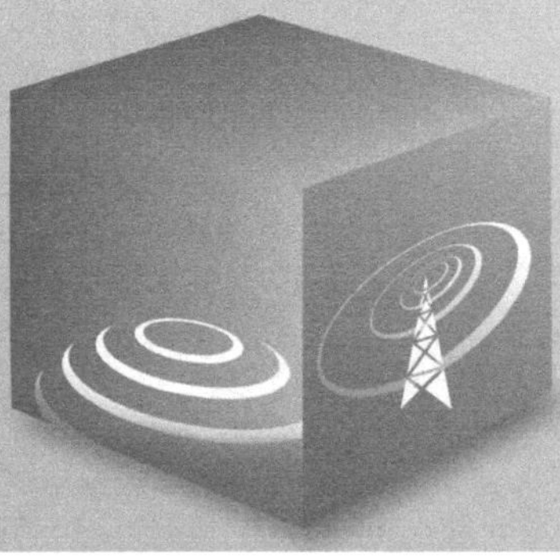

学习要点

① 了解数字式传感技术的基本原理；

② 掌握光栅、磁栅、脉冲盘式数字、*RC* 振荡式频率、弹性体频率式传感器，接触式、光电式、电磁式编码器，直线式、旋转式感应同步器以及旋转变压器等的结构、特性及使用注意事项。

随着微型计算机的迅速发展和广泛渗透，对信号的检测、控制和处理，必然进入数字化阶段。原来利用模拟式传感器和 A/D 转换器将信号转换成数字信号，然后由微机和其他数字设备处理的方法，虽然很简便，但由于 A/D 转换器的转换精度受到参考电压精度的限制而不可能很高，所以系统的总精度也受到限制。如果有一种传感器能直接输出数字量，那么，上述的精度问题就可望得到解决。这种传感器就是数字传感器。显然，数字传感器是一种能把被测模拟量直接转换成数字量的输出装置。

数字传感器与模拟传感器相比较有以下特点：测量的精度和分辨率更高，抗干扰能力更强，稳定性更好，易于微机接口，便于信号处理和实现自动化测量。

目前，常用的数字传感器有 4 大类：（1）栅式（光栅、磁栅）传感器；（2）编码器（接触式、光电式、电磁式）；（3）频率输出式传感器；（4）感应同步器式传感器等。

3.1 光栅传感器

光栅传感器实际上是光电传感器的一个特殊应用。由于光栅测量具有结构简单、测量精度高、易于实现自动化和数字化等优点，因而得到了广泛的应用。

3.1.1 结构与类型

光栅主要由标尺光栅和光栅读数头两部分组成。通常，标尺光栅固定在活动部件上，如机床的工作台或丝杆上。光栅读数头则安装在固定部件上，如机床的底座上。当活动部件移动时，读数头和标尺光栅也就随之作相对的移动。

1. 光栅尺

标尺光栅和光栅读数头中的指示光栅构成光栅尺，如图3.1所示，其中长的一块为标尺光栅，短的一块为指示光栅。两光栅上均匀地刻有相互平行、透光和不透光相间的线纹，这些线纹与两光栅相对运动的方向垂直。从图上光栅尺线纹的局部放大部分来看，白的部分 b 为透光线纹宽度，黑的部分 a 为不透光线纹宽度，设栅距为 W，则 $W=a+b$，一般光栅尺的透光线纹和不透光线纹宽度是相等的，即 $a=b$。常见长光栅的线纹宽度为（25、50、100、125、250）线/mm。

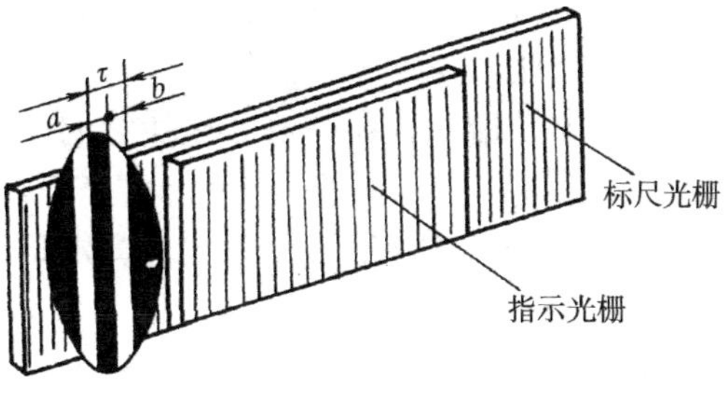

图3.1　光栅尺

2. 光栅读数头

光栅读数头由光源、透镜、指示光栅、光敏元件和驱动线路组成，如图3.2（a）所示。光栅读数头的光源一般采用白炽灯。白炽灯发出的光线经过透镜后变成平行光束，照射在光栅尺上。由于光敏元件输出的电压信号比较微弱，因此必须首先将该电压信号进行放大，以避免在传输过程中被多种干扰信号所淹没、覆盖而造成失真。驱动电路的功能就是实现对光敏元件输出信号进行功率放大和电压放大。

光栅读数头的结构形式按光路分，除了垂直入射式外，常见的还有分光读数头、反射读数头等，其结构如图3.2（b）、（c）所示。

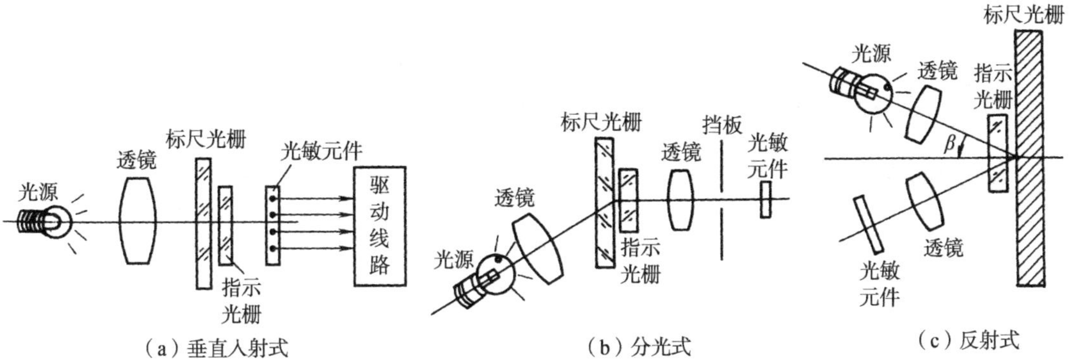

图3.2　光栅读数头的结构

光栅按其形状和用途可以分为长光栅和圆光栅两类，长光栅用于长度测量，又称直线光栅，圆光栅用于角度测量；按光线的走向可分为透射光栅和反射光栅。

3.1.2　工作原理

1. 莫尔条纹

光栅是利用莫尔条纹现象来进行测量的。所谓莫尔（Moire），法文的原意是水面上产生的波纹。莫尔条纹是指两块光栅叠合时，出现光的明暗相间的条纹，从光学原理来讲，如果光栅栅距与光的波长相比较是很大的话，就可以按几何光学原理来进行分析。如图 3.3 所示为两块栅距相等的光栅叠合在一起，并使它们的刻线之间的夹角为 θ 时，这时光栅上就会出现若干条明暗相间的条纹，这就是莫尔条纹。莫尔条纹有如下几个重要特性。

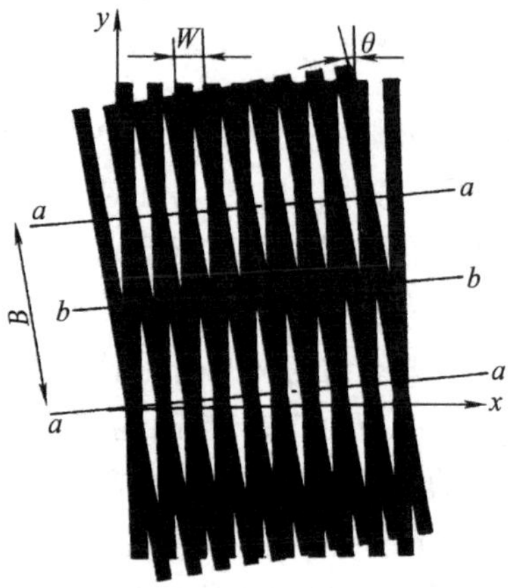

x. 光栅移动方向；*y*. 莫尔条纹移动方向

图 3.3　等栅距形成的莫尔条纹（θ≠0）

（1）消除光栅刻线的不均匀误差

由于光栅尺的刻线非常密集，光电元件接收到的莫尔条纹所对应的明暗信号，是一个区域内许多刻线的综合结果。因此它对光栅尺的栅距误差有平均效应，这有利于提高光栅的测量精度。

（2）位移的放大特性

莫尔条纹间距是放大了的光栅栅距 W，它随着光栅刻线夹角 θ 而改变。当 $\theta \ll 1$ 时，可推导得莫尔条纹的间距 $B \approx W/\theta$。可知 θ 越小则 B 越大，相当于把微小的栅距扩大了 $1/\theta$ 倍。

（3）移动特性

莫尔条纹随光栅尺的移动而移动，它们之间有严格的对应关系，包括移动方向和位移量。位移一个栅距 W，莫尔条纹也移动一个间距 B。移动方向的关系详见表 3.1。如图 3.3 所示，主光栅相对指示光栅的转角方向为逆时针方向，主光栅向左移动，则莫尔条纹向下移动；主光栅向右移动，莫尔条纹向上移动。

表 3.1　光栅移动与莫尔条纹移动关系表

主光栅相对指示光栅的转角方向	主光栅移动方向	莫尔条纹移动方向
顺时针方向	←向左	↑向上
	→向右	↓向下
逆时针方向	←向左	↓向下
	→向右	↑向上

（4）光强与位置关系

两块光栅相对移动时，从固定点观察到莫尔条纹光强的变化近似为余弦波形变化。光栅移动一个栅距 W，光强变化一个周期 2π，这种正弦波形的光强变化照射到光电元件上，即可转换成电信号关于位置的正弦变化。

当光电元件接收到光的明暗变化，则光信号就转换为图 3.4 所示的电压信号输出，它可以用光栅位移量 x 的余弦函数表示：

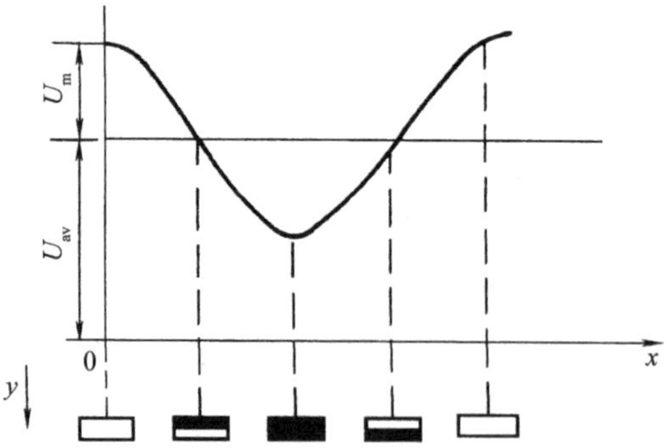

图 3.4　光栅位移与光强输出电压的关系

$$U_o = U_{av} + U_m \cos \frac{2\pi}{W} x \tag{3.1}$$

式中，U_o 为光电元件输出的电压信号；U_m 为输出信号中的最大电压信号；U_{av} 为输出信号中的平均直流分量。

2. 辨向原理

在实际应用中，被测物体的移动方向往往不是固定的。无论主光栅向前或向后移动，在一固定点观察时，莫尔条纹都是作明暗交替变化。因此，只根据一条莫尔条纹信号，则无法判别光栅移动方向，也就不能正确测量往复移动时的位移。为了辨向，需要两个一定相位差的莫尔条纹信号。

图 3.5 所示为辨向的工作原理和它的逻辑电路。在相隔 1/4 条纹间距的位置上安装两个光电元件，得到两个相位差 π/2 的电信号 U_{01} 和 U_{02}，经过整形后得到两个方波信号 U'_{01} 和 U'_{02}，从图中波形的对应关系可以看出，在光栅向 A 方向移动时，U'_{01} 经微分电路后产生的脉冲（如图 3.5（c）中实线所示）正好发生在 U'_{02} 的“1”电平时，从而经与门 Y_1 输出一个计数脉冲。而 U'_{01} 经反相微分后产生的脉冲（如图 3.5（c）中虚线所示）则与 U'_{02} 的“0”电平相遇，与门 Y_2 被阻塞，没有脉冲输出。在光栅作 $\overline{A}$ 方向移动时，U'_{01} 的微分脉冲发生在 U'_{02} 为“0”电平时，故与门 Y_1 无脉冲输出；而 U'_{01} 反相微分所产生的脉冲则发生在 U'_{02} 的“1”电平时，与门 Y_2 输出一个计数脉冲。因此，U'_{02} 的电平状态可作为与门的控制信号，来控制 U'_{01} 所产生的脉冲输出，从而就可以根据运动的方向正确地给出加计数脉冲和减计数脉冲。

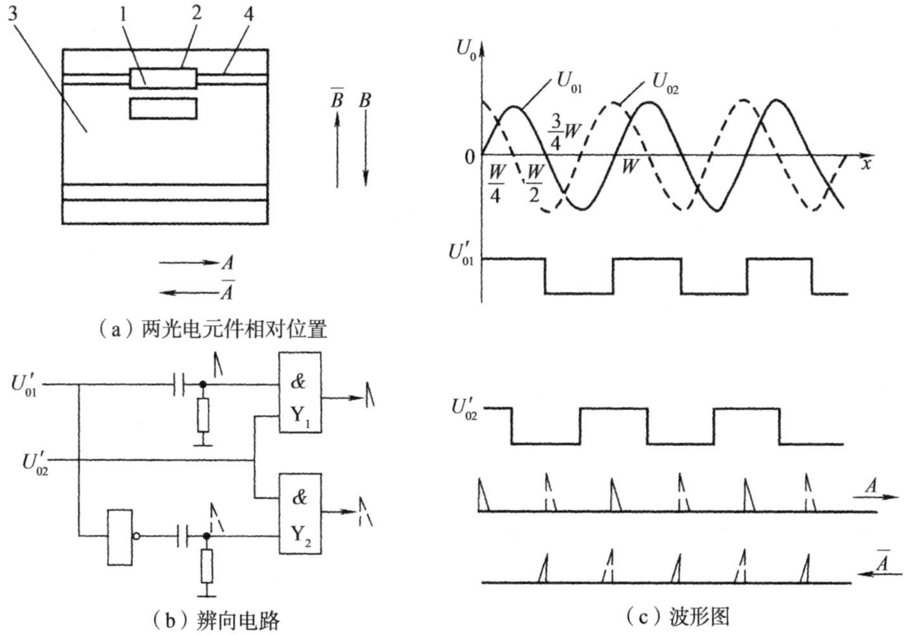

（a）两光电元件相对位置

（b）辨向电路

（c）波形图

1、2. 光电元件；3. 指示光栅；4. 莫尔条纹；

A（$\overline{A}$）. 光栅移动方向；B（$\overline{B}$）. 对应 A（$\overline{A}$）的莫尔条纹移动方向

图 3.5　辨向逻辑与工作原理

3.1.3 细分技术

由前面讨论可知，当光栅相对移动一个栅距 W 时，则莫尔条纹移过一个间距 B，与门输出一个计数脉冲。这样其分辨率为 W。为了能分辨比 W 更小的位移量，就必须对电路进行处理，使之能在移动一个 W 内等间距地输出若干个计数脉冲，这种方法就称为细分。由于细分后计数脉冲的频率提高了，故又称为倍频。通常采用的细分方法有四倍频细分、电桥细分、复合细分等。下面简要介绍电桥细分法。

电桥细分法的基本原理可以用下面的电桥电路来说明。图 3.6（a）所示的电桥电路 $\dot{U}_{01}$和 $\dot{U}_{02}$分别为从光电元件得到的两个莫尔条纹信号，R_1 和 R_2 是桥臂电阻，R_L 为过零触发器负载电阻。

设 Z 点的输出电压为 $\dot{U}_Z$，根据电工基础中的节点电压法可知：

$$\dot{U}_Z=\frac{\dot{U}_{01}g_1+\dot{U}_{02}g_2}{g_1+g_2+g_L}$$

式中，$g_1=\dfrac{1}{R_1}$；$g_2=\dfrac{1}{R_2}$；$g_L=\dfrac{1}{R_L}$。

若电桥平衡，则：

$$\dot{U}_Z=0,\quad \dot{U}_{01}g_1+\dot{U}_{02}g_2=0 \tag{3.2}$$

如前述，莫尔条纹信号是光栅位置状态的正弦函数。令 $\dot{U}_{01}$ 与 $\dot{U}_{02}$ 的相位差为 $\pi/2$，光栅在任意位置 x（$\dfrac{2\pi x}{W}=\theta$）时，$\dot{U}_{01}$ 和 $\dot{U}_{02}$ 可以分别写成 $U\sin\theta$ 和 $U\cos\theta$，式（3.2）可改写成：

$$-\frac{\sin\theta}{\cos\theta}=\frac{R_1}{R_2} \tag{3.3}$$

由式（3.3）可见，选取不同 R_1/R_2 值，就可以得到任意的 θ 值，即在一个节距 W 以内的任何地方经过零触发器输出一个脉冲。虽然从式（3.3）看来，只有在第二、第四象限，才能满足过零的条件，但是实际上取正弦、余弦及其反相的四个信号，组合起来就可以在四个象限内都得到细分。也就是说通过选择 R_1 和 R_2 的阻值，理论上可以得到任意多的细分数。

由式（3.2）可见，上述的平衡条件是在 $\dot{U}_{01}$ 和 $\dot{U}_{02}$ 的幅值相等、相位相差为 $\pi/2$ 和信号与光栅位置有着严格的正弦函数关系的要求下得出的。因此，它对莫尔条纹信号的波形，两个信号的正交关系，以及电路的稳定性都有严格的要求。否则会影响测量精度，带来一定的测量误差。

采用两个相位差 $\pi/2$ 的信号来进行测量和移相，在测量技术上获得了广泛的应用。虽然具体电路不完全相同，但都是从这个基本原理出发的。

图 3.6（b）给出了一个 10 倍细分电桥的细分电路，图中标明了各输出口的初相角。

电桥接在放大级的后面，因为光电元件输出信号的幅值和功率都很小，直接与电桥相连接，将使后面的脉冲形成电路不能正常工作，此电路最大可进行 12 倍频细分。

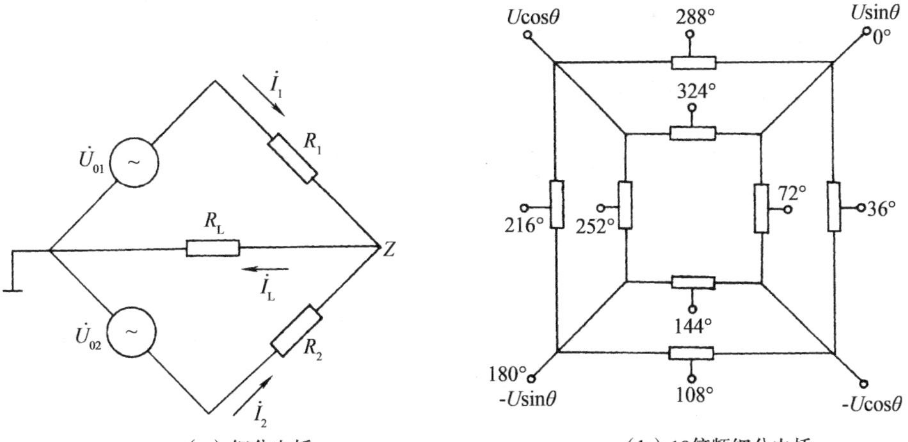

（a）细分电桥　　（b）10倍频细分电桥

图 3.6　电桥细分电路

细分电桥是无源网络，它只能消耗前置级的功率，细分数愈大，消耗功率愈多，所以在选择桥臂电阻的阻值时，应考虑前后两级的衔接问题。阻值太大，影响输出，对后级不利；阻值太小，消耗功率太大，对前级加重负载；因此，应根据前级的负载能力、细分数和后级吸收电流的要求进行综合考虑。

3.1.4　光栅数显装置

光栅数显装置的结构示意图和电路原理框图如图 3.7 所示。图中各环节的典型电路及工作原理上面已经介绍过。在实际应用中对于不带微处理器的光栅数显装置，完成有关功能的电路往往由一些大规模集成电路（LSI）芯片来实现，下面简要介绍国产光栅数显装置的 LSI 芯片对应完成的功能。这套芯片共分三片，另外再配两片驱动器和少量的电阻、电容，即可组成一台光栅数显表。

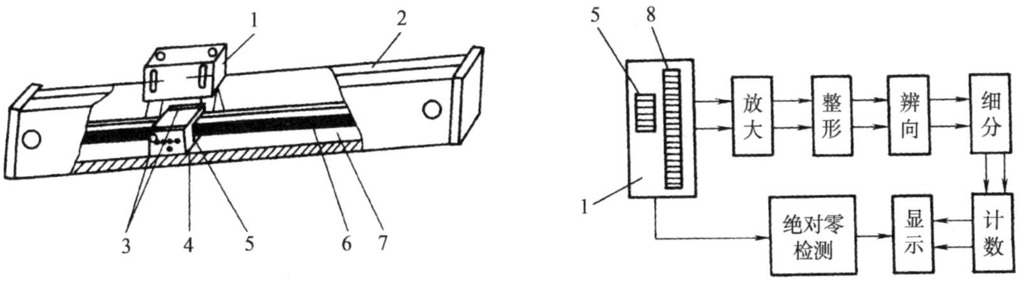

（a）结构示意　　（b）电路原理

1. 读数头；2. 壳体；3. 发光接受线路板；4. 指示光栅座；5. 指示光栅；6. 光栅刻线；7. 光栅尺；8. 主光栅

图 3.7　光栅数显装置

1. 光栅信号处理芯片（HKF710502）

该芯片的主要功能是：完成从光栅部件输入信号的同步、整形、四细分、辨向、加减控制、参考零位信号的处理、记忆功能的实现和分辨力的选择等。

2. 逻辑控制芯片（HKE701314）

该芯片的主要功能是：为整机提供高频和低频脉冲；完成 BCD 译码；XJ 校验以及超速报警。

3. 可逆计数与零位记忆芯片（HKE701201）

该芯片的主要功能是：接受从光栅信号处理芯片传来的计数脉冲，完成可逆计数；接受参考零位脉冲，使计数器确定参考零位的数值，同时也完成清零、置数、记忆等功能。

3.1.5 应用举例

由于光栅传感器测量精度高、动态测量范围广、可进行无接触测量、易实现系统的自动化和数字化，因而在机械工业中得到了广泛的应用。特别是在量具、数控机床的闭环反馈控制、工作母机的坐标测量等方面，光栅传感器都起着重要作用。

光栅传感器通常作为测量元件应用于机床定位、长度和角度的计量仪器中，并用于测量速度、加速度、振动等。

如图 3.8 所示为新天精密光学仪器公司生产的光栅式万能测长仪的工作原理图。主光栅采用透射式黑白振幅光栅，光栅栅距 $W=0.01\text{mm}$，指示光栅采用四裂相光栅，照明光

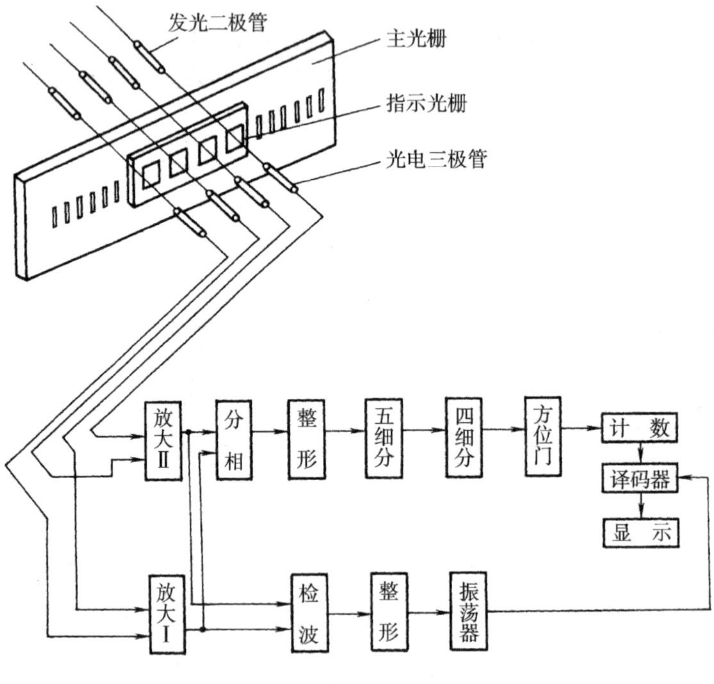

图 3.8 光栅式万能测长仪工作原理

源采用红外发光二极管 TIL-23，其发光光谱为 930nm ~ 1000nm，接收用 LS600 光电三极管，两光栅之间的间隙为 0.02nm ~ 0.035mm，由于主光栅和指示光栅之间的透光和遮光效应，形成莫尔条纹，当两块光栅相对移动时，便可接收到周期性变化的光通量。利用四裂相指示光栅依次获得 $\sin\theta$、$\cos\theta$、$-\sin\theta$ 和 $-\cos\theta$ 四路原始信号，以满足辨向和消除共模电压的需要。

由光栅传感器获得的四路原始信号，经差分放大器放大、移相电路分相、整形电路整形、倍频电路细分、辨向电路辨向进入可逆计数器计数，由显示器显示读出。这是光栅式万能测长仪从光栅传感器输出信号后读出的整个逻辑，每步逻辑由相应的电路来完成，通常采用大规模集成电路来实现以上功能。

随着微机技术的不断发展，目前人们已研制出带微机的光栅数显装置。采用微机后，可使硬件数量大大减少，功能越来越强。

3.2 磁栅传感器

磁栅传感器是近年来发展起来的新型检测元件。与其他类型的检测元件相比，磁栅传感器具有制作简单、复制方便、易于安装和调整、测量范围宽（从几十毫米到数十米）、不需要接长、抗干扰能力强等一系列优点，因而在大型机床的数字检测、自动化机床的自动控制及轧压机的定位控制等方面得到了广泛应用。

3.2.1 磁栅的结构与类型

1. 磁栅的结构

磁栅是由磁尺、磁头和检测电路组成，如图 3.9 所示。

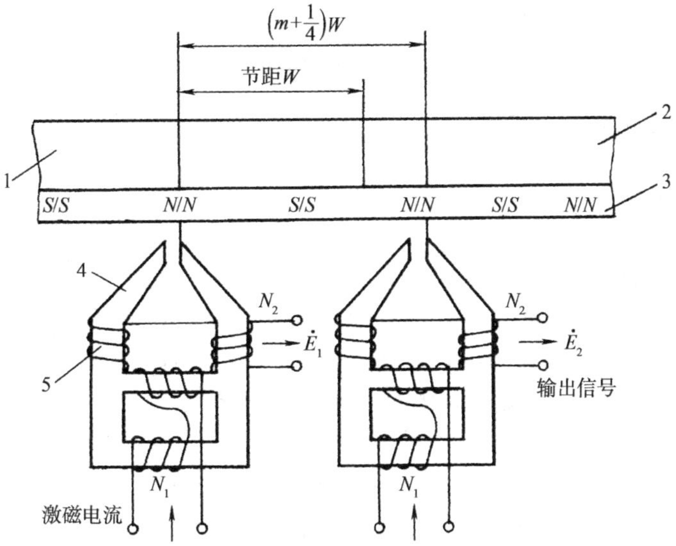

1. 磁尺；2. 尺基；3. 磁性薄膜；4. 铁心；5. 磁头

图 3.9 磁栅传感器的结构

磁尺使用非导磁性材料做尺基，在尺基的上面镀一层均匀的磁性薄膜，然后录上一定波长的磁信号。磁信号的波长又称节距，用 W 表示。在 N 与 N、S 与 S 重叠部分磁感应强度最强，但两者极性相反。目前常用的磁信号节距为 0.05mm 和 0.20mm 两种。

磁头可分为动态磁头（又名速度响应式磁头）和静态磁头（又名磁通响应式磁头）两大类。动态磁头在磁头与磁尺间相对运动时，才有信号输出，故不适用于速度不均匀，时走时停的机床。而静态磁头就是在磁头与磁栅间没有相对运动也有信号输出。

2. 磁栅的类型

磁栅分为长磁栅和圆磁栅两类。前者用于测量直线位移，后者用于测量角位移。长磁栅可分为尺形、带形和同轴形等三种，如图 3.10 所示。一般用尺形磁栅，当安装面不好安排时，可采用带形磁栅。同轴形磁栅的结构特别小巧，用于结构紧凑的场合。

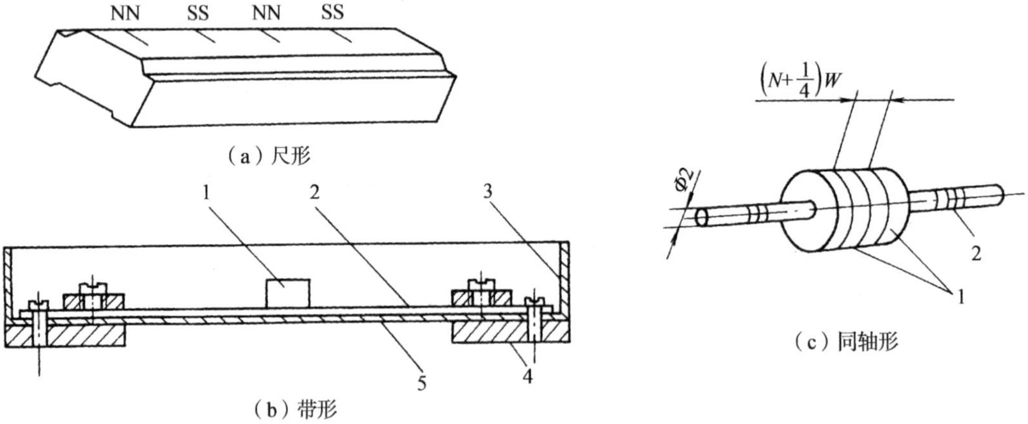

1. 磁头；2. 磁栅；3. 屏蔽罩；4. 基座；5. 软垫

图 3.10　长磁栅的类型

3.2.2　磁栅传感器的工作原理

1. 基本工作原理

以静态磁头为例来叙述磁栅传感器的工作原理。静态磁头的结构如图 3.9 所示，它有两组绕组，一组为激磁绕组 N_1，另一组为输出绕组 N_2。当绕组 N_1 通入激磁电流时，磁通的一部分通过铁芯，在 N_2 绕组中产生电势信号。如果铁芯空隙中同时受到磁栅剩余磁通的影响，那么由于磁栅剩余磁通极性的变化，N_2 中产生的电势振幅就受到调制。

实际上，静态磁头中的 N_1 绕组起到磁路开关的作用。当激磁绕组 N_1 中不通电流时，磁路处于不饱和状态，磁栅上的磁力线通过磁头铁芯而闭合。这时，磁路中的磁感应强度决定于磁头与磁栅的相对位置。如在绕组 N_1 中通入交变电流，当交变电流达到某一个幅值时，铁芯饱和而使磁路“断开”，磁栅上的剩磁通就不能在磁头铁芯中通过。反之，当交变电流小于额定值时，可饱和铁芯不饱和，磁路被“接通”，则磁栅上的剩磁通就可以在磁头铁芯中通过，随着激磁交变电流的变化，可饱和铁芯这一磁路开关不断地“通”和“断”，进入磁头的剩磁通就时有时无。这样，在磁头铁芯的绕组 N_2 中就产生感应电势，它主要与磁头在磁栅上所处的位置有关，而与磁头和磁栅之间的相对速度关系不大。

由于在激磁突变电流变化中，不管它在正半周或负半周，只要电流幅值超过某一额定值，它产生的正向或反向磁场均可使磁头的铁芯饱和，这样在它变化的一个周期中，可使铁芯饱和两次，磁头输出绕组中输出电压信号为非正弦周期函数，因此其基波分量角频率 ω 是输入频率的两倍。

磁头输出的电势信号经检波，保留其基波成分，可用下式表示：

$$E = E_{\mathrm{m}}\cos\frac{2\pi x}{W}\sin\omega t \tag{3.4}$$

式中，E_{m} 为感应电势的幅值；W 为磁栅信号的节距；x 为机械位移量。

为了辨别方向，图 3.9 中采用两只相距（$m+\frac{1}{4}$）W（m 为整数）的磁头，为了保证距离的准确性，通常两个磁头做成一体，两个磁头输出信号的载频相位差为 90°。经鉴相信号处理或鉴幅信号处理，并经细分、辨向、可逆计数后显示位移的大小和方向。

2. 信号处理方式

当图 3.9 中两只磁头励磁线圈加上同一励磁电流时，两磁头输出绕组的输出信号为：

$$\begin{cases}\dot{E}_1 = E_{\mathrm{m}}\cos\dfrac{2\pi x}{W}\sin\omega t \\ \dot{E}_2 = E_{\mathrm{m}}\sin\dfrac{2\pi x}{W}\sin\omega t\end{cases} \tag{3.5}$$

式中，$\frac{2\pi x}{W}$为机械位移相角，$\frac{2\pi x}{W}=\theta_x$。

磁栅传感器的信号处理方式有鉴相式和鉴幅式两种，下面简要介绍这两种信号处理方式。

（1）鉴相处理方式

鉴相处理方式就是利用输出信号的相位大小来反映磁头的位移量或磁尺的相对位置的信号处理方式。将第二个磁头的电压读出信号移相 90°，两磁头的输出信号则变为：

$$\begin{cases}E'_1 = E_{\mathrm{m}}\cos\dfrac{2\pi x}{W}\sin\omega t \\ E'_2 = E_{\mathrm{m}}\sin\dfrac{2\pi x}{W}\cos\omega t\end{cases} \tag{3.6}$$

将两路输出用求和电路相加，则获得总输出：

$$E = E_{\mathrm{m}}\sin\left(\omega t + \frac{2\pi x}{W}\right) \tag{3.7}$$

式（3.7）表明，感应电动势 E 的幅值恒定，其相位变化正比于位移量 x。该信号经带通滤波、整形、鉴相细分电路后产生脉冲信号，由可逆计数器计数，显示器显示相应的位移量。如图 3.11 所示为鉴相型磁栅传感器的原理框图，其中鉴相细分是对调制信号的一种细分方法，其实现手段可参见有关书籍。

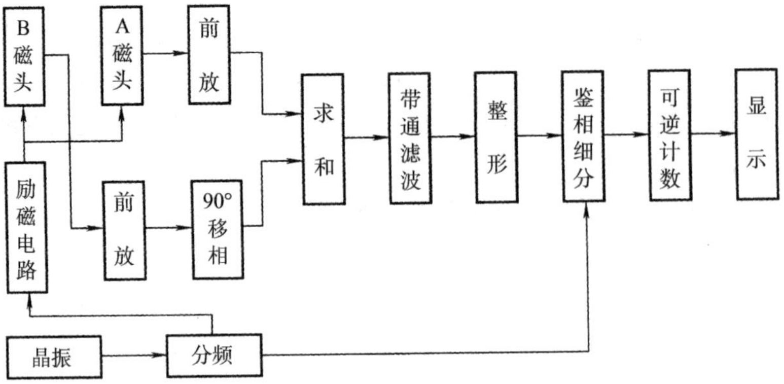

图 3.11　鉴相型磁栅传感器的原理框图

（2）鉴幅处理方式

鉴幅处理方式就是利用输出信号的幅值大小来反映磁头的位移量或磁尺的相对位置的信号处理方式。由式（3.5）可知，两个磁头输出信号的幅值是与磁头位置 x 成正余弦关系的信号。经检波器去掉高频载波后可得：

$$\begin{cases} E''_1 = E_m \cos \dfrac{2\pi x}{W} \\ E''_2 = E_m \sin \dfrac{2\pi x}{W} \end{cases} \tag{3.8}$$

此相差 90°的两个关于位移 x 的正余弦信号与光栅传感器两个光电元件的输出信号是完全相同的，所以它们的细分方法及辨向原理与光栅传感器也完全相同。如图 3.12 所示为鉴幅型磁栅传感器的原理框图。

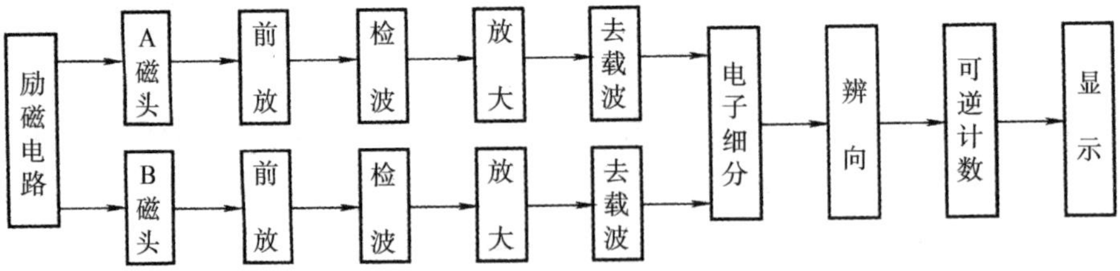

图 3.12　鉴幅型磁栅传感器的原理框图

3.2.3　磁栅数显装置

磁栅数显装置的结构示意图如图 3.13 所示，其电路原理框图已在图 3.11 与图 3.12 中给出。下面简要介绍国产光栅数显装置的 LSI 芯片对应完成的功能。这些芯片再配两片驱动器和少量的电阻、电容，即可组成一台磁栅数显表。

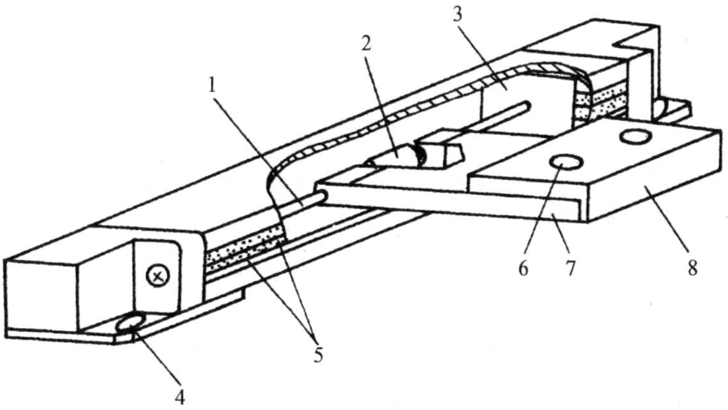

1. 磁性标尺；2. 磁头；3. 固定块；4. 尺体安装孔；
5. 泡沫垫；6. 滑板安装孔；7. 磁头连接板；8. 滑板

图 3.13　磁栅数显装置的结构示意

1. 磁头放大器（SF023）

它是连接磁尺和数显表的一个部件，其主要功能是：两只磁头输入信号的放大（即通道 A 和通道 B）；通道 B 信号移相 90°；通道 A 和通道 B 信号求和放大；补偿两只磁头特性所需的调整和来自数显表供给两只磁头的励磁信号。

2. 磁尺检测专用集成芯片（SF6114）

该芯片的主要功能是：对磁尺励磁信号的低通滤波和功率放大；供给磁头的励磁信号；对磁头放大器输出信号经滤波后进行放大、限幅、整形为矩形波；接受反馈控制信号对磁尺检出信号进行相位微调。

3. 磁尺细分专用集成芯片（SIM-011）

该芯片的主要功能是：对磁尺的节距 $W = 200\mu m$ 实现 200、40 或 20 等分的电气分割，从而获得 $1\mu m$、$5\mu m$、$10\mu m$ 的分辨力（最小显示值）。

4. 可逆计数芯片（WK50395）

该芯片是带有比较寄存器和锁存器的 P 沟道 MOS 六位十进制同步可逆计数/显示驱动器。计数器和寄存器可以逐位用 BCD 码置数，计数器具有异步清零功能。芯片 WK50395 与光栅数显装置的芯片 HKE701201 具有相同的功能，但两者制造工艺不同。芯片 HKE701201 采用的是硅栅 CMOS 工艺，因而它有较好的频响特性，最高频率可达 2MHz，而前者只有 1MHz。

3.2.4　应用举例

磁栅传感器有两个方面的应用。① 可以作为高精度的测量长度和角度的测量仪器。由于可以采用激光定位录磁，而不需要采用感光、腐蚀等工艺，因而可以得到较高的精度，目前可以做到系统精度为 ±0.01mm/m，分辨率可达 1μm ~ 5μm。② 可以用于自动化控制系统中的检测元件（线位移）。例如在三坐标测量机、程控数控机床及高精度重、中型机床控制系统中的测量装置，均得到了应用。

图 3.14 所示为上海机床研究所生产的 ZCG-101 鉴相型磁栅数显表的原理框图。由于篇幅所限，这里就不再介绍本数显表的具体原理。目前磁栅数显表已采用微机来实现图 3.14 中的功能。这样，硬件的数量大大减少，而功能却优于普通数显表。现以上海机床研究所生产的 WCB 微机磁栅数显表为例来说明带微机数显表的功能。WCB 与该所生产的 XCC 系列以及日本 Sony 公司各种系列的直线形磁尺兼容，组成直线位移数显装置。该表具有位移显示功能、直径/半径和公制/英制转换及显示功能、数据预置功能、断电记忆功能、超限报警功能、非线性误差修正功能、故障自检功能等。它能同时测量 x、y、z 三个方向的位移，通过计算机软件程序对三个坐标轴的数据进行处理，分别显示三个坐标轴的位移数据。当用户的坐标轴数大于 1 时，其经济效益指标就明显优于普通型数显表。

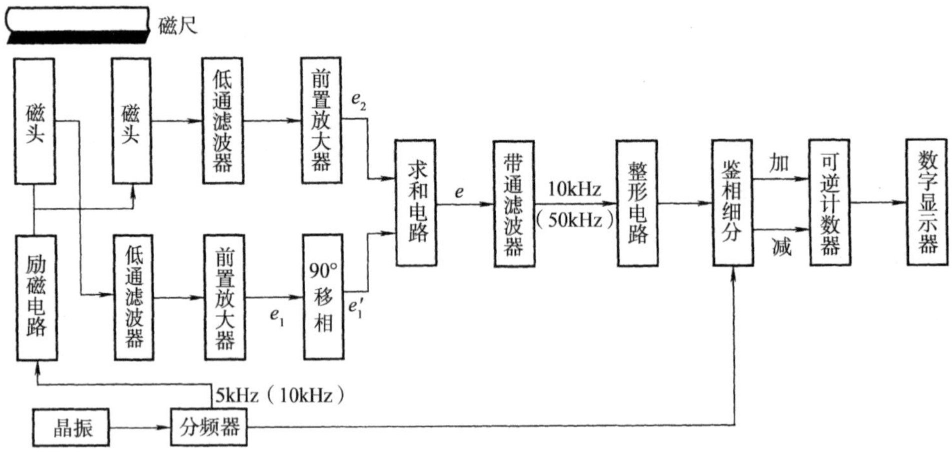

图 3.14 ZCB-101 鉴相型磁栅数显表原理框图

3.3 接触式编码器

接触式编码器是数字式传感器的一种，属码盘式编码器，码盘式编码器也称为绝对编码器，它将角度转换为数字编码，能方便地与数字系统（如微机）连接。

3.3.1 结构与工作原理

接触式编码器由码盘和电刷组成。码盘利用制造印刷电路板的工艺，在铜箔板上，制作某种码制图形（如 8-4-2-1 码、循环码等）的盘式印刷电路板。电刷是一种活动触头结构，在外界力的作用下，旋转码盘时，电刷与码盘接触处就产生某种码制的某一数字编码输出。下面以四位二进制码盘为例，说明其工作原理和结构。

图 3.15（a）是一个四位 8-4-2-1 码制的编码器的码盘示意图。涂黑处为导电区，将所

有导电区连接到高电位（“1”）；空白处为绝缘区，为低电位（“0”）。四个电刷沿某一径向安装，四位二进制码盘上有四圈码道，每个码道有一个电刷，电刷经电阻接地。当码盘转动某一角度后，电刷就输出一个数码；码盘转动一周，电刷就输出 16 种不同的四位二进制数码。由此可知，二进制码盘所能分辨的旋转角度为 $\alpha=\frac{360}{2^n}$。若 $n=4$，则 $\alpha=22.5°$。位数越多，分辨的角度越小。取 $n=8$，则 $\alpha=1.4°$。当然分辨的角度越小，对码盘和电刷的制作和安装要求越严格。当 n 多到一定位数后，一般为 $n>8$，这种接触式码盘将难以制作。另外，8-4-2-1 码制的码盘，由于正、反向旋转时，因为电刷安装不精确引起的机械偏差，会产生非单值误差。若使用循环码制即可避免此问题，其编码如表 3.2 所示。循环码的特点是相邻两个数码间只有一位变化，这一特点就可以避免制造或安装不精确而带来的非单值误差。循环码盘结构如图 3.15（b）所示。

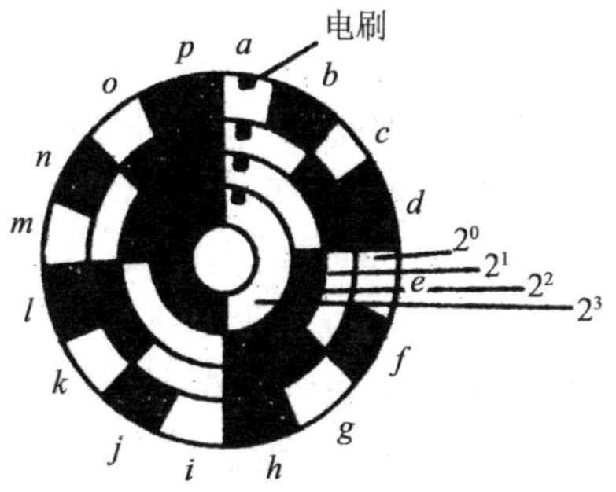

（a）8-4-2-1码的码盘

（b）四位循环码的码盘

图 3.15　接触式四位二进制码盘

表 3.2　电刷在不同位置时对应的数码

角度	电刷位置	二进制码（B）	循环码（R）	十进制数
0	a	0000	0000	0
1α	b	0001	0001	1
2α	c	0010	0011	2
3α	d	0011	0010	3
4α	e	0100	0110	4
5α	f	0101	0111	5
6α	g	0110	0101	6
7α	h	0111	0100	7
8α	i	1000	1100	8
9α	j	1001	1101	9
10α	k	1010	1111	10

（续表）

角度	电刷位置	二进制码（B）	循环码（R）	十进制数
11α	l	1011	1110	11
12α	m	1100	1010	12
13α	n	1101	1011	13
14α	o	1110	1001	14
15α	p	1111	1000	15

3.3.2 提高精度的途径

1. 循环码盘法

采用8-4-2-1码制的码盘，虽然比较简单，但是对码盘的制作和安装要求严格，否则会产生错码。例如，如图3.15（a）所示的二进制码盘，当电刷由二进制码0111过渡到1000时，本来是7变为8；但是，如果电刷进入导电区的先后不一致，可能会出现8~15之间的任一十进制数，这样就产生了前面所说的非单值误差。解决这一问题的方法之一就是采用循环码盘（如图3.15（b）所示）。由循环码的特点可知，即使制作和安装不准，产生的误差最多也只是最低位的一个比特。因此采用循环码盘比采用8-4-2-1码盘的精度高。

2. 扫描法

扫描法有V扫描、U扫描以及M扫描三种。它是在最低位码道上安装一电刷，其他位码道上均安装两个电刷：一个电刷位于被测位置的前边，称为超前电刷；另一个放在被测位置的后边，称为滞后电刷。若最低位码道有效位的增量宽度为x，则各位电刷对应的距离依次为$1x$，$2x$，$4x$，$8x$等。这样在每个确定的位置上，最低位电刷输出电平反映了它真正的值。而由于高电位有两只电刷，就会输出两种电平。根据电刷分布和编码变化规律，为了读出反映该位置的高位二进制码对应的电平值，当低一级轨道上电刷真正输出的是“1”的时候，高一级轨道上的真正输出必须从滞后电刷读出；若低一级轨道上电刷真正输出的是“0”，高一级轨道上的真正输出则要从超前电刷读出。由于最低位轨道上只有一个电刷，它的输出则代表真正的位置，这种方法就是V扫描法。V扫描的电刷布置和扫描逻辑如图3.16所示。

这种方法的原理是根据二进制码的特点设计的。由于8-4-2-1码制的二进制码是从最低位向高位逐级进位的，最低位变化最快，高位逐渐减慢，当某一个二进制码的第i位是1时，该二进制码的第$i+1$位和前一个数码的$i+1$位状态是一样的，故该数码的第$i+1$位的真正输出要从滞后电刷读出。相反，当某一个二进制码的第i位是0时，该数码的第$i+1$位的输出要从超前电刷读出。读者可以从表3.2上的数码来证实。除此之外，还可以利用码盘组合来提高其分辨率，这里不再介绍了。

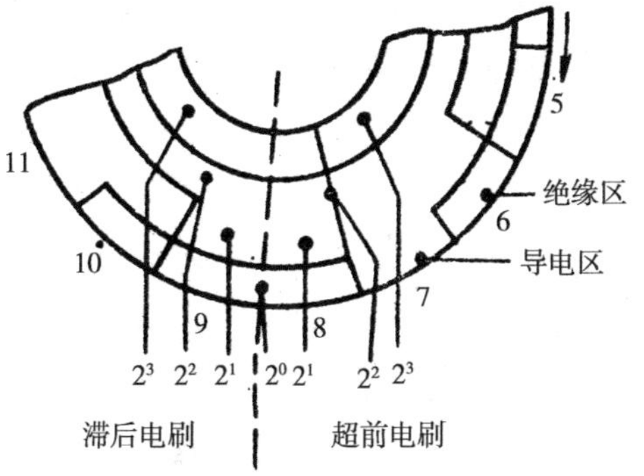

（a）盘码和电刷布置

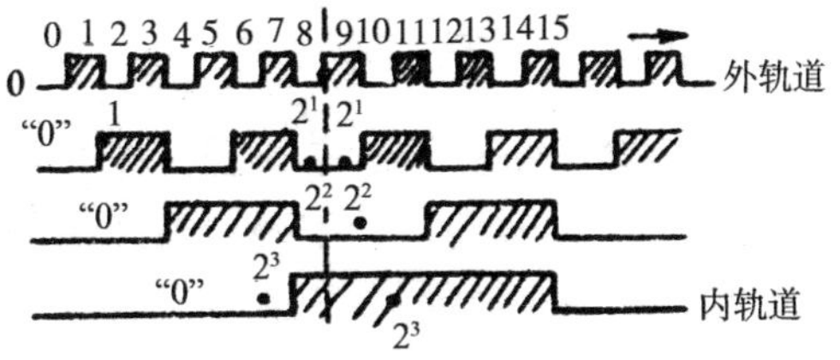

（b）码盘结构展开图

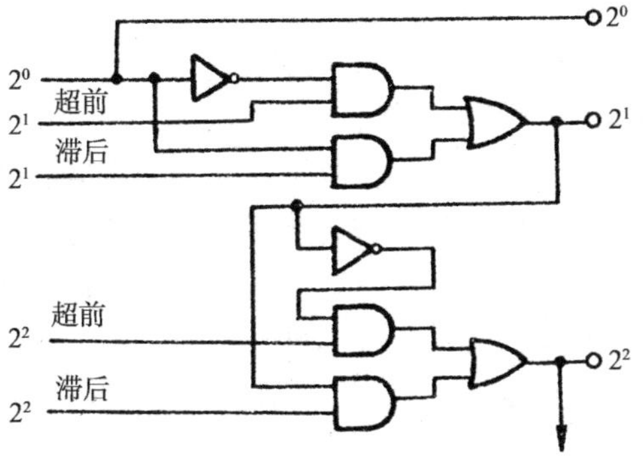

（c）逻辑电路

图 3.16　V 扫描的电刷分布和逻辑电路

3.3.3　接触式编码器的优缺点

（1）优点：高精度、高分辨率、高可靠性，能直接输出某种码制的数码，能方便地与微机和数字系统连接，使用十分灵活方便，主要用于各种位移量的测量。

（2）缺点：① 接触式编码器的分辨率受到电刷的限制，不能做到很高。② 接触产生摩擦，使用寿命较短。③ 触点接触，不允许高速运转。因此，目前使用较少。

3.4　光电式编码器

光电式编码器与接触式编码器一样，同属码盘式编码器，也称绝对式编码器，它将角度转换为数字编码，能方便地与数字系统（如微机）连接，是目前使用最多的一种编码器。

接触式编码器的分辨率受电刷的限制，不可能很高；而光电式编码器由于使用了体积小、易于集成的光电元件代替机械的接触电刷，其测量精度和分辨率能达到很高水平，因此它在自动控制和自动测量技术中得到了广泛的应用。例如，多头、多色的电脑绣花机和工业机器人都使用它作为精确的角度转换器。我国目前已有 16 位光电编码和 25000 脉冲/Ring 的光电增量编码器，并形成了系列产品，为科学研究和工业生产提供了对位移量进行精密检测的手段。

3.4.1　结构与工作原理

光电编码器是一种绝对编码器，即有几位编码器其码盘上就有几位码道，编码器在转轴的任何位置都可以输出一个固定的与位置相对的数字码。这一点与接触式码盘编码器是一样的。不同的是光电编码器的码盘采用照相腐蚀工艺，在一块圆形光学玻璃上刻有透光和不透光的码形，如图 3.17 所示。在几个码道上，装有相同个数的光电转换元件代替接触式编码器的电刷，并且将接触式码盘上的高、低电位用光源代替。当光源经光学系统形成一束平行光投射在码盘上时，转动码盘，光经过码盘的透光和不透光区，在码盘的另一侧就形成了光脉冲、脉冲光照射在光电元件上就产生与光脉冲相对应的电脉冲。码盘上的码道数就是该码盘的数码位数。由于每一个码位有一个光电元件，当码盘旋至不同位置时，各个光电元件根据受光照与否，就能将间断光转换成电脉冲信号。

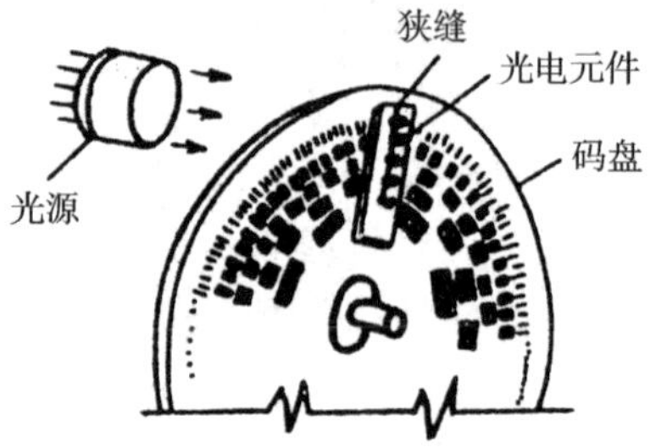

图 3.17　光电码盘编码器结构

光电编码器的精度和分辨率取决于光码盘的精度和分辨率，即取决于刻线数。目前，已能生产径向线宽为 6.7×10^{-8}rad 的码盘，其精度达 1×10^{-8}。显然，比接触式的码盘编码器精度要高很多个数量级。如果再进一步采用光学分解技术，可获得更多位的光电编码器。

光电编码器与接触式码盘编码器一样，通常采用循环码作为最佳码形，这样可以解决非单值误差的问题。光电码盘的优点是没有触点磨损，因而允许高速转动；但是其结构较为复杂，光源寿命较短。

3.4.2　提高分辨率的方法——插值法

为了提高测量的精度和分辨率，常规的方法就是增加码盘的码道数，即增加刻线数；但是，由于制作工艺的限制，当刻度数多到一定数量后，工艺就难以实现。如何在这样的情况下，进一步提高其分辨率呢？这里介绍一种用光学分解技术（插值法）提高分辨率的方法。

例如，若码盘已具有 14 条（位）码道，在 14 位的码道上增加 1 条专用附加码道，如图 3.18 所示。附加码道的扇形区的形状和光学的几何结构与前 14 位有所差异，且使之与光学分解器的多个光敏元件相配合，产生较为理想的正弦波输出；通过平均电路进一步处理，消除码盘的机械误差，从而获得更理想的正弦或余弦信号。附加码道输出的正弦或余弦信号，在插值器中按不同的系数叠加在一起，形成多个相移不同的正弦信号输出。各正弦波信号再经过零比较器转换为一系列脉冲，从而细分了附加码道的光电元件输出的正弦信号，于是产生了附加的低位的几位有效数位。图 3.18 所示的 19 位光电编码器的插值器产生 16 个正弦波信号。每两个正弦信号之间的相位差为 $\pi/8$，从而在 14 位编码器的最低有效数位间隔内插入了 32 个精确等分点，即相当于附加 5 位二进制数的输出，使编码器的分辨率从 2^{-14} 提高到 2^{-19}，角位移小于 3″。

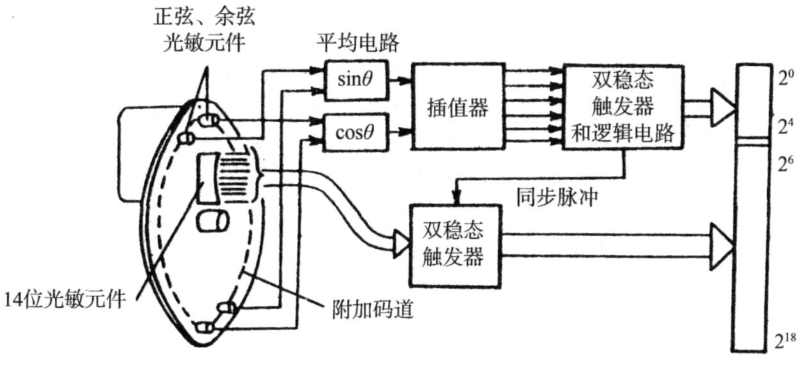

图 3.18　用插值法提高分辨率的光电编码器

3.4.3　主要技术指标

光电式编码器的主要技术指标包括：分辨率，输出信号的电特性，频率特性，使用特性。

（1）分辨率：即每转一周所能产生的脉冲数，由于刻线和偏心误差的限制，码盘的图案不能过细，一般线宽 20μm ~ 30μm。进一步提高分辨率可采用电子细分的方法，现已经达到 100 倍细分的水平。

（2）输出信号的电特性：表示输出信号的形式（代码形式，输出波形）和信号电平以及电源要求等参数。

（3）频率特性：对高速转动的响应能力，取决于光敏器件的响应和负载电阻以及转子的机械惯量。一般的响应频率为 30kHz ~ 80kHz，最高可达 100kHz。

（4）使用特性：包括器件的几何尺寸和环境温度。采用光敏器件温度差动补偿的方法，其温度范围可达 -5℃ ~50℃。外形尺寸由 Φ30mm ~ Φ200mm 不等，随分辨率提高而加大。

3.4.4　优缺点

（1）优点：非接触式，寿命长，可靠性高，分辨率高，精度高，能直接输出某种码制的数码，能方便地与数字系统（微机）连接，允许高速运转，是目前使用最多的一种编码器。

（2）缺点：光源寿命较短、结构较复杂。

3.5　电磁式编码器

电磁式编码器与前述接触式编码器、光电式编码器一样，同属码盘式编码器。它能将角度转换成数字编码，能方便地与数字系统和微机连接。因此，本节仅介绍其结构和工作原理与优缺点。

3.5.1 结构与工作原理

电磁式码盘用磁化方法磁化在圆盘上，并按编码图形制作成磁化区（导磁率高）和非磁化区（导磁率低）。它采用了小型磁环或微型马蹄形磁芯作磁头，磁头靠近但不接触码盘表面。每个磁头（环）上绕有两个绕组，原边绕组用恒幅恒频的正弦波激磁，该线圈被称为询问绕组，输出绕组（或读出绕组）通过感应码盘磁化信号转换为电信号。当询问绕组被激磁以后，输出绕组产生同频信号；但其幅值和两绕组匝数比有关，也与磁头附近有无磁场有关。当磁头对准磁化区时，磁路饱和，输出电压很低；若磁头对准一个非磁化区，它就类似于变压器，输出电压会很高。输出电压经逻辑状态的调制，就得到用“1”，“0”表示的方波输出。几个磁头同时输出就形成了数码。

3.5.2 优缺点

（1）优点：非接触式，高可靠性、高分辨率、高精度，能直接输出某种码制的数码，能方便地与微机或数字系统连接，对环境条件要求低，寿命长，便于智能化，是很有发展前景和应用前景的一种编码器。

（2）缺点：成本较接触式编码器高。性能价格比较光电式编码器低。

3.6 脉冲盘式编码器

脉冲盘式编码器又称增量编码器，这种编码器一般只有三个码道，它不能直接产生几位编码输出，故它不具有绝对编码器的含义，这是脉冲盘式编码器与绝对编码器的不同之处。

3.6.1 结构与工作原理

脉冲盘式编码器的圆盘上等角距地开有两道缝隙，内外圈（A，B）的相邻两缝距离错开半条缝宽；另外在某一径向位置，一般在内外两圈之外，开有一狭缝，表示码盘的零位。在它们的相对两侧面分别安装光源和光电接收元件，如图 3.19 所示。当转动码盘时，光线经过透光和不透光的区域，每个码道将有一系列光电脉冲由光电元件输出，码道上有多少缝隙就将有多少个脉冲输出。例如，国产 SZGH-01 光电编码器采用封闭式结构，内装发光二极管光电接收器和编码盘等，通过联轴节与被测轴连接，将角位移转换成 A，B 两脉冲信号，供双向计数器计数；同时还输出一路零脉冲信号，作零位标记，即它能输出 600P/r 个 A，B 相脉冲和 1P/r 的零位（C 相）脉冲。A，B 两相脉冲信号相差 90°相位，最高工作频率达 30kHz。

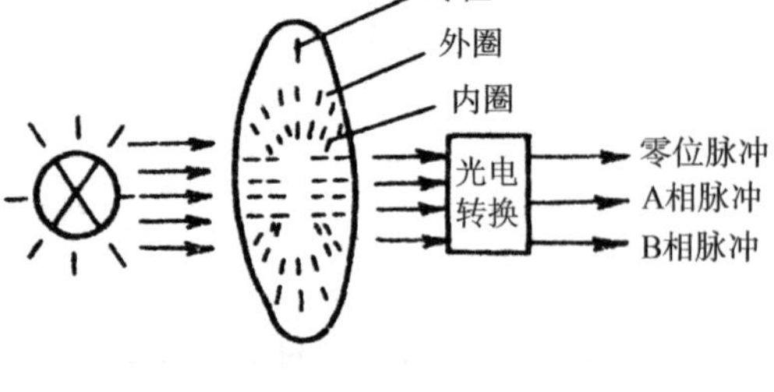

图 3.19　脉冲盘式编码器

由此可知，增量编码器的精度和分辨率与绝对编码器一样，主要取决于码盘本身的精度。

3.6.2 旋转方向的判别

为了辨别码盘旋转方向，可以采用图3.20所示的原理图实现。光电元件A和B输出信号经放大整形后，产生P_1和P_2脉冲。将它们分别接到D触发器的D端和CP端，参见图（a），由于A和B两道缝距相差90°，D触发器（FF）在CP脉冲（P_2）的上升沿触发。当正转时，P_1脉冲超前P_2脉冲90°，FF的$Q=$“1”，表示正转；当反转时，P_2超前P_1脉冲90°，FF的$Q=$“0”，即$\overline{Q}=$“1”，表示反转。分别用$Q=1$和$\overline{Q}=1$控制可逆计数器是正向还是反向计数，即可将光电脉冲变成编码输出。C相脉冲接至计数器的复位端，实现每转动一圈复位一次计数器的目的。无论正转还是反转，计数器每次反映的都是相对于上次角度的增量，故这种测量称为增量法。

除了光电式的增量编码器外，目前相继开发了光纤增量传感器和霍尔效应式增量传感器等，它们都得到广泛的应用。

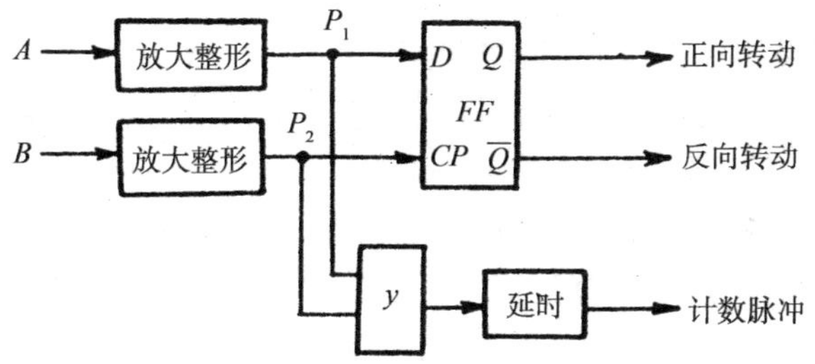

（a）辨向电路原理图

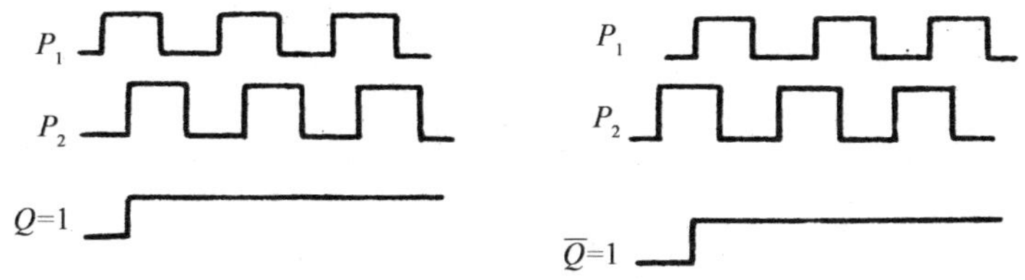

（b）辨向电路输出波形图

图3.20 脉冲盘式编码器辨向原理图

3.6.3 优缺点

（1）优点：非接触式，可靠性高，分辨率高，精度高，广泛应用于各种位移量的测量。

（2）缺点：① 不能直接输出数字编码，需要增加有关数字电路才能得到数字编码；② 光源寿命较短。

3.7 RC 振荡器式频率传感器

振荡器式频率传感器是数字式传感器的一种，属频率输出式数字传感器。它能直接将被测非电量转换成与之相对应的、且便于处理的频率信号。尽管脉冲盘式编码器能输出一系列脉冲信号，但是尚不具有频率的概念。为了实现频率信号输出，脉冲盘式编码器需要解决单位时间内所能形成的脉冲数的问题后，才有频率的概念。振荡器式频率传感器能直接输出频率。

振荡器式频率传感器利用振荡器的原理，使被测量的变化改变振荡器的振荡频率而进行测量的。常用振荡器有 RC 振荡电路和石英晶体振荡电路两种，本节仅介绍 RC 振荡器。

下面举例说明 RC 振荡器式频率传感器的工作原理。

3.7.1 工作原理

RC 振荡器式频率传感器的工作原理以温度-频率传感器为例。也就是说，温度-频率传感器就是 RC 振荡器式频率传感器的一例。这里利用热敏电阻 R_T 测量温度，且 R_T 作为 RC 振荡器的一部分，完整的电路如图 3.21 所示。该电路是由运算放大器和反馈网络构成一种 RC 文氏电桥正弦波发生器。当外界温度 T 变化时，R_T 阻值也随之变化，RC 振荡器的频率因此而变化。经推导，RC 振荡器的振荡频率可由下式决定：

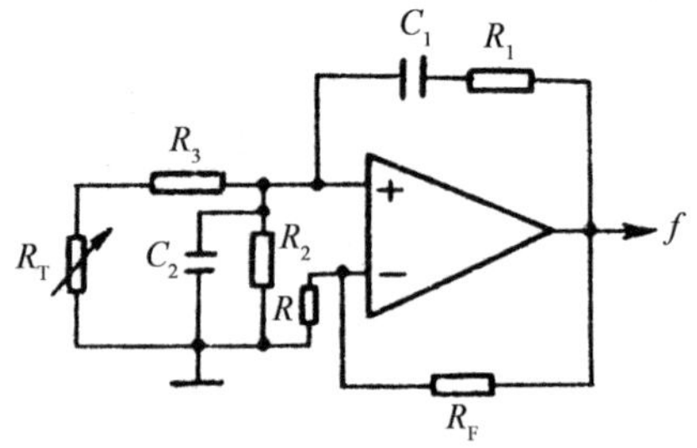

图 3.21 RC 振荡器式频率传感器

$$f=\frac{1}{2\pi}\left[\frac{R_3+R_T+R_2}{C_1C_2R_1R_2\ (R_3+R_T)}\right]^{\frac{1}{2}} \tag{3.9}$$

其中 R_T 与温度 T 的关系为：

$$R_T=R_0e^{B(T-T_0)} \tag{3.10}$$

式中，B 为热敏电阻的温度系数；R_T，R_0 分别为温度 T（K）和 T_0（K）时的阻值；电阻 R_2，R_3 的作用是改善其线性特性。流过 R_T 的电流应尽可能小，这样可以减小 R_T 自身发热对测量温度的影响。

3.7.2 基本测量方法

RC 振荡器式频率传感器已将被测非电量转换成为频率信号，因此，可采用两种方式测量。一种是测量其输出信号的频率，另一种是测量其周期。前者适用于振荡频率较高的情况，后者适用于振荡频率较低的情况。两者均可分别采用电子计数的测频和测周期（或测时间）功能测量，如图 3.22 所示。或者根据具体情况，自行设计测频和测时专用电路。

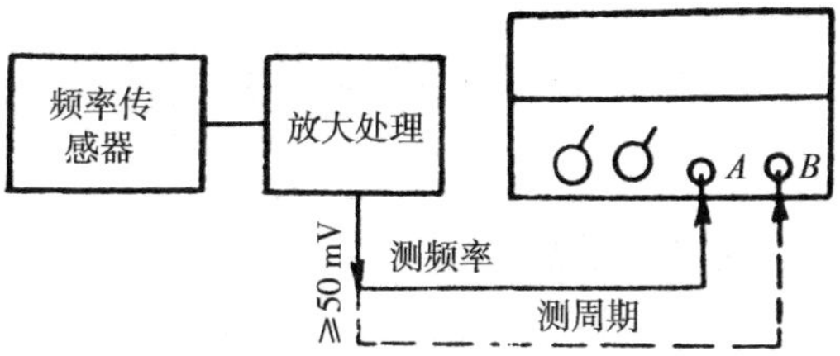

（a）测量原理框图

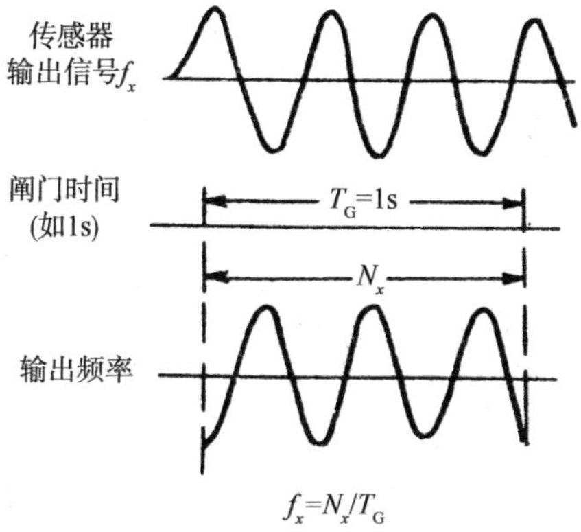

（b）测频波形图

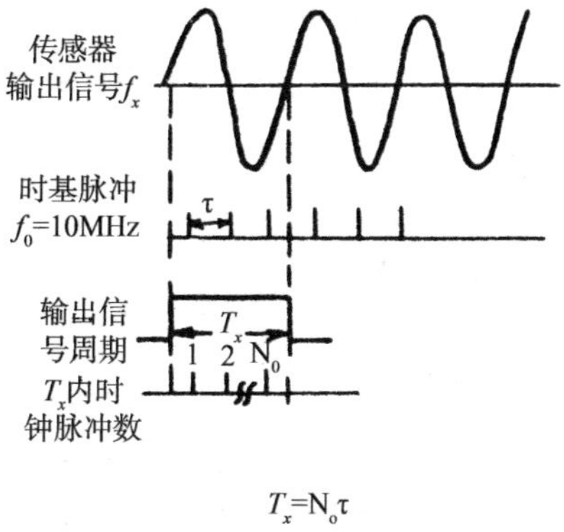

（c）测周期波形图

图 3.22　测量方法及波形图

根据图 3.22 所示的测量频率和周期的原理，则：

$$f_x = \frac{N_x}{T_G} \tag{3.11}$$

或

$$f_x = \frac{1}{T_x} = \frac{1}{\tau N_0} \tag{3.12}$$

式中，N_x 为在闸门时间 T_G 内的被测信号频率的个数；τ 为机内时钟脉冲（时基）f_0 的周期。

3.7.3　测量注意事项

当被测振荡频率低于所选用的通用计数器的内部石英晶体振荡器的频率（时钟频率）时，必须采用周期或时间间隔测量功能，或者采用等精度计数器，否则将会由于数字仪器固有 ±1 误差而造成极大的测量误差。例如，传感器输出信号频率为 1Hz，若仍然采用测频方法测量，取测量闸门时间为 1s，测量结果可能会产生 100% 的误差。在这种情况下，为了提高测量精度，可以利用周期测量法或多周期测量方法。

3.8 弹性体频率传感器

弹性体频率传感器是数字式传感器的一种，它和 RC 振荡器式频率传感器一样，同属频率输出式数字传感器。

3.8.1 工作原理

由机械振动学可知，任何弹性体在外界力的作用下，只要外力克服阻力，它就具有一定的振荡频率（固有振荡频率）。弹性体频率传感器就是利用这一原理来测量有关物理量的。设弹性物体的质量为 m，弹性模量为 E，材料刚度为 K，则弹性体的初始固有频率 f_0 为：

$$f_0 = h\left(\frac{EK}{m}\right)^{\frac{1}{2}} \tag{3.13}$$

式中，h 为与量纲有关的常量。

3.8.2 结构组成

弹性体频率传感器，如果是通过振弦、振膜、振筒和振梁等的固有振荡频率来测量被测物理量，那么就形成了振弦式、振膜式和振筒式频率传感器。下面介绍振弦式频率传感器的结构。

振弦式频率传感器测量应力的原理如图 3.23 所示。振弦式频率传感器包括振弦、磁铁、夹紧装置三个主要部分。将一根细的金属丝置于永磁铁所产生的磁场内，振弦的一端固定，另一端与被测量物体的运动部分连接，并使振弦拉紧。作用于振弦上的张力 F 就是传感器的被测量。

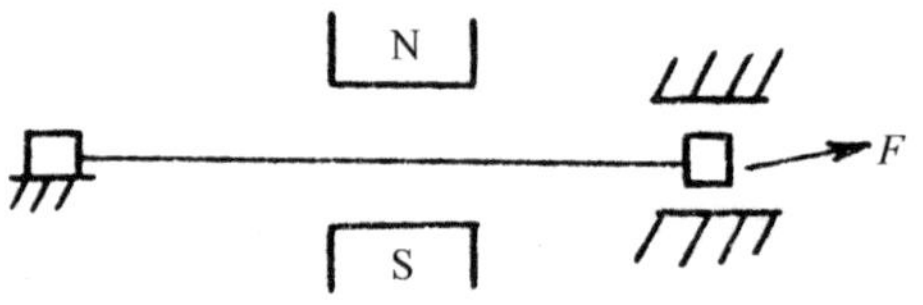

图 3.23 振弦式频率传感器工作原理图

振弦的固有振动频率可用下式表达：

$$\begin{cases} f_0 = \dfrac{1}{2L}\left(\dfrac{F}{\rho}\right)^{\frac{1}{2}} \\ F = A\sigma \end{cases} \tag{3.14}$$

式中，L 为振弦的有效长度；ρ 为振弦的线密度，$\rho = \dfrac{m}{L}$，m 为其质量；A 为弦的截面积；σ 为弦的应力。

当振弦确定后，L、m 均为已知量，那么，振弦的固有振荡频率应由张力 F 决定，即由其应力决定。因此，根据振弦的振动频率，可以测量力和位移等物理量。

3.8.3 激励电路

以振弦式频率传感器为例，振弦的激振方式有连续激振和间歇激振两种。连续激振方式如图3.24（a）所示。连续激振方法使用了两个电磁线圈，一个用于连接激励，另一个用于接收振弦振荡信号。当振弦被激励后，接收线圈1产生感应电势，经放大后，正反馈至激励线圈2，以维持振弦的连续振荡。间歇激振方式如图3.24（b）所示。当激励电路产生脉冲电流给激励线圈后，电磁铁将振弦吸住；在激励脉冲电流为零时，电磁铁松开振弦，于是，振弦随激励脉冲电流频率而产生振荡。为了克服阻尼作用对振弦振动的衰减，必须间隔一定时间激励一次。下面讨论连续激振方式的应力传感器测量原理和电路。

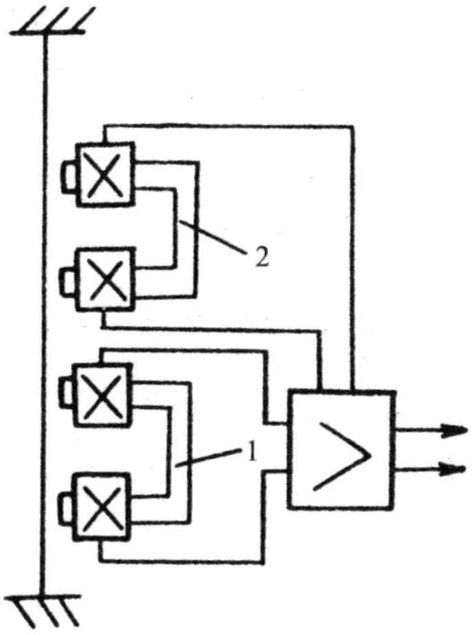

（a）连续激振方式

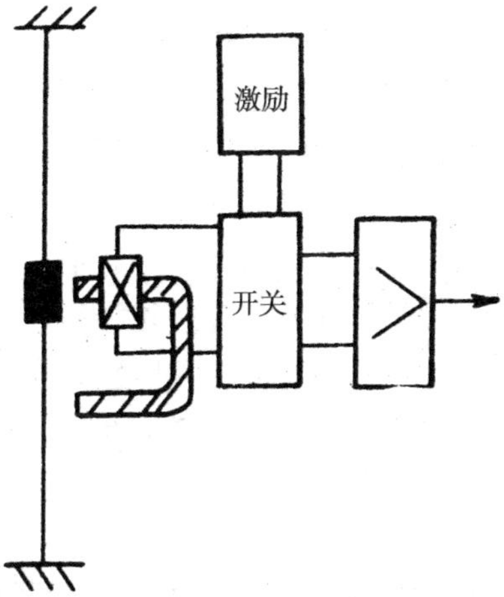

（b）间歇激振方式

图3.24　激振方式原理图

用振弦与运算放大器组成一个自激振荡的连续激振应力传感器的测量电路，如图3.25所示。当电路接通时，有一个初始电流流过振弦，振弦受磁场作用，使振弦振荡。振弦在激励电路中组成一个选频的正反馈网络，不断提供振弦所需要的能量，于是振荡器产生等幅的持续振荡。

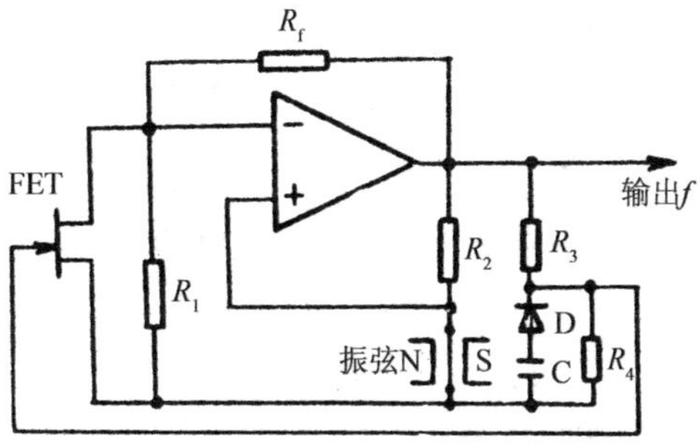

图3.25　连续激励振弦式传感器激励电路

激励电路是一个由运算放大器振弦等元件组成的自激振荡器。电阻R_2和振弦支路形成正反馈，R_1、R_f和场效应管FET组成负反馈电路。R_3、R_4、二极管D和电容C组成的支路，提供对FET管的控制信号。由负反馈支路和场效应管控制支路控制起振条件和自动稳幅。控制起振和自动稳幅的原理如下：

如果工作条件变化，引起振荡器的输出幅值增加，输出信号经过R_3、R_4、D和C检波后，成为FET管的栅极控制信号，具有较大的负电压，使FET管的漏源极间的等效电阻增加，从而使负反馈支路的负反馈增大，运算放大器的闭环增益降低，导致输出信号幅值减小，趋向于增加前的幅值；反之，输出幅值减小，负反馈作用减弱，运算放大器闭环增益提高，有使输出幅值自动提升的趋势。因而，就起到了自动稳定振幅的作用。

如果振动器停振，输出信号等于零，此时 FET 管处于零偏压状态。由于 FET 管的漏源极与 R_1 的并联作用，使负反馈电压近似等于零，因而大大削弱了电路负反馈作用，使电路正增益大大提高，为起振创造了有利条件。

3.8.4　输入输出特性

弹性体频率传感器的输入输出特性以振弦式传感器为例。振弦式传感器的输入输出一般为非线性关系，其输入输出特性如图 3.26 所示。为了得到线性的输出，可以选取曲线中近似直线的一段，如 $\sigma_1 \sim \sigma_2$；当应力 σ 在 $\sigma_1 \sim \sigma_2$ 之间变化时，若振弦的振动频率为 1kHz ~ 2kHz 左右，其非线性误差可小于 1%。除此之外，也可以用两根振弦构成差动式振弦传感器，通过测量两根振弦的频率差来表示应力。这样，可以大大地减小传感器的温度误差和非线性误差。

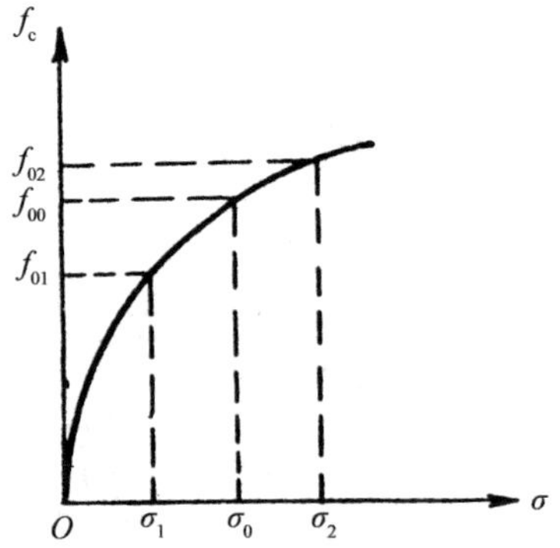

图 3.26　振弦式传感器的输入输出特性

如果采用图 3.24（a）所示的电磁连续激励方式，其测量电路是比较简单的。由于连续激励振弦容易疲劳，连续振荡时产生的热效应将会使振弦产生热膨胀现象。因此，尚需考虑振弦的热膨胀系数产生的温度误差。在实际应用时，究竟选用何种方式，要根据被测量的工作状态和要求而定。

3.9　直线式感应同步器

直线式感应同步器由两个平面形印刷电路绕组构成。这两个绕组类似于变压器的初、次级绕组，故又称为平面变压器。它是通过两个绕组的互感量随位置变化来检测位移量的。直线式感应同步器主要用于测量线位移以及与此相关的物理量（如振动等）。它广泛地用于坐标镗床、坐标铣床及其他机床的定位、数控和数显，也常用于雷达天线定位跟踪和某些仪表的分度装置等。直线式感应同步器是一种多极感应元件，因此可以利用它的多极结构进行误差补偿，所以直线式感应同步器具有精度高、工作可靠、寿命长、抗干扰能力强等特点。

3.9.1　类型与结构

1. 类型

直线式感应同步器的类型及其特性见表 3.3。

表 3.3 直线式感应同步器分类

类　型		特　性
直线式感应同步器	标准型	精度高、可扩展，用途最广
	窄　型	精度较高，用于安装在位置不宽敞的地方，可扩展
	带　型	精度较低，定尺长度达 3m 以上，对安装面要求不高

2. 结构

直线式感应同步器的绕组结构如图 3.27 所示。

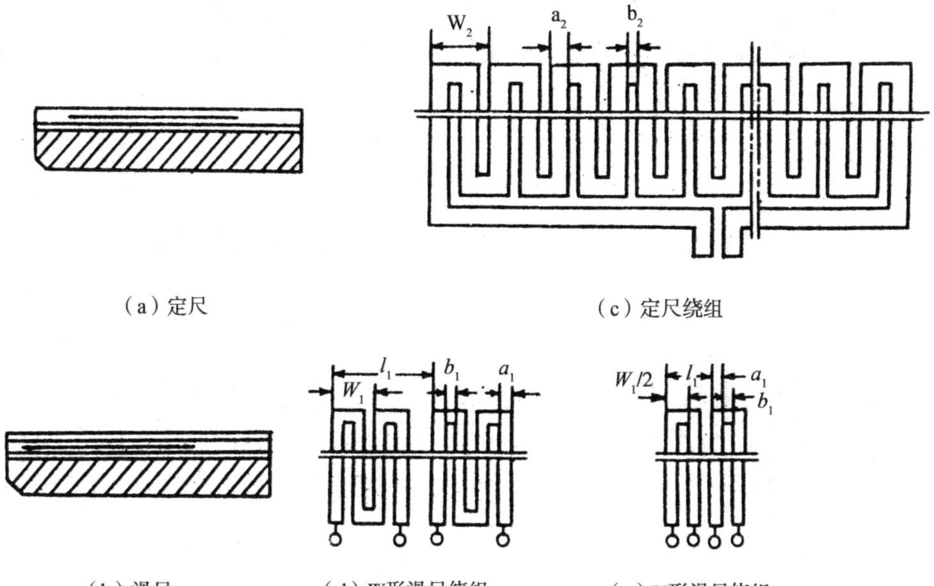

（a）定尺　（c）定尺绕组

（b）滑尺　（d）W形滑尺绕组　（e）U形滑尺绕组

图 3.27　直线式感应同步器的绕组结构及截面结构

直线式感应同步器由定尺和滑尺两部分组成，即有两个绕组分布其上。定尺和滑尺均用绝缘黏合剂将铜箔粘贴在基板上（一般为钢板），再用光刻技术或其他方法，将铜箔板（厚度约为 1mm 左右）制成印刷电路形式的绕组，其截面结构如图 3.27（a）所示。定尺表面涂有耐切削液的保护层，绝缘表面贴有绝缘的铝箔，防止静电感应。在定尺长度为 250mm 范围内均匀分布绕组，节距 $W_2=2(a_2+b_2)$，其截面结构如图 3.27（a）所示。滑尺上分布有间断绕组，分为正弦和余弦两部分，且两绕组相差 90°相角。两相绕组的中心线距为 $l_1=\left(\frac{n}{2}+\frac{1}{4}\right)W_2$，$n$ 为正整数。两相绕组节距相同，均为 $W_1=2(a_1+b_1)$，截面结构参见图 3.27（b）。

一般情况下，定尺节距为 2mm（标准型）。定尺绕组的导片宽度由下式决定：

$$a_2=\frac{nW_2}{\gamma} \tag{3.15}$$

式中，γ 为谐波次数；n 为正整数。

显然，$a_2 < \frac{W_2}{2}$。根据式（3.15），可以选取导片宽度来消除谐波次数。

滑尺的节距 $W_1 = W_2$，其绕组的导片宽度按式（3.15）来选择。

3.9.2 工作原理

直线式感应同步器的定尺和滑尺在使用时相互平行放置，使其间有一定的气隙，如图 3.28（a）所示。定尺固定不动，滑尺相对定尺移动。当滑尺上的正弦绕组和余弦绕组分别以 1kHz ~ 10kHz 的正弦电压激磁时，在定尺绕组上将产生同频率的感应电势。定尺上的感应电势的大小除了与激磁频率、激磁电流和两绕组间的间隙有关。还与两绕组的相对位置有关。如果在滑尺的余弦绕组上加正弦激磁电压，则图 3.28（b）可说明感应同步器的感应电势与位置的关系。

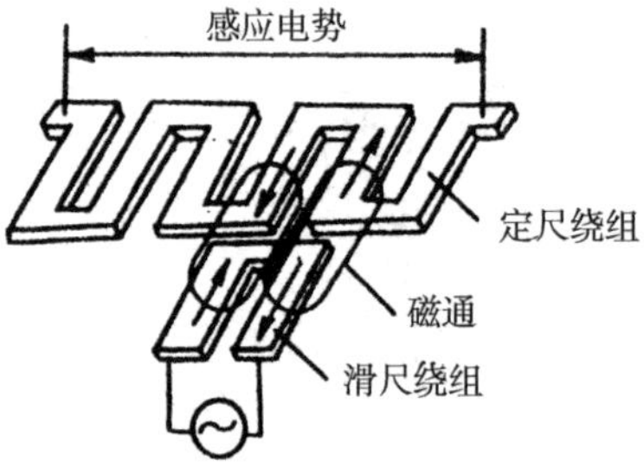

（a）

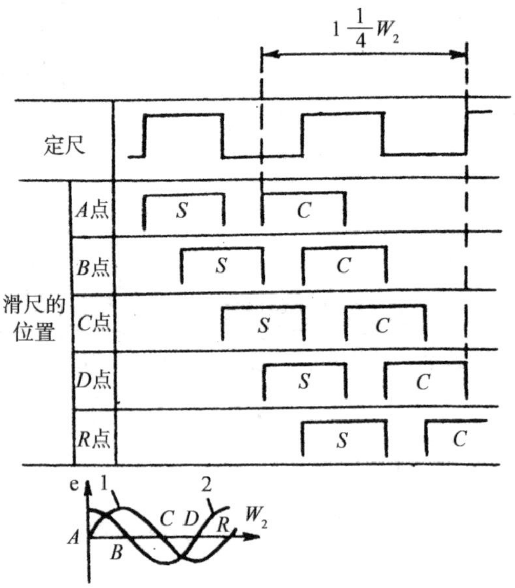

（b）

1. 由 C 激磁的感应电势曲线；2. 由 S 激磁的感应电势曲线

图 3.28　直线式感应同步器的工作原理图

当滑尺位移到 A 点时，余弦绕组左右侧的两块导片内的电流在定尺中产生的感应电势之和为零。

当滑尺继续平移时，感应电势逐渐增大；直到 B 点时，即滑尺移到 1/4 节距位置，耦合磁通最大，感应电势也最大。

若滑尺继续右移，定尺绕组中感应电势随耦合磁通减小而减小，直至 1/2 节距时，感应电势变为 0。滑尺再右移，定尺中的感应电势开始增大，电流方向改变。当滑尺移到 3/4 节距（D 点）时，定尺中感应电势达到负的最大值。在移动一个整节距（E 点）时，两绕组的耦合状态又回到初始位置，定尺感应电势又为 0。这样，定尺上的感应电势随滑尺相对定尺的移动呈现周期性变化。同理，可得到滑尺正弦绕组上加余弦激磁的定子感应电势，如图3.28（b）曲线2所示。所加激磁电压一般为1V～2V，过大的激磁电压将引起过大的激磁电流，导致升温过高，而使其工作不稳定。

3.9.3 数显装置

把直线式感应同步器作为位置检测元件，再配上数显表所构成的数字位置测量系统，是直线式感应同步器应用最广泛的一种方式。直线式感应同步器作为测量元件，可以用鉴相或鉴幅方式将线位移或角位移转换为电模拟量，若再对该模拟量进行测定或处理，以数字信号的形式输出测量结果，便构成一个完整的数字位置测量系统。

1. 鉴幅型感应同步器数显装置

如图3.29所示，当感应同步器的定尺和滑尺开始处于平衡位置，即 $\theta_x=\theta_d$ 时，定尺上的感应电动势 $e=0$，系统处于平衡状态。当滑尺相对于定尺移动一个微小距离 Δx，即 $\Delta\theta_x$ 后，$\theta'_x=\theta_x+\Delta\theta_x$，此时 $\theta'_x\neq\theta_d$，于是定尺上就有误差电势 Δe 输出。该误差信号经放大、滤波、再放大后进入门槛电路并与门槛电路的基准电平相比较，若达到门槛基准电平，说明机械位移 $\Delta\theta_x$ 所对应的 Δx 等于系统所设定的数值（如0.01mm）。此时门槛电路打开，输出一个计数脉冲，使显示器显示一个脉冲当量值，如0.01mm。同时该脉冲通过转换计数器和函数变压器电路，改变两组激磁绕组的激磁电压幅值，使 $\Delta\theta_d=\Delta\theta_x$，于是感应电势 e 重新为零。一旦定尺、滑尺又有相对位移，且输出信号 Δe 又达到门槛电平时，则又输出一个计数脉冲，使显示器显示0.02mm。这样滑尺每移动0.01mm，系统从不平衡到平衡，如此循环下去，就达到了位移测量计数和显示的目的。

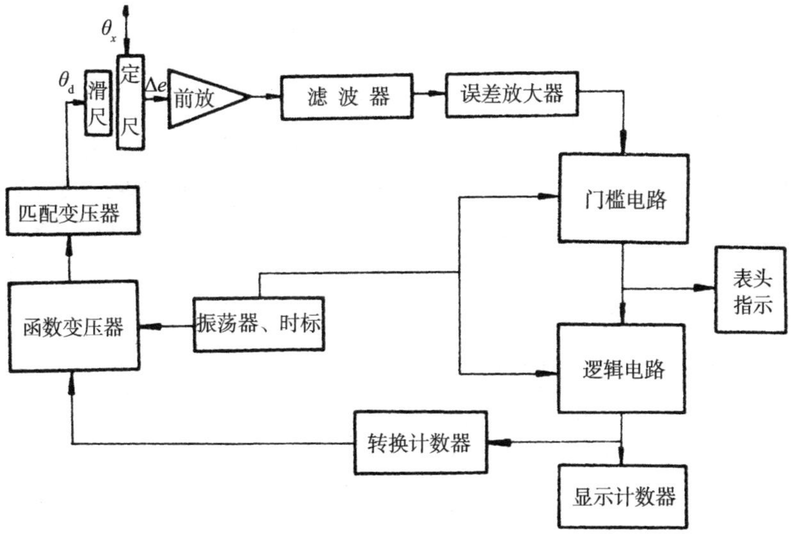

图3.29 鉴幅型感应同步器数显装置图

如机械位移量小于0.01mm，门槛电路打不开，也就无计数脉冲输出，后面的电路不工作，LED数码管显示的数值不变。但此时的误差电压进入μm表电路，可由μm表指示出μm级的位移量。

2. 主要性能指标

(1) 精度

在整个测量范围内作静态测量时的显示值与被测实际值的最大可能偏离量，用正负偏差来表示。

(2) 分辨力

系统能反映的最小位移变化量。在数字系统中分辨力与脉冲当量或最低位显示数字一致。所谓脉冲当量 q 是指一个脉冲所对应的机械位移变化量。对于线位移测量，可用下式计算：

$$q = W \times 10^3 / n \ (\mu m) \tag{3.16}$$

式中，W 为节距；n 为系统的细分数。

(3) 跟踪速度

当机械运动速度大于系统所允许的跟踪速度时，增量脉冲跟不上机械位移增量，就会发生丢节距而不能正常工作的情况。系统的允许跟踪速度 v_i 为：

$$v_i = f_i q \tag{3.17}$$

式中，f_i 为增量脉冲频率 (Hz)；q 为脉冲当量。

3.9.4 型号与参数

表 3.4 列出了国外某公司生产的各类直线式感应同步器参数。表 3.5 列出了同一公司生产的数显表的型号及参数。

表 3.4 直线式感应同步器参数

感应同步器		检测周期	精度	重复精度	滑尺			定尺		电压传递系数①
					阻抗/Ω	输出电压/V ~	最大允许功率/W	阻抗/Ω	输出电压/V ~	
直线式	标准直线式	2mm	±0.0025mm	0.25μm	0.9	1.2	1.5	4.5	0.027	44
	标准直线式	0.1in②	±0.0001in	$10in \times 10^{-6}$	1.6	0.8	2.0	3.3	0.042	43
	窄 式	2mm	±0.005mm	0.5μm	0.53	0.6	0.6	2.2	0.008	73
	三速式	4000mm 100mm 2mm	±7.0mm ±0.15mm ±0.005mm	0.5μm	0.95	0.8	0.6	4.2	0.004	200
	带 式	2mm	±0.01mm/m	0.01μm	0.5	0.5		10/m	0.0065	77

① 电压传递系数的定义是滑尺输入电压与定尺输出电压之比，即电压传递系数 $= \dfrac{\text{滑尺的输入电压}}{\text{定尺的输出电压}}$，电磁耦合度则等于电压传递系数的倒数。

② 1in = 25.4mm。

表 3.5　感应同步器数显表型号参数

型号（规格）	分辨力	显示范围	精度	最高速度	主要技术指标	功能	备注
80 型直线	0.001mm	999mm		36m/s	1. 显示位数 7 位 2. 最小显示数 0.001mm 3. 具有正负选择双向读数 4. 有 BCD 码输出	1. 浮动零 2. 记忆 3. 绝对测量	单坐标
	0.0001in	999in	0.005in	2400in/min	1. 显示位数 7 位 2. 最小显示 0.0001in 3. 具有正负选择双向读数 4. 有 BCD 码输出	1. 浮动零 2. 记忆 3. 绝对测量	1 ~3 坐标
76 型直线	0.000lin	999in			1. 显示位数 7 位 2. 最小显示 0.000lin 3. 具有正负选择双向读数 4. 有 BCD 码输出和 RS232 输出		单坐标 高速跟踪系统和磨床测量系统

3.9.5　安装、使用注意事项

图 3.30 所示是直线式感应同步器的安装结构图。总的安装结构有定尺组件、滑尺组件和防护罩三部分。定尺和滑尺组件分别由尺身和尺座组成，它们分别安装在机床的不动和移动部件上，例如工作台和床身。防护罩是保护它们不让铁屑和油污侵入。

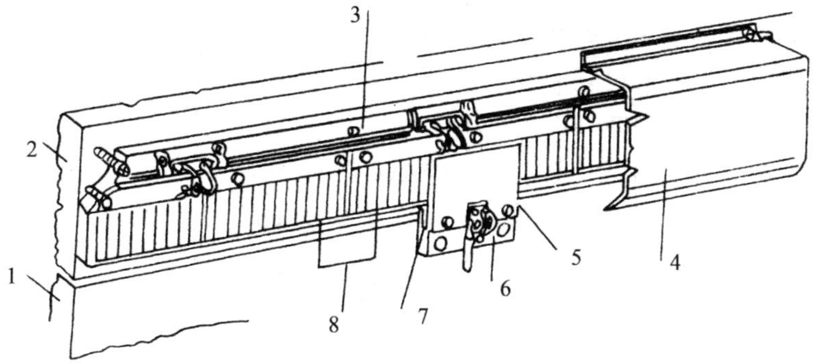

1. 机床不动部件；2. 机床移动部件；3. 定尺座；4. 防护罩；
5. 滑尺；6. 滑尺座；7. 调整板；8. 定尺

图 3.30　直接式感应同步器安装图

为了保证检测精度，感应同步器的安装要求如下（见图 3.31 和图 3.32）。

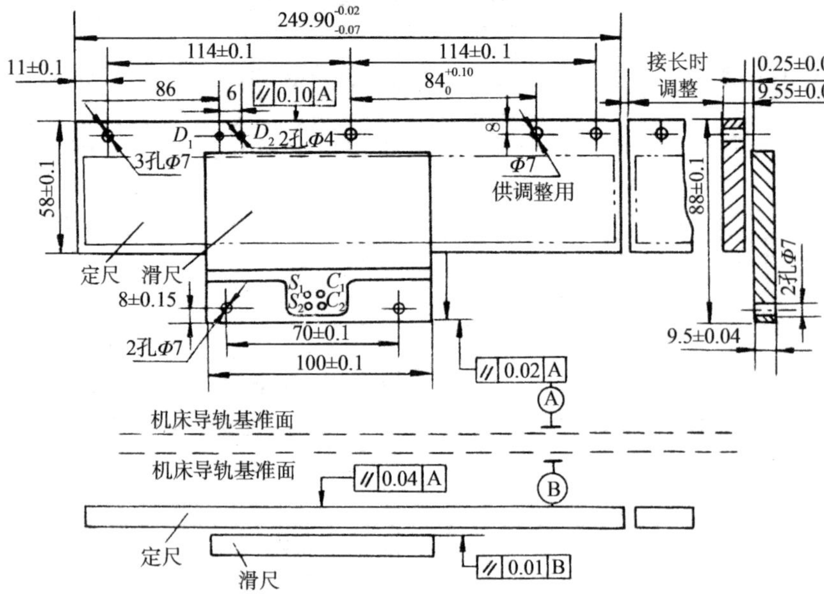

图 3.31　直线感应同步器外形尺寸、安装尺寸和安装要求

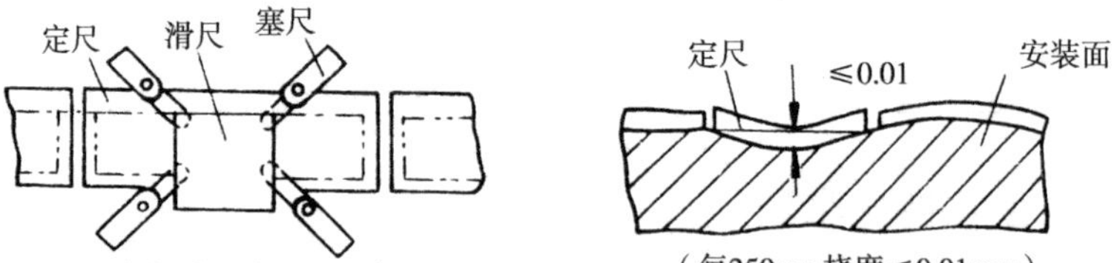

（四角间隙差为0.05mm）

（a）四角间隙

（每250mm挠度≤0.01mm）

（b）挠曲度

图 3.32　安装间隙及挠曲度测定

（1）定尺侧母线与机床导轨基准面 A 的平行度公差为 0.1mm/全长，定尺安装平面与机床导轨基准面 B 的平行度公差为 0.04mm/全长。

（2）滑尺侧母线与机床导轨基准面 A 的平行度公差为 0.02mm/全长。

（3）定尺基准侧面与滑尺基准侧面相距 88 ±0.1mm。

（4）定尺、滑尺之间间隙为 0.25 ±0.05mm。

（5）定尺、滑尺四角间隙差不大于 0.05mm。

（6）定尺安装面的挠曲度，每 250mm 应小于 0.01mm。

此外，还须注意，直线式感应同步器的前置放大器盒应安装在距定尺组件最近的位置，使连接线最短。

3.10　旋转式感应同步器

旋转式感应同步器与直线式感应同步器一样，都是由两个平面形印刷电路绕组构成。它是通过这两个绕组的互感量随位置变化来检测位移量的，具有相同的基本工作原理。旋转式感应同步器主要用于角位移的测量，由于它具有精度高、工作可靠、寿命长、抗干扰能力强等特点，因此广泛地用于机床的定位、数控和数显，也常用于雷达无线电定位跟踪和一些仪表的分度。本节主要介绍旋转式感应同步器的结构、特性参数等。

3.10.1 结构组成

旋转式感应同步器由定子和转子两部分组成，它们呈圆片形状，用直线式感应同步器的制造工艺制作两绕组，如图 3.33 所示。定子、转子分别相当于直线式感应同步器的定尺和滑尺。目前旋转式感应同步器的直径一般有 50mm、76mm、178mm 和 302mm 等几种。径向导体数（极数）有 360、720 和 1080 几种。转子是绕转轴旋转的，通常采用导电环直接耦合输出，或者通过耦合变压器，将转子初级感应电势经气隙耦合到定子次级上输出。旋转式感应同步器在极数相同情况下，同步器的直径越大，其精度越高。

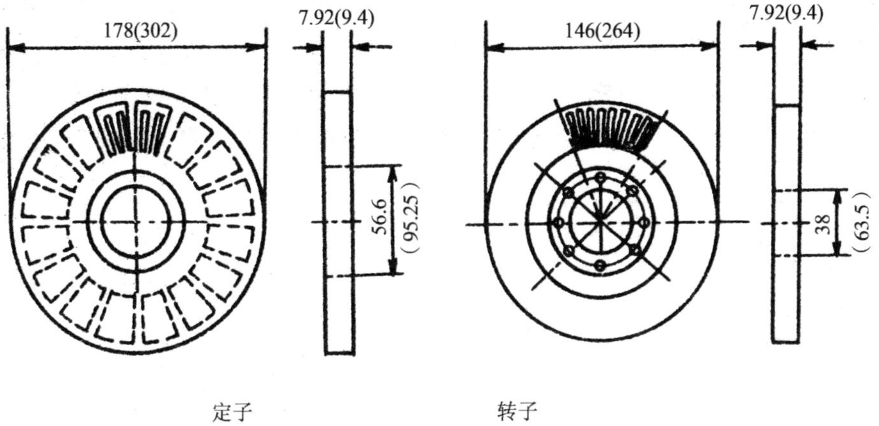

图 3.33 旋转式感应同步器外形

旋转式感应同步器的定子绕组也做成正弦、余弦绕组形式，两者要相差 90°相角，转子为连续绕组，如图 3.34 所示。

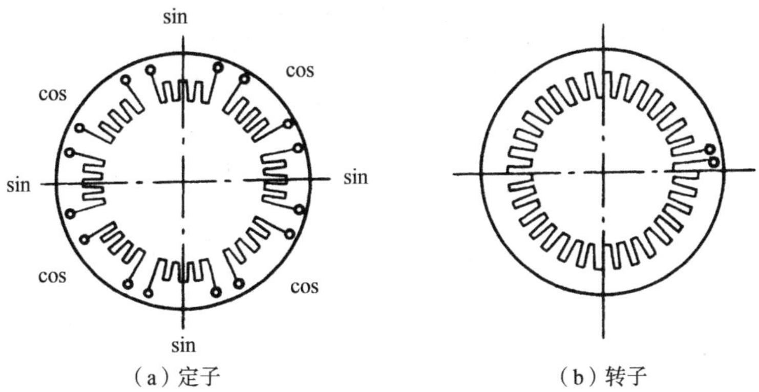

图 3.34 旋转式感应同步器的绕组图形

3.10.2 特性与型号参数

1. 特性

旋转式感应同步器具有极数多、易于误差补偿、精度与极数成正比的特性。

2. 型号参数

旋转式感应同步器的型号参数如表3.6所示，与之配套的数字显示表的型号参数如表3.7所示。

表3.6 旋转式感应同步器参数

感应同步器		检测周期	精度	重复精度	转子			定子		电压传递系数[①]
					阻抗/Ω	输出电压/V ~	最大允许功率/W	阻抗/Ω	输出电压/V ~	
回转式	12/720	1°	±1″	0.1″	8			4.5		120
	12/360	2°	±1″	0.1″	1.9			1.6		80
	7/360	2°	±3″	0.3″	2.0			1.5		145
	3/360	2°	±4″	0.4″	5.0			3.3		145
	2/360	2°	±9″	0.9″	8.4			6.3		2000

① 电压传递系数的定义是转子输入电压与定子输出电压之比，即电压传递系数 $=\frac{\text{转子的输入电压}}{\text{定子的输出电压}}$，电磁耦合度则等于电压传递系数的倒数。

表3.7 旋转式感应同步器数显表型号参数

型号(规格)	分辨力	显示范围	精度	最高速度	主要技术指标	功能	备注
80型转角	0.001°	由计数显示电路位数确定	0.001°	66.7r/min	1. 显示位数6位 2. 最小显示0.001° 3. 有BCD码输出	1. 浮动零 2. 记忆 3. 绝对测量	单坐标
	0.0005°	由计数显示电路位数确定	0.001°	33.3r/min	1. 最小显示0.0005° 2. 显示位数7位 3. 有BCD码输出	1. 浮动零 2. 记忆 3. 绝对测量	单坐标

3.11 旋转变压器

旋转变压器是一种常用于数控机床中测量角位移的传感器，其结构简单，工作可靠，对工作环境要求不高，且精度能满足一般的检测要求。

3.11.1 结构组成

旋转变压器的结构类似于二组绕线式交流电动机，由于转子绕组引出方式的不同，因此分为有刷式和无刷式两种结构形式，如图 3.35 所示。这两种结构的共同处是都分为定子和转子两大部分，它们分别由定子铁芯、定子绕组和转子铁芯、转子绕组组成。

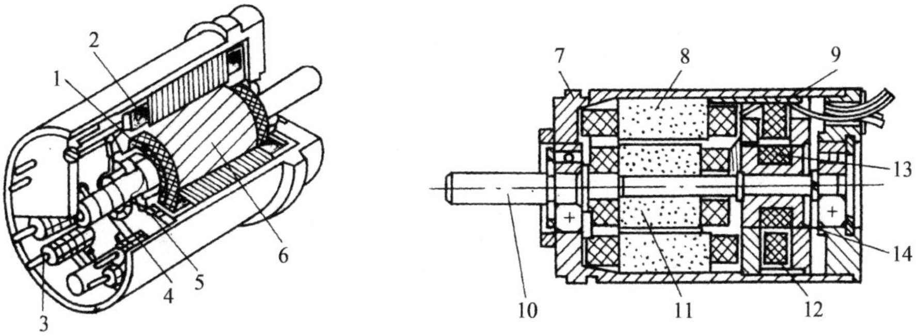

（a）有刷式旋转变压器　（b）无刷式旋转变压器

1、11. 转子绕组；2、8. 定子绕组；3. 接线柱；4. 电刷；5. 整流子；6、10. 转子；
7. 壳体；9. 附加定子；12. 附加二次绕组；13. 附加一次绕组；14. 附加转子线轴

图 3.35　旋转变压器的结构形式

定子和转子的铁芯由铁镍软磁合金或硅钢薄板冲成的槽状片而叠成，它们的绕组分别嵌入各自的铁芯内。有刷式旋转变压器的转子绕组是通过滑环和电刷的滑动接触而引出，因而其结构简单，体积小。但由于电刷与滑环的接触是机械滑动式，因此它的可靠性差，寿命也短。无刷式旋转变压器的结构比有刷式旋转变压器多一个附加变压器。附加变压器的一次侧和二次侧铁芯及其绕组是环形的，分别固定在转子轴和壳体上。旋转变压器本体的转子绕组与附加变压器一次绕组连在一起，可以使旋转变压器本体转子绕组的电信号通过附加变压器一次侧与二次侧绕组的电磁耦合，由附加变压器二次侧绕组送出。这一结构避免了有刷式旋转变压器存在的易造成接触不良的缺陷，提高了工作的可靠性及使用寿命，但其体积、质量、成本都相应地有所增加。

常见的旋转变压器一般有两极绕组和四极绕组两种结构形式，两极绕组定子各有一对磁极，四极绕组则有两对磁极。此外，还有多极式旋转变压器，用于高精度绝对式检测系统。

3.11.2 工作原理

1. 两极绕组式旋转变压器的工作原理

两极绕组式旋转变压器的工作原理（见图 3.36）与普通变压器基本相似，其定子绕组作为变压器的一次侧接受励磁电压，转子绕组作为变压器的二次侧通过电磁耦合得到感应电动势。两者的区别在于普通变压器的一次侧、二次侧绕组是相对固定的，所以输出电压和输入电压之比是常数，而旋转变压器的一次侧、二次侧绕组的相对位置是随转子的角位移而发生改变，因而其输出电压的大小也随之变化。

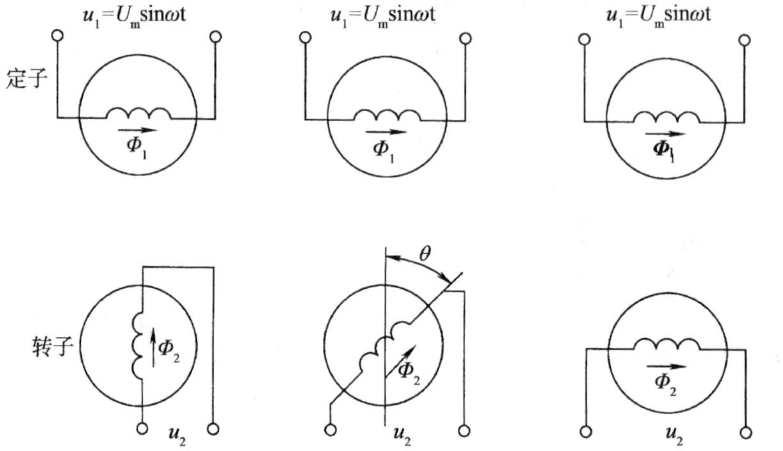

（a）转子与定子磁轴垂直　（b）转子绕组转过θ角　（c）转子与定子磁轴平行

图 3.36　两极绕组式旋转变压器工作原理

由于旋转变压器定子与转子之间空气间隙的磁通分布呈正弦规律，因此当定子绕组加上交流电压时，转子绕组输出电压的大小取决于定子与转子两个绕组磁轴线在空间的相对位置。设加在定子绕组的电压为：

$$u_1 = U_m \sin\omega t$$

当转子与定子磁轴垂直时，如图 3.36（a）所示，转子绕组的电压为：

$$u_2 = 0$$

当转子绕组转过 θ 角时，如图 3.36（b）所示，转子绕组的电压为：

$$u_2 = Ku_1 \sin\theta = KU_m \sin\theta \sin\omega t \tag{3.18}$$

式中，K 为旋转变压器的变压比；U_m 为励磁电压的幅值；θ 为转子绕组的转角。

当转子转过 90°时，即转子与定子磁轴平行时，如图 3.36（c）所示，转子绕组的电压是大，即：

$$u_2 = Ku_1 = KU_m \sin\omega t \tag{3.19}$$

由以上分析可知，转子绕组电压 u_2 的频率与 u_1 相同，其幅值随转子和定子的相对角位移 θ 的正弦函数而变化。因此，只要测出转子绕组输出电压的幅值，即可得出转子相对定子的角位移 θ 的大小。

2. 四极绕组式旋转变压器的工作原理

在实际应用中，考虑到使用的方便性和检测精度等因素，常采用四极绕组式旋转变压器。这种旋转变压器的定子绕组和转子绕组均由匝数相等又互相垂直的两个绕组组成，如图 3.37 所示。图中，转子绕组 A_1A_2 接一高阻抗，它不作为旋转变压器的测量输出，主要起平衡磁场的作用，并提高测量精度。其工作方式也可分为鉴相式和鉴幅式两种。

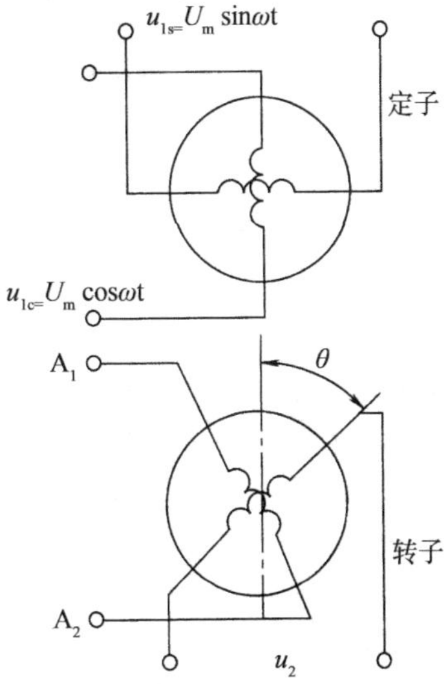

图 3.37　四极绕组式旋转变压器工作原理

(1) 鉴相式工作方式

鉴相式工作方式是根据旋转变压器转子绕组输出电压的相位来确定被测角位移大小的一种检测方式。定子绕组分别通以同幅值、同频率、相位差 π/2 的交流电压：

$$\begin{cases} u_{1s}=U_m\sin\omega t \\ u_{1c}=U_m\cos\omega t \end{cases} \tag{3.20}$$

根据叠加原理，转子绕组中的感应电压为这两个电压的代数和，即：

$$u_2=KU_m\cos(\omega t-\theta) \tag{3.21}$$

由式 (3.21) 可知，转子绕组的输出电压与定子绕组的交流电压频率相同，但相位不同，其差值 θ 正是被测的角位移。

(2) 鉴幅式工作方式

鉴幅式工作方式是根据旋转变压器转子绕组输出电压幅值变化来检测角位移的大小。给两个定子绕组分别通以同频率、同相位，但幅值不同的交流电压：

$$u_{1s}=U_{sm}\sin\omega t$$
$$u_{1c}=U_{cm}\sin\omega t$$

其幅值分别为：

$$U_{sm}=U_m\sin\alpha$$
$$U_{cm}=U_m\cos\alpha$$

则转子上的叠加电压为：

$$u_2=KU_m\cos(\alpha-\theta)\sin\omega t \tag{3.22}$$

式中，α 为定子绕组的电气角，可以改变。

由式 (3.22) 可见，转子输出电压的幅值随转子的转角 θ 而变化，因此只要测出电压幅值的变化则可知道角位移 θ 的变化。在实际应用中，可以不断改变 α 值，使其跟踪 θ 的变化，以测量角位移 θ。

3.11.3 旋转变压器的主要参数

下面是日本多摩川公司生产的单对极无刷旋转变压器的主要规格参数（见表 3.8 和表 3.9）。

表 3.8 单对极无刷旋转变压器参数

参数名称	参数值	参数名称	参数值
输入电压	3.5V	摩擦力矩	6×10^{-2}N · cm
输入电流	1.17mA	外形尺寸	
激磁频率	3kHz	外径	Φ26.97mm
变比系数	0.6	轴径	Φ3.05mm
电气误差	10′	轴伸	12.7 ±0.5mm
最高转速	8000r/min	长度	60mm
转子惯量	4×10^{-7}kg · m^2	质量	165g

表 3.9 多极旋转变压器的主要参数

参数名称	参数值	参数名称	参数值
极对数	有 3，4，5 对极	电气误差	一个波长误差为 10′
输入电压	5V		一个转误差为 15′
激磁频率	5kHz	转子惯量	1.6×10^{-5}kg · m^2
变比系数	0.6	质　　量	300g

3.11.4 应用举例

应用旋转变压器作位置检测元件，常采用鉴相工作方式，下面介绍它在数控机床相位伺服系统（闭环及半闭环伺服系统中的一种）中的应用。

图 3.38 是该系统的原理方框图。旋转变压器工作在移相状态，它把机械角位移转换成电信号的相位移。由数控装置发出的指令脉冲，经脉冲－相位变换器变成相对于基准相位 Φ_0 而变化的指令相位 Φ_c，Φ_c 的大小与指令脉冲数成正比。Φ_c 超前还是落后于 Φ_0，取决于指令方向（即正向或负向）。Φ_c 随时间变化的快慢与指令脉冲频率成正比。基准相位 Φ_0 经 90°移相，变成幅值相等、频率相同、相位差 90°的正弦、余弦信号，施加给旋转变压器的两个正交绕组激磁。从它的转子绕组中取出的感应电压的相位 Φ_p 与转子相对于定子的空间位置有关，即 Φ_p 反映了电机轴的实际位置。将实际相位 Φ_p 与指令相位 Φ_c 在鉴相器上进行比较，产生的差值信号经位置调节器，作为速度给定信号加到速度控制单元的输入端，控制伺服电机向着消除误差的方向旋转（负反馈）。Φ_c 随指令连续变化，而 Φ_p 始终跟踪 Φ_c 变化，从而使控制电机带动工作台连续运动。

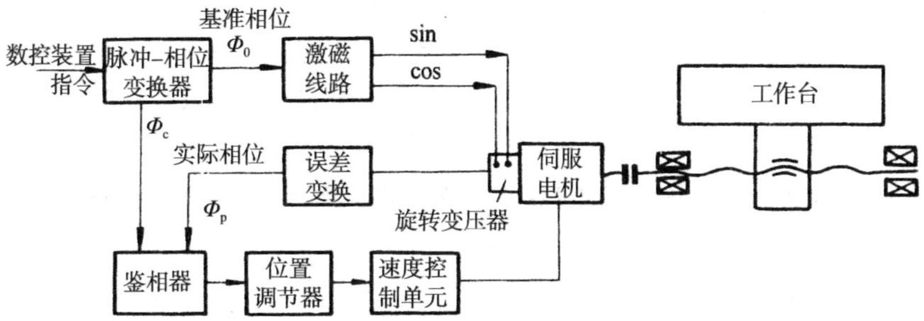

图 3.38　相位伺服系统的结构

3.12　数字传感技术工程应用举例

数字式传感技术应用广泛，器件种类多，前面的介绍举了一些应用实例。在此，再举几个典型的应用供参考。这些典型应用主要是光码盘和感应同步器的应用，其内容包括位置检测、转速检测、机床闭环控制、定位控制、随动控制等。

3.12.1　位置检测

位置检测用光电脉冲编码器，把输出的脉冲 f 和 g 分别输入到可逆计数器的正、反计数端进行计数，可检测到输出脉冲的数量，把这个数量乘以脉冲当量（转角/脉冲）就可测出编码盘转过的角度。为了能够得到绝对转角，在起始位置对可逆计数器清零。

在进行直线距离测量时，通常把它装到伺服电动机轴上，伺服电机又与滚珠丝杠相连。当伺服电动机转动时，由滚珠丝杠带动工作台或刀具移动，这时编码器的转角对应直线移动部件的移动量，因此可根据伺服电机和丝杠的传动以及丝杠的导程来计算移动部件的位置。

光电编码器的典型应用产品是轴环式数显表，它是一个将光电编码器与数字电路装在一起的数字式转角测量仪表，其外形如图 3.39 所示。它适用于车床、铣床等中小型机床的进给量和位移量的显示。

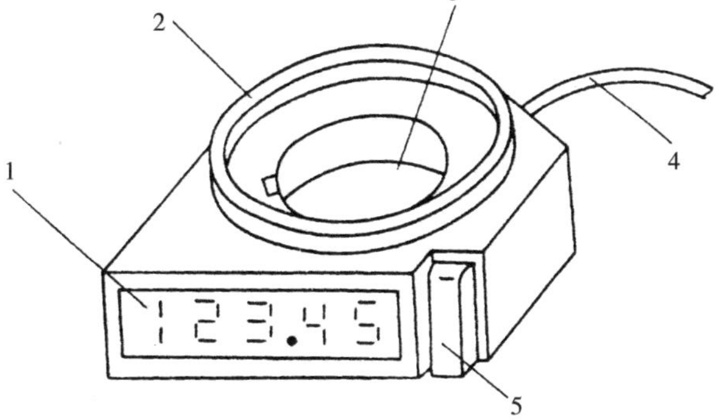

1. 数显面板；2. 轴环；3. 穿轴孔；4. 电源线；5. 复位机构

图 3.39　轴环式数显表外形

例如：将轴环数显表安装在车床进给刻度轮的位置，就可直接读出整个进给尺寸，从而可以避免人为的读数误差，提高加工精度。特别是在加工无法直接测量的内台阶孔和用来制作多头螺纹时的分头，更显得优越。它是用数显技术改造老式设备的一种简单易行的手段。

轴环式数显表由于设置有复零功能，可在任意进给、位移过程中设置机械零位，因此使用特别方便。

3.12.2 转速测量

转速可由编码器发出的脉冲频率或周期来测量。利用脉冲频率测量是在给定的时间内对编码器发出的脉冲计数，然后由下式求出其转速（单位为 r/min）：

$$n=\frac{N_1}{N}\times\frac{60}{t} \tag{3.23}$$

式中，t 为测速采样时间；N_1 为 t 时间内测得脉冲个数；N 为编码器每转脉冲数。

编码器每转脉冲数与所用编码器型号有关，数控机床上常用 LF 型编码器，每转脉冲数由 20～5000 共 36 档，有些机床采用 1024P/r、2000P/r、2500P/r 或 3000P/r。

图 3.40（a）所示为用脉冲频率法测转速的工作原理，在给定 t 时间内，使门电路选通，编码器输出脉冲允许进入计数器计数，这样可算出 t 时间内编码器的平均转速。

利用脉冲周期法测量转速，是通过计数编码器一个脉冲间隔内（脉冲周期）标准时钟脉冲个数来计算其转速，转速（单位为 r/min）可由下述公式计算：

$$n=\frac{60}{2N_2NT} \tag{3.24}$$

式中，N 为编码器每转脉冲数；N_2 为编码器一个脉冲间隔内标准时钟脉冲输出个数；T 为标准时钟脉冲周期（单位为 s）。

图 3.40（b）所示为用脉冲周期测量转速原理，当编码器输出脉冲正半周时选通门电路，标准时钟脉冲通过控制门进入计数器计数，计数器输出 N_2，即可用上式计算出其转速。

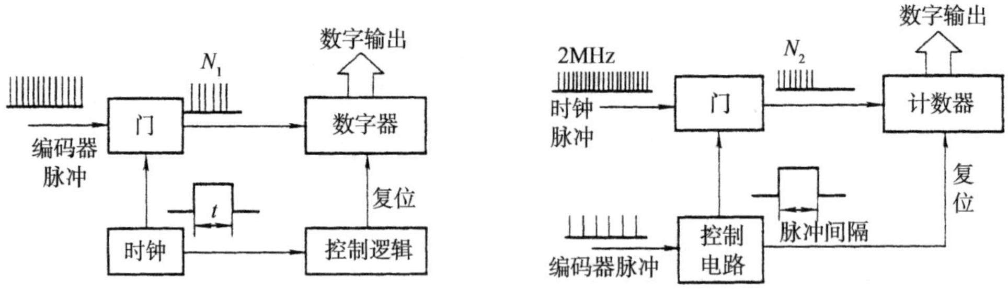

（a）脉冲频率法测转速

（b）脉冲周期法测转速

图 3.40　光电编码器测速原理

3.12.3 机床闭环控制

如前所述，感应同步器不仅可用作位移测量的传感器，而且也可作为数字控制系统的闭环反馈元件。图 3.41 所示即为利用感应同步器作为反馈元件的鉴相型闭环伺服应用原理图。

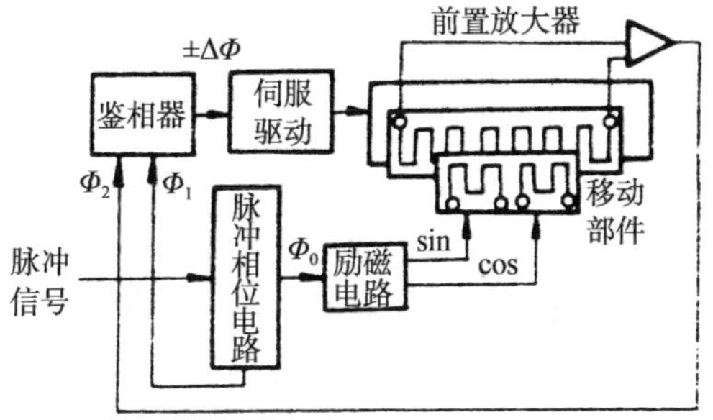

图 3.41 鉴相型闭环伺服应用原理图

从数控系统来的指令脉冲通过脉冲相位转换器送出基准信号 Φ_0 及指令信号 Φ_1，Φ_0 信号通过激磁电路给出正弦和余弦两种电压给滑尺的两个绕组激磁。定尺感应的信号通过前置放大器整形后再将信息 Φ_2 送回（反馈）到鉴相器，在鉴相器中进行相位比较，判断 $\Delta\Phi$ 的大小和方向，并将 $\Delta\Phi$ 的数值送至伺服驱动机构以控制伺服元件的移动方向和移动量，直至 $\Delta\Phi=0$，此时表明机械移动部件的实际位置与数控系统来的指令值相符，于是运动部件停止移动。

3.12.4 定位控制

在自动化加工和控制中，往往要求加工件或控制对象按给定的指令移动位置，这是位置控制系统所应具有的基本功能。定位控制仅仅要求控制对象按指令进入要求的位置，对运动的速度无特定的要求。在加工过程中，主要实现坐标的点到点的准确定位。比较典型的是卧式镗床、坐标镗床和镗铣床在切削加工前刀具的定位过程。

图 3.42 所示为鉴幅型滑尺激磁定位控制原理图，由输入指令脉冲给可逆计数器，经译码、D/A 转换、放大后送执行机构驱动滑尺。滑尺由数显表函数变压器输出幅值为

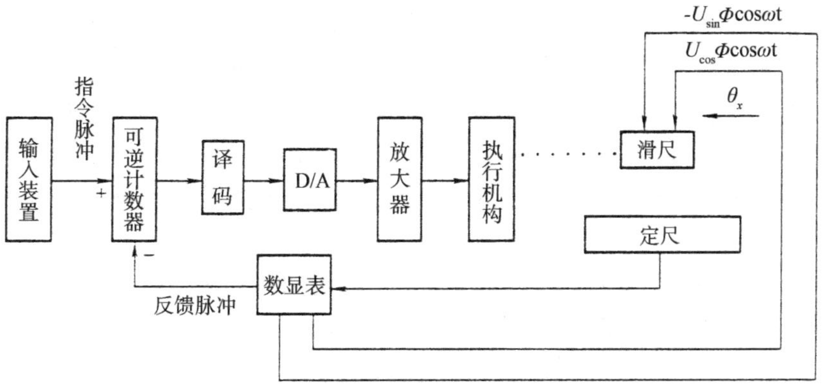

图 3.42 鉴幅型滑尺激磁定位控制原理图

$U\sin\Phi$ 和 $U\cos\Phi$ 的余弦信号，分别激磁滑尺的正弦、余弦绕组，定尺输出幅值为 $U_m\sin(\Phi-\theta_x)$ 到数显表，计下与 θ_x 同步时的 Φ，并向可逆计数器发出脉冲，如果可逆计数器不为零，执行机构就一直驱动滑尺，数显表不断计数并发出减脉冲送可逆计数器，直到滑尺位移值和指令信号一致时，可逆计数器为零，执行机构停止驱动，从而达到定位控制的目的。

3.12.5 随动控制

随动控制是在机床主动部件上安装检测元件，发出主动位置检测信号，并用它作为控制系统的指令信号，而机床的从动部件，则通过从动部件的反馈信号和主动部件间始终保持着严格的同步随动运动。由于感应同步器具有很高的灵敏度，只要自动控制系统和机械传动部件处理得当，使用感应同步器为检测元件的精密同步随动系统可以获得很高的随动精度。

图 3.43 所示为鉴相型滑尺激磁随动控制原理图，标准信号发生器发出幅值相同的 $\sin\omega t$ 和 $\cos\omega t$ 信号同时激磁主动滑尺和从动滑尺。主动定尺感应到 $\sin(\omega t+\theta_{主})$，从动定尺感应到 $\sin(\omega t+\theta_{从})$，两路信号经鉴相器鉴相得出相位差 $\Delta\theta=\theta_{主}-\theta_{从}$，当 $\Delta\theta\neq0$ 时，说明从动部分和主动部分的位移不一致，将 $\Delta\theta$ 经放大后驱动马达 M，使从动部分动作，直到 $\theta_{主}=\theta_{从}$，达到随动控制目的。

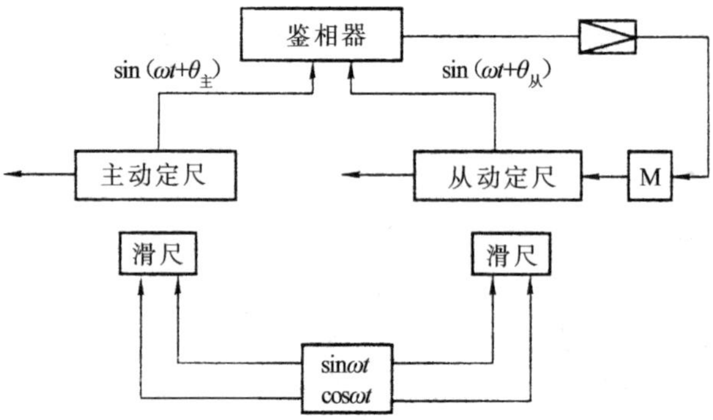

图 3.43 鉴相型滑尺激磁随动控制原理图

这种随动控制系统可用于仿形机床和滚齿机等设备上。仿形机床是直线-直线运动方式的精密随动控制系统。在加工成形平面的自动化设备中，利用两套直线感应同步器沿工件模型轮廓运动，同时发出两个坐标轴的指令信号，分别控制另外两套感应同步器，就可使电火花切割机、气割焊枪或铣刀加工出和模型一致的工件。对于大型工件，例如万轮船钢板下料，可将模型或图纸缩小，而随动系统按一定比例放大，自动切割出所需形状。

由于数字式传感器精度高、抗干扰能力强、工作可靠、易于与微机连接，实现自动化控制、自动化检测，因此广泛应用于数控机床，其实例很多，但限于篇幅，不再介绍。

3.13 小　　结

1. 数字式传感器技术是一种能把被测模拟量直接转换成数字量的输出装置。

2. 常用的数字式传感器有 4 大类
   - ① 栅式数字传感器
     - 光栅传感器
     - 磁栅传感器
   - ② 编码器
     - 接触式编码器
     - 光电式编码器
     - 电磁式编码器
     - 脉冲盘式
   - ③ 频率输出式数字传感器
     - *RC* 振荡式频率传感器
     - 弹性体频率式传感器
   - ④ 感应式数字传感器
     - 直线感应同步器
     - 旋转（圆盘）感应同步器
     - 旋转变压器

3. 数字式传感器件比模拟式传感器件测量精度高、可靠性好、环境条件要求低、寿命长、易于与微机连接进行信号处理，广泛应用于数控机床、自动化检测、自动化控制等仪器仪表及空间技术。

3.14 习　　题

1. 光栅的莫尔条纹有哪几个特性？试说明莫尔条纹的形成原理。
2. 什么叫细分？什么叫辨向？它们各有何用途？
3. 简述磁栅测量的工作原理，磁头的形式有哪几种？分别用于哪些场合？
4. 磁栅测量的信号处理有哪几种类型？工作原理如何？
5. 简述编码器的类型特征及用途。
6. 简述频率输出式数字传感器的特征及用途。
7. 简述直线式感应同步器与旋转（圆盘）式感应同步器的工作原理，它们各有哪些特点？
8. 旋转变压器根据转子绕组引出方式的不同，可分为哪两种形式？它们的结构有什么相同和不同之处？
9. 工业上常用的数字式传感器有哪几种？各利用了什么原理？它们各有何特点？

第 4 章 热电传感技术

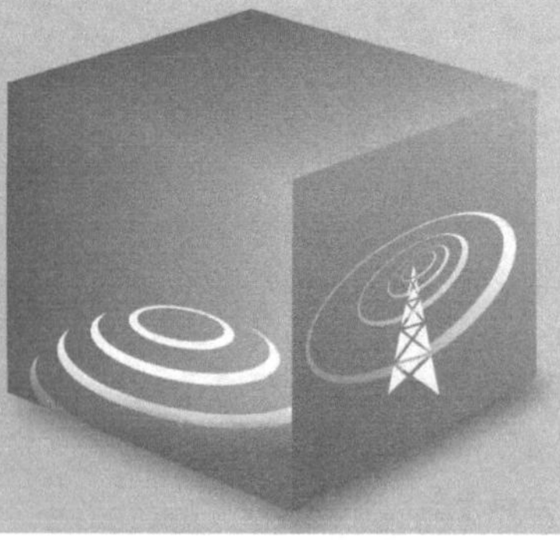

学习要点

① 了解热电传感技术的基本原理；

② 掌握热敏电阻、热电开关、铂电阻、铜电阻、热电偶、温敏二极管、温敏三极管、集成温度传感器等的结构、特性及使用方法。

热电传感技术是将温度变化转换为电量变化的一种技术，它所利用的传感元器件就是热电式传感器。在各种传感器中，热电式传感器是应用最为广泛的一种，如家电、医疗、国防、科研、航天航空技术、工业生产等领域，凡是需要调温、控温、测温的地方都要用到它。

本章主要介绍几种常用热电式传感器的结构、原理、特性及应用。

4.1 热敏电阻

热敏电阻是用一种半导体材料制成的敏感元件，其特点是电阻随温度变化而显著变化，能直接将温度的变化转换为电量的变化。可测温度范围为 -50℃ ~350℃，体积小，寿命长，价格低（人民币 1 元钱左右），它广泛应用于需要进行温度控制的一切领域，如冰箱、空调机、锅炉、汽车、工农业、医疗等各种检测仪表。

4.1.1 结构形式

热敏电阻是由一些金属氧化物，如钴、锰、镍等的氧化物，采用不同比例的配方，经高温烧结而成，然后采用不同的封装形式制成珠状、片状、杆状、垫圈状等各种形状，其结构形式如图 4.1 所示。它主要由热敏元件、引线和壳体组成。

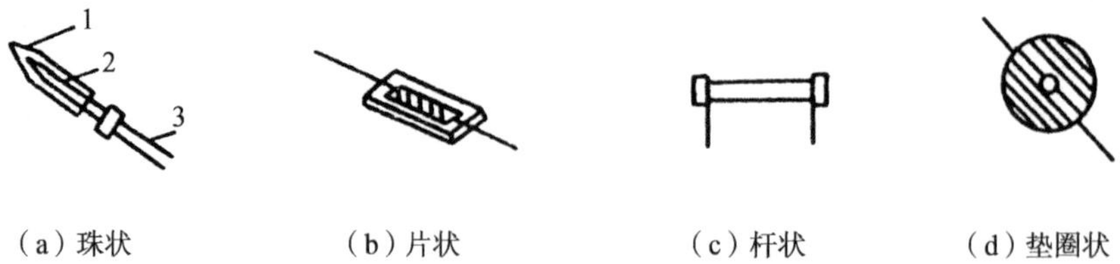

（a）珠状　（b）片状　（c）杆状　（d）垫圈状

1. 玻璃壳；2. 热敏电阻；3. 引线

图 4.1 热敏电阻结构形式

4.1.2 温度特性

热敏电阻按半导体电阻随温度变化的典型特性分为三种类型：负电阻温度系数热敏电阻（NTC），正电阻温度系数热敏电阻（PTC）和在某一特定温度下电阻值会发生突变的临界温度电阻器（CTR）。它们的特性曲线如图4.2所示。

由图4.2可见，使用CTR型热敏电阻组成控制开关是十分理想的。在温度测量中，则主要采用NTC或PTC型热敏电阻，但使用最多的是NTC型热敏电阻。负温度系数的热敏电阻的阻值与温度的关系可表示为：

$$R_T = R_0 \exp B\left(\frac{1}{T} - \frac{1}{T_0}\right) \tag{4.1}$$

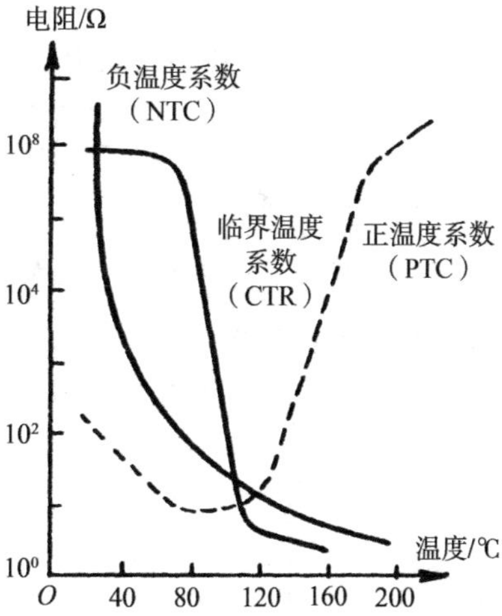

图4.2 各种热敏电阻的温度特性

式中，R_T，R_0 分别为温度 T（K）和 T_0（K）时的阻值；B 为热敏电阻的材料常数，一般情况下，$B = 2000\text{K} \sim 6000\text{K}$，在高温下使用时，$B$ 值将增大。

若定义$\frac{1}{R_T}\frac{dR_T}{dT}$为热敏电阻的温度系数 α_T，则由式（4.1）得：

$$\alpha_T = \frac{1}{R_T}\frac{dR_T}{dT} = \frac{1}{R_T} R_0 \exp B\left(\frac{1}{T} - \frac{1}{T_0}\right) B\left(-\frac{1}{T^2}\right) = -\frac{B}{T^2} \tag{4.2}$$

可见，α_T 是随温度降低而迅速增大。α_T 决定热敏电阻在全部工作范围内的温度灵敏度。热敏电阻的测温灵敏度比金属丝的高很多。例如 B 值为4000K，当 $T = 293.15\text{K}$（20℃）时，热敏电阻的 $\alpha_T = 4.7\%/℃$，约为铂电阻的12倍。由于温度变化引起的阻值变化大，因此测量时引线电阻影响小，并且体积小，非常适合测量微弱温度变化；但是，热敏电阻非线性严重，所以，实际使用时要对其进行线性化处理。

常用的热敏电阻的主要参数如表4.1所示。

表4.1 常用热敏电阻的主要参数

型号	用途	标准阻值 25℃/kΩ	材料常数 /K	额定功率 /W	时间常数 /s	耗散系数 /（mW/C）
MF-11	温度补偿	0.01～15	2200～3300	0.5	≤60	≥5
MF-13	温度补偿	0.82～300	2200～3300	0.25	≤85	≥4
MF-16	温度补偿	10～1000	3900～5600	0.5	≤115	7～7.6
RRC_2	测控温	6.8～1000	3900～5600	0.4	≤20	7～7.6
RRC_7B	测控温	3～100	3900～4500	0.03	≤0.5	7～7.6
RRP7～8	作可变电阻器	30～60	3900～4500	0.25	≤0.4	0.25
RRW_2	稳定振幅	6.8～500	3900～4500	0.03	≤0.5	≤0.2

4.1.3 输出特性的线性化处理

由式（4.1）可知，热敏电阻值随温度变化呈指数规律，也就是说，其非线性十分严重，当需要线性变换时，就应考虑其线性化处理。常用的方法有如下几种。

1. 线性化网络

对热敏电阻进行线性化处理的最简单方法是用温度系数很小的精密电阻与热敏电阻串联或并联构成电阻网络（常称为线性化网络）代替单个热敏电阻，其等效电阻与温度呈一定的线性关系。图4.3表示了两种最简单的线性化方法。

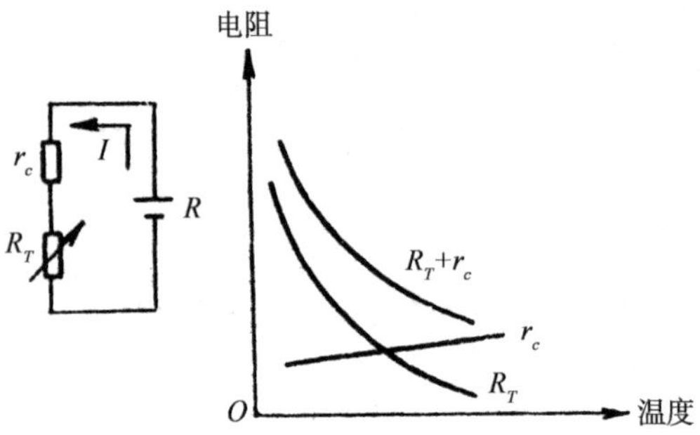

（a）串联补偿电路

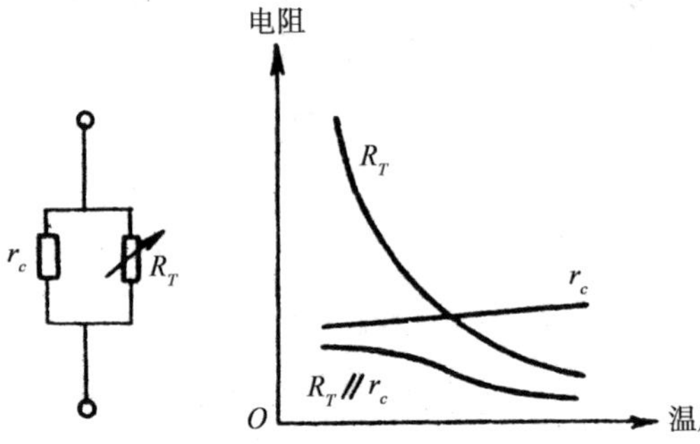

（b）并联补偿电路

图4.3 常用补偿电路

图4.3（a）中热敏电阻 R_T 与补偿电阻 r_c 串联，串联后的等效电阻 $R=R_T+r_c$，只要 r_c 的阻值选择适当，可使温度在某一范围内，与电阻的倒数成线性关系，所以电流 I 与温度 T 成线性关系。

图4.3（b）中热敏电阻 R_T 与补偿电阻 r_c 并联，其等效电阻 $R=\dfrac{r_c R_T}{r_c+R_T}$。由图可知，$R$ 与温度的关系曲线便显得比较平坦，因此可以在某一温度范围内得到线性的输出特性。并联补偿的线性电路常用于电桥测温电路，如图4.4所示。

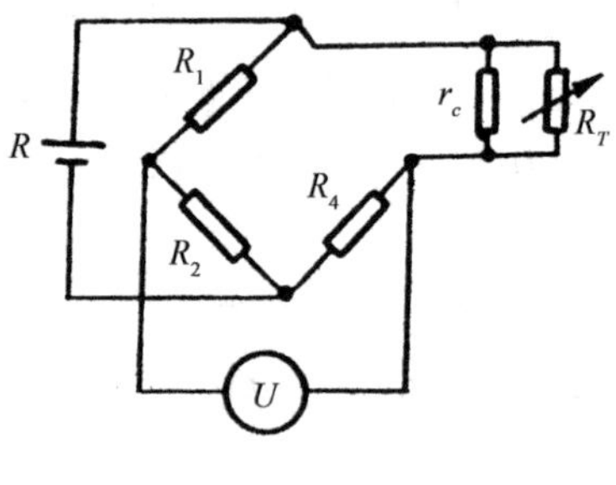

图4.4 并联补偿的测量的桥式电路

当电桥平衡时，$R_1R_4=R_3(r_c//R_T)$，电压 $U=0$，这时对应某一个温度 T_0。当温度变化时，R_T 将变化，使得电桥失去平衡，电压 $U\neq 0$，输出的电压值就对应了变化的温度值。

2. 计算修正法

大部分传感器的输出特性都存在非线性，因此实际使用时都必须对之进行线性化处理，其方法不外乎两大类：硬件（电子线路）法和软件（程序）法。在带有微机的测量系统中，就可以用软件对传感器进行处理。当已知热敏电阻的实际特性和要求的理想特性时，可采用线性插值等方法将特性分段并把分段点的值存放在计算机的内存中，计算机将根据热敏电阻的实际输出值进行校正计算，给出要求的输出值。

3. 利用温度－频率转换电路改善非线性

图 4.5 是一个温度－频率转换电路。该电路利用 *RC* 电路充放电过程的指数函数和热敏电阻的指数函数相比较的方法来改善热敏电阻的非线性。

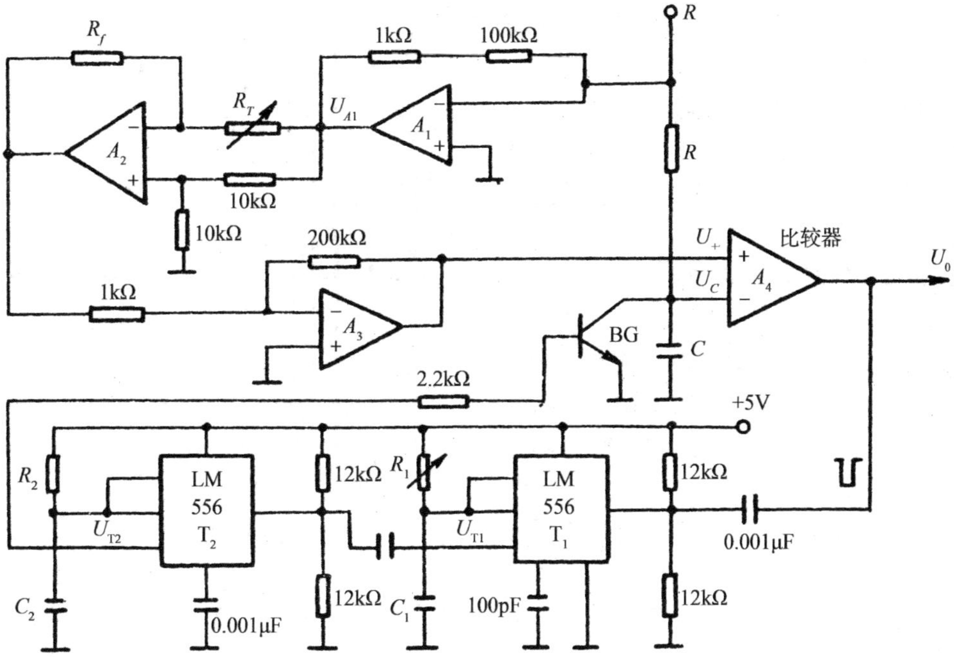

图 4.5　温度－频率转换器电路图

该转换器由温度－电压转换电路（A_1，A_2，A_3）、*RC* 充放电电路、电压比较器 A_4 和延时电路组成。其改善热敏电阻 R_T 的非线性原理如下：

温度－电压转换电路由热敏电阻 R_T 和运算放大器 $A_1 \sim A_3$ 组成，产生一个与温度相对应的电压 U_+，加到比较器 A_4 的正端。运算放大器 A_1 为差动放大器 A_2 提供一个低电压 $U_{A1} = -\frac{E}{100}$输入信号，其目的是减小热敏电阻自身发热所引起的误差。A_2 输出再由反相放大器 A_3 提高信号幅值。该幅值为：

$$U_+ = E\left(1 - \frac{R_f}{R_T}\right) \tag{4.3}$$

RC 电路（见 A_4 反相输入端）中的电容 *C* 上充电电压为：

$$U_C = E\left[1 - \exp\left(\frac{t}{RC}\right)\right] \tag{4.4}$$

该转换器是把 *RC* 电路充电过程中电容 *C* 上的电压 U_C 与温度－电压转换电路的输

出电压 U_+ 相比较，当 $U_C > U_+$ 时，比较器的输出电压由正变负，此负跳变电压触发延时电路（T_1，T_2），使延时电路输出窄脉冲，驱动开关电路 BG，为电容器 C 构成放电通路；当 $U_C < U_+$ 时，比较器 A_4 输出由负变正，延时电路输出低电位，BG 截止，电容器 C 开始一个新的充电周期。当温度恒定时，输出一个将与该温度相对应的频率信号。当温度改变时，U_+ 改变，使比较器输出电压极性的改变推迟或提前，于是输出信号频率将相应地变化，从而实现温度到脉冲频率的变换，达到测量温度的目的。

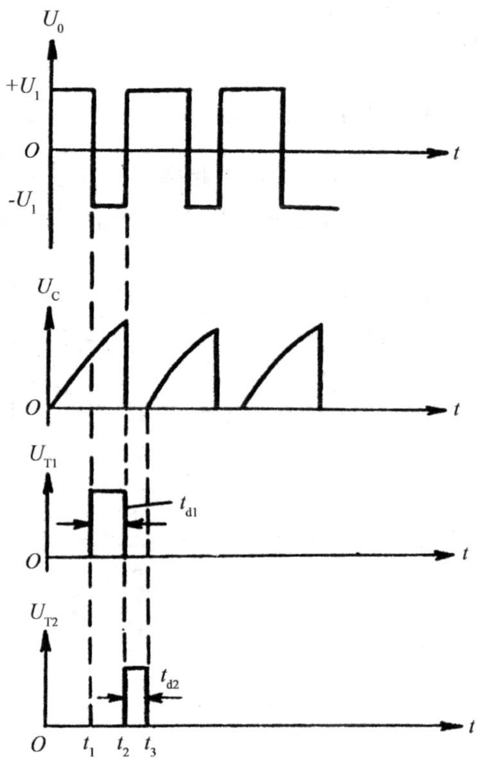

图 4.6　波形图

下面讨论转换器的输出频率与被测温度的关系。

延时电路 T_1，T_2 由两块 LM556 组成，它们产生宽度为 t_{d1}（$t_{d1} = 1.1R_1C_1$）和 t_{d2}（$t_{d2} = 1.1R_2C_2$）的脉冲信号，且使 $t_{d2} \ll t_{d1}$。如图 4.6 所示。

在 $t = 0$ 时，晶体管 BG 关断，比较器 A_4 输出 $U_0 = +U_1$；当 $t = t_1$ 时，U_C 上升到超过 U_+，A_4 输出电压 $U_0 = -U_1$，根据式（4.1）、（4.2）、（4.3），且令 $R_f = R_{T0}$（温度 T_0 时的电阻值），得到：

$$t_1 = \frac{BRC}{T} - \frac{BRC}{T_0} \tag{4.5}$$

在 $t = t_1$ 时，比较器 A_4 输出的负跳变电压触发延时电路 T_1，产生 $t_{d1} = t_2 - t_1$ 的脉冲，在此脉冲的下降沿（$t = t_2$ 时），触发延时电路 T_2，产生 $t_{d2} = t_3 - t_2$ 的窄脉冲，该脉冲使晶体管 BG 导通，使电容 C 短路，U_C 下降到零，并使 A_4 输出由 $-U_1$ 变到 $+U_1$，开始一个新周期，待 t_3 到来时，BG 截止，电源通过 R 重新对 C 充电。

不难看出，A_4 输出方波的周期 T_m 为：

$$T_m = t_1 + t_{d1} + t_{d2} \tag{4.6}$$

将式（4.6）代入式（4.5），则输入方波频率 f 为：

$$f = \frac{1}{T_m} = \frac{\dfrac{T}{BRC}}{1 + \dfrac{\delta}{BRC}T} \tag{4.7}$$

注意：式（4.7）中的 T 是绝对温度，且 $\delta = t_{d1} + t_{d2} - \dfrac{BRC}{T}$。由于 $t_{d2} \ll t_{d1}$，若调整 t_{d1}，

可能使 δ 减小到零，则式（4.7）可简写为：

$$f=\frac{T}{BRC} \tag{4.8}$$

从该式可说明，输出频率与绝对温度 T 成正比。所以，该电路在 $\delta=0$ 时，输出是线性的。即使 δ 调不到零，也可使热敏电阻输出的非线性得到改善。

4.1.4　应用举例

热敏电阻主要用作检测元件和电路元件。

1. 热敏电阻用作检测元件

热敏电阻在温度计、温度差计、温度补偿、微小温度检测、温度报警、温度继电器、湿度计、分子量测定、液位报警、液位检测、流速计、流量计、气体分析仪、气体色谱仪、真空计、热导分析、风速计、液面计等仪器仪表中用作检测元件。

2. 热敏电阻用作电路元件

热敏电阻在偏置线圈的温度补偿、仪表温度补偿、热电偶温度补偿、晶体管温度补偿、恒压电路、延迟电路、保护电路、自动增益控制电路、*RC* 振荡电路、振幅稳定电路等电路中用作电路元件。

4.2　热电开关

热电开关是采用两种不同特性的材料（如金属片热膨胀或陶铁磁体热磁性）构成的热敏传感器，该传感器具有温控开关特性，因此，又称热电开关或温控开关。

热电开关常有双金属片式和陶铁磁体式两种，它们广泛应用于电饭锅、电熨斗、电炉、电热水器的恒温控制器等。

4.2.1　双金属片式热电开关

1. 双金属片的构成及其弯曲特性

双金属片式热电开关（温控开关）的双金属片是由两种膨胀系数不同的金属片轧制或锻压在一起而成。双金属片在常温时是平直的，但受热后，膨胀系数大的金属片伸长较多，而膨胀系数小的金属片伸长较少，因此，双金属片向膨胀系数小的一面弯曲变形，如图 4.7 所示。温度越高，弯曲越大，当温度下降时，双金属片又逐渐回弹，直至常温时又恢复原平直状态。根据双金属片的这一温度特性，便可将其制成各种电器常用的温度控制装置。

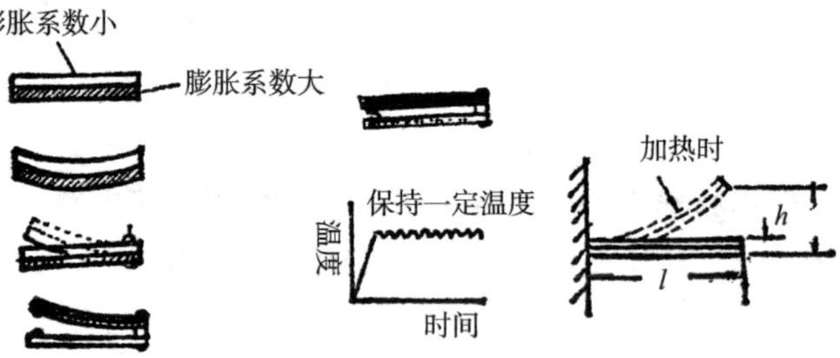

图 4.7　双金属片的构成及其弯曲特性

双金属片的弯曲程度（偏位的大小），可参照下列公式算出：

$$D = K\ (T_2 - T_1)\ l/h \tag{4.9}$$

式中，D 为偏位的大小；K 为双金属片特性常数；$(T_2 - T_1)$ 为 温度变化；l 为双金属片的长度；h 为双金属片的厚度。

由此可知，提高灵敏度的方法是使双金属片减薄厚度 h 和增加长度 l，通常灵敏度为 0.01mm/℃ ~0.03mm/℃。

2. 双金属片的材料构成

双金属片的材料构成如表 4.2 所示。

表 4.2　双金属片的材料构成

构成材料		膨胀系数/（$\times 10^{-6}$/℃）	电阻系数/μΩ·cm
低膨胀材料	镍合金（含镍 36% ~46%）	1.1 ~7.0（视含镍多少而定，镍百分比越高则膨胀系数越大）	80 ~60（含镍比例越高，则电阻系数越小）
高膨胀材料	铜	16.5	1.7
	镍	12.6	10.5
	铜 70，锌 30	18	7
	铜 30，镍 70	14	48
	镍 20-锰-铁	约 20	约 78
	镍-铝-铁	约 18	约 85
	镍 20-钼-铁	约 18	约 85
	锰-镍-铜	约 30	约 170

3. 双金属片热电开关的类型

双金属片热电（温控）开关的类型如图 4.8 所示，有常开式（指两个触头的接点在没有达到规定的温度点时是断开的）、常闭式（指两个触头的接点在没有到达规定的温度点时是闭合的）、简易式、蝶式等。对于双金属片式温控开关，其结构类型虽有多种形式，但其工作原理不外乎是“常开式”和“常闭式”两种。

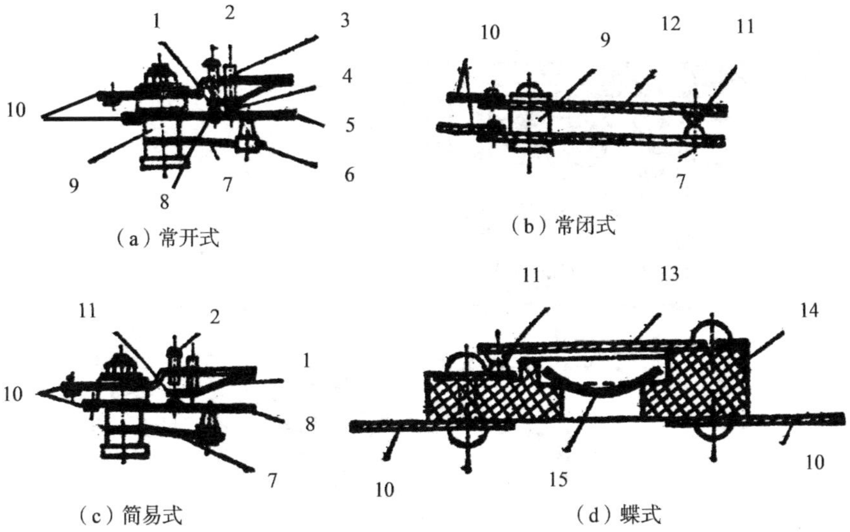

1. 定触点；2. 温度调节螺钉；3. 支点螺钉；4. 瓷米；5. 磷青铜；6. 瓷塔；7. 双金属片，动作时向上弯曲；8. 动触点；9. 瓷珠；10. 接线片；11. 触点；12. 定触片；13. 上触片；14. 绝缘子；15. 蝶形双金属片

图 4.8　双金属热电（温控）开关的类型

4. 双金属片热电开关自动控温原理

双金属片热电开关自动控温原理以常闭式保温器（电饭锅）的工作原理为例。由于触点处于常闭状态；因此当保温器插上电源后，指示灯便亮，此时，不管是否按下自动开关，电热板的发热器都已接通电源。在煮饭时，已按下自动开关，内锅温度上升，双金属片逐渐弯曲。当饭煮好后，两触点离开，切断了电源。于是，内锅温度开始下降，直至降到65℃左右时，双金属片回伸，使两触点闭合，接通电源。此时，电饭锅即进入保温状态。也就是说，常闭式保温器就是通过两个触点接通又脱开（即闭合-断开-闭合）的方式，达到了自动保温的目的。

常开式保温器（电饭锅）的工作原理与常闭式相反，即“断开－闭合－断开”的方式，达到自动控温（保温）的目的。

4.2.2　陶铁磁体式热电开关

1. 陶铁磁体式热电开关的结构原理

陶铁磁体式热电开关的结构原理，如图 4.9 所示。它主要由硬磁、软磁、动作弹簧、抵紧弹簧、拉杆、杠杆、银触点、操作按键等组成。

硬磁主要由碳酸锶（$SrCO_3$）14% 和三氧化二铁（Fe_2O_3）86% 组成。软磁主要由氧化镍（NiO）11%、氧化锌（ZnO）22% 和三氧化二铁 67% 等组成。硬磁材料（锶锌铁氧体）的居里点温度①很高（可达 450℃），此温度远远超过电饭锅的工作温度。因此该材料

① 居里点温度：是指感温磁钢的一种温度特性，当感温磁钢在这一温度以下时呈现出一般铁磁物质的特性，即可以磁化，但一旦超过这一温度，即失去磁特性。

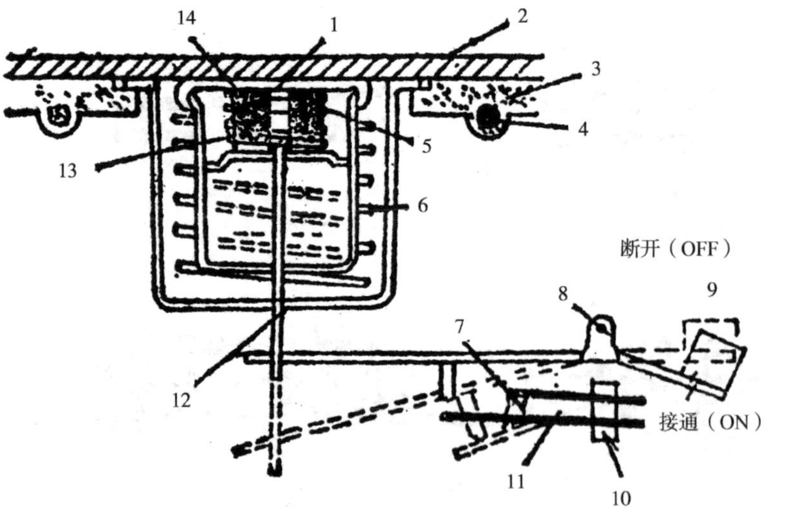

1. 受热面；2. 内锅底部；3. 发热板；4. 电热管；5、14. 动作弹簧；6. 抵紧弹簧；
7. 银触点；8. 支点；9. 操作按键；10. 绝缘体；11. 磷青铜片；12. 拉杆；13. 硬磁

图 4.9　陶铁磁体式热电开关结构原理

又叫永久磁铁。软磁材料（镍锌铁氧体）则不同，它的居里点温度较低，需对配方和制作工艺要求非常严格才行。通常，对于直热式电饭锅自动开关来说，其软磁的居里点温度实测为 130℃～150℃，它是一种感温磁体。不过，它还得和弹簧的作用力、拉杆的重力等配合选取，务必使内锅在饭熟时（温度为（103±2）℃），开关及时自动跳开，以切断电源。在煮饭时，按下操作按键，动作弹簧即被压缩，使硬磁体上升，硬磁体便吸住软磁体。这时即使放开按键操纵杠杆的位置仍保持向上位置，两银触点仍彼此接触，接通电源。于是，发热器的热量便通过电热板传给了内锅。米饭煮熟时，内锅底温度为 103℃左右，这时软磁体的温度要稍微高些正好达其居里点。此时，软磁体迅速失去磁性，变成非磁性体。硬磁体不能再吸引软磁体，因此，便被动作弹簧弹开，拉杆向下移动，压下杠杆，使两触点彼此脱离，切断电源。于是，发热器停止发热，电热板表面温度才再升高。由于磁体的受热面受抵紧弹簧上弹的压力而紧密地与内锅底部相贴，因此，内锅底部的温度，可由陶铁磁体热电开关准确无误地控制。

2. 陶铁磁体热电开关性能特点

陶铁磁体式热电开关的动作灵活，不需要经常调整机件，既经久耐用，又安全可靠。所以，它比双金属片式热电自动开关的控制性能好，已被广泛地应用于自动电饭锅中。

4.2.3　应用举例

热电开关的应用，以自动保温式电饭锅为例。自动保温式电饭锅的保温曲线如图 4.10 所示。从图中可以看出，25℃～40℃是腐败细菌最容易繁殖的温度。而在 10℃～25℃及 40℃～63℃的温度范围内，则腐败细菌繁殖较缓慢。唯有在 63℃以上和 10℃以下，腐败细菌不会繁殖。当然，把煮好的米饭放在冰箱里保存是不会被细菌腐蚀的，但饭变冷后，即使重新加热至食用温度也不可口了。所以，带有自动保温装置的电饭锅是颇受用户欢迎的。

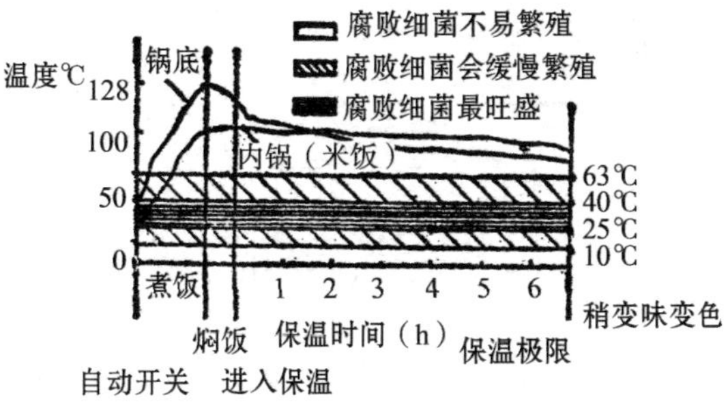

图 4. 10　自动保温式电饭锅的保温曲线

电饭锅的恒温要求在 60℃ ~80℃，这个温度是根据人们对食物温度的需要而定的。70℃左右的食物，最符合人们的要求。电饭锅的恒温温度是在产品出厂前调整准确了的，用户可不必自行调整。其控制电路如图 4. 11 所示。

当电源接通时，电路可通过 K_1 的常闭触点接通，所以电饭锅在未按下按键开关时指示灯便亮，就是这个道理。煮饭时，则需把 K_2 按下，电热管通过 K_1K_2 并联的电路接到电源上，当温度上升到 70℃时，K_1 受温度的影响自动跳开，但此时电路仍然接通，直到饭熟水干后，温度上升到 103℃时，K_2 由于软磁到达居里点而失磁。使杠杆断开电源开关触点。电源断开后，温度下降到 70℃时，双金属恒温器 K_1 复位，从而开始保温。

此外，在磁钢控温系统中，还有一种调整功率大小的电路。其典型电路如图 4. 12 所示。

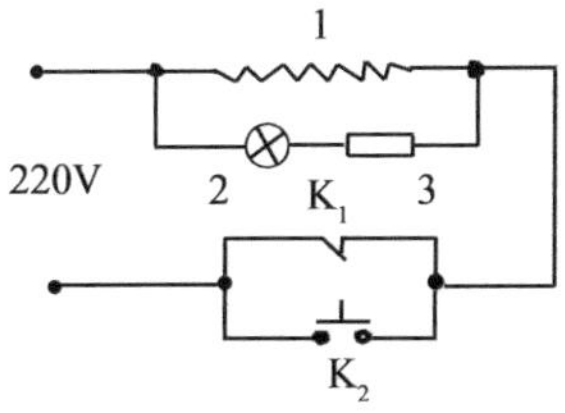

1. 电热元件；2. 指示灯；3. 限流电阻

图 4. 11　单按键电饭锅电路图

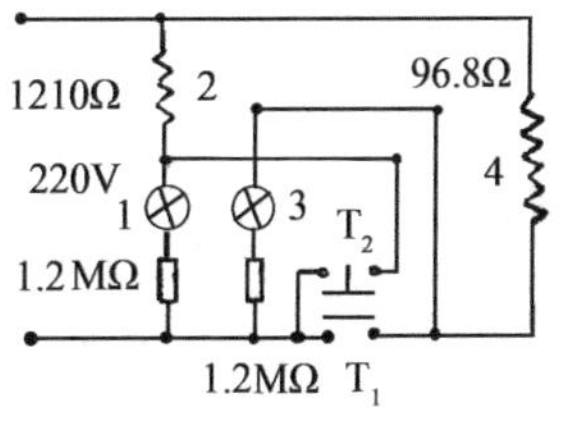

1. 煮饭指示灯；2. 保温元件；
3. 保温指示灯；4. 加热元件

图 4. 12　调整功率的电路

电路工作原理如下：按下按键开关，使 T_1 接通，磁钢控温器吸合；与此同时，T_2 断开，其大部分电流通过 96. 8Ω 的电热元件，开始加热，煮饭指示灯亮，指示灯回路经过 1. 2MΩ 电阻和 1210Ω 保温元件。此时保温指示灯被 T_1 短接，所以实际上是一个并联电路，并联后的电阻近似于小电阻，这时煮饭的功率为：

$$P = UI = \frac{U^2}{R} = \frac{220^2}{96.8} = 500\ (\text{W})$$

$$I = \frac{U}{R} = \frac{220}{96.8} = 2.27\ (\text{A})$$

当饭煮熟时，磁钢限温器脱扣，T_1 切断，T_2 复位闭合，煮饭指示灯及其降压电阻被短接，则大部分电流流经保温元件，而电热元件因串联了一个保温指示灯及其降压电阻，因此电流很小。

这时通过保温元件的功率为：

$$P=\frac{U^2}{R}=\frac{220^2}{1210}=40\ (\mathrm{W})$$

$$I=\frac{U}{R}=\frac{220}{1210}=0.18\ (\mathrm{A})$$

这样通过调整功率的大小来达到煮饭和保温的目的，也是一种可取的电路。

4.3 铂电阻

铂电阻是铂热电阻的简称。铂电阻是用导体的电阻随温度变化而变化的特性测量温度的。铂电阻具有电阻温度系数稳定、电阻率高、线性度好、测量范围宽（-200℃～600℃）等特点。因此，它被广泛用作工业测温元件和作为温度标准。

4.3.1 铂电阻与温度的关系

由于铂电阻物理、化学性能在高温和氧化性介质中很稳定，它能用作工业测温元件和作为温度标准。按国际温标 IPTS-68 规定，在 -259.34℃～630.74℃温域内，以铂电阻温度计作基准器。

铂电阻与温度的关系，在 0～630.74℃以内为：

$$R_t=R_0\ (1+At+Bt^2) \tag{4.10}$$

在 -190℃～0℃以内为：

$$R_t=R_0\ [1+At+Bt^2+C\ (t-100)\ t^3] \tag{4.11}$$

式中，R_t 即温度为 t℃时的电阻；R_0 即温度为0℃时的电阻；t 为任意温度；A，B，C 为分度系数：$A=3.940\times10^{-2}/℃$，$B=-5.84\times10^{-7}/℃^2$，$C=-4.22\times10^{-12}/℃^4$。

4.3.2 铂电阻体的结构

工业用铂电阻体的结构如图4.13 所示，一般由直径0.03～0.07mm 的纯铂丝在平板形支架上，用银导线作引出线。

1. 铆钉；2. 铂丝；3. 骨架；4. 银导线

图4.13 工业用铂热电阻体结构

4.3.3 铂电阻分度特性表

由式（4.10）和式（4.11）可见，要确定电阻 R_t 与温度 t 的关系，首先要确定 R_0 的数值，R_0 不同时，R_t 与 t 的关系不同。在工业上将相应于 $R_0 = 50\Omega$ 和 100Ω 的 R_t-t 关系制成分度表，称为热电阻分度表，供使用者查阅。分度表如表 4.3 和表 4.4 所示。

表 4.3　WZB 型铂热电阻分度特性表

$R_0 = 46\Omega$　规定分度号 $B_{A\text{-}1}$

分度系数　$A = 3.96847 \times 10^{-2}/℃$，$B = -5.847 \times 10^{-7}/℃^2$，$C = -4.22 \times 10^{-12}/℃^4$

温度/℃	0	10	20	30	40	50	60	70	80	90
	电阻值/Ω									
-200	7.95	–	–	–	–	–	–	–	–	–
-100	27.44	25.54	23.63	21.72	19.79	17.85	15.90	13.93	11.95	9.96
-0	46.00	44.17	42.34	40.50	38.65	36.80	34.94	33.08	34.21	29.33
0	46.00	47.82	49.64	51.45	53.26	55.06	56.86	58.65	60.43	62.21
100	63.99	65.76	67.52	69.28	71.03	72.78	74.52	76.26	77.99	79.71
200	81.43	83.15	84.86	86.56	88.26	89.96	91.64	93.33	95.00	96.68
300	98.34	100.01	101.66	103.31	104.96	106.60	108.23	109.86	111.84	113.10
400	114.72	116.32	117.93	119.52	121.11	122.70	124.28	125.86	127.94	128.99
500	130.55	132.10	133.65	135.20	136.73	138.27	139.79	141.83	142.83	144.34
600	145.85	147.35	148.84	150.33	151.81	153.30	–	–	–	–

表 4.4　WZB 型铂热电阻分度特性表

$R_0 = 100\Omega$　规定分度号 $B_{A\text{-}2}$

分度系数　$A = 3.96847 \times 10^{-2}/℃$，$B = -5.847 \times 10^{-7}/℃^2$，$C = -4.22 \times 10^{-12}/℃^4$

温度/℃	0	10	20	30	40	50	60	70	80	90
	电阻值/Ω									
-200	17.28	–	–	–	–	–	–	–	–	–
-100	59.65	55.52	51.38	47.21	43.02	38.80	34.56	30.29	25.98	21.65
-0	100.00	96.03	92.04	88.04	84.03	80.10	75.96	71.91	67.84	63.75
0	100.00	103.96	107.91	110.85	115.78	119.70	123.49	127.49	131.37	135.24
100	139.10	142.95	146.78	150.60	154.41	158.21	162.00	165.78	169.54	173.29
200	177.03	180.75	186.48	188.10	191.88	195.56	159.23	202.89	206.53	210.07
300	213.79	217.40	221.00	224.59	228.17	231.76	235.29	238.83	242.36	245.88
400	249.38	252.88	256.36	259.83	263.29	266.78	270.18	272.60	277.01	280.41
500	283.86	287.18	290.55	293.91	297.25	300.58	303.90	307.21	310.50	313.79
600	317.06	320.22	323.57	326.80	330.80	333.25	–	–	–	–

4.4 铜电阻

铜电阻具有成本低，在 -50℃ ~150℃温度范围内呈线性的特点。它主要用于测量精度要求不高、测温范围不大的场合。

4.4.1 铜电阻与温度的关系

在 -50℃ ~150℃的温度范围内，铜电阻与温度呈线性关系，可用下式表示：

$$R_t = R_0 \ (1 + \alpha t) \tag{4.12}$$

式中，R_t 即温度为 t℃时的电阻值；R_0 即温度为 0℃时的电阻值；α 即铜电阻温度系数，$\alpha = 4.25 \times 10^{-3} \sim 4.28 \times 10^{-3}$/℃

4.4.2 铜电阻体的结构

铜电阻体的结构如图 4.14 所示。通常用直径 0.1mm 的漆包线或丝包线双线绕制，而后浸以酚醛树脂成为一个铜电阻体，再用镀银铜线作引出线，穿过绝缘套管。

1. 引出线；2. 补偿线阻；3. 铜热电阻丝；4. 引出线

图 4.14 铜热电阻体结构

4.4.3 铜电阻分度特性表

我国以 R_0 值在 100Ω 和 50Ω 条件下，制成相应分度表作为标准，供使用者查阅。铜电阻的分度特性如表 4.5 所示。

表 4.5 WZB 型铜特性电阻分度特性表

$R_0 = 53\Omega$ 规定分度号 G 分度系数 $\alpha = 4.25 \times 10^{-3}$/℃

温度/℃	0	10	20	30	40	50	60	70	80	90
	电阻值/Ω									
-50	41.74	–	–	–	–	–	–	–	–	–
-0	53.00	50.75	48.50	46.24	43.99					
0	53.00	55.25	57.50	59.75	62.01	64.26	66.52	68.77	71.02	73.27
100	75.52	77.78	80.03	82.28	84.54	86.79				

4.4.4 铜电阻的缺点

铜电阻的缺点是电阻率较低，电阻体的体积较大，热惯性也较大，在 100℃以上易氧化，因此只能用于低温以及无侵蚀性的介质中。

4.5 热 电 偶

热电偶是将温度量转换为电势大小的热电式传感器。它广泛地用来测量 -180℃ ~ 2800℃范围内的温度，根据需要还可以用来测量更高或更低的温度。它具有结构简单，使用方便、精度高、热惯性小、可测局部温度和便于远距离传送与集中检测、自动记录等优点。

4.5.1 工作原理

在两种不同的金属所组成的闭合回路中（见图4.15（a）），当两接触点的温度不同时，回路中就要产生热电势。这个物理现象称为热电效应。

常用的热电偶由两根不同的导线组成，它们的一端焊接在一起，叫作热端（通常称为测量端），放入到被测介质中；不连接的两个自由端叫作冷端（通常称为参考端），与测量仪表引出的导线相连接，如图4.15（b）所示。当热端与冷端有温差时，测量仪表便能测出介质的温度。热电偶由温差产生的热电势是随介质温度变化而变化的，其关系可由下式表示，即：

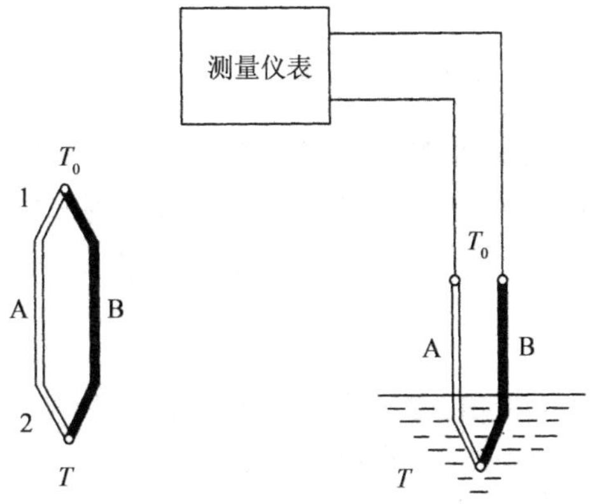

（a）结构示意　（b）测试系统

图4.15　热电偶测温系统

$$E_t = e_{AB}(T) - e_{AB}(T_0) \tag{4.13}$$

式中，E_t 为热电偶的热电势；$e_{AB}(T)$ 即温度为 T 时的热电势；$e_{AB}(T_0)$ 即温度为 T_0 时的热电势。

当热电偶的材料均匀时，热电偶的热电势大小与电极的几何尺寸无关，仅与热电偶材料的成分和热、冷两端的温差有关。

在通常的测量中要求冷端的温度恒定，此时热电偶的热电势就是被测介质温度的单值函数，即：

$$E_t = f(T) \tag{4.14}$$

这就是热电偶测温的基本原理。

4.5.2 基本定律

热电偶是由两种不同的材料构成闭合回路，但由于实际测温时，这个回路必须在冷端部分断开，接入测电势的仪表（如电压表或电位差计）。因此，要引入第三种附加材料和结点，但这会不会影响热电偶回路中的热电势呢？下面将引入三个定律来概括材料和结点对测温的影响。

1. 中间导体定律

在热电偶回路中插入第三、四……种导体，只要插入导体的两端温度相等，且插入导体是匀质，则无论插入导体的温度分布如何，都不会影响原来热电偶的热电势的大小。

因此，我们可以将毫伏表（一般为铜线）接入热电偶回路，并保证两个接点温度一致，就可对热电势进行测量，而不影响热电偶的输出，如图 4.16 所示。

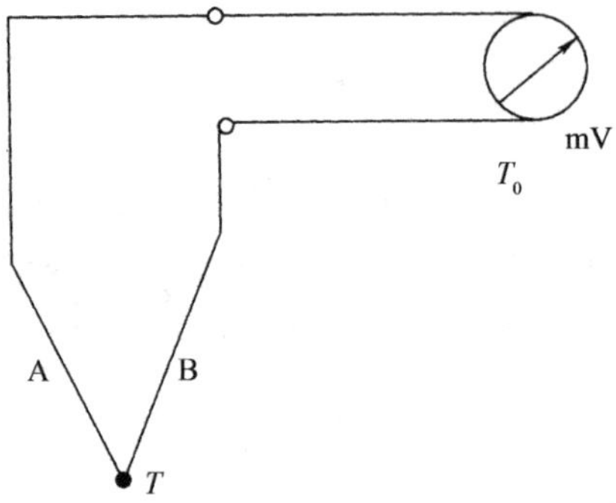

图 4.16　中间导体定律

2. 标准电极定律

热电偶结点温度为 T、T_0 时所产生的热电势，等于该热电偶的两个电极 A、B 分别与标准电极 C 组成的两个热电偶的热电势之差。这就是标准电极定律，如图 4.17 所示。标准电极定律又称为热电偶相配定律。可用下式表示：

$$E_{AB}(T, T_0) = E_{AC}(T, T_0) - E_{CB}(T, T_0) \quad (4.15)$$

标准电极定律是一个极为实用的定律。可以想象，纯金属的种类很多，而合金型更多。因此，要得出这些金属之间组合而成热电偶的热电动势，其工作量是极大的。由于铂的物理、化学性质稳定，熔点高，易提纯，所以，我们通常选用高纯铂丝作为标准电极。只要测得各种金属与纯铂组成的热电偶的热电动势，则各种金属之间相互组合而成的热电偶的热电动势可根据式（4.15）直接计算出来。

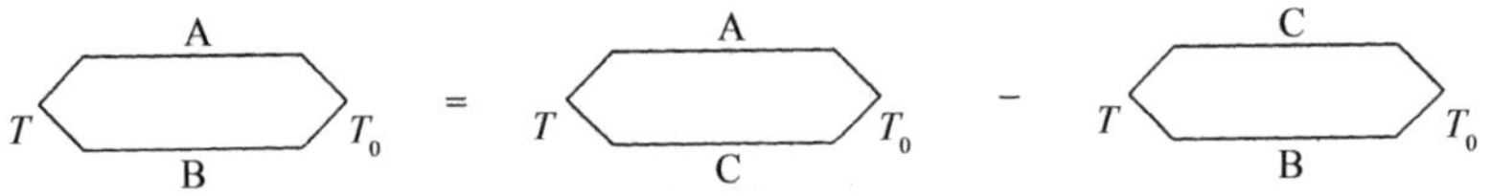

图 4.17　标准电极定律

3. 中间温度定律

由两种材料的热电极组成的热电偶，在结点温度（T, T_0）时所产生的热电势 $E_{AB}(T, T_0)$，等于该热电偶在温度（T, T_n）和（T_n, T_0）时分别产生的热电势 $E_{AB}(T, T_n)$ 和 $E_{AB}(T_n, T_0)$ 的代数和。这就是中间温度定律，如图 4.18 所示。其热电势可用下式表示：

$$E_{AB}(T, T_0) = E_{AB}(T, T_n) + E_{AB}(T_n, T_0) \quad (4.16)$$

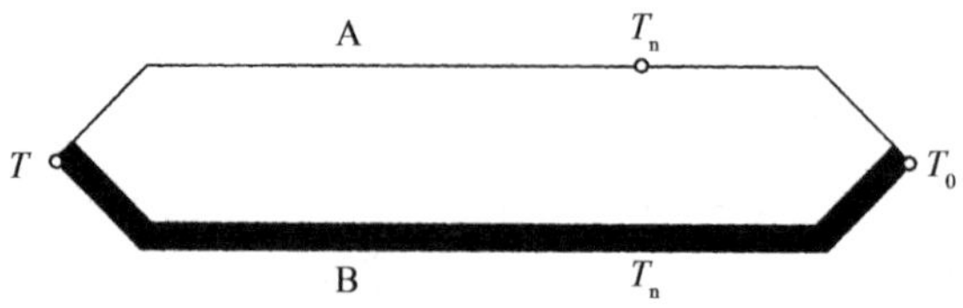

图 4.18　中间温度为 T_n 时的热电偶

通常，热电偶分度都是以冷端为0℃时作出的。而实际测温中，常常会遇到冷端温度不为0℃，这时可以根据中间温度定律很方便地从分度表中查取热电偶在各种温度时的热电势。

4.5.3 结构形式

由于热电偶广泛地应用于各种条件下的温度测量，因而它的结构形式很多。按热电偶本身结构划分，有普通热电偶、铠装热电偶及薄膜热电偶等。

1. 普通热电偶

普通使用的热电偶，一般均由热电极、绝缘管、保护管和接线盒等组成，其结构如图4.19所示。

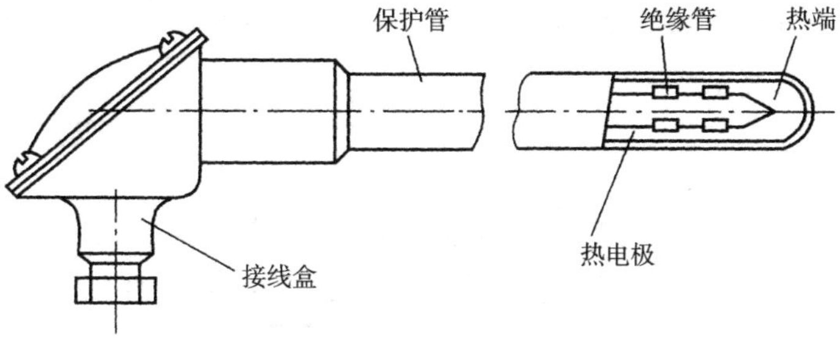

图4.19 普通热电偶

这种热电偶主要用于气体、蒸汽、液体等介质的温度测量。为了防止有害介质对热电极的侵蚀，工业用的热电偶一般都有保护套。热电偶的外形有棒形、三角形、锥形等，其外部和设备的固定方式有螺纹固定、法兰盘固定等。

2. 铠装热电偶

铠装热电偶又称为套管热电偶，是将热电极、绝缘材料和金属管组合在一起，经拉伸加工成为一个坚实的组合体。它的内芯有单芯和双芯两种，如图4.20所示。这样测温杆部分可以做得细长，还可以根据需要弯曲成各种形状，其外径可以做到0.25～12mm。其外形如图4.21所示。

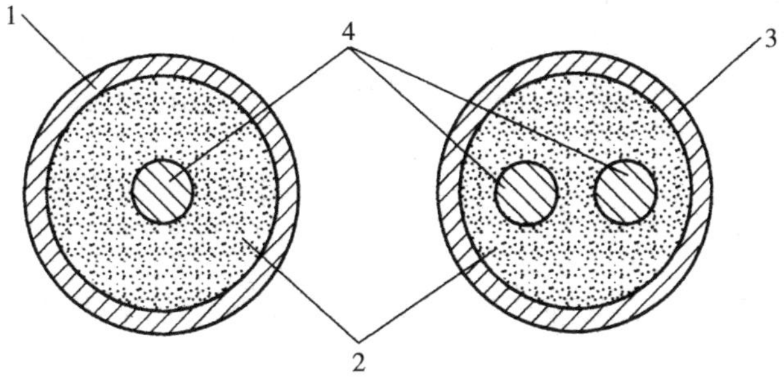

（a）单芯 （b）双芯

1. 套管兼外电极；2. 绝缘材料；3. 套管；4. 内电极

图4.20 铠装热电偶断面结构

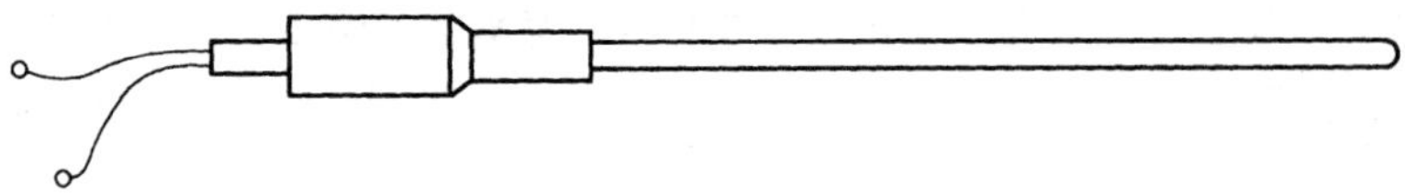

图 4.21　铠装热电偶外形

铠装热电偶的主要优点是测温端热容量小、动态响应快、挠性好、强度高、寿命长及适应性强，适用于位置狭小部位的温度测量。

3. 薄膜热电偶

为适应快速测量壁面温度，人们采用真空蒸镀、化学涂覆等工艺，将两种热电极材料蒸镀到绝缘基板上，两者牢固地结合在一起，形成薄膜状热电极及热接点，其结构如图 4.22 所示。为了防止热电极氧化并与被测物绝缘，在薄膜热电偶表面再涂覆上一层 SiO_2 保护层。

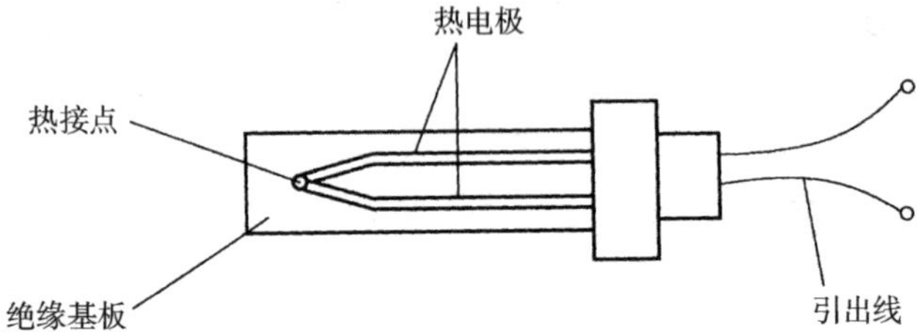

图 4.22　薄膜热电偶

薄膜热电偶其热接点可以做得很小（可薄到 0.01μm～0.1μm），因而可以根据需要做成各种结构形状的薄膜热电偶（如片状和针状等）。由于热接点的热容量很小，使测温反映时间快达数毫秒。如果将热电极直接蒸镀在被测物体表面，则其动态响应时间可达微秒级。薄膜热电偶的测温范围为 -200℃～300℃。

4.5.4　冷端的温度补偿

从热电效应的原理可知，热电偶产生的热电动势与两端温度有关。只有将冷端的温度恒定，热电势才是热端温度的单值函数。由于热电偶分度是以冷端温度为 0℃ 时测得的，因此在使用时要正确反映热端温度（被测温度），必须满足冷端温度恒定为 0℃。但在实际应用中，热电偶的冷端通常靠近被测对象，且受到周围环境温度的影响而变化，这时热电偶的输出并不代表被测环境温度。为此，必须采取一些相应的修正或补偿措施。常用的方法有以下几种。

1. 冷端温度修正法

对于冷端温度不等于 0℃，但能保持恒定不变的情况，可采用修正法。

(1) 热电势修正法

在工作中由于冷端不是 0℃ 而是某一恒定温度 T_n，当热电偶工作在温差（T，T_n）时，其输出电势为 $E(T, T_n)$，如果不加修正，根据这个电势查标准分度表，显然对应较低的温度。根据中间温度定律，将电势换算到冷端为 0℃ 时应为：

$$E(T,0)=E(T,T_n)+E(T_n,0) \tag{4.17}$$

也就是说，在冷端温度为不变的 T_n 时，要修正到冷端为0℃的电势，应再加上一个修正电势，即这个热电偶工作在0℃和 T_n 之间的电势值 $E(T_n,0)$。

【例题4.1】 用镍铬-镍硅热电偶测炉温，当冷端温度为30℃（且为恒定时），测出热端温度为 t 时的热电动势为39.17mV，求炉子的真实温度。

解：由镍铬-镍硅热电偶分度表查出 $E(30,0)=1.20\text{mV}$，根据式（4.17）计算出：

$$E(T,0)=(39.17+1.20)\text{ mV}=40.37\text{mV}$$

再通过分度表查出其对应的实际温度为：

$$T=977℃$$

（2）温度修正法

令 T' 为仪表的指示温度，T_0 为冷端温度，则被测的真实温度 T 为：

$$T=T'+kT_0$$

式中，k 为热电偶的修正系数，取决于热电偶类型和被测温度范围。

上例中测得炉温为946℃（39.17mV），冷端温度为30℃，查表 $k=1.00$，则：

$$T=946+1\times30=976℃$$

与用热电势修正法所得结果相比，只差1℃，因而这种方法在工程上应用较为广泛。

2. 电桥补偿法

电桥补偿法是用电桥的不平衡电压（补偿电势）去消除冷端温度变化的影响，这种装置称为冷端温度补偿器。

如图4.23所示，冷端补偿器内有一个不平衡电桥，其输出端串联在热电偶回路中。桥臂电阻 R_1、R_2、R_3 和限流电阻 R_s 均用锰铜丝绕制，其电阻值几乎不随温度变化。R_{Cu} 为铜电阻，其阻值随温度升高而增大。电桥由直流稳压电源供电。

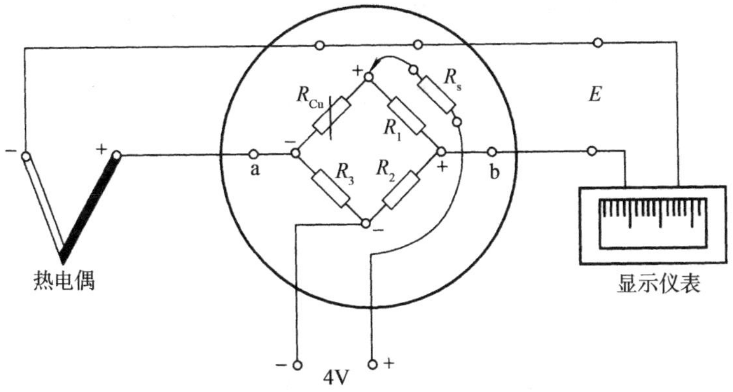

图4.23 冷端温度补偿线路图

在某一温度下，设计电桥处于平衡状态，则电桥输出为0，该温度称为电桥平衡点温度或补偿温度。此时补偿电桥对热电偶回路的热电势没有影响。

当环境温度变化时，冷端温度随之变化，热电偶的电势值随之变化 ΔE_1；与此同时，R_{Cu}的电阻值也随环境温度变化，使电桥失去平衡，有不平衡电压 ΔE_2 输出。如果我们设计 ΔE_1 与 ΔE_2 数值等极性相反，则叠加后互相抵消，因而起到冷端温度变化自动补偿的作用。这就相当于将冷端恒定在电桥平衡点温度。

4.6 温敏二极管

随着半导体技术和测温技术的发展，人们发现在一定的电流模式下，PN 结的正向电压与温度之间具有很好的线性关系。例如砷化镓和硅温敏二极管在 1K ~ 400K 范围的温度表现为良好的线性。下面讨论以 PN 结正向电压温度特性工作的温敏二极管的基本工作原理、特性和应用。

4.6.1 工作原理

根据 PN 结理论，对于理想二极管，只要正向电压 U_F 大于几个$\frac{k_0T}{e}$，其正向电流 I_F 与正向电压 U_F 和温度 T 之间的关系可表示为：

$$I_F = I_S\exp\left(\frac{eU_F}{k_0T}\right) = ABT^{\gamma}\exp\left(\frac{E_{go}}{k_0T}\right)\exp\left(\frac{eU_F}{k_0T}\right) = B'T^{\gamma}\exp\left(-\frac{E_{go}-eU_F}{k_0T}\right) \tag{4.18}$$

式中，$I_S = ABT^{\gamma}\exp\left(-\frac{E_{go}}{k_0T}\right)$ 为饱和电流；$B' = AB$ 为与温度无关并包含结面积 A 的常数；B 为包括了所有与温度无关的因子常数；γ 为与迁移率有关的常数（$\gamma = 3 + \frac{\lambda}{2}$，而 λ 可通过$\frac{D_n}{\tau_n} = T^{\lambda}$求得，$D_n$ 是电子扩散系数，τ_n 是非平衡电子寿命）；E_{go}为材料在零绝对温度时的禁带宽度，单位为 eV；k_0 为波尔兹曼常数；e 为电子电荷；T 为绝对温度，单位为 K。

对式（4.18）两边除以 I_S，并取对数，整理后得：

$$U_F = \frac{k_0T}{e}\ln\left(\frac{I_F}{I_S}\right) = U_{go} - \frac{k_0T}{e}\ln\left(\frac{B'T^{\gamma}}{I_F}\right) \tag{4.19}$$

式中，$U_{go} = \frac{E_{go}}{e}$。

从式（4.19）可知，二极管的正向电压 U_F 与温度 T 之间的关系。在一定的电流下，其正向电压随温度的升高而降低，故呈现负温度系数。

由半导体理论可知，对于实际的二极管来说，只要它们工作在 PN 结空间电荷区中的复合电流和表面漏电流可以忽略，而又未发生在大注入效应的电压和温度范围内，其特性与上述理想二极管是相符合的。经研究表明，对于锗和硅二极管，在相当宽的一个温度范围内，其正向电压与温度之间的关系与式（4.19）是吻合的。

4.6.2 基本特性——（$U_F - T$）关系

对于不同的工作电流，温敏二极管的 U_F-T 关系是不同的；但是 U_F-T 之间总是线性关系。例如图 4.24 所示的 2DWM1 型硅温敏二极管，在恒流下，U_F-T 在 -50℃ ~ +150℃ 范围内呈很好的线性关系。

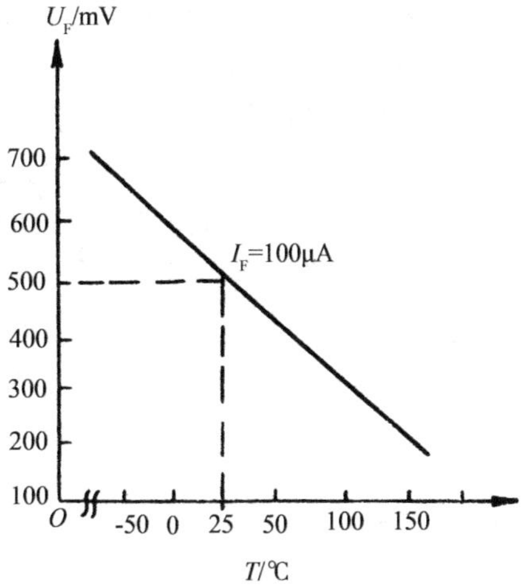

图 4.24 2DWM1 型温敏二极管的 U_F-T 特性

4.7 温敏三极管

实际研究证明，晶体管发射结上的正向电压随温度上升而近似线性下降，这种特性与二极管十分相似，但晶体管表现出比二极管更好的线性和互换性。

4.7.1 基本原理

温敏二极管的温度特性只对扩散电流成立，但实际二极管的正向电流除扩散电流成分外，还包括空间电荷区中的复合电流和表面复合电流成分。这两种电流与温度的关系不同于扩散电流与温度的关系，因此，实际二极管的电压－温度特性是偏离理想情况的。由于三极管在发射结正向偏置条件下，虽然发射结也包括上述三种电流成分，但是只有其中的扩散电流成分能够到达集电极形成集电极电流，而另外两种电流成分则作为基极电流漏掉，并不到达集电极。因此，晶体管的 I_C-U_{BE} 关系比二极管的 I_F-U_F 关系更符合理想情况，所以表现出更好的电压-温度线性关系。

根据晶体管的有关理论可以证明，NPN 晶体管的基极-发射极电压与温度 T 和 I_C 的函数关系为：

$$U_{BE}=U_{go}-\left(\frac{k_0T}{e}\right)\ln\frac{B'T^{\gamma}}{I_C} \tag{4.20}$$

式中，$U_{go}=\frac{E_{go}}{e}$。

若 I_C 恒定，则 U_{BE} 仅随温度 T 成单调单值函数变化。

4.7.2 测温电路与输出特性

温敏三极管测温的最常用电路如图 4.25（a）所示。温敏晶体管作为负反馈元件跨接在运算放大器的反相输入端和输出端，基极接地。如此连接的目的是使发射结为正偏，而集电结几乎为零偏。零偏的集电结使得集电结电流中不需要的空间电荷的复合电流和表面复合电流为零。而发射结电流中的发射结空间电荷复合电流和表面漏电流作为基极电流流入地，因此，集电极电流完全由扩散电流成分组成。集电极电流 I_C 只取决于集电极电阻 R_C 和电源 E，保证了温敏晶体管的 I_C 恒定。电容 C 的作用是防止寄生振荡。

图 4.25（b）表示在不同的 I_C 情况下，温敏三极管的 U_{BE} 电压与温度 T 的实际结果。

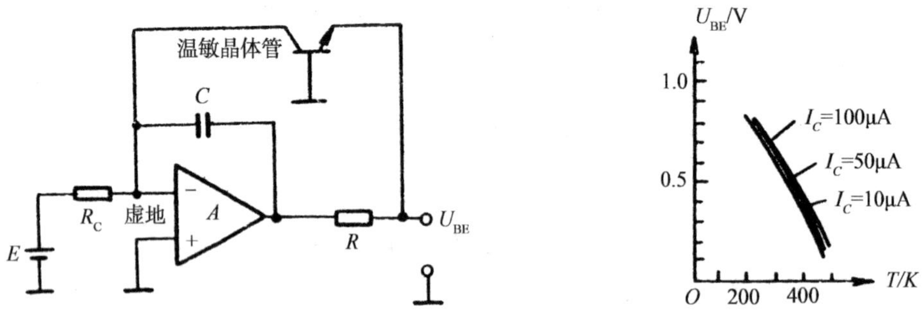

（a）基本电路　　（b）输出特性

图 4.25　温敏三极管的基本电路及其输出特性

4.8　温敏晶闸管（可控硅）

温敏晶闸管（可控硅）是温敏闸流晶体管（可控硅）的简称。主要用作大电流、大功率的开关闸。它是一个四层 PNPN 结构的三端半导体器件，如图 4.26（a）所示。包括 3 个 P-N 结 J_1、J_2、J_3，由外层 P_1 区和 N_2 区引出两个电极分别作为阳极 A 和阴极 K，N_1 区和 P_2 区分别引出电极称作栅极 G_1 和 G_2，晶闸管的结构可以看成由一个 PNP 和 NPN 晶体管组合而成。PNP 晶体管的集电极总是和 NPN 晶体管的基区连接在一起，如图 4.26（b）、（c）所示。

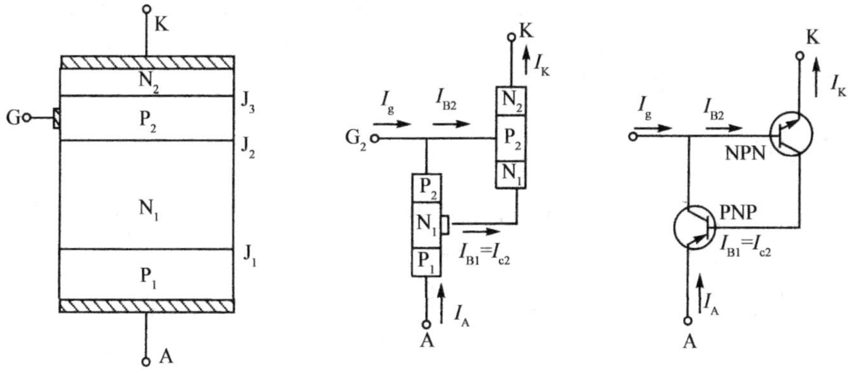

（a）结构图　（b）等效结构　（c）等效电路

图 4.26　晶闸管的等效模型

4.8.1　工作原理

当晶闸管处于正向工作过程时，阳极 A 和阴极 K 之间加正向电压，则 J_1 和 J_3 均为正偏，J_2 处于反向偏置，它流过很小的电流 I_A，晶闸管处于高阻态，此状态被称为晶闸管的正向阻断状态——断态。根据晶体管原理，如果以 P_2 为基极，注入的基极（栅极）电流为 I_g，则在 $N_1P_2N_2$ 的集电极会得到放大的电流 $\beta I_g = I_{c2}$。而 I_{c2} 是 $P_1N_1P_2$ 的 I_{B1}，转过来 I_{c2} 又注入到 $N_1P_2N_2$ 的基极，这是一个正反馈过程。如果反馈回路的增益足够大，甚至在 P_2 不提供任何更大的控制极驱动电流时，电流也将增大，器件由正向阻断状态转变为正向导通状态——通态。可见，在正向偏置下工作的晶闸管，通过控制栅极电流，可使晶闸管由断态变为通态。可作为一种理想的开关器件。

当晶闸管处于反向工作时，J_1 和 J_3 处于反偏。由于 J_3 两侧的区域都是重掺杂区，则 J_1 几乎承受所有的反向电压，因而流过很小的反向电流，此时器件称为反向阻断状态。

晶闸管的电流－电压特性如图 4.27 所示。图中在正偏条件下（0）～（1）是正向阻

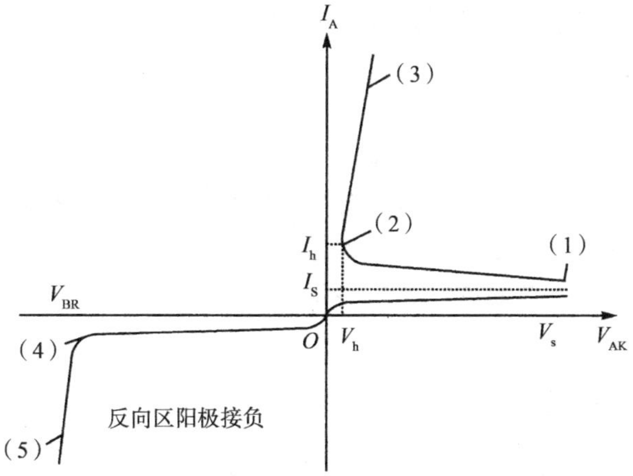

图 4.27　晶闸管的基本电流-电压特性

断区，即断态1；(1) ~ (3) 为通态。处于通态的晶闸管即使去掉栅极偏置，只要电流电压大于保持点 (2) 所对应的保持电流 I_h 和保持电压 V_h，那么晶闸管仍保持导通状态。只有电流低于 I_h 时，晶闸管才会由通态转换为断态。

4.8.2 温度特性

实验发现，晶闸管的电流-电压特性随温度的变化而改变，如图4.28所示。当温度升高时，晶闸管的正向翻转电压下降，而反向电压则提高。温度对晶闸管正向特性的影响意味着晶闸管不仅可用栅触发，而且可用温度触发使其由断态变为通态。温敏晶闸管就是利用这种热导通特性实现温-电转换的。

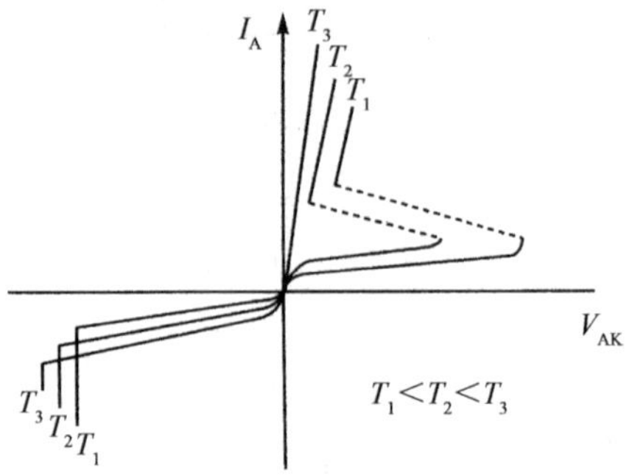

图4.28 温度对晶闸管特性的影响

当晶闸管处于正偏且无栅电流时，其阳极电流为：

$$I_A = \frac{I_0}{1-\alpha_2-\alpha_1} \tag{4.21}$$

将 (4.21) 式对温度求导：

$$\frac{dI_A}{dT} = \frac{1}{1-\alpha_2-\alpha_1}\ \frac{dI_0}{dT} \tag{4.22}$$

式中，α_1 和 α_2 分别为PNP和NPN管的小信号电流增益。

当温度升高时，J_2 结的反向漏电流指数增加，这相当于在栅极注入电流。由于PNP管和NPN管之间的正反馈过程，便得到放大的阳极电流。温度越高，反向漏电流越大，阳极电流越大，因此电流增益 α 随温度升高而增加，当温度升高到使 ($\alpha_1+\alpha_2\approx 1$) 时，由式 (4.22) 可知，温度的微小变化可引起 I_A 的巨大变化，即晶闸管由断态进入通态。这种情况发生时对应的温度称为开关温度，或称导通温度。由此可见，原来处于正向阻断区的晶闸管可在温度触发下实现状态翻转，从而实现温度开关作用。

4.8.3 开关温度控制

普通晶闸管的开关温度一般都做得很高，高于最高使用温度，以提高晶闸管的热稳定性，防止在使用过程中发生误操作。温敏晶闸管则不同，作为一种温度开关器件，它可能用于高温环境，也可能用于低温环境，因此它的开关温度应能在一个较宽的范围内进行调节，新型的温敏晶闸管的开关温度可在 -30℃ ~120℃ 范围内变化。通常从两个方面对温敏晶闸管的开关温度加以控制。

1. 增大反向漏电流和直流增益

由前面晶闸管的温度触发工作原理可知，为了降低开关温度，应设法增大反向漏电流和直流增益。根据P-N结理论，反向漏电流的主要成分是空间电荷区的产生电流。因此只要设法增加 J_2 结区的有效产生-复合中心密度，以降低载流子的寿命，从而增加 J_2 区的载流子产生过程。其方法采用氩离子注入技术，在 J_2 结区引入晶格缺陷，形成有效的产生-复合中心。根据晶体管原理，要增大直流增益，就要在结构设计上减小 P 型和 N 型基区的宽度。

2. 利用栅极分路电阻

如图 4.29 所示栅极分路电阻是并联在晶闸管的 PNP 和 NPN 管的基极和发射极之间。由于栅极分路电阻并联在发射结上，一部分发射极电流将从这个电阻上流过，而不经过发射结到达基区，因此电阻的分流作用减小了发射极注入效率，从而减小了晶体管的电流增益，最终导致开关温度的升高。R_{GA} 的分流作用减小了 α_1，R_{GK} 的分流作用减小了 α_2，而且电阻越小，分流作用越强，开关温度将越高。通常，温敏闸流管本身的 α_1、α_2 相差比较大（$\alpha_1 < \alpha_2$），因此同一分路电阻接在 N 型栅极和 P 型栅极上的效果并不相同，将得到不同的开关电压值，前者小于后者。可以采用一个分路电阻，也可以接入两个分路电阻，同时改变 α_1 和 α_2。如果按图 4.29（c）接法接入分路电阻，则可以增加 $\alpha_1 + \alpha_2$。从而降低开关温度。分路电阻也可以用其他器件取代，如热敏电阻、二极管、晶体管和 MOS 场效应管等。

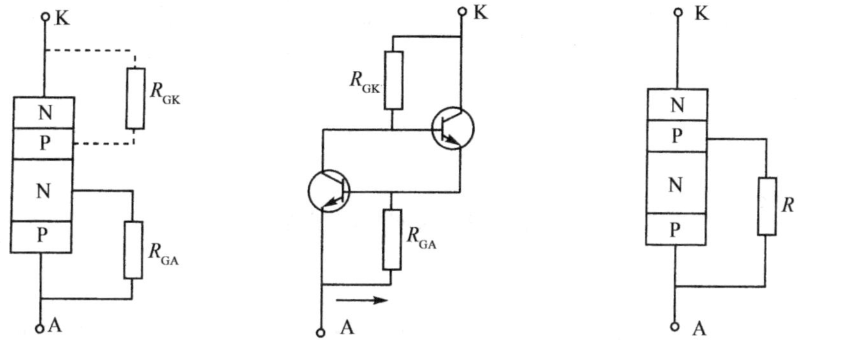

（a）分路电阻的接法（一）　（b）图（a）的等效电路　（c）分路电阻的接法（二）

图 4.29　带分路电阻的晶闸管及其等效电路

4.8.4　应用举例

1. 温度开关

温控晶闸管最简单的应用电路如图 4.30 所示。在温控晶闸管的阳极和阴极之间接入交流电源和负载。当温度超过设定值时，温控晶闸管就导通，被整流的半波电流流过负载。当温度继续上升，温控晶闸管导通状态不变。温度下降到比温控晶闸管的开关温度 T 低时，在电源电压周期内，当电压到达零交叉点时，它就断开。电路中负载 R，可根据需要用温度指示灯、继电器、晶体管控制电路等。

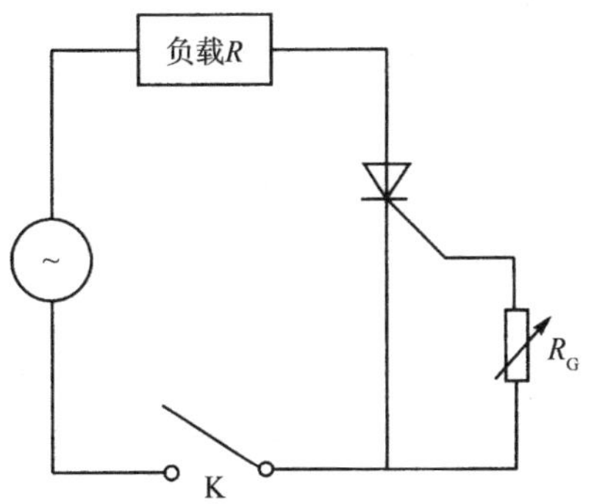

图 4.30　温度开关

2. 火灾报警电路

图 4.31 所示为火灾报警电路图。图中安置了温控晶闸管，当某一路中的环境温度（火灾时温度升高）达到温控晶闸管的开启电压温度时，这一路显示盘上的发光二极管发光，同时蜂鸣器也发出蜂鸣信号，表示某房间失火，起到温度报警作用。

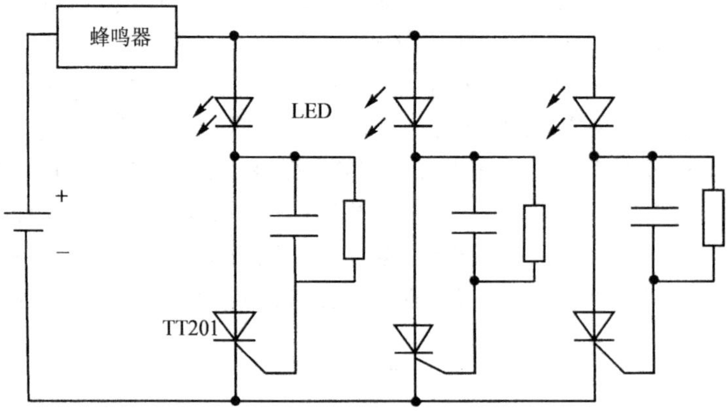

图 4.31　火灾报警电路

4.9　集成温度传感器

集成温度传感器是将温敏晶体管及其辅助电路集成在同一个芯片上的温度传感器。它与其他温敏元件相比，最大的优点在于输出结果与绝对温度成正比，即是理想的线性输出。同时，体积小，成本低，使用方便，因此广泛用于温度检测、控制和许多温度补偿电路中。

因为温敏晶体管的 V_{be} 与绝对温度的关系并非绝对的线性关系，加之在同一批同型号的产品中，V_{be} 值也可能有 ±100mV的离散性，所以集成温度传感器采用对管差分电路，直接给出与绝对温度严格成正比的线性输出。

图 4.32 给出集成温度传感器的基本原理图。其中 BG_1 和 BG_2 晶体管的杂质分布种类完全相同，且都处于正向工作状态，集电极电流分别为 I_1 和 I_2。由图可见，即电阻 R_1 上的压降 ΔV_{be} 为两管的基极 - 发射极压降之差，即：

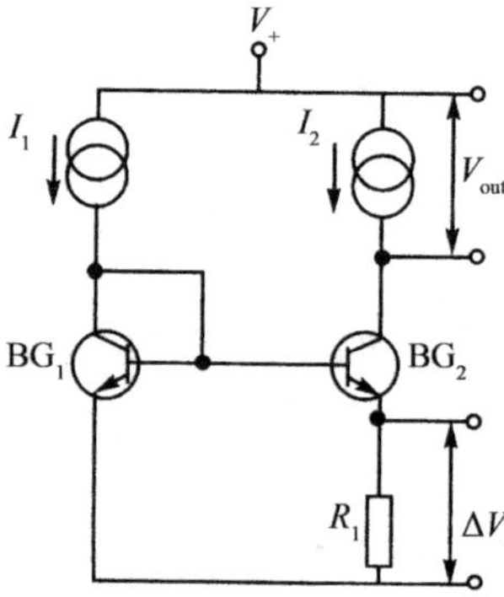

图 4.32　集成温度传感器的原理图

$$\Delta V_{be} = V_{be1} - V_{be2} = \frac{kT}{q}\ln\frac{I_1}{I_{es1}} - \frac{kT}{q}\ln\frac{I_2}{I_{es2}} = \frac{kT}{q}\ln\frac{I_1}{I_2}\cdot\frac{I_{es2}}{I_{es1}} \tag{4.23}$$

式中，I_{es1}、I_{es2} 为 BG_1 和 BG_2 管的发射极反向饱和电流；若 A_{e1}、A_{e2} 为 BG_1 和 BG_2 管发射

极面积。而 $I_{es2}/I_{es1}=A_{e2}/A_{e1}$，通过设计可以使 BG_1、BG_2 发射极面积之比 $\gamma=A_{e2}/A_{e1}$ 是与温度无关的常数，故只要在电路设计中能保证 I_1/I_2 是常数，则式中 ΔV_{be} 就是温度 T 的理想的线性函数，这就是集成温度传感器的基本原理，图 4.32 电路常称为 PTAT（Proportional To Absolute Temperature）原理电路。集成温度传感器按照其输出形状的不同，可以分为电压型、电流型和频率型三类，前两者应用较广。下面分别介绍。

4.9.1 电压型集成温度传感器

1. 基本原理

电压型集成温度传感器是指输出电压与温度成正比的温度传感器。其核心电路如图 4.33 所示。图中 BG_3，BG_4，BG_5PNP 晶体管结构和性能完全相同，BG_3 与 BG_4 组成恒流源，且两者射极电流相同（称为电流镜向），所以 R_1 上压降 ΔV_{be} 可表示为：

$$\Delta V_{be}=\frac{kT}{q}\ln\gamma \tag{4.24}$$

其中，k 为核系数，q 为电荷数，则 R_1 上电流为：

$$I_1=\frac{kT}{qR_1}\ln\gamma \tag{4.25}$$

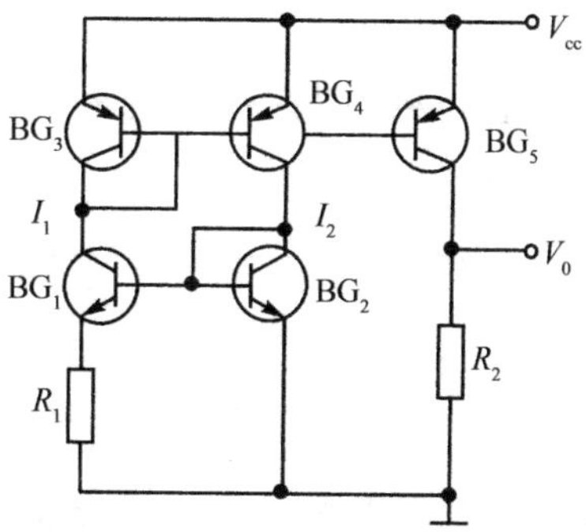

图 4.33　电压型 PTAT 核心电路

因为 BG_5 与 BG_3、BG_4 完全相同，且基极、集电极电位相同，所以 BG_5 的发射极电流与 BG_3、BG_4 上相同，所以：

$$V_0=\frac{R_2}{R_1}\cdot\frac{kT}{q}\ln\gamma \tag{4.26}$$

则上述电路的温度系数为：

$$\alpha_T=\frac{dV_0}{dT}=\frac{R_2}{R_1}\cdot\frac{k}{q}\ln\gamma \tag{4.27}$$

可见只要两个电阻比为常数，就可得到正比于绝对温度的输出电压，而输出电压的温度灵敏度即温度系数 α_T 可由电阻比 R_2/R_1 和 BG_1，BG_2 的发射极面积比来调整。若取 R_1 为 940Ω，R_2 为 $30k\Omega$，γ 为 37，则 α_T 可以调整为 10mV/K。

2. 电路结构及性能

常用的电压型集成温度传感器为四端输出型，代表性的型号有 SL616，LX5600/5700，LM3911，UP515/610A-C 和 UP3911 等。其线路由基准电压、温度传感器和运算放大器三部分组成。温度传感是核心电路，原理是输出电压与温度成正比，即满足式（4.26），如图 4.34 为电路图。若将图中输入与输出短接，运算放大器起缓冲的作用，输出为 10mV/K · T，即是 PTAT 的输出值。若给输入端加上偏置电压，那么传感器的零输出将由 0K 移到与偏置电压对应的温度。假设所加偏压为 2.73V，零输出温度 2.73V/10mV/K = 273K

(即0℃)。只要所选偏置电压对应的温度T设定为10mV/K，传感器的温度达到设定温度T时，输出为0。未达到设定温度时输出不为0，因此与适当的控制电路相接，此电路可作为温度控制使用。外形结构如图4.35所示，为四个引线封装形式。其典型性能参数中，最大工作温度范围为-40℃~120℃，灵敏度为10mV/K，线性偏差为0.5%~2%，长期稳定性为0.3%，测量精度为±4K。

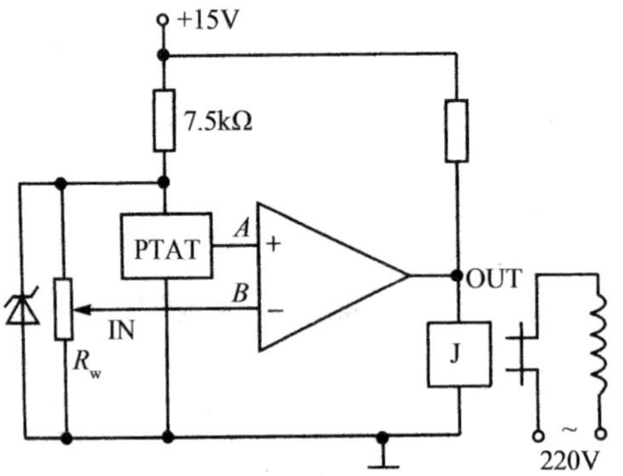

图4.34　四端电压输出型温度传感器电路图

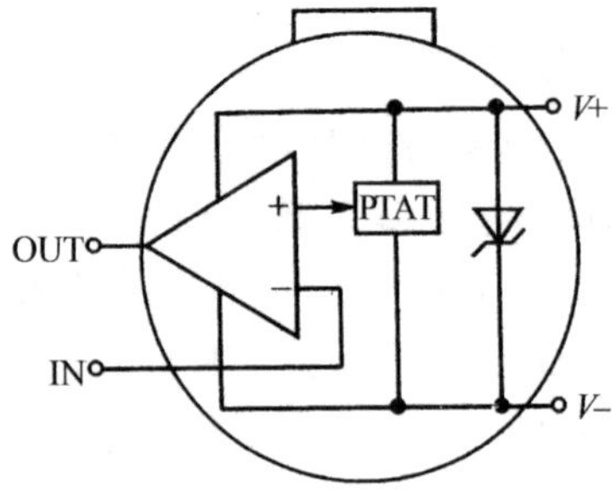

图4.35　四端电压输出外形结构图

4.9.2　电流型集成温度传感器（AD590）

1. AD590的基本原理

AD590原理电路如图4.36所示。其中T_3和T_4集成在一起，作为电流镜向恒流源，使流过T_1和T_2的电流相等。则电路的总电流I_T表示为：

$$I_T = 2I_1 = \frac{2kT}{qR}\ln\gamma \tag{4.28}$$

为了使I_T随温度线性变化，电阻R必须选用具有零温度系数的薄膜电阻。则电流温度系数为：

$$C_T = \frac{dI_T}{dT} = \frac{2k}{qR}\ln\gamma \tag{4.29}$$

如果γ取8，R为358Ω，则电流温度系数C_T可调整为1μA/K。图4.37为AD590的实用线路图。原理图4.36的T_1，T_2，T_3，T_4分别为图4.37中的T_9，T_{11}，(T_1-T_2)，(T_3-T_4)代替。T_9和T_{11}的发射结面积比为常数γ。T_1，T_2，T_3，T_4组成典型的恒流负载，为T_9，T_{11}提供相等的恒定电流（I_1-I_2）。T_7，T_8差分对管的负反馈作用使T_9和T_{11}的集成电极电压保护相等，T_{10}为T_7和T_8恒流负载。流过其上的电流与T_{11}的相同。调节R_5可调节传感器的电流。由于流过R_5的电流为流过R_6的2倍，则有：

$$V_{be11} + 2I_9R_5 = V_{be9} + I_9R_6$$

所以：

$$\Delta V_{be} = V_{be11} - V_{be9} = I_9(R_6 - 2R_5) \tag{4.30}$$

则有：

$$I_{总}=3I_9=\frac{2kT\ln\gamma}{q(R_6-2R_5)}=\frac{3kT\ln\gamma}{qR_6^*} \tag{4.31}$$

式中 R^* 相当于前面原理电路的电阻 R。另外 T_{12} 的作用是在刚接通电源时，提供一个小电流使传感器开始工作。T_6 能使 T_7 和 T_8 集电极电压平衡，同时在工作电压接反时又能起到保护器件的作用。

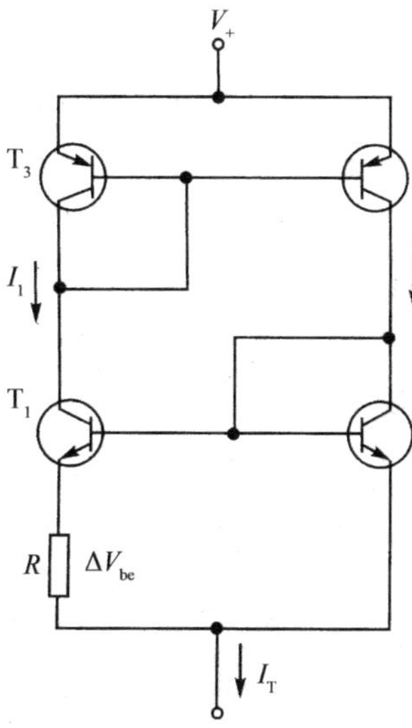

图 4.36　AD590 原理电路

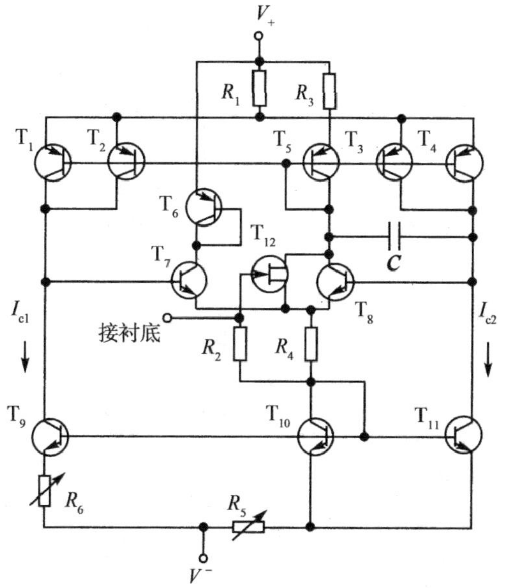

图 4.37　AD590 的实用电路图

2. AD590 的结构及性能

AD590 是美国哈里斯（Harris）公司生产的采用激光修正的精密集成温度传感器。AD590 有 3 种封装形式：T_0-52 封装、陶瓷封装（测量范围均为 −50℃ ~ +150℃）和 T_0-92 封装（测温范围是 0 ~ 70℃）。采用 T_0−52 封装的 AD590 系列产品的外形及符号如图 4.38 所示，其主要技术指标见表 4.6。该器件的外形与小功率晶体管相仿，共有 3 个管脚：1 脚为正极，接电流输入；2 脚为负极，接电流输出；3 脚接管壳。使用时将第 3 脚接地，可起到屏蔽作用。AD590M 的测温范围是 −55℃ ~ +150℃，最大非线性误差为 ±0.3℃，响应时间仅 20μs，线性误差低至 ±0.05℃，功耗约 2mW。

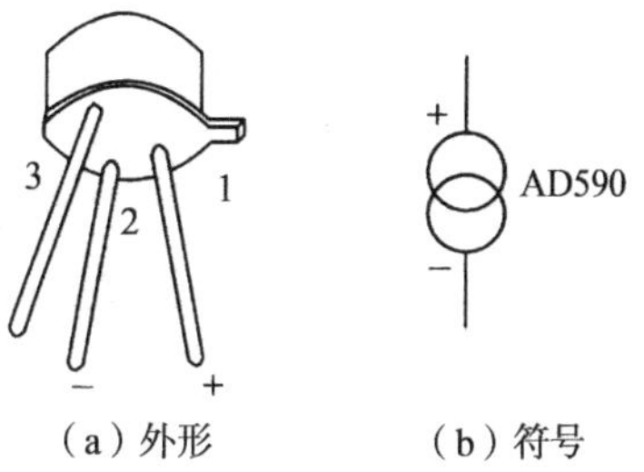

（a）外形　（b）符号

图 4.38　AD590 的外形及符号

AD590 等效于一个高阻抗的恒流源。在工作电压为 4V ~ 30V，测温范围是 −55℃ ~ +150℃范围之内，对应于热力学温度 T 每变化 1K，就输出 1μA 的电流。在 298.2K（对应于 25.2℃）时输出电流恰好等于 298.2μA。这表明，其输出电流 I（μA）与热力学温度 T（K）严格成正比。因此，输出电流的微安数就代表着被测温度的热力学温标数。AD590 的电流 − 温度（I-T）特性曲线如图 4.39 所示。

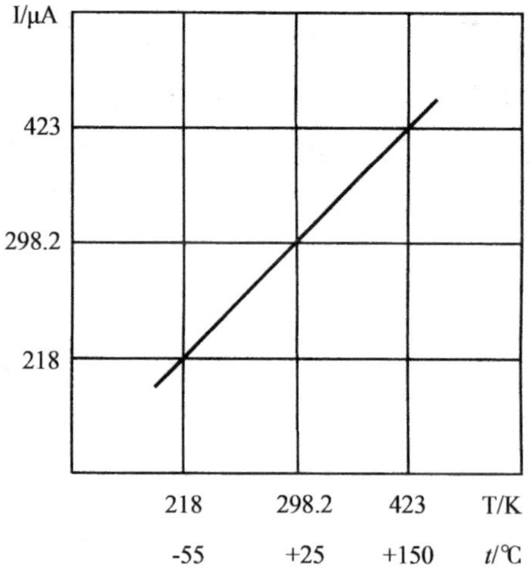

图 4.39 AD590 电流－温度特性曲线

表 4.6 AD590 系列产品主要技术指标

主要技术指标	型号				
	AD590I	AD590J	AD590K	AD590L	AD590M
最大非线性误差/℃	±0.3	±1.5	±0.8	±0.4	±0.3
额定温度系数/（μA/K）	1.0				
额定输出电流/μA	298.2（+25.2℃）				
长期温度漂移/（℃/月）	±0.1				
响应时间/μs	20				
工作电压范围/V	+4～+30				

4.10 新型及特种温度传感器

前面讨论了最常用的温度传感器，原理上可以利用材料或器件的特性随温度而变化制备出各种温度传感器，如利用材料的热辐射（放射线浊度传感器、光纤放射线温度传感器、压电式放射-温度传感器和戈雷线圈）、光学特性（光、红外线温度传感器）、色（色温传感器、液晶温度传感器）、谐振频率（石英晶体和水晶谐振式温度传感器）、核磁共振（NQR 温度传感器）、导电率（铁电温度传感器和电容式温度传感器）、热膨胀（活塞式温度传感器）、磁特性（感温铁氧体）、热致变形（形状记忆合金温度传感器）、高分子材料的表面电荷和热电动势及电阻温度特性，等等，这里简单介绍几种。

4.10.1 热辐射温度传感器

热辐射温度计是根据物体的热辐射作用随物体温度变化来测量温度的，它属于非接触测量，因而不干扰被测对象的温度场，不受高温气体的氧化或腐蚀。理论上讲，测温的上限是不受限制的，而且辐射传热的能量传播速度和光速一样快，因而热惯性小。也可用于测量温度分布，在近代工业生产和科学研究中得到广泛应用。

1. 全辐射高温计

全辐射高温计的理论基础是斯蒂芬-玻尔兹曼定律，即 $E_b = \sigma_0 T^4$。因此问题归结为如何将被测物体的全部辐射能 E_b 测量出来。为此，需要用绝对黑体接收被测对象发出的所有波长的全部能量。一块面积一定，表面粗糙并涂黑的金属铂片可以看成是近似绝对黑体。如果铂片的热容量一定，则接收到一定热量将使铂片升高一定的温度。于是铂片就成为全部辐射能-热量-温度的转换器。如果测出铂片的温度，就可以反映被测对象的温度。铂片温度（当然不等于被测对象的温度）可以用热电偶零感受，二次仪表用毫伏计或电位差计。这样，全辐射高温计就可以连续、自动地指出被测对象的温度。

辐射温度计的电路原理图如图 4.40 所示。梳状结构热电偶作为热电传感器（NTL9102F），其剖面结构图如图 4.41 所示。中央接合处是热接点，外围部分的接点为冷

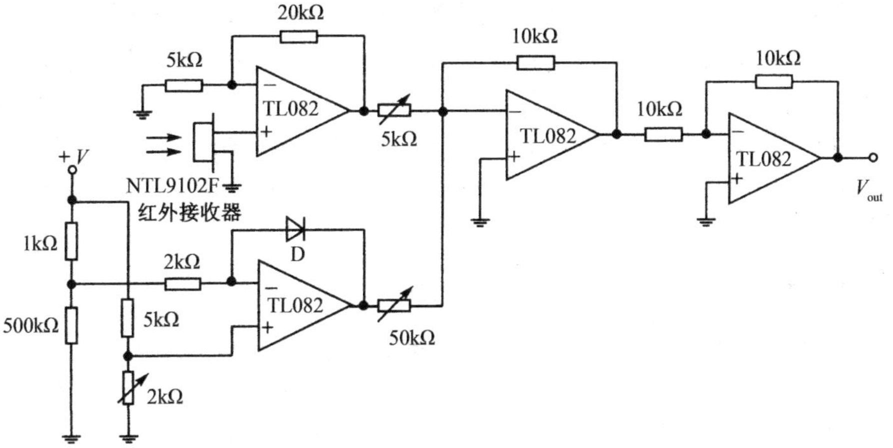

图 4.40 辐射温度计的电路原理图

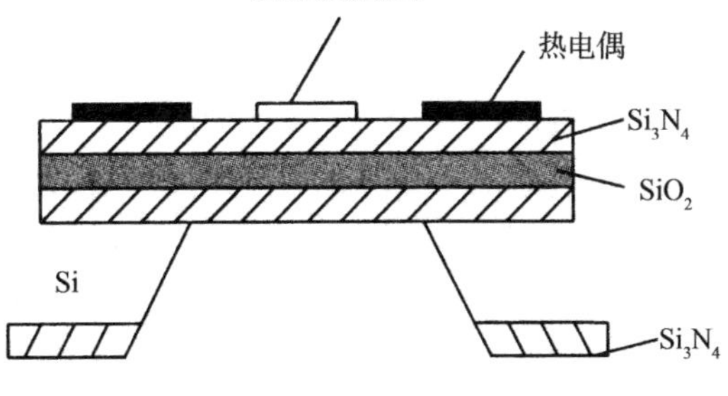

图 4.41 热电传感器剖面结构图

接点。中心部分是红外线吸收体。当外界的红外线照射在它的上面，该部分的温度升高，热电偶产生热电动势，引起输出信号的改变，即可检测温度。

2. 光学高温计

光学高温计是一种精密的温度指示仪表，因为其精度高，所以常作为1064.43℃以上温度测量时的标准仪器。当物体被加热至高温时，热辐射强度不同，其颜色逐渐改变，温度愈高，物体愈亮，因此可用物体的亮度代表物体被加热而放射出的热辐射强度的大小。对于理想黑体，辐射源发射的光谱辐射亮度可用普朗克公式表示：

$$m(\lambda, T) = C_1\lambda^{-5}\left(e^{C_2/\lambda T}-1\right)^{-1} \tag{4.32}$$

式中，C_1，C_2为普朗克常数；λ为波长；T为绝对温度。

上式可知物体的单色亮度与温度及波长有一定的关系，温度升高，亮度也增大；当波长一定时，物体的亮度只与温度有关，这就是单波长测量原理。光学高温计就是利用经过温度刻度的钨丝灯发出的单色亮度和被测物体的单色辐射亮度一样时，由钨丝灯的温度确定被测物体的温度。实际中，利用$\lambda=0.65\mu m$的单色辐射能和温度的关系来测温。

3. 光电高温计

光电高温计是自动的光学高温计。它用光电器件代替人眼进行亮度平衡，因而能准确、客观地测量动态过程的温度，同时将显示记录下来。光电器件是把物体的辐射能转换成与之成一定比例的电信号的器件，如光电池。目前应用的光电器件有光敏电阻和光电池两种，前者用于测低温（100℃～700℃），后者用于测高温（700℃以上）。光电器件的光电流与被测物体的亮度成正比。因而可以用光电流的大小来判断被测物体温度的高低。

4. 比色温度计

比色温度计又称双色温度计，它是一种自动显示仪表，比色温度计是利用物体在波长λ_1和λ_2两种单色辐射强度比值随温度变化而变化的关系来测量温度的。比色温度计的测量误差比光学高温计小。由于被测量对象的表面情况往往很复杂，常有氧化、还原、结渣等变化，在这种情况下，使用比色高温计比较准确，其常用于炼钢、轧钢过程中的温度测量。

4.10.2 热敏电容

$(B_aS_r)T_iO_3$系列的陶瓷电容器的静电容（介电常数）是随温度变化的，如图4.42和图4.43给出的静电容与温度的关系曲线。聚酰铵类材料用来作为电热毯的热敏电阻丝的绝热材料，就是利用了本身介电常数随温度而变化的特性，其阻值随温度的变化很大，一旦温度升得太高，聚酰铵就会熔化，介电常数很低使得两导线短路，因此可以用这个信号来起动安全回路。

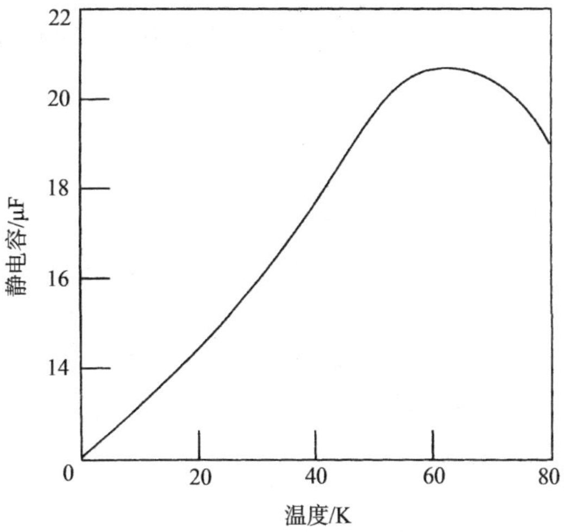

图 4.42 (B_aS_r) T_iO_3 陶瓷电容传感器的静电容-温度特性

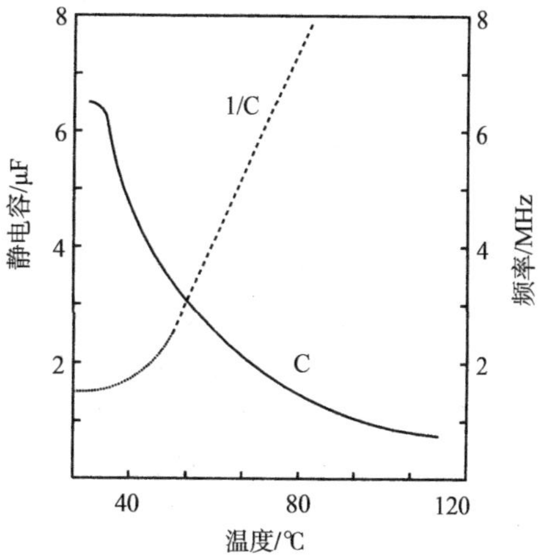

图 4.43 1230℃以上静电容与温度的关系曲线

4.10.3 石英温度计

作为频率基准的石英振子，其共振频率不能随温度变化，但若改变切割方法，其共振频率就会在很宽的温度范围按线性变化。可以用这种石英振子来作温度传感器，制造成石英温度计。这种石英在 0℃时，频率为 28 208MHz，其温度特性为 1kHz/℃。因此 $10^{-2} \sim 10^{-3}$的温度变化也可以测量，测量范围为 −80℃ ~250℃。石英温度计可以直接输出数字信息。

4.10.4 表面波温度传感器

表面波温度传感器不但具有石英温度计那种直接输出数字信息的特点，而且具有灵敏度高、线性好、容易批量生产、性能稳定、可靠性和老化特性好等特点。可以制成接触式和非接触式两种类型。表面波温度传感器实际上是一种由表面波器件和电路组成的振荡器。其器件采用半导体平面工艺。根据由温度引起的振荡频率的偏移量来测量温度值，其温度特性曲线如图 4.44 所示。

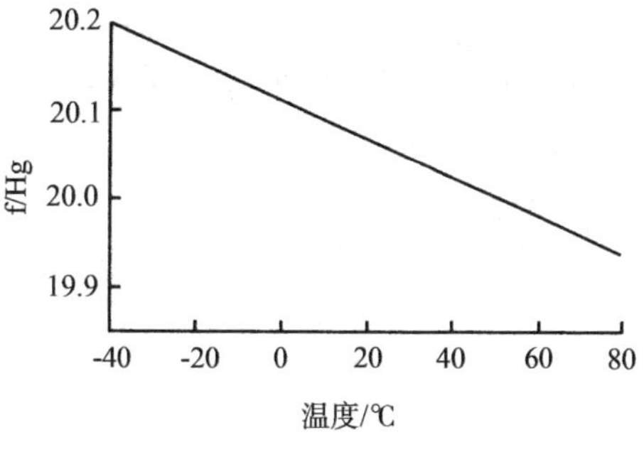

图 4.44 表面波温度传感器的频温特性

4.10.5 超声波温度传感器

在气体中传播声速取决于气体的种类、压力、密度及温度。从石英振子发出的超声波在被测气体中传播，其频率随气体温度连续地变化，经反射板反射后造成干涉，通过测定干涉就可求出温度。在常温下精度为 ±0.18℃，在 430℃时，精度为 ±0.42℃。被测气体本身也承担着传感器的一部分任务，所以这种传感器没有测量时间的滞后。可用来测温度变化很快的活塞气缸内部的温度。此外，对机场跑道那样宽的场地的平均温度也可用超声波的传播速度来测出。

4.10.6　谐振式温度计

通常，材料的弹性和密度是随温度变化的，用不同材料制成的谐振器的谐振频率从本质上说是温度的函数，为温度测量提供了一种高精度的方法。图 4.45 是一种谐振式温度计，它由一个振荡器驱动，当温度变化时它的谐振频率随之改变。谐振器的材料根据测温范围确定，选用高 Q 值的石英晶体谐振器可制成温度系数高达 $75 \times 10^{-6}/℃$，分辨率为 0.001℃的温度传感器，但仅用于 500℃以下。采用铱和蓝宝石材料制成的传感器在 1900℃时仍能保证原有性能，可用于测量液态金属的温度。

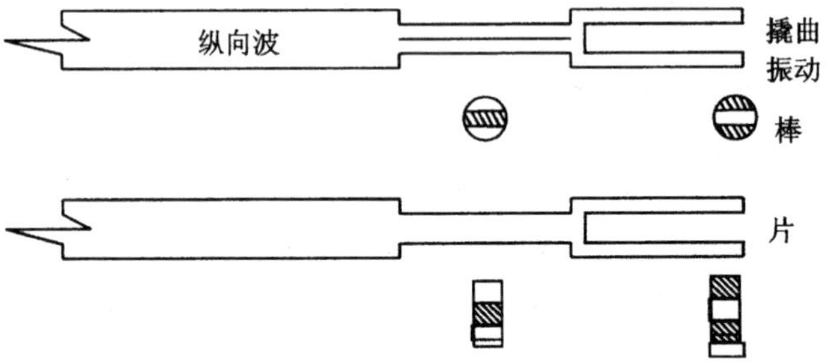

图 4.45　一种谐振式温度计

4.10.7　音叉式水晶温度传感器

水晶温度传感器是一种新颖的数字传感器。它具有高准确度、高稳定性及超高分辨率等优良特性。它的灵敏度大大高于绝大多数现有的温度计，其中也包括铂电阻温度计。铂电阻温度计，其非线性较大，在 0～100℃范围内非线性度达到 0.55℃，而水晶温度传感器的非线性却不超过 0.07℃。对于精确实施国际实用温标来说，是一种很有前途的基准。

音叉式水晶温度传感器可以采用扭曲振动模式或弯曲振动模式。扭曲振动温度传感器的测量范围较窄，且该模式对工艺误差的要求苛刻，不满足批量生产的条件。弯曲振动模式的音叉温度传感器灵敏度高，可以达到 $8.5 \times 10^{-7}/℃$；其动态电阻值适宜，能够同时满足宽温区工作和低功耗的要求，对制作工艺误差的要求不苛刻，所以该模式的应用较为广泛。弯曲振动音叉式温度传感器的频率 $f(T)$ 和温度 T 的关系可以表示为 Taylor 级数，忽略其高次项，则：

$$f(T)=f_0(T_0)\left[1+\alpha(T-T_0)+\frac{1}{2}\beta(T-T_0)^2+\frac{1}{6}\gamma(T-T_0)^3\right] \quad (4.33)$$

式中，T_0 为任选的基准温度；$f_0(T_0)$ 为 T_0 时传感器的频率；α，β，γ 依次为一阶、二阶及三阶温度系数，它们取决于水晶切型材料的杨氏模量。

图4.46为音叉式水晶温度计的纵剖面图、等效电路和最通用的振荡电路。负载电容器 C 是固定电容器，C_0 是可变电容器。

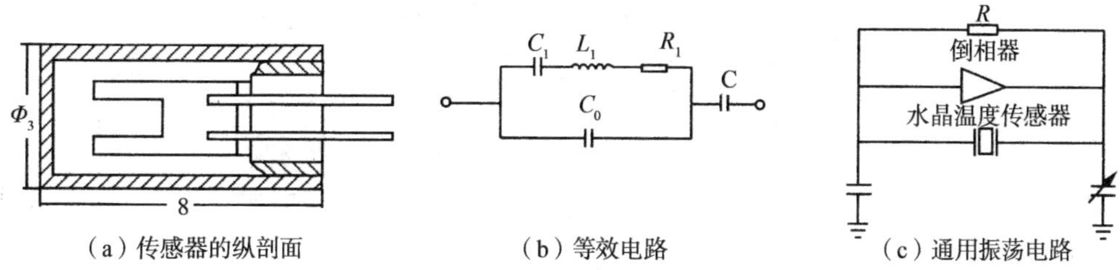

图4.46 音叉式水晶温度计等效电路和通用振荡电路

4.10.8 光纤温度传感器

按光纤调制原理有相干型和非相干型两类。相干型有偏振干涉、相位干涉及分布温度传感器。非相干型有辐射式温度计、半导体吸收式温度计、荧光温度计。

1. 光纤辐射式温度传感器

它属于被动式温度测量（无需光源），其测量原理是黑体辐射定律。图4.47为光纤辐射式温度色镜传感器，被测能量由探头中物镜汇聚，通过过滤限制在一波长范围，经光纤送至探测器，由探测器将光信号变为电信号放大输出。

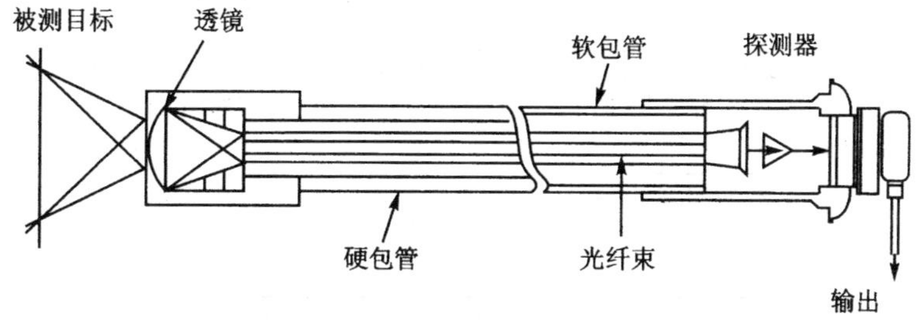

图4.47 光纤辐射式温度传感器

光纤辐射温度计适于远距离遥测，安装便利。传感头由许多股光纤和用于拾取被测物辐射能量的光学透镜组成。由于石英玻璃光纤对于波长长于2μm的光的强烈衰减，这种辐射温度计的最低可测温度高达500℃。当温度超过1000℃时，传感头通常需要有冷却附件。图4.48为光纤辐射温度计在钢厂热铸线上的典型应用方块图。传感头是由加了空气冷却保护的光学熔融石英棒线性列阵组成。热钢锭发出的辐射光经这些光学棒收集后，耦合入15m长的光纤束，由光纤束送往光学处理单元。在这个系统中，光纤束中的每一光纤各自携带着由不同的光学棒拾取的信号，因而提供了钢锭的相应点上的温度信息。处理单元中带有光学扫描控制器，扫描该光纤束，然后借助于两个干涉型滤光片在两个不同的波长带上分析选取的光信号。

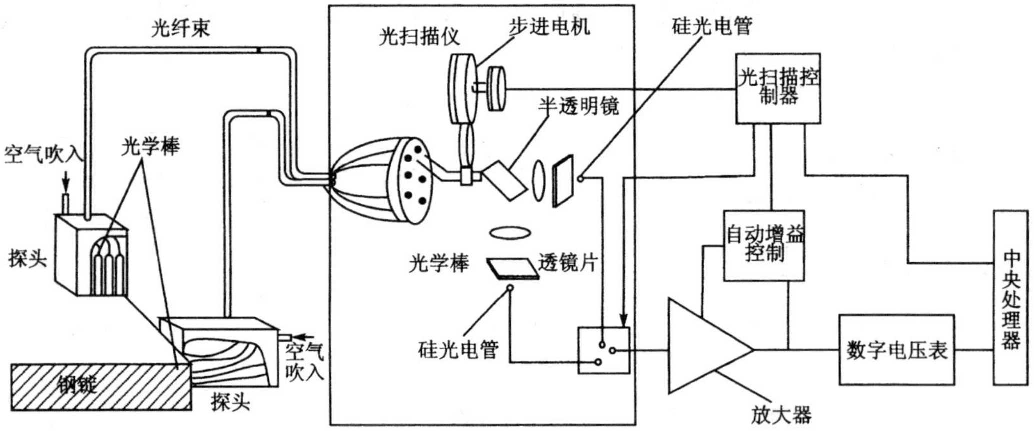

图 4.48　用双波长法测量钢锭温度分布的光纤辐射温度计

2. 调制型荧光光纤温度传感器的测温原理

荧光物质的发光一般遵循斯托克斯（Stokes）定律，也就是荧光物质吸收波长较短的光，而释放出波长较长的光，其发光现象可用固体发光的能带理论和发光中心等知识来解释。有些荧光物质受激发射的某些谱线的强度会随着外界温度的变化而变化，因此通过测量某条发射光谱谱线的强度变化，就可以确定出荧光物质所处的温度变化，这就是荧光物质可作为温敏材料传感温度的原理。图 4.49 为荧光光纤温度传感器的实验系统图。图中光源是球形超高压汞灯，它发出的光是以紫外光为主的复色光，选用中心波长为 366.3nm 的干涉滤光片和对紫外光吸收较少的石英凸透镜，将紫外光耦合进光纤。

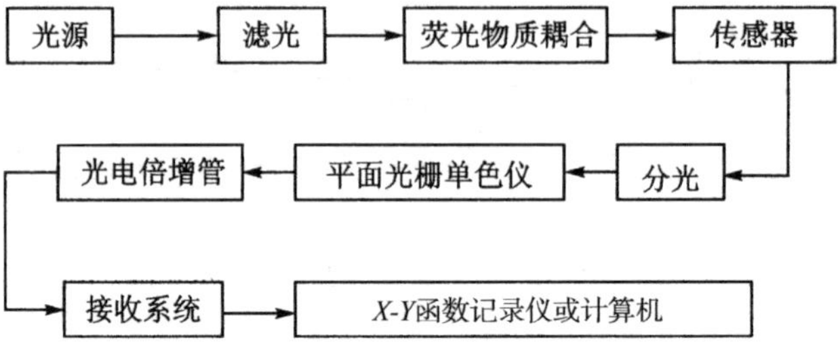

图 4.49　荧光光纤温度传感器的实验系统图

4.11　热电传感技术工程应用举例

热电式传感技术应用十分广泛，器件种类多，前面的介绍举了一些应用实例。在此，再举几个典型的应用，供参考。这些典型应用包括常用的温度检测与指示、过热保护、温度补偿电路、自动延时电路、控温电路、降温报警器、摄氏温度计、温差测量等。

4.11.1　温度检测及指示

由于不同种类的电阻温度传感器的温度系数有很大差异，在一定的检测温度范围内精度要求不高的场合，可直接把电阻温度传感器与简单的指示器（指示灯、磁电式电流表等）连接，进行温度的测量与指示。图 4.50 为简单的测量温度电路原理图，具体测量时，给电路加上调零电阻，将 R_T 拉到被测现场。这方面的实例有汽车水温测量、自动热水器、电冰箱等家用电器的温度控制等。由于此电路没有用繁杂的二次仪表，因而性能稳定可靠，成本低，应用十分广泛。

图 4.51 为流量测量的电路原理图。当液体静止时，调整调零电阻 R_a，使检流计为 0。当液体流动时，NTC 热敏电阻 R_{t_1} 与 R_{t_2} 的阻值变化不同，使流过电流表的电流发生变化。

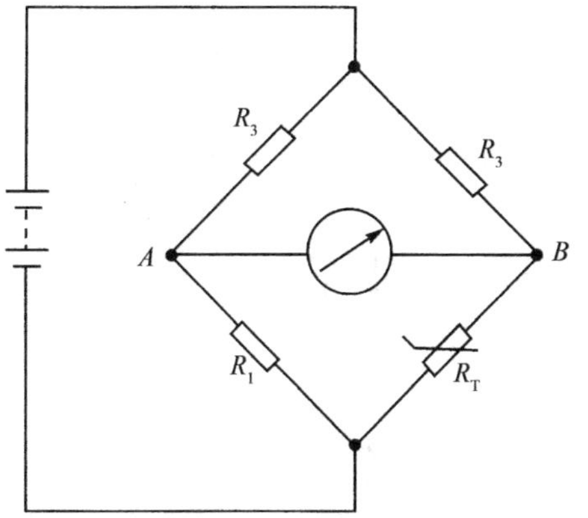

图 4.50　温度测量电路

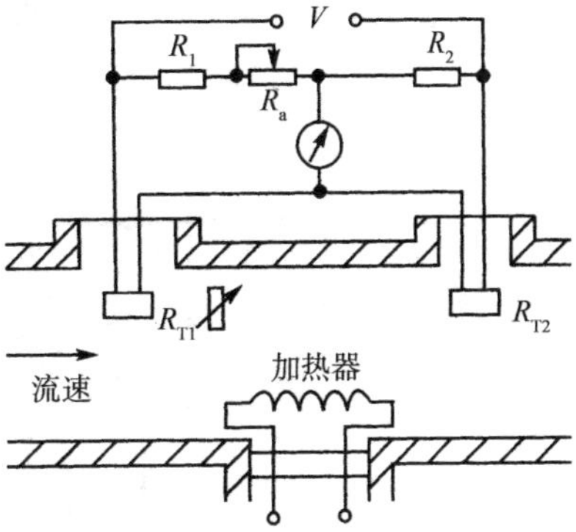

图 4.51　流量测量的电路原理图

4.11.2　温度补偿电路

图 4.52 中利用热敏电阻的温度特性对各种晶体管、集成电路以及其他电子电路和电子元器件进行温度补偿。如图（a）为 NTC 热敏电阻对晶体管进行补偿的电路。温度升高时，图中晶体管的 V_{be} 下降（详见晶体管温度传感器），而 R_T 下降，即 $R_T/R_{b'}$ 减小，使 R_a 上压降增加，这样补偿了 V_{be} 的下降。图（b）为对晶体管 I_e 的补偿，其中的温度补偿元件为缓变型 PTC 电阻，温度升高 R_T 增大，补偿了因 V_{be} 下降而使电流 I_e 的增加。

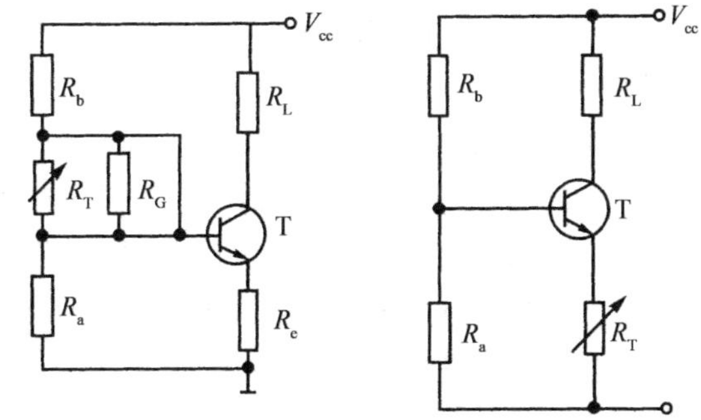

（a）NTC对 V_{be} 的补偿　　（b）PTC对 I_e 的补偿

图 4.52　晶体管的温度补偿电路

4.11.3 过热保护

作为防灾和过热保护的连接方式有直接保护和间接保护两种形式。在小电流场合，可把 PTC 直接与被保护器件串联，在大电流场合，可通过继电器、晶体管开关对被保护装置进行保护。这两种形式都必须将 PTC 电阻与保护对象紧密安装在一起，以保证能充分进行热交换，使得过热保护及时。图 4.53 为 PTC 电阻对马达、变压器的过热保护电路。图 4.53（a）中按下开关 K 时 R_T 较小，其上电流大，继电器 J 吸合，马达转动，K 又自动打开，电源通过 J 给马达、PTC 电阻提供电流，马达转动，温度升高，R_T 值增大使其上分流下降，当马达温度过高，I_{RT}小于一定值时，J 断开，保护了马达过热状态。图 4.53（b）中接上电源，起动时 R_T 较小，变压器上电流大，功耗也大，使温度上升，R_T 随之增加，电流又减小，变压器功耗减小，防止了变压器过热。

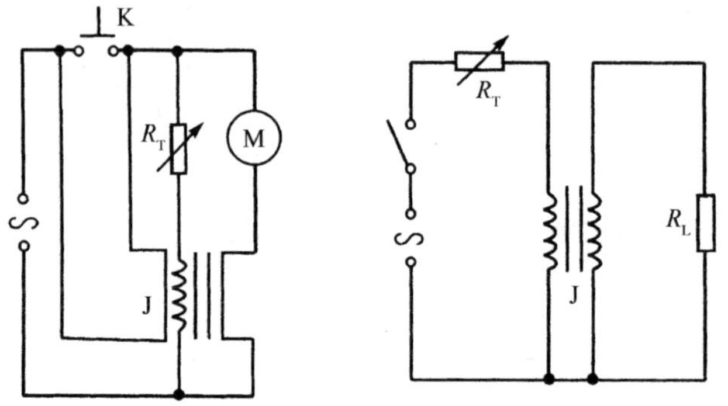

（a）马达保护　　（b）变压器保护

图 4.53　PTC 的过热保护电路

4.11.4 自动延时电路

由于 PTC 热敏电阻从两端加上电压开始，到电阻增加到确定值需要一定的时间，因此可用于延迟电路的设计。图 4.54 给出一种延迟开关原理图，当其中电源接通时，R_T 较小，此支路的分流大，继电器因电流小而不动作，灯没有亮，经过一定时间后，R_T 因功耗而增大，分流减小，当继电器上电流增大到可动值时才动作，即继电器动作延迟，灯也就延迟打开，其延迟时间可由 R_0 调节。

图 4.55 为空调机、电冰箱和电风扇微风挡等设备的马达启动原理电路。一般马达启动时，需要较大的启动功率，而当其正常运转时，所需功率大幅度减小。为此，常给这类单相电机装上附加启动绕阻 L_2，该绕阻只在电机启动时工作，而当电机运转正常后自动断开。PTC 热敏电阻器在此充当自动通断的无触点开关。其原理是把 PTC 元件与 L_2 串联，由于热敏电阻的冷态电阻远小于启动线圈阻抗 R_{L_2}，因此对启动电流几乎没有影响。随着热敏电阻被加热，电阻值升高，当电阻值升高到远大于 R_{L_2}时，启动绕阻视同切断。

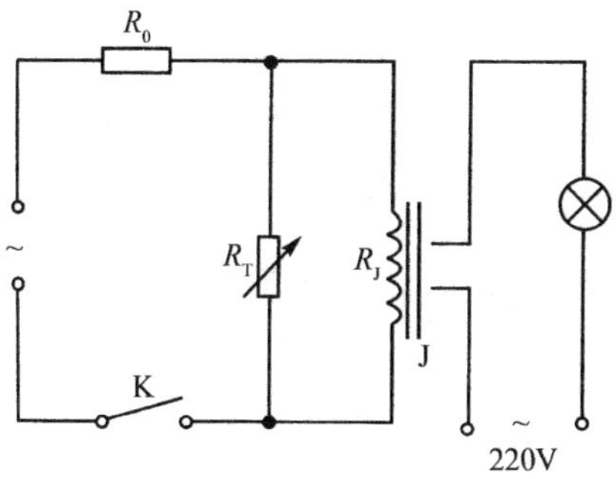

图 4.54　自动消磁电路

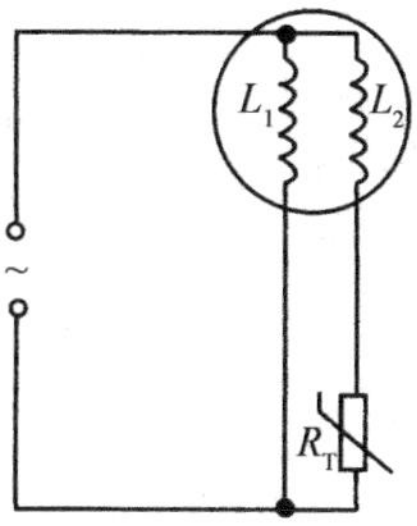

图 4.55　马达启动原理图

4.11.5　控温电路

图 4.56 为 NTC 热敏电阻与继电器组成的控温电路。起初被控温度较低，R_T 较大，调整电桥平衡，加热器加热，当温度升高，继电器上开始有电流，当温度高于 T_0 时，电桥输出使线圈电流达到足以使继电器动作时，继电器触点断开，停止加热。当温度降到低于 T_0 的某一值时，电桥输出电流不能维持继电器吸合时，触点闭合，又开始加热。这样将温度控制在 T_0 附近。

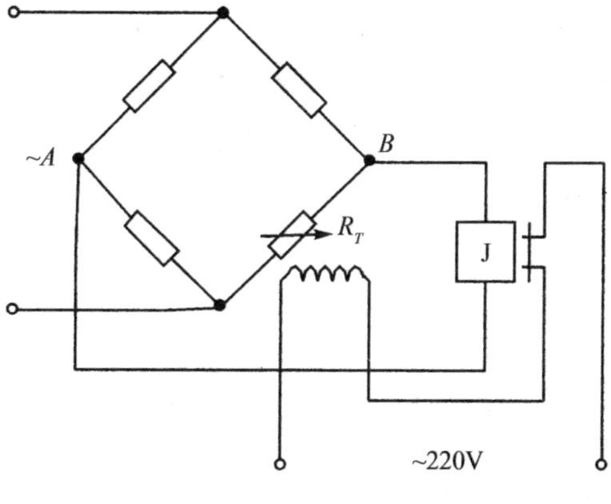

图 4.56　NTC 的控温电路

图 4.57 是由单片集成稳压器 W723 组成的恒温箱温度控制电路。它能将恒温箱的温度变化范围控制在 ±1℃ 以内。其中 W723 的 V_Z 和 V_- 给测温电桥（R_1、R_2、R_3、R_T 组成）提供电源，V_+ 和 V_- 给继电器提供电源，而加热器电源是 220V 交流电。当温度低于设定温度 T_0 时，交流电源使得加热器加热，R_T 增加，AB 端电位变化通过 I_n 经 W723 稳压放大由 V_0 输出，经 R_4 和 D_1 为晶体管 T 提供偏压。温度超过一定值（大于 T_0 后 1℃），V_0 使得 T 导通，继电器发生动作使加热器停止加热；温度自然下降，当温度低于 T_0℃ 时，V_0 降低使 T 截止，继电器停止动作，加热器又开始加热，如此反复，保持温度恒定。恒温的温度可以在 −50℃ 到恒温箱所能达到的最高温度之间任意选择。W723 的供电电源电压可在 10V ~ 37V 内选择。调节 R_W 即可调节恒温温度。

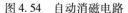

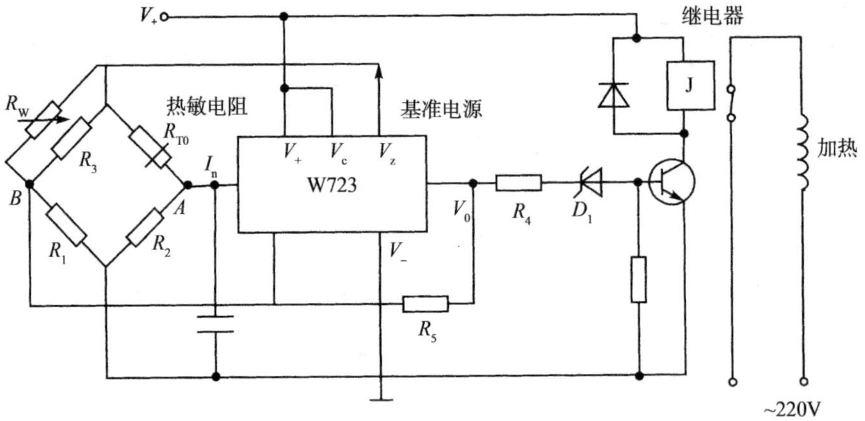

图 4.57　恒温箱温度控制电路

4.11.6　降温报警器

图 4.58 为一实用降温报警器电路。该电路由三部分组成，T_1、T_2、T_3 及电阻 R_1、R_2、R_3、R_5、R_6 和负温度系数的热敏电阻 R_4 组成测温电桥，T_4 为放大管。T_5 与变压器 TR、电容等组成音频振荡器。在使用前调节 R_3 使 T_1、T_2 基极电位相等，此时，T_3 截止电桥无输出。当温度升高时，R_4 减小，R_1 上电位升高。I_{B1} 增加，I_{E1} 增加，则 T_1 集电极电位升高，T_3 导通，A 点电位升高，此点电位经二极管 D_1（型号为 2AP）加到放大器 T_4 基极，当此电压随温度升高到 T_4 导通时，T_5 截止，即不报警；当温度降低时，T_1 的基极电位下降，从而使 T_1 集电极电位下降，T_3 截止，A 点电位很低，T_4 截止，T_5 导通，音频振荡器振荡使喇叭发声报警。其中 R_1 和 R_3 的阻值可根据温度适当选择。

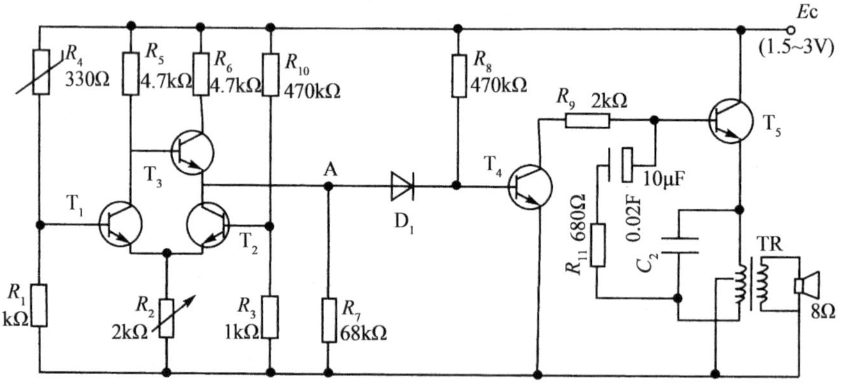

图 4.58　实用降温报警器电路

4.11.7　温度控制器

图 4.59（a）示出一种简单实用的温度控制电路。感温元件采用 NPN 晶体管的 BE 结。运算放大器接成滞回电压比较器。电阻 R_1，R_2 和 R_W 上和晶体管，R_4 和 R_W 下组成测

温电桥。初始温度较低时，晶体管 V_{be} 电压较高，V_+ 大于 VN，输出 V_O 为高电平 V_{OH}，继电器 J 吸合进行加热。晶体管温度升高，其上 V_{be} 电压下降，使 V_+ 下降，当温度升高到 T_{HL} 后，V_+ 小于 V_-，运放输出 V_O 低电平（见图 4.59（a）图右上角比较器输出与温度的曲线），J 释放，停止加热。恒温器由于散热，温度又会下降，V_{be} 上升，V_+ 升高，当温度下降到 T_{LH} 时，V_+ 又大于 V_-，输出 V_O 又为高电平，J 再次吸合，开始加热，周而复始，具有滞回特性，将温度控制在 T_0 处（$T_{HL}-T_{LH}$）范围内。调节 R_W，改变设定温度，达到控温的目的。

图 4.59（b）为温度控制器。由 AD590，R_D、$R+R_1+R_2$ 上和 R_3+R_2 下组成测温电桥，调节 R_2，设定一温度 T_0 的参考电压。当 T 比 T_0 温度低时，AD590 上流过的电流小，使得 V_- 较小，比较器输出 V_0 为高电平，T_1，T_2 导通，加热器加热。当 T 比 T_0 温度高时，V_- 大于 V_+，则 V_0 变为低电平，使 T_1，T_2 截止，停止加热。如此反复就实现了温度控制。

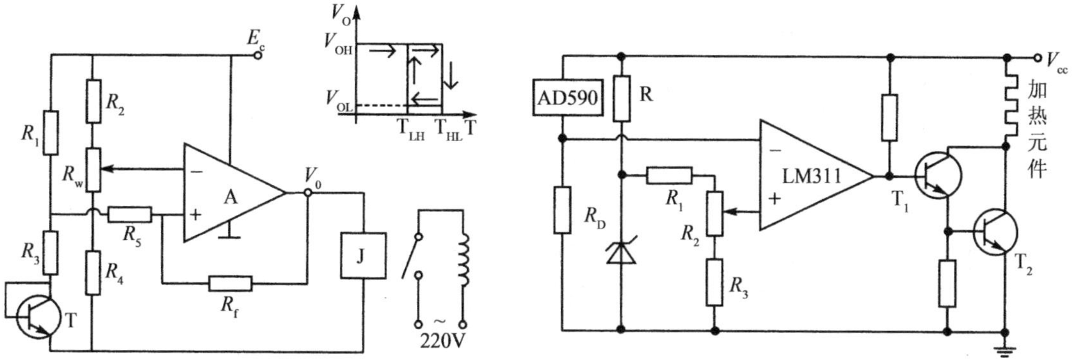

（a）晶体管控温电路　　　　（b）AD590控温电路

图 4.59　温度控制器

4.11.8　摄氏温度计

摄氏温度计电路如图 4.60 所示。图中，当 t 为 0℃，V_+ 与地间电位为 2.73V，调节 39kΩ 和 5kΩ 电位器使 V_0 为 0V，即 2.7kΩ 电阻上压降为 2.73V，当温度为 t℃时，V_0 为：

$$V_O = V_+ - 2.73\text{V} = 10\ (\text{mV/℃}) \cdot t\ (\text{℃}) \tag{4.34}$$

其工作温度范围为 −55℃ ~ +150℃，灵敏度为 10mV/K。

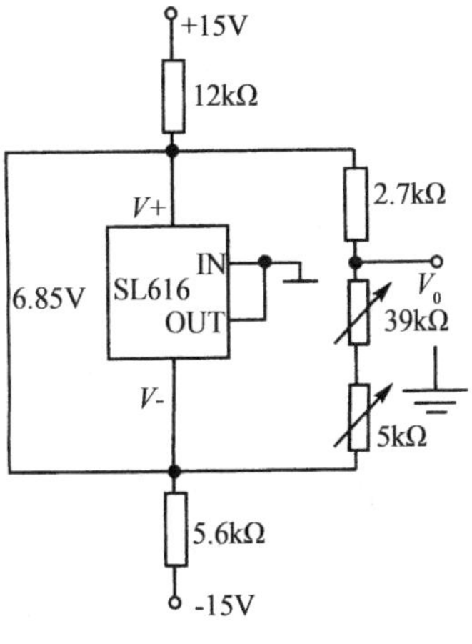

图 4.60　摄氏温度计电路

4.11.9　温差测量

利用两只 AD590，测量温度差（T_2-T_1）（或 t_2-t_1），测量电路如图 4.61 所示。将 AD5901，AD5902 置于两个不同的温度环境中。设它们的测试电流分别为 I_1，I_2，则温差电

流 $\Delta I=(I_2-I_1)$ 与温差 (T_2-T_1) 成正比。温差电流 ΔI 加至运算放大器 UA741（国产型号为 F007）的反相输入端，运算放大器的输出电压 V_0 为：

$$V_0=(T_2-T_1)\times 1\mu A/K\times 10k\Omega=(T_2-T_1)\times 10mV/℃ \quad (4.35)$$

利用 1.0 级 1V 直流电压表即可读出 0～100℃的温差。若两点的温差很小，应改用直流毫伏计测量温差，以减小读数误差。R_P 是校准电位器，使 $T_2=T_1$ 和 $\Delta T=0$ 时电压表读数为零。电源电压选 8V 以上时，运放才能正常工作，实际可选 9V 或 15V。利用运算放大器能提高测量温度的准确度。如果对准确度要求不高，亦可采用如图 4.62 所示电路。AD5901，AD5902 均单独供电，温差电流通过微安表来反映出两点的温差值。这里的微安表实际是 ±20μA的零位指示计（检零计）。若用普通微安表时，建议增加一个极性转换开关。发现表针反打后，立即改变输入微安表的电流极性。电路测量温差的范围是 -20℃ ~ +20℃。

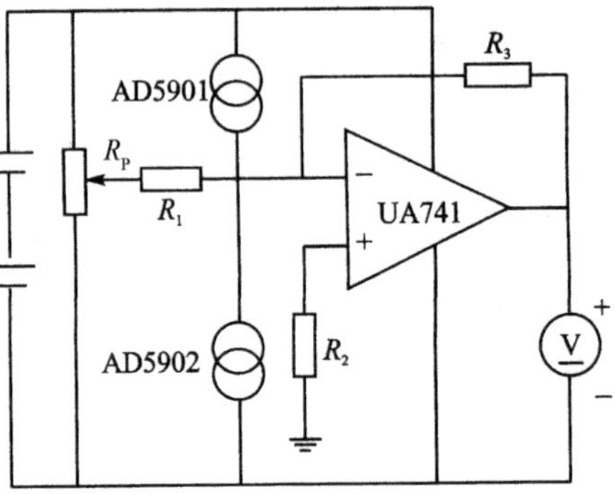

图 4.61　温差测量电路

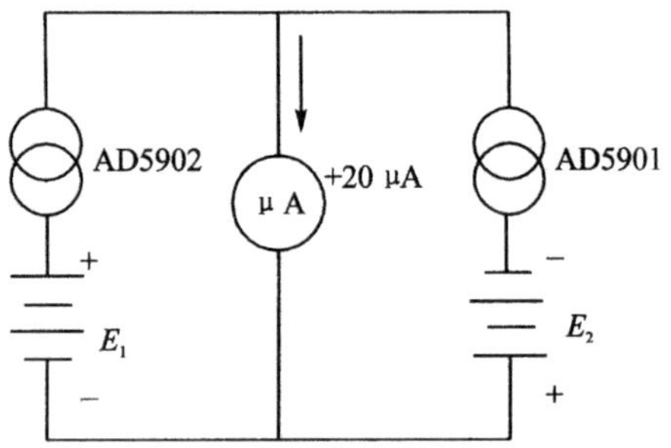

图 4.62　测量温差的简便电路

综上所述，热电式传感器的应用领域非常广泛，应用实例也非常多，限于篇幅，不再赘述。

4.12　小　　结

1. 热电式传感技术是将温度变化转换为电量变化的一种技术，其转换器件称为热电式传感器。

2. 各种材料、元件的性能都具有温度特性（即性能或多或少地随温度而变化），因此，它们几乎都能当作温度传感器使用。

3. 目前常用的热电式传感器有：

① 热敏电阻　-50℃ ~350℃

② 热电偶　　-180℃ ~2800℃

③ 铜电阻　　-50℃ ~150℃

④ 热电开关　50℃ ~150℃

⑤ 铂电阻　　-180℃ ~800℃

⑥ 温敏二极管　-50℃ ~150℃

⑦ 温敏三极管　－50℃～150℃

⑧ 温敏晶闸管（可控硅）　－50℃～150℃

⑨ 集成温度传感器　－50℃～150℃

4. 温度传感器应用的物理量、分类及使用温度如表 4.7 所示，供选用时参考。

表 4.7　温度传感器分类及其使用温度

应用的物理量	温度传感器种类	温度（℃）273　0　500　1，000　1，500
体　积（热膨胀）	气体温度计 玻璃温度计 双金属 压力温度计	水银 有机液体 常用温度 可短期使用的温度和特殊场合 液体压力温度计 气压温度计
电　阻	铂电阻 热敏电阻 （NTC） PTC CTR	极低温用 低温用 一般用 中温用 高温用
热电动势	热电偶	PR CA CRC CC ∅1mm器件的数值
磁　性	热铁氧体 Fe—Ni—Cu合金	
电容量	BasrTiO$_3$ 陶瓷	
晶体管特性	晶体管	
弹　性	石英振子 超声温度计	
	热敏涂料 液晶	（检测温度不连续）
热・光辐射	辐射温度传感器 肉眼・光传感器	辐射温度计 光高温计
热噪声	电阻体	

4.13 习 题

1. 什么叫热电式传感器？它有何作用？

2. 什么是金属导体的“热电效应”？补偿导线的作用是什么？使用补偿导线的原则有哪些？

3. 电阻式温度传感器有哪几种？它们各有何特点及用途？

4. 简述热电偶的几个重要定律，并分别说明它们的实用价值。

5. 试述热电偶冷端温度补偿的几种主要方法和补偿原理。用热电偶测表面温度应注意哪些问题？

6. 若被测温度点距离测温仪500cm，应选用何种温度传感器？为什么？若测量变化迅速的200℃的温度应选用何种传感器？若测量2000℃的高温又应选用何种传感器？并说明原理。

7. 为什么温敏三极管的 U_{BE}-T 关系比温敏二极管的 U_{BE}-T 关系的线性度更好。

8. 试用AD590温度传感器设计一个直接显示摄氏温度－50℃～50℃的数字温度计。

第5章 R、L、C传感技术

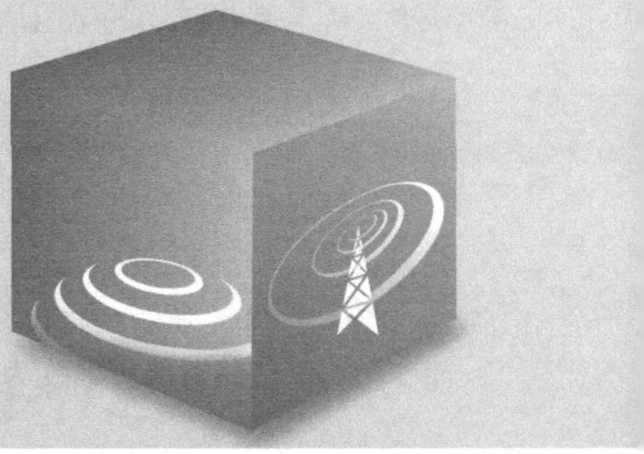

学习要点

① 了解R、L、C（电阻、电感、电容）传感技术的基本原理；
② 掌握R、L、C（电阻、电感、电容）传感器的结构、特性及使用方法。

本章主要介绍应用十分广泛的电阻式（电位器式、电阻应变式）传感器（R）、电感式传感器（L）、电容式传感器（C）的结构原理、类型特征以及它们的优、缺点和使用方法。

5.1 电阻式传感器

电阻式传感器是将被测的非电量（如位移、力、加速度等）转换成电阻的变化量的传感元件，并通过对电阻值的测量电路变换为电压或电流，达到检测非电量的目的。由于它的结构简单、易于制造、价格便宜、性能稳定、输出功率大，故至今在检测技术中应用仍甚为广泛。

按引起传感器电阻变化的参数不同，可以将传感器分为电位器式传感器和电阻应变式传感器两大类。

5.1.1 电位器式传感器

电位器式传感器又称变阻器传感器，它的工作原理是基于均匀截面导体的电阻计算公式。由物理学可知，其电阻为：

$$R=\rho\frac{l}{A}\Omega \tag{5.1}$$

式中，ρ 为电阻率，$\Omega\cdot mm^2/m$；l 为电阻丝长度，m；A 为电阻丝截面积，mm^2。

由式（5.1）可知，如果电阻丝直径与材质一定，则电阻值 R 的大小随电阻丝的长度 l 而变化。这就是电位器式电阻传感器的工作原理。

常用的电位器式传感器有直线位移型、角位移型和非线性型等，其结构如图5.1所示。不管是哪种类型的传感器，都由线圈、骨架和滑动触头等组成。线圈绕于骨架上，触头可在绕线上滑动，当滑动触头在绕线上的位置改变时，即实现了将位移变化转换为电阻变化。

如图 5.1（a）所示为直线位移型电位器式传感器，当被测量沿直线发生位移时，滑动触头的触点 C 沿电位器移动。若移动 x，则 C 点与 A 点之间的电阻为：

$$R_x = K_t x \tag{5.2}$$

式中，K_t 为单位长度的电阻值。

传感器的灵敏度为：

$$S = \frac{dR}{dx} = K_l \tag{5.3}$$

当导线分布均匀时，S 为常数。这时传感器的输出（电阻）与输入（位移）成线性关系。

图 5.1（b）所示为角位移型电位器式传感器，其输出阻值的大小随角度位移的大小而变化，该传感器的灵敏度为：

$$S = \frac{dR}{d\alpha} = K_\alpha \tag{5.4}$$

式中，α 为转角（rad）；K_α 为单位弧度对应的电阻值。

图 5.1（c）是一种非线性电位器式传感器，当输入位移呈非线性变化规律时，为了保证输入、输出的线性关系，利于后续仪表的设计，可以根据输入的函数规律来确定这种传感器的骨架形状。例如，若输入量为 $f(x) = Rx^2$，则为了得到输出的电阻值 $R(x)$ 与输入量 $f(x)$ 成线性关系，电位器的骨架应采用三角形；若输入量为 $f(x) = Rx^3$，则电位器的骨架应采用抛物线形。

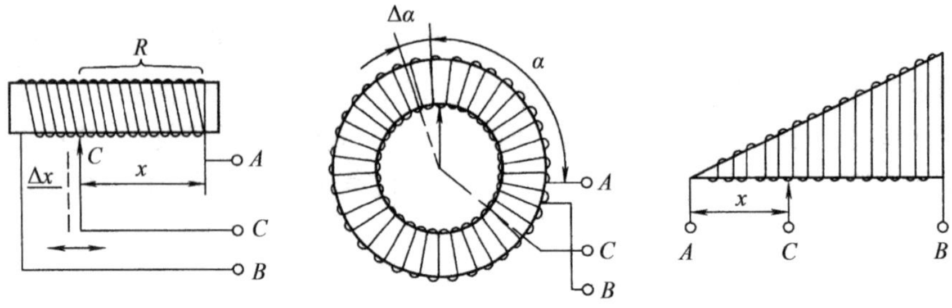

（a）直线位移型　（b）角位移型　（c）非线性型

图 5.1　电位器式传感器

电位器式传感器一般采用电阻分压电路，将电参量 R 转换为电压输出给后续电路，如图 5.2 所示。当触头移动 x 距离后，输出电压 e_y 可用下式计算：

$$e_y = \frac{e_0}{\frac{x_p}{x} + \left(\frac{R_P}{R_L}\right)\left(1 - \frac{x}{x_p}\right)} \tag{5.5}$$

式中，R_P 为电位器的总电阻；x_p 为电位器的总长度；R_L 为后续电路的输入电阻。

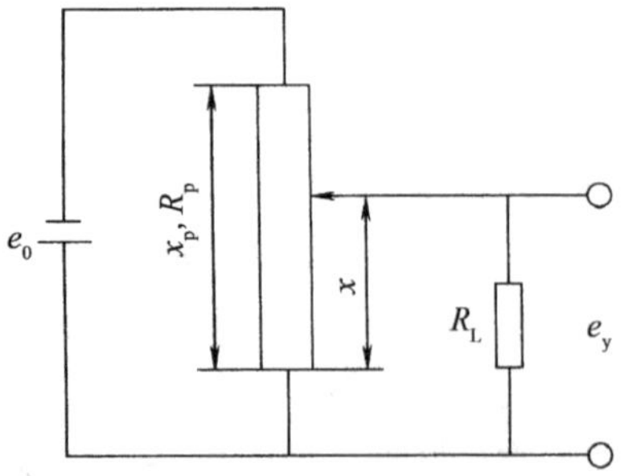

图 5.2　电阻分压电路

式（5.5）表明，传感器经过后续电路后的实际输出与输入为非线性关系，为减小后续电路的影响，应使 $R_L \gg R_P$。此时，$e_y \approx \frac{e_0}{x_p}x$，近似为线性关系。

电位器式传感器的优点是结构简单，性能稳定，使用方便。其缺点是分辨率不高，因为受到骨架尺寸和导线直径的限制，分辨率很难高于 20μm。由于滑臂机构的影响，使用频率范围也受到限制。此外它还有噪声较大、绕制困难等缺点。

电位器式传感器主要用于线位移和角位移的测量。在测量仪器中用于伺服记录仪器或电子电位差计等。

5.1.2 电阻应变式传感器

通过应变片将被测物理量（如应变、力、位移、加速度、扭矩等）转换成电阻变化的器件称为电阻应变式传感器。由于电阻应变式传感器具有结构简单、体积小、使用方便、动态响应快、测量精确度高等优点，因而被广泛应用于航天、机械、电力、化工、建筑、纺织、医学等领域，成为目前应用最广泛的传感器之一。

电阻应变式传感器可分为金属电阻应变片与半导体应变片式两类。这里我们只介绍金属电阻应变片。

金属电阻应变片有丝式和箔式两种，其工作原理是电阻应变效应。导体的电阻随着机械变形而发生变化的现象，称为电阻应变效应。

金属丝式电阻应变片（又称电阻丝式应变片）出现较早，现仍在广泛使用，其典型结构如图 5.3 所示。它主要由具有高电阻率的金属丝（康铜或镍铬合金等，直径 0.025mm 左右）绕成的敏感栅、基底、覆盖层和引出线组成。

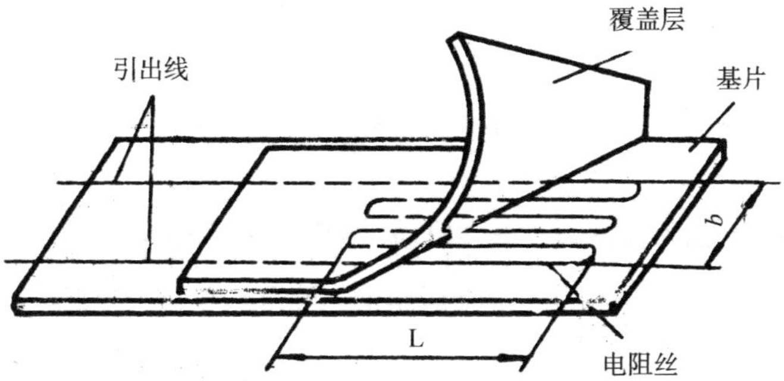

图 5.3　电阻丝式应变片结构示意图

金属箔式电阻应变片则是用栅状金属箔片代替栅状金属丝。金属箔栅采用光刻技术制造，适于大批量生产。其线条均匀，尺寸准确，阻值一致性好。箔片厚约 1μm ~ 10μm，散热好，黏结情况好，传递试件应变性能好。因此目前使用的多是金属箔式应变片，其结构形式如图 5.4 所示。

把应变片用特制胶水粘固在弹性元件或需要变形的物体表面上，在外力作用下，应变片敏感栅随构件一起变形，其电阻值发生相应的变化，由此可将被测量转换成电阻的变化。由式（5.1）得知，当敏感栅发生变形时，其 l，ρ，A 均将变化，从而引起 R 的变化。

当每一可变参数分别有一增量 dl，dρ，dA 时，所引起的电阻增量为：

$$\mathrm{d}R=\frac{\partial R}{\partial l}\mathrm{d}l+\frac{\partial R}{\partial A}\mathrm{d}A+\frac{\partial R}{\partial \rho}\mathrm{d}\rho \tag{5.6}$$

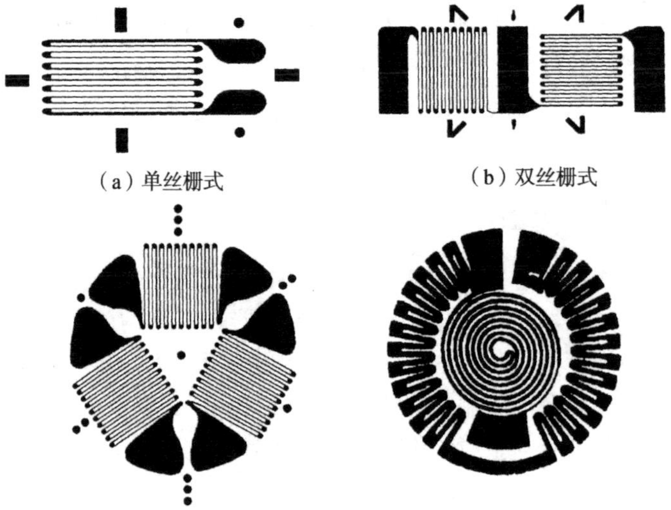

（a）单丝栅式　（b）双丝栅式　（c）三丝栅式　（d）多丝栅式

图 5.4　箔式应变片

式中，$A=\pi r^2$，r 是电阻丝半径，则上式整理为：

$$\mathrm{d}R=R\left(\frac{\mathrm{d}l}{l}-\frac{2\mathrm{d}r}{r}+\frac{\mathrm{d}\rho}{\rho}\right)$$

电阻的相对变化为：

$$\frac{\mathrm{d}R}{R}=\frac{\mathrm{d}l}{l}-\frac{2\mathrm{d}r}{r}+\frac{\mathrm{d}\rho}{\rho} \tag{5.7}$$

式中，dl/l 为电阻丝轴向相对变形，或称纵向应变；dr/r 为电阻丝径向相对变形，或称横向应变，当电阻丝轴向伸长时，必然沿径向缩小，两者之间的关系为：

$$\frac{\mathrm{d}r}{r}=-\mu\frac{\mathrm{d}l}{l}=-\mu\varepsilon \tag{5.8}$$

式中，μ 为电阻丝材料的泊松比；dρ/ρ 为电阻丝电阻率的相对变化；dρ/ρ 与电阻丝轴向所受正应力 δ 有关为：

$$\frac{\mathrm{d}\rho}{\rho}=\lambda\delta=\lambda E\varepsilon \tag{5.9}$$

式中，E 为电阻丝材料的弹性模量；λ 为压阻系数，与材质有关。

将式（5.8）和式（5.9）代入式（5.7），得：

$$\frac{\mathrm{d}R}{R}=(1+2\mu+\lambda E)\ \varepsilon \tag{5.10}$$

在式（5.10）中，$(1+2\mu)\varepsilon$ 由电阻丝的几何尺寸改变所引起。对于同一电阻材料，$(1+2\mu)$ 是常数。$\lambda E\varepsilon$ 项由电阻丝的电阻率随应变的改变所引起。对于金属电阻丝来说，λE 很小，可以忽略不计，所以上式可简化为：

$$\frac{\mathrm{d}R}{R} \approx (1+2\mu)\varepsilon \tag{5.11}$$

式（5.11）表明了电阻相对变化率与应变成正比。这里再定义一个量，即电阻应变片的应变系数灵敏度 S：

$$S = \frac{\mathrm{d}R/R}{\mathrm{d}l/l} = 1+2\mu = \text{常数} \tag{5.12}$$

将式（5.12）代入式（5.11），则得：

$$\frac{\mathrm{d}R}{R} = S\varepsilon \tag{5.13}$$

由于测试中 R 的变化量微小，可以认为 $\mathrm{d}R \approx \Delta R$，则式（5.13）可表示为：

$$\frac{\Delta R}{R} = S\varepsilon \tag{5.14}$$

常用的灵敏度 S 在 1.7 ~3.6 之间。

在实际测试中，选用金属电阻应变片应注意两点。

1. 应变片电阻的选择

应变片的原电阻值一般有 60Ω、90Ω、120Ω、200Ω、300Ω、500Ω、1000Ω 等。当选配动态应变仪组成测试系统进行测试时，由于动态应变仪电桥的固定电阻为 120Ω，因此为了避免对测量结果进行修正计算，以及在没有特殊要求的情况下，选择 120Ω 的应变片为宜。除此以外，可根据测量要求选择其他阻值的应变片。

2. 应变片灵敏度的选择

当选配动态应变仪进行测量时，应选用 $S=2$ 的应变片。由于静态应变仪配有灵敏度的调节装置，故允许选用 $S\neq 2$ 的应变片。对于那些不配有应变仪的测试，应变片的 S 值愈大，输出也愈大。因此，往往选用 S 值较大的应变片。

5.1.3 应用举例

1. 电位器式传感器的应用

这里介绍 YHD 型电位器式位移传感器，其结构如图 5.5 所示。图中测量轴 1 与内部被测机构相接触，当有位移输入时，测量轴便沿导轨 5 移动，同时带动电刷 3 在滑线电阻上移动，因电刷的位置变化故有电压输出，据此可以判断位移的大小，如要求同时测出位移的大小和方向，可将图中的精密无感电阻 4 和滑线电阻 2 组成桥式测量电路。为便于测量轴 1 来回移动，在装置中加了一根复位弹簧 6。

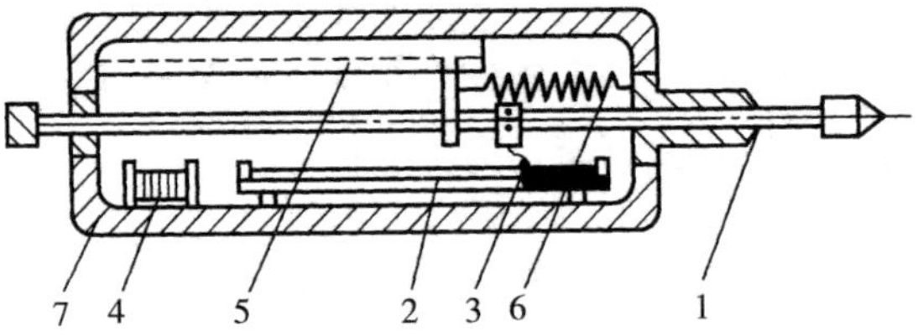

1. 测量轴；2. 滑线电阻；3. 电刷；
4. 精密无感电阻；5. 导轨；6. 弹簧；7. 壳体

图 5.5　YHD 型电位器式位移传感器

2. 电阻应变式传感器的应用

① 将应变片粘贴于被测构件上，直接用来测定构件的应变式应力。例如，为了研究或验证机械、桥梁、建筑等某些构件在工作状态下的受力、变形情况，可利用形状不同的应变片，粘贴在构件的预测部位，以测得构件的拉、压应力，扭矩或弯矩等，从而为结构设计、应力校核或构件破坏的预测等提供可靠的实验数据。图 5.6 为两种实用例子示意图。

② 将应变片粘贴于弹性元件上，与弹性元件一起构成应变式传感器。这种传感器常用来测量力、位移、压力、加速度等物理参数。在这种情况下，弹性元件将获得与被测量成正比的应变，再通过应变片转换为电阻的变化后输出。其典型应用如图 5.7 所示。图示为纱线张力检测装置，检测辊 4 通过连杆 5 与悬臂梁 2 的自由端相连，连杆 5 同阻尼器 6 的活塞相连，纱线 7 通过导线辊 3 与检测辊 4 接触。当纱线张力变化时，悬臂梁随之变形，使应变片 1 的阻值变化，并通过电桥将其转换为电压的变化后输出。

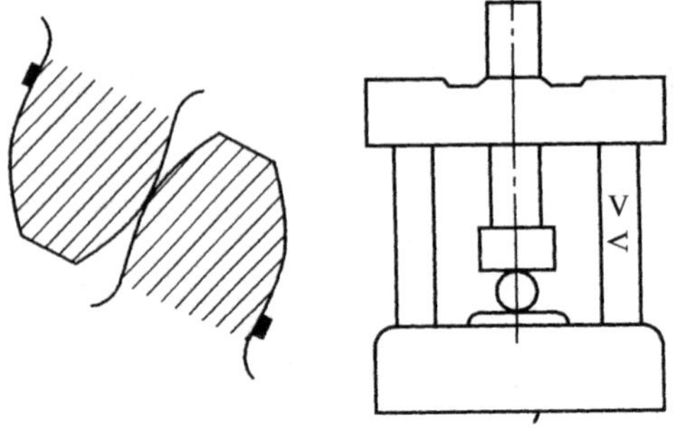

(a) 齿轮轮齿弯矩　　(b) 立柱应力

图 5.6　构件应力测定的应用

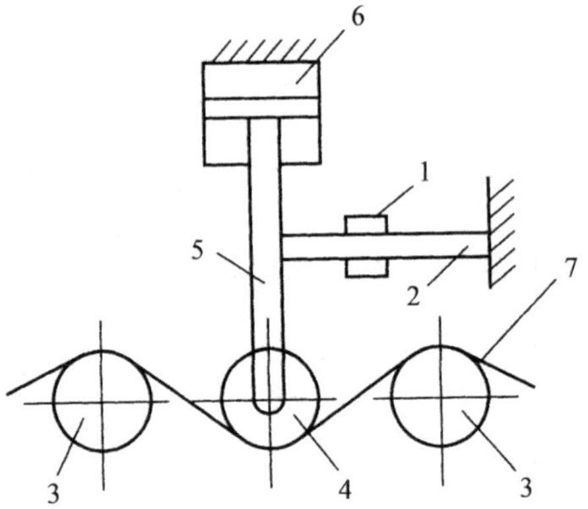

1. 应变片；2. 悬臂梁；3. 导线辊；
4. 检测辊；5. 连杆；6. 阻尼器；7. 纱线

图 5.7　纱线张力检测

必须指出，电阻应变片测出的是构件或弹性元件上某处的应变，而不是该处的应力、力或位移。只有通过换算或标定，才能得到相应的应力、力或位移量。有关应变-应力换算关系，可参考相关资料。

电阻应变片必须被粘贴在试件或弹性元件上才能工作。黏合剂和黏合技术对测量结果有着直接的影响。因此，黏合剂的选择、粘贴技术、应变片的保护等必须认真做好。

电阻应变片用于动态测量时，应当考虑应变片本身的动态响应特性。其中，应限制应变片上限测量值。一般上限测量频率应在电桥激励电源频率的1/5～1/10以下。基长愈短，上限测量频率可以愈高。一般基长为10mm时，上限测量频率可高达25kHz。

应当注意到，温度的变化会引起电阻值的变化，从而造成应变测量结果的误差。由温度变化所引起的电阻变化与由应变引起的电阻的变化往往具有同等数量级，绝对不能掉以轻心。因此，通常要采取相应的温度补偿措施，以消除温度变化所造成的误差。

5.2 电感式传感器

电感式传感器应用很广，可用来测量力、力矩、压力、位移、速度、振动等参数，既可以用于静态测量，又可以用于动态测量。

电感式传感器的优点是可以得到较大的输出功率（1VA～5VA），这样可以不经放大而直接指示和记录。此外，其结构简单，工作可靠，可在工业频率下稳定工作。

电感式传感器是将被测量转换成电感或互感变化的传感器，它是一种结构型传感器。按其转换方式的不同，可分为自感型（包括可变磁阻式与涡流式）和互感型（如差动变压器式）等两大类型。

5.2.1 自感型电感式传感器

1. 可变磁阻式传感器

可变磁阻式传感器结构原理如图5.8所示。它由线圈、铁心和衔铁组成。在铁心和衔铁之间保持一定的空气隙δ，被测位移构件与衔铁相连。当被测构件产生位移时，衔铁随着移动，空气隙δ发生变化，引起磁阻变化，从而使线圈的电感值发生变化。当线圈通以激磁电流i时，产生磁通Φ_m，其大小与电流成正比，即：

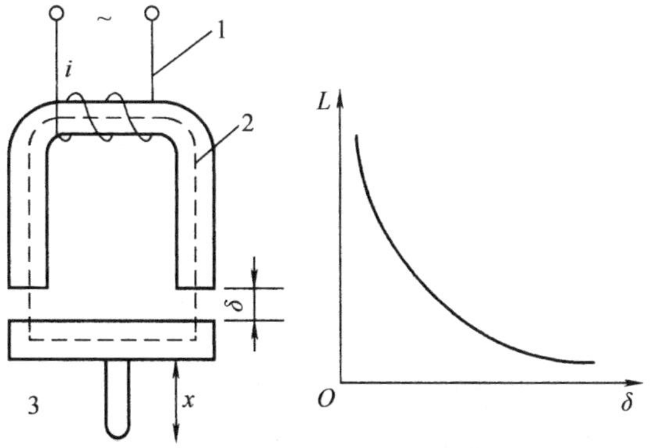

1. 线圈；2. 铁心；3. 衔铁

图5.8 可变磁阻式电感传感器基本原理

$$W\Phi_{\mathrm{m}}=Li \tag{5.15}$$

式中，W 为线圈匝数；L 为比例系数，称为自感。

又根据磁路欧姆定律：

$$F_{\mathrm{m}}=Wi,\ \Phi_{\mathrm{m}}=\frac{F_{\mathrm{m}}}{R_{\mathrm{m}}} \tag{5.16}$$

式中，F_{m} 为磁动势；R_{m} 为磁路总磁阻。代入式（5.15），则自感为：

$$L=\frac{W^2}{R_{\mathrm{m}}} \tag{5.17}$$

如果空气隙 δ 较小，而且不考虑磁路的铁损和铁心磁阻时，则总磁阻为：

$$R_{\mathrm{m}}\approx\frac{2\delta}{\mu_0 A_0} \tag{5.18}$$

式中，δ 为气隙长度，单位为 m；μ_0 为空气磁导率，$\mu_0=4\pi\times10^{-7}$，单位为 H/m；A_0 为空气隙导磁截面积，单位为 m^2。

代入式（5.17），则：

$$L=\frac{W^2\mu_0 A_0}{2\delta} \tag{5.19}$$

式（5.19）表明，自感 L 与气隙 δ 的大小成反比，而与空气隙导磁截面积 A_0 成正比。当固定 A_0 不变，而改变 δ 时，L 与 δ 呈非线性关系，此时传感器的灵敏度为：

$$S=\frac{\mathrm{d}L}{\mathrm{d}\delta}=-\frac{W^2\mu_0 A_0}{2\delta^2} \tag{5.20}$$

灵敏度 S 与气隙长度的平方成反比，δ 愈小，灵敏度愈高。由于 S 不是常数，故会出现非线性误差。为了减小这一误差，通常规定在较小间隙范围内工作。例如，设间隙变化范围为（δ_0，$\delta_0+\Delta\delta$），则灵敏度为：

$$\begin{aligned}S&=-\frac{W^2\mu_0 A_0}{2\delta^2}=-\frac{W^2\mu_0 A_0}{2(\delta_0+\Delta\delta)^2}\\&\approx-\frac{W^2\mu_0 A_0}{2\delta_0^2}\end{aligned} \tag{5.21}$$

由此式可以看出，当 $\Delta\delta\ll\delta_0$ 时，则：

$$1-2\frac{\Delta\delta}{\delta_0}\approx1$$

故灵敏度 S 趋于定值，即输出与输入近似地呈线性关系。

图 5.9 列出了几种常用可变磁阻式传感器的典型结构。图 5.9（a）为可变导磁面积型，其自感 L 与 A_0 呈线性关系，这种传感器灵敏度较低。图 5.9（b）为差动型，衔铁位移时，可以使两个线圈的间隙按 $\delta_0+\Delta\delta$，$\delta_0-\Delta\delta$ 变化，一个线圈自感增加；另一个线圈自感减小。

将两线圈接于电桥相邻桥臂时，其输出灵敏度可提高 1 倍，并改善了线性特性。

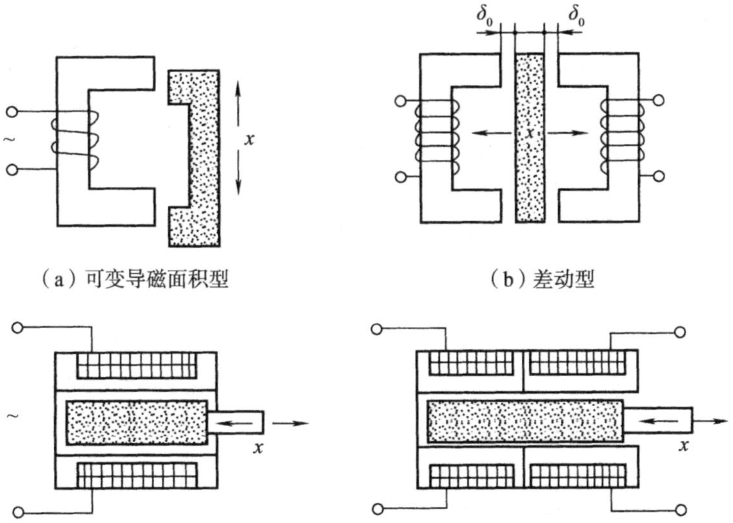

（a）可变导磁面积型　　（b）差动型

（c）单螺管线圈型　　（d）双螺管线圈差动型

图 5.9　可变磁阻式传感器的典型结构

图 5.9（c）为单螺管线圈型，当铁心在线圈中运动时，将改变磁阻，使线圈自感发生变化。这种传感器结构简单、制造容易，但灵敏度低，适用于较大位移（数毫米）的测量。

图 5.9（d）为双螺管线圈差动型，较之单螺管线圈型有较高灵敏度及具有线性特性，被用于电感测微计上，其测量范围为 0 ~ 300μm，其分辨率可达 0.5μm。这种传感器的线圈接于电桥上，构成两上桥臂，线圈电感 L_1 和 L_2 随铁心位移而变化，其输出特性如图 5.10 所示。

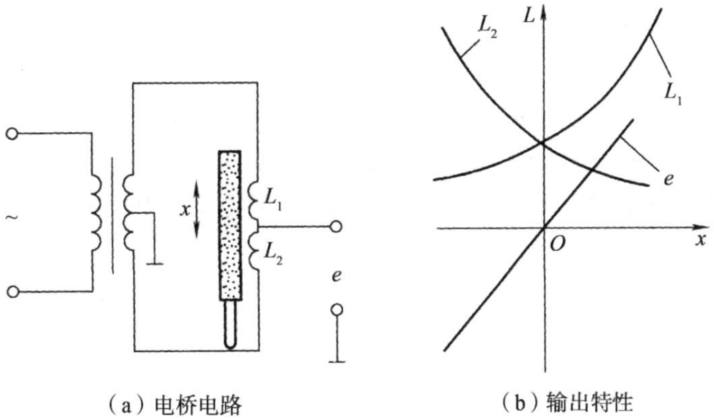

（a）电桥电路　　（b）输出特性

图 5.10　双螺管线圈差动型电桥电路及输出特性

2. 涡流式传感器

涡流式传感器的原理是利用金属体在交变磁场中的涡电流效应。如图 5.11 所示为一个高频反射式涡流传感器的工作原理。

一块金属板置于一只线圈的附近，相互间距为 δ，当线圈中有一高频交变电流 i 通过时，便产生磁通。此交变磁通通过邻近的金属板，金属板上便产生感应电流 i_1。这种电流在金属体内是闭合的，称之为“涡电流”或“涡流”。这种涡电流也将产生交变磁通 Φ_1。根据楞次定律，涡电流的交变磁场与线圈的磁场变化方向相反，Φ_1 总是抵抗 Φ 的变化。由于涡流磁场的作用（对导磁材料还有气隙对磁路的影响）使原线圈的等效阻抗 Z 发生变化，变化程度与距离 δ 有关。

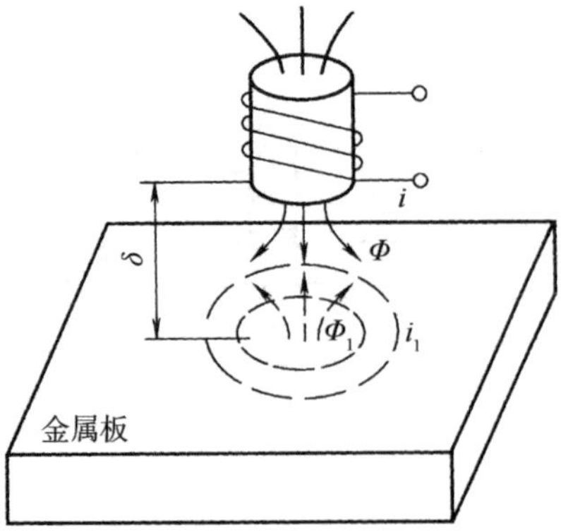

图 5.11　高频反射式涡流传感器

分析表明，影响高频线圈阻抗 Z 的因素，除了线圈与金属板间距离 δ 以外，还有金属板的电阻率 ρ，磁导率 μ 以及线圈激磁角频率 ω 等。当改变其中某一因素时，即可达到不同的变换目的。例如，δ 变化，可作为位移、振动测量；变化 ρ 或 μ 值，可作为材质鉴别或探伤等。

5.2.2　互感型－差动变压器式电感传感器

这种传感器是利用电磁感应中的互感现象，如图 5.12 所示。当线圈 W_1 输入交流电流 i_1 时，线圈 W_2 产生感应电动势 e_{12}，其大小与电流 i_1 的变化率成正比，即：

$$e_{12} = -M\frac{\mathrm{d}i_1}{\mathrm{d}t} \tag{5.22}$$

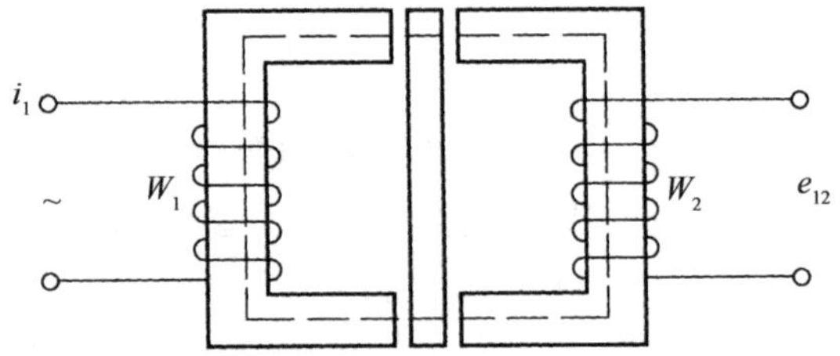

图 5.12　互感现象

式中，M 为比例系数，称为互感，其大小与两线圈相对位置及周围介质的导磁能力等因素有关，它表明两线圈之间的耦合程度。

互感型传感器就是利用这一原理，将被测位移量转换成线圈互感的变化。这种传感器实质上是一个输出电压可变的变压器。当变压器初级线圈输入稳定交流电压后，次级线圈便产生感应电压输出，该电压随被测量变化而变化。由于常常采用两个次级线圈组成差动式，故又称为差动变压器式传感器。其结构形式有多种，以螺管形应用较为普遍，如图 5.13 所示。

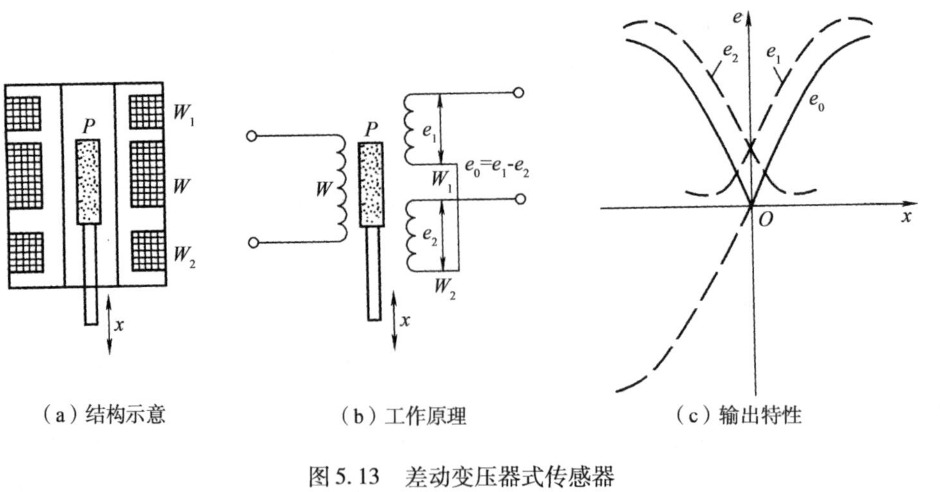

（a）结构示意　（b）工作原理　（c）输出特性

图 5.13　差动变压器式传感器

传感器主要由线圈、铁心和活动衔铁三个部分组成。线圈包括一个初级线圈和两个反接的次级线圈，当初级线圈输入交流激励电压时，次级线圈将产生感应电动势 e_1 和 e_2。由于两个次级线圈极性反接，因此，传感器的输出电压为两者之差，即 $e_0 = e_1 - e_2$。活动衔铁能改变线圈之间的耦合程度。输出 e_0 的大小随活动衔铁的位置而变。当活动衔铁的位置居中时，即 $e_1 = e_2$，$e_0 = 0$；当活动衔铁向上移时，即 $e_1 > e_2$，$e_0 > 0$；当活动衔铁向下移时，即 $e_1 < e_2$，$e_0 < 0$。活动衔铁的位置往复变化，其输出电压 e_0 也随之变化。输出特性如图 5.13（c）所示。

值得注意的是：首先，差动变压器式传感器输出的电压是交流量，如用交流电压表指示，则输出值只能反映铁心位移的大小，而不能反映移动的方向性；其次，交流电压输出存在一定的零点残余电压，零点残余电压是由于两个次级线圈的结构不对称，以及初级线圈铜损电阻、铁磁材质不均匀、线圈间分布电容等原因所造成。因此，即使活动衔铁位于中间位置时，输出也不为零。为此，差动变压器式传感器的后接电路应采用既能反映铁心位移方向性，又能补偿零点残余电压的差动直流输出电路。

图 5.14 所示为用于小位移测量的差动相敏检波电路工作原理，当没有信号输入时，铁芯处于中间位置，调节电阻 R，使零点残余电压减小；当有信号输入时，铁芯上移或下移，其输出电压经交流放大、相敏检波、滤波后得到直流输出，由表头指示输入位移量的大小和方向。

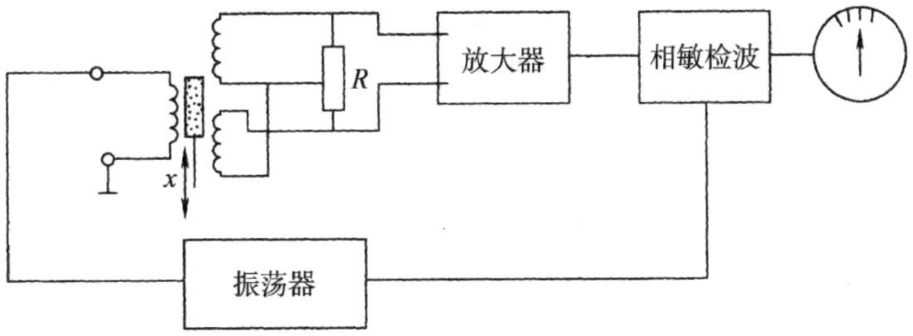

图 5.14　差动相敏检波电路工作原理

差动变压器式传感器具有精确度高（高到 0.1μm 数量级），线性范围大（可扩大到 ±100mm，视结构而定），结构简单，稳定性好等优点，被广泛应用于直线位移及其他压力、振动等参量的测量。

5.2.3　应用举例

可变磁阻式电感传感器一般用于静态和动态的接触测量。它主要用于位移测量，也可以用于振动、压力、负荷、流量和液位等参数测量。当它用于精密小位移测量时，一般约为 0.001mm ~ 1mm。

涡流式电感传感器可用于动态非接触测量，主要用于位移、振动、转速、距离、厚度等参数的测量，测量范围约 0 ~ 1500μm，分辨率可达 1μm。此外，这种传感器还有结构简单、使用方便、不受油污等介质的影响等优点。因此，近几年来这种传感器在机械、冶金工业中得到广泛应用。如图 5.15 所示为涡流式转速传感器的工作原理。在轴上开一键槽，靠近轴表面安装一涡流传感器。当轴转动时，传感器与轴表面之间的间隙将变化，经测量电路处理后，可得到与转速成比例的脉冲信号。

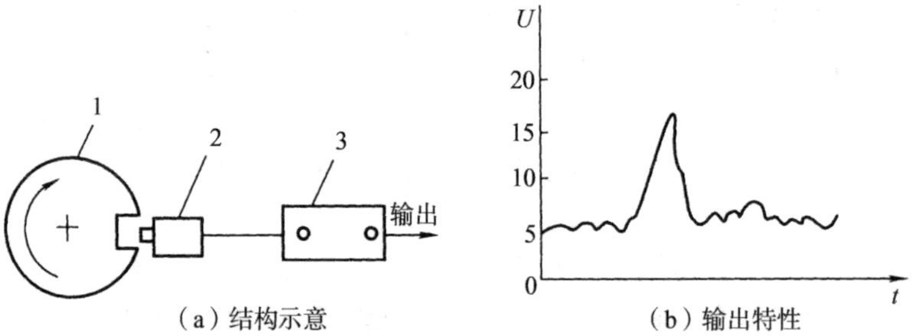

（a）结构示意　　（b）输出特性

1. 被测轴；2. 传感器；3. 放大处理器

图 5.15　涡流式转速传感器

差动变压器式传感器常用于测量位移、压力、压差、液位等参数，图 5.16 所示为液位测量的原理图。

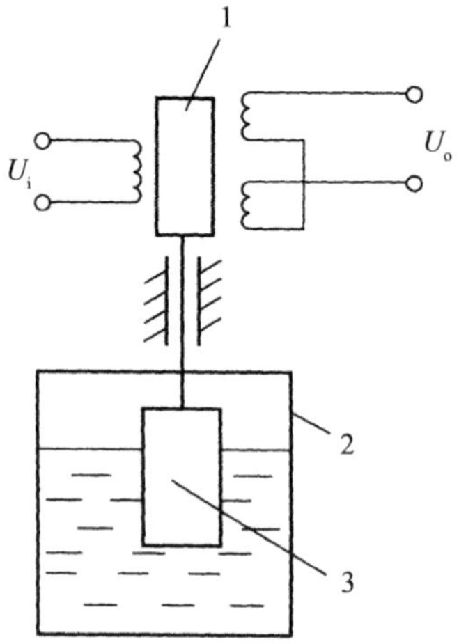

1. 铁心；2. 液罐；3. 浮子

图 5.16　液位测量的工作原程

5.3　电容式传感器

电容式传感器可用来测量声强、液位、水量、振动、压力、厚度等参数，特别是可测量百分之几微米数量级的微位移值。而且随着固体组件的发展和测量电路的改进，应用会更加广泛。

5.3.1　工作原理

两块极板之间间隙变化，或是表面积变化，将使电容量改变，根据这一原理制成的传感器称为电容式传感器。

电容量和两个极板的间隙、表面积之间的关系可用下式表示：

$$C=\frac{\varepsilon S_b}{d}=\frac{\varepsilon_r\varepsilon_0 S_b}{d} \tag{5.23}$$

式中，C 为电容（μF，微微法）；ε 为极板间介质的介电常数，空气的 $\varepsilon=1$；S_b 为两个极板相互覆盖的面积（cm^2）；d 为两个极板间的距离（cm）；ε_r 为相对介电常数；ε_0 为真空介电常数；$\varepsilon_0=0.088542\times10^{-12}F/cm$。

由式（5.23）可见，在 S_b、d、ε 三个参数中，只要改变其中一个参数，均可使电容 C 发生变化。如果保持其中两个参数不变，就可把另一个参数的单一变化转换成电容量的变化，也就是说，可以把三个参数中的任意一个的变化转换成电容 C 的变化。这就是电容器式传感器的基本工作原理。

5.3.2 结构类型

根据电容式传感器的工作原理，在实际应用中，一般可分成三种类型：

① 改变两极板间的距离 d。

② 移动极板，以改变极板间相覆盖的面积 S。

③ 改变极板间的介质，以便介电常数 ε 发生变化。

这三类常见的电容式传感器的主要结构形式见表 5.1，分为改变极板覆盖面、改变极板间距离和改变介质三组（Ⅰ、Ⅱ、Ⅲ组），每组又按运动件的平移（直线运动）或角位移（旋转）分类，对于Ⅰ、Ⅱ组，每类又按电容器的形状分成平面形或圆筒形。电容器的组成可有单片单组、差接组和多片单组等组合方式。

表 5.1 电容式位移传感器一览表

组别	运动类型	单片		3 多片单组	4 变型及特殊型
		1 单组	2 差接组		
Ⅰ改变S	线性位移	 板状			锯齿形 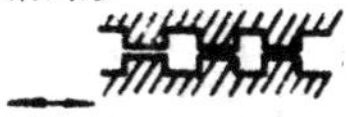
		 圆筒状		 (罕见)	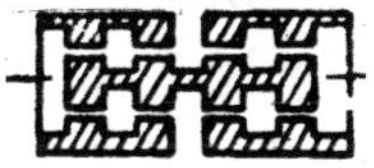
	旋转位移	 平板			
		 圆筒状			—
Ⅱ改变d	线性位移	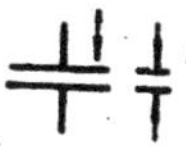 板状 d	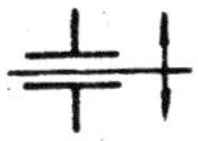	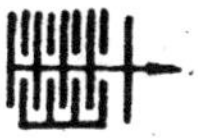	滚进式 
	旋转位移	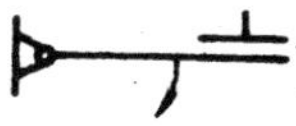	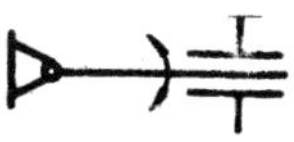	—	 可压缩介质

（续表）

组别	运动类型	单片		3 多片单组	4 变型及特殊型
		1 单组	2 差接组		
Ⅲ改变ε	线性位移			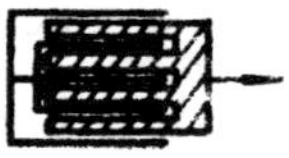	——
				——	——

常用的电容式传感器的特性和可测的输入量范围如表 5.2 所示。

表 5.2　电容式传感器的特性及可测的输入量范围

传感器类型	原理图	关系式	关系曲线	输入量
改变极板间距离的传感器	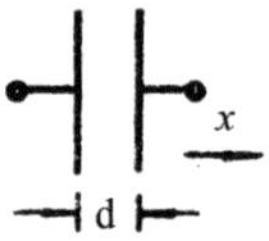	$C=\frac{\varepsilon S}{d}$	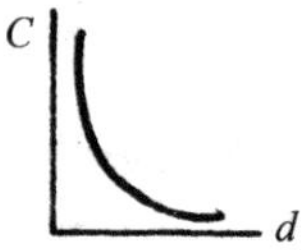	0 ~ 1mm
改变极板间距离的差动传感器	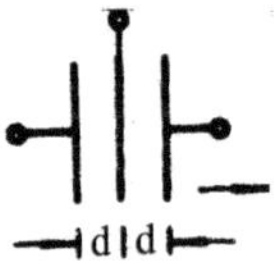	$C=\frac{\varepsilon S}{d}$	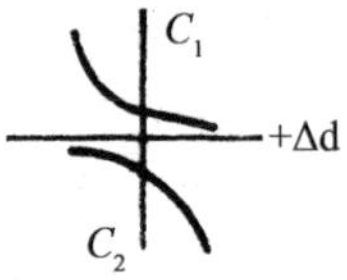	0 ~ 1mm
改变覆盖面积的传感器	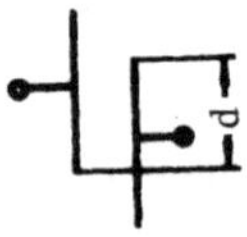	$C=\frac{\varepsilon S}{d}$	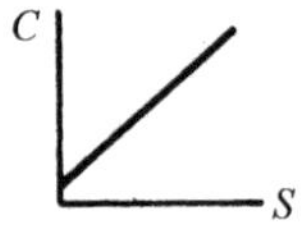	> 1mm
改变覆盖面积的差动传感器		$C=\frac{\varepsilon S}{d}$	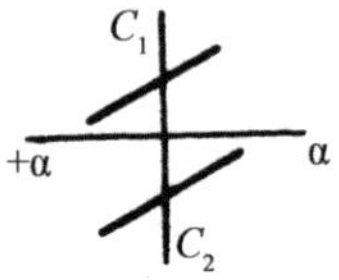	> 1mm
具有可变介电系数的传感器		$C=\frac{b}{d}\left[H\varepsilon_0+h\left(\varepsilon-\varepsilon_0\right)\right]$	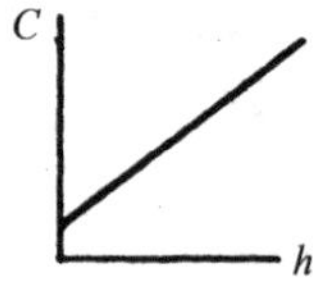	介质在极板间可移动的距离

5.3.3　优缺点及特殊问题

1. 优点

动作能量低（极板间静电吸引力约几个 10^{-5}C）、动态响应快（固有频率高、载波频率高）、本身发热影响小（用真空、空气或其他气体作绝缘介质时）、灵敏度高、误差小，能在恶劣的环境下工作（如在高温、低温及强辐射等各种环境下）。因此，近几年来得到了较快地发展，逐渐广泛地应用在工业自动化仪表中。

2. 缺点

主要有二，第一是输出特性非线性。对于改变极板距离的电容传感器，电容量和极板间距离是非线性关系，虽然用差动式结构可以得到改善，但是由于存在泄漏电容和不可避免的不一致性，也不能完全消除特性的非线性。第二是泄漏电容的影响，传感器的电容量及其变化一般小于泄漏电容量，泄漏电容量是由支持构件及连接电缆所引起的。这些泄漏电容不仅降低了转换效率，还将引起误差。但是，利用电缆屏蔽层的电位跟踪与电缆相连接的可动极板的电位或将信号处理的电子线路安装在非常靠近极板的地方，皆可消除泄漏电容的影响。

由于上述特点，目前电容传感器利用改变 d 和 S，对位移（直线和转角）、压力、振动等的检测方面获得一定的应用。例如：利用改变介电常数 ε 的办法可以检测密闭容器中的液位、不导电松散物质的料位、非导电材料的厚度、非金属材料涂层等。

3. 一些特殊问题

（1）用加云母片的办法提高灵敏度

从式（5.23）可以看出，当 d 小时可使电容量加大，从而使灵敏度增加，但 d 过小易引起电容器击穿，一般可以在极板间放置云母片来改善，此时电容 C 为：

$$C=\frac{S}{\dfrac{d-d_0}{\varepsilon_1}+\dfrac{d_0}{\varepsilon_2}} \tag{5.24}$$

式中，ε_1 为云母片的介电常数；ε_2 为空气的介电常数；d_0 为气隙长度；d 为两极板间的距离。

云母的介电系数为空气的 7 倍，云母的击穿电压不少于 10^3KV/mm，而空气的击穿电压仅为 3KV/mm。即使厚度为 0.01mm 的云母片，它的击穿电压也不小于 10KV，因此，有了云母片，极板间的起始距离可以大大减少，同时式（5.24）中$\dfrac{d-d_0}{\varepsilon_1}$项是定值，它能使电容传感器输出特性的线性得到改善。

例如，有一圆盘形极板的电容传感器，极板直径 $D=50$mm，极板间距离 $d=0.2$mm 时，电容量 $C_1=86.5$PF。如中间置 0.1mm 的云母片，则不仅可使特性线性度得到改善，且使电容数增至 $C_2=151$PF。当气隙变化 $\Delta d=0.025$mm 时，有：

$$\frac{\Delta C_1}{C_1}=14.7\%$$

$$\frac{\Delta C_2}{C_2}=30.3\%$$

可见，加入云母片后还提高了传感器的灵敏度。

(2) 静电力的计算

在各种传感器中，电容传感器是需要驱动力较小的一种。电容传感器两个极板间的静电作用力，对 d 为常数（S 为可变）的元件，可按下式求得。

线位移式：

$$F=4.43\times 10^{-10}\frac{u^2b}{d} \tag{5.25}$$

角位移式：

$$M=4.43\times 10^{-12}\frac{u^2bp}{d} \tag{5.26}$$

对 S = 常数（d 为可变）的元件：

$$F=4.43\times 10^{-9}\frac{u^2S}{d^2} \tag{5.27}$$

式中，S 为极板的遮盖面积（m^2）；d 为极板的距离（m）；u 为极板两端的电压（V）；F 为极板间的作用力（N）；M 为作用于可动极板上的力矩（NM）；b 为极板的宽度（m）；p 为极板的平均半径（m）。

(3) 电容传感器中一些量的变化范围

在变极间距离的电容传感器中，由于减小极间距离可以提高灵敏度，多用来测量微米（μm）级的位移，一般极板间距离不超过 1mm，而最大位移量应限制在间距的 1/10 范围内。在变极板工作面积的传感器中，只能测量厘米（cm）数量级的位移。

在电容传感器中正确地选择电容的大小很重要。合理的设计既可使传感器满足测量范围的要求，又可提高灵敏度，减小非线性误差。一般电容的变化在 10^{-3} 到 10^3pF 范围内，相对值 $\Delta C/C$ 的变化则在 $10^{-6}\sim 1$ 范围内。至于电容元件的输出阻抗的数值还取决于所采用的交流电源的频率，一般在 $10^8\sim 10^6$ 之间。为了减小绝缘电阻的影响和提高灵敏度，电源频率一般采用 50Hz 以上。但是采用高频电源，将使信号的放大、传输等问题比低频时要复杂得多。

(4) 极板的材料

制作电容器极板所用的不同材料具有不同的膨胀系数，而电容传感器的电容量又取决于它的几何尺寸，为此应考虑材料的温度系数，从而决定传感器的几何尺寸，以达到减小因温度变化所引起的误差。

(5) 提高灵敏度的一些措施

为了提高电容传感器的灵敏度，减小外界干扰、寄生电容、漏电的影响和线性度误差，可采用下列措施：

① 增加原始电容值（减小气隙：平板式取 0.2mm ~ 0.5mm，圆筒式取 0.15mm；增加工作面积或工作长度）。

② 提高电源频率。

③ 用双层屏蔽线将电路（例如集成电路）同电容传感器装在一个壳体中，可以减少寄生电容及外界干扰的影响。

常用的几种基本的电容构造设计公式列于表5.3中，一些电介质的相对介电常数列于表5.4中。

表5.3　几种基本的电容构造设计公式

几何结构	忽略边缘效应的电容计算公式/F	符号说明
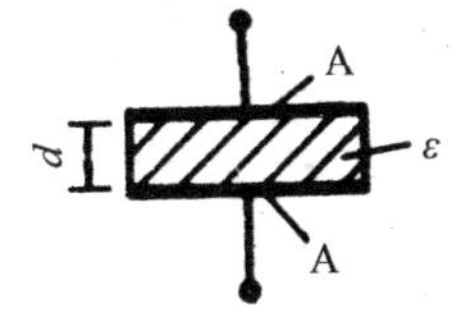	$\varepsilon\varepsilon_0 A/d$	A =单个电极的面积（m^2） d =电极间距离（m） ε =电介质的相对介电常数 $\varepsilon_0 = 8.854\times10^{-12}$（F/m） =真空介电常数
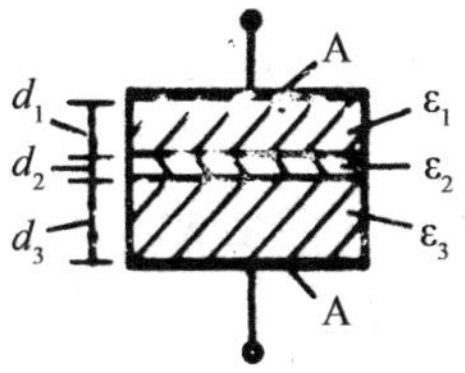	$\dfrac{\varepsilon_0 A}{\left(\dfrac{d_1}{\varepsilon_1}+\dfrac{d_2}{\varepsilon_2}+\dfrac{d_3}{\varepsilon_3}\right)}$	脚标1、2、3表示不同厚度d和不同介电常数的层
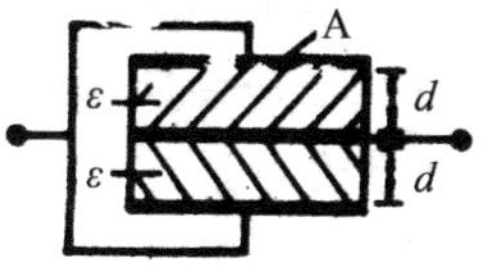	$2\varepsilon\varepsilon_0 A/d$	n个极板交替连续组合而成的电容器，其电容量是一对极板电容器的（$n-1$）倍
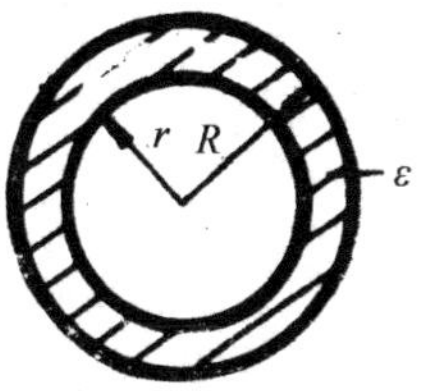	$2\pi\varepsilon\varepsilon_0 L/L_n(R/r)$ 或 $\pi\varepsilon\varepsilon_0 L(R+r)/(R-r)$	L =圆柱的长度（m） 适用于薄层电介质

表5.4　一些介电质的相对常数

物质名称	相对介电常数 ε_r	物质名称	相对介电常数 ε_r
真空	1.00000	陶瓷	5.5~7
干燥空气	1.0054	云母	8.5
聚乙烯	2.3	水	80
硅油	2.7	酞酸钡	1000~10000
环氧树脂	3.3	PTFE	2.1
二氧化硅	3.8	PVC	4.0
石英	4.5	丙三醇	47
玻璃	5.3~7.5	甲醇	37

（续表）

物质名称	相对介电常数 ε_r	物质名称	相对介电常数 ε_r
白云石	8	苯	2.3
盐	6	松节油	3.2
醋酸纤维素	3.7～7.5	聚四氟乙烯塑料	1.8～2.2
米及谷类	3～5	液氮	2
砂	3～5	液态二氧化碳	1.59
砂糖	3	乙醇	20～25
硫磺	3.4	乙二醇	35～40
沥青	2.7	空气及其他气体	1～1.2

5.3.4　应用举例

电容式传感器一般可以用来测量声强、振动、液位、含水量、压力、厚度、微小位移值等。

图 5.17 是英国皇家航空研究院 Farnborough 研制的用在风洞模型中的微型电容式压力传感器，整个尺寸为 3×6×9mm。该传感器包含有两个被膜片分开的压力室。膜片的挠度变换为膜片和两个绝缘电极之间的电容变化。该传感器是由铝合金做的，各部分之间用阳极氧化绝缘处理。膜片和两个电极分别接到三根屏蔽导线并接在传感器侧面插头内。标称的电压范围是 ±30kNkg/m^2。它与 Blumlein 桥路（见图 5.18）连接使用，后面还接有载波放大器和相敏解调器。在载频为 20kHz 及输入电压为 10V 时，满刻度输出是 ±4.5V。如果气隙为 0.05mm 以及初始电容为 1.2μF，则电容满度变化是 0.1μF。标准的非线性小于满度输出的 ±1.5%，而零漂和灵敏度随温度变化均小于 0.15%/℃，由加速度引起的误差

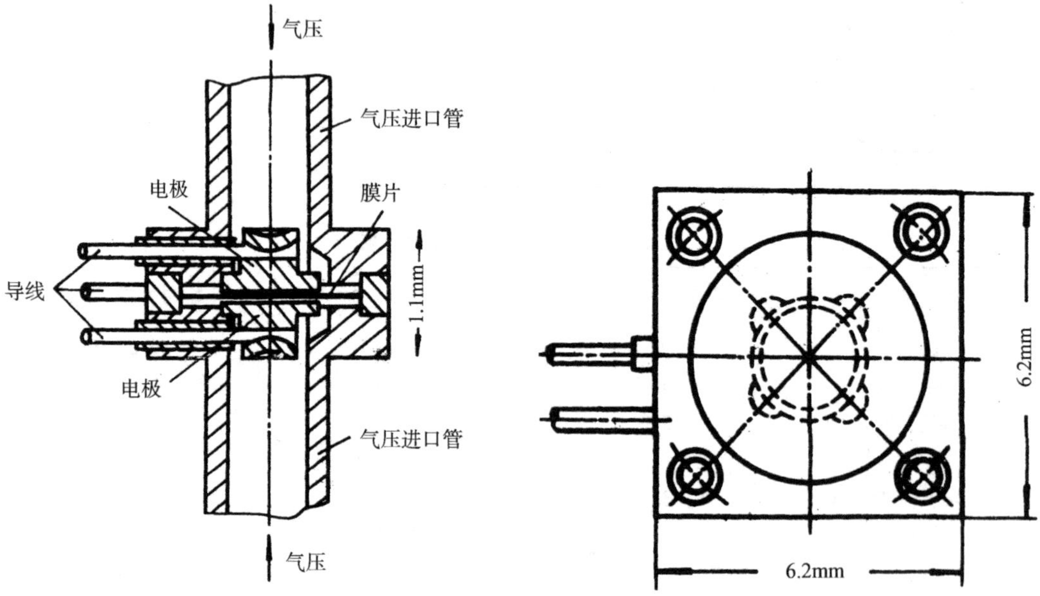

图 5.17　用于风洞模型的微型压差传感器

小于 0.02%/g，如果将进压管调整为 3mm 长，电容式传感器的上升时间小于 40μm。所以载波频率为 400kHz 的放大器就可以用于激波管和其他快速瞬变的测量。

图 5.18 为电容式传感器常用的 Blumlein 交流电桥（又称紧耦合电感比率臂电桥），这种电桥的特点是解决了电容电桥的屏蔽和接地问题，即不怕任何杂散电容或电缆电容的干扰。

图 5.19 是测量电缆芯的偏心原理图，在实际应用中是用两对极板（图中只画出 Y 方向的一对，X 方向的一对没有画出），分别测量出在 X 方向和 Y 方向的偏移量，再经计算得出偏心值。

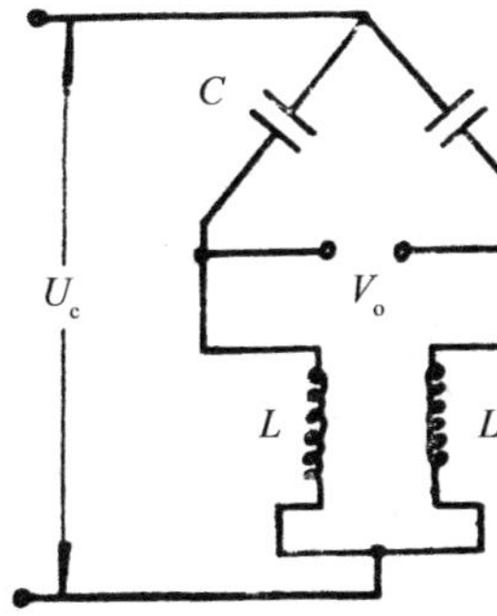

图 5.18 具有耦合电感比率臂的交流电桥的推挽可变电容传感器用电桥

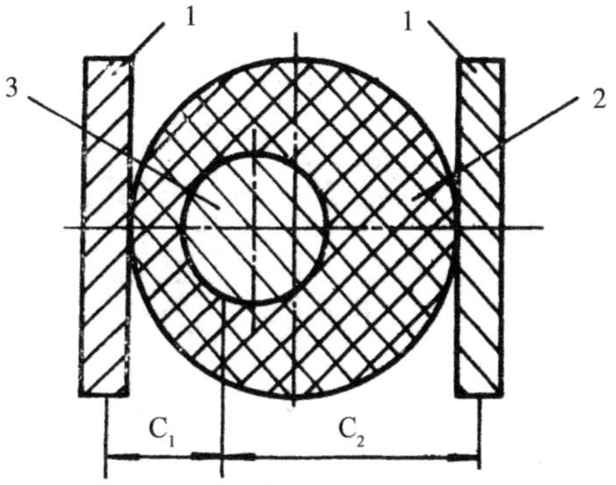

1. 传感器极筒；2. 电缆皮；3. 电缆芯

图 5.19 电容式传感器测量电缆芯偏心的原理图

5.4 *R*、*L*、*C* 传感技术工程应用举例

R、*L*、*C* 传感技术应用广泛，器件种类繁多，前面的介绍举了一些应用实例。在此，再举几个典型的应用，供参考。这些典型应用包括罐内（容器）液重测量、料位测量、高频反射式涡流厚度测量、电容测厚仪、电子皮带秤等。

5.4.1 罐内液重测量

罐内液重测量如图 5.20 所示，是插入式测量容器内液体重量的示意图。图中采用的是电阻应变式传感器，该传感器有一根传压杆，上端安装微压传感器，为了提高灵敏度，共安装了两只；下端安装感压膜，感压膜感受上面液体的压力。当容器中溶液增多时，感压膜感受的压力就增大。将其上两个传感器 R_t 的电桥接成正向串接的双电桥电路，则输出电压为：

$$U_o = U_1 - U_2 = (A_1 - A_2)\ h\rho \cdot g \tag{5.28}$$

式中，A_1，A_2 为传感器传输系数。

由于 $h\rho \cdot g$ 表征着感压膜上面液体的重量，对于等截面的柱形容器，有：

$$h\rho \cdot g = \frac{Q}{D} \tag{5.29}$$

式中，Q 为容器内感压膜上面溶液的重量；D 为柱形容器的截面积。

将上边两式联立，得到容器内感压膜上面溶液重量与电桥输出电压之间的关系式为：

$$U_o = \frac{(A_1 - A_2)\ Q}{D} \tag{5.30}$$

上式表明，电桥输出电压与柱形容器内感压膜上面溶液的重量呈线性关系，因此用此种方法可以测量容器内储存的溶液重量。

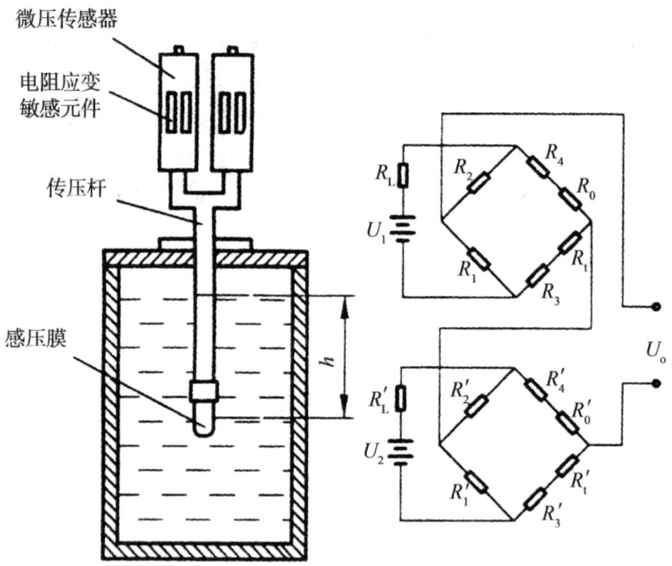

图 5.20　应变片容器内液体重量测量图

5.4.2　料位测量

料位测量示意图如图 5.21 所示，主要是采用电容式传感器进行测量的。测定电极安装在罐的顶部，这样在罐壁和测定电极之间就形成了一个电容器。

当罐内放入被测物料时，由于被测物料介电常数的影响，传感器的电容量将发生变化，电容量变化的大小与被测物料在罐内高度有关，且成比例变化。检测出这种电容量的变化就可测定物料在罐内的高度。

传感器的静电电容可由下式表示：

$$C = \frac{k\ (\varepsilon_s - \varepsilon_0)\ h}{\ln \dfrac{D}{d}} \tag{5.31}$$

式中，k 为比例常数；ε_s 为被测物料的相对介电常数；ε_0 为空气的相对介电常数；D 为储罐的内径；d 为测定电极的直径；h 为被测物料的高度。

假定罐内没有物料时的传感器静电电容为 C_0，放入物料后传感器静电电容为 C_1，则两者电容差为：

$$\Delta C = C_1 - C_0 \tag{5.32}$$

由式（5.31）可见，两种介质常数差别越大，极径 D 与 d 相差愈小，传感器灵敏度就愈高。

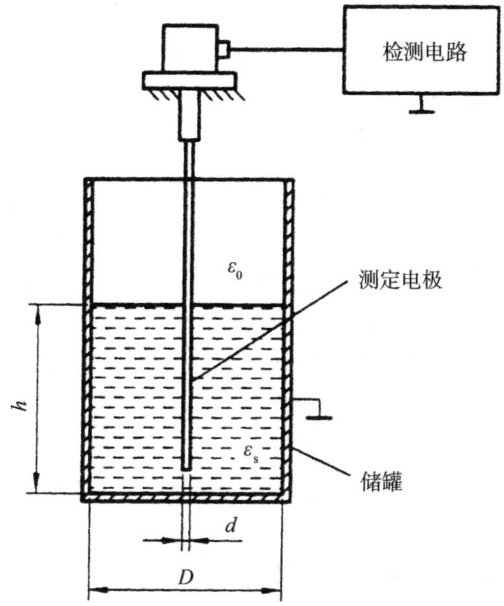

图 5.21　电容式料位测量示意图

5.4.3　高频反射式涡流厚度测量

图 5.22 所示是高频反射式涡流测厚仪测试系统原理图。

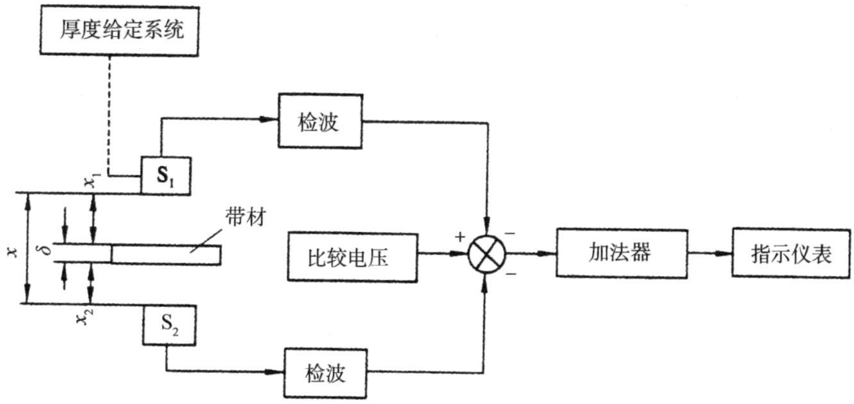

图 5.22　高频反射式涡流测厚仪系统原理图

为了克服带材不够平整或运行过程中上下波动的影响，在带材的上、下两侧对称地设置了两个特性完全相同的涡流传感器 S_1、S_2。S_1、S_2 与被测带材表面之间的距离分别为 x_1

和 x_2。若带材厚度不变，则被测带材上、下表面之间的距离总有 $x_1+x_2=$ 常数的关系存在。两传感器的输出电压之和为 $2U_o$ 数值不变。如果被测带材厚度改变量为 $\Delta\delta$，则两传感器与带材之间的距离也改变了一个 $\Delta\delta$，两传感器输出电压此时为 $2U_o+\Delta U$，ΔU 经放大器放大后，通过指示仪表电路即可指示出带材的厚度变化值。带材厚度给定值与偏差指示值的代数和就是被测带材的厚度。

5.4.4 电容测厚仪

电容测厚仪主要用来测量金属带材在轧制过程中的厚度，其工作原理如图 5.23 所示，在被测金属带材的上、下两侧各安装一块面积相等、与带材距离相等的极板，把这两块极板用导线连接起来作为传感器的一个电极板，而金属带材就是电容传感器的另一个极板。其总的电容量 C 应是两极板间电容之和，$C=C_1+C_2$。带材的厚度发生变化时，将引起电容量的变化，用交流电桥将这一变化电容检测出来，再经过放大，即可由显示仪器把带材的厚度变化显示出来。

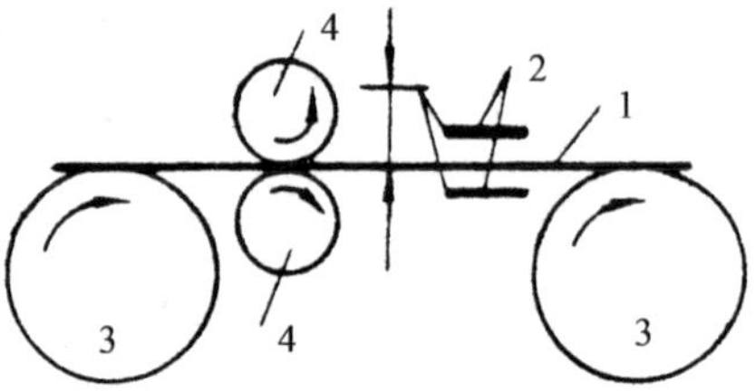

1. 金属带材；2. 电容极板；
3. 传动轮；4. 轧辊

图 5.23 电容测厚仪示意图

目前用于这种厚度检测的电容式厚度传感器的框图如图 5.24 所示。图中的多谐振荡器输出电压 E_1、E_2 通过 R_1、R_2（$R_1=R_2$）交替对电容器 C_1、C_2 充放电，从而使弛张振荡器的输出交替触发双稳态电路。当 $C_1=C_2$ 时，$U_0=0$；当 $C_1\neq C_2$ 时，双稳态电路 Q 端输出脉冲信号，此脉冲信号经对称脉冲检测电路处理后变成电压输出，用数字电压表示。

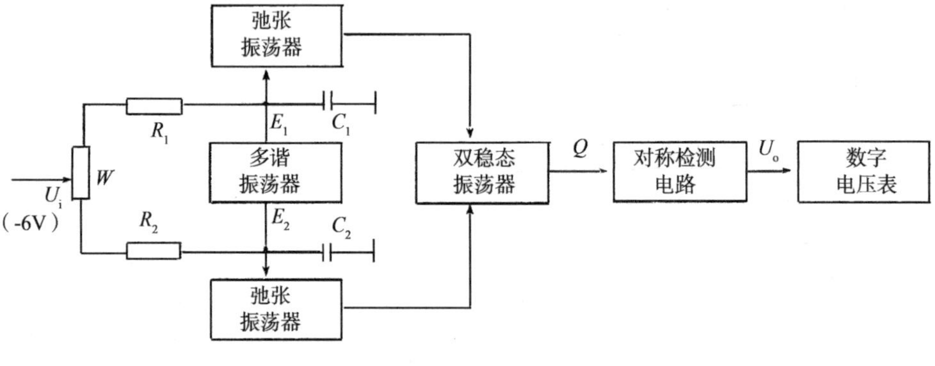

图 5.24 电容式厚度传感器方框图

输出电压的大小可由公式：

$$U_0=E_C\frac{C_1-C_2}{C_1+C_2} \tag{5.33}$$

加以计算。式中 E_C 为电源电压。

电容测厚仪的结构比较简单，信号输出的线性度好，分辨力也比较高，因此在自动化厚度检测中得到较为广泛的应用。

5.4.5 电子皮带秤

电阻应变式传感器在电子自动秤上的应用很普遍，如电子汽车秤、电子轨道秤、电子吊车秤、电子配料秤、电子皮带秤、自动定量灌装秤，等等。其中，电子皮带秤是一种能连续称量散装材料（矿石、煤、水泥、米、面……）质量（习惯上称之为重量）的装置。它不但可以秤出某一瞬间在输送带上输出的物料的质量，而且还可以秤出某一段时间内输出物料的总质量。

电子皮带秤的测量如图5.25所示。测力传感器通过秤架感受到被称量段L的物料量，设物料质量为$A(t)$，则：

$$A(t)=g(t)L$$

式中，$g(t)$为皮带上单位长度的物料质量（kg/m）；L为被称量段的长度（m）。

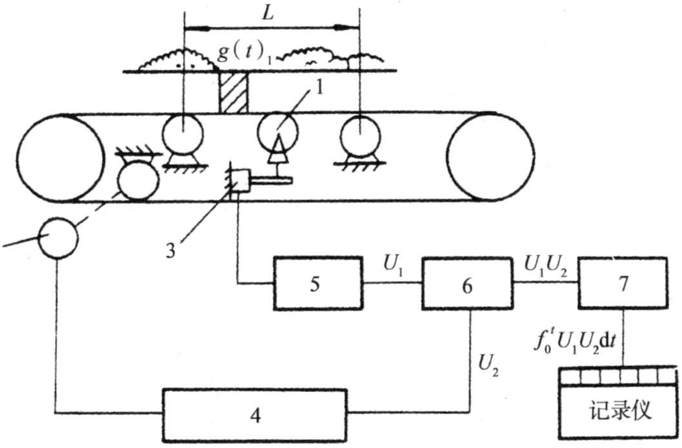

1. 秤架；2. 测速传感器；3. 测力传感器；
4. 频率、电压转换；5. 放大器；6. 乘法器；7. 积分器

图5.25 电子皮带秤

测力传感器上的输出信号为电压值（U_1），测速传感器将皮带的速度（$v(t)$）转换成电压值（U_2），再经乘法器把U_1与U_2相乘后即可得到皮带在单位时间里的输送量$x(t)$，它们之间的关系为：

$$x(t)=L\times g(t)\times v(t) \tag{5.34}$$

$x(t)$值再经积分放大器积分处理后，即可得到$0\sim t$段时间内物料的总质量，经放大后就可在记录仪上显示出来。

R、*L*、*C*（电阻、电感、电容）传感器的应用十分广泛，在航天航空、医疗、科研、生产等各个领域应用的实例举不胜举，限于篇幅，不再介绍。

5.5 小　　结

1. 电阻式传感器
- ① 原理：$R=\rho\frac{\varepsilon}{A}$
- ② 类型
  - 电位器式
    - 优点：结构简单，价格便宜，有一定可靠性，输出功能大，使用比较方便
    - 缺点：有滑动触点，可靠性不太好，灵敏度较低
  - 电阻应变片式
    - 优点：应用极广，占世界上所有传感器应用中总量的83%
    - 缺点：灵敏度系数较低（约为2.0~3.6）
- ③ 用途：主要用于位移、压力、力矩、应变、温度、湿度、辐射热、气流流速、液体流量等物理参数的检测

2. 电感式传感器
- ① 原理：$L=\frac{W\Phi}{I}=\frac{W^2}{R_m}$
- ② 类型
  - 可动铁芯式
  - 改变铁芯导流率式
  - 改变磁路中空气隙式
  - 高频反射涡流式
- ③ 优缺点
  - 优点：结构简单、工作可靠，输出功率较大（1~5伏安），不经放大可以直接指示或记录仪表。可进行静态或动态测量
  - 缺点：输出量与电源的频率有密切关系，要求电源频率稳定
- ④ 用途：主要用于力、力矩、压力、位移、速度、厚度、振动等参数的检测

3. 电容式传感器
- ① 原理：$C=\frac{\varepsilon S_b}{d}=\frac{\varepsilon_r\varepsilon_0 S_b}{d}$
- ② 类型
  - 改变两极板间距 d 型
  - 改变极板间覆盖面积 S 型
  - 改变极板间介质 ε 型
- ③ 优缺点
  - 优点：能检测百分之几微米数量级的微位移值，能量低、动态响应快、灵敏度高、误差小、不怕高温
  - 缺点：输出特性非线性，泄漏电容的影响将引起误差
- ④ 用途：主要用于声强、液位、含水量、振动、压力、厚度、位移、角度、加速度、差压、液面、料位、成分含量等参数的检测

5.6 习　题

1. 什么叫电阻式传感器、电感式传感器和电容式传感器？

2. 电阻式传感器有哪些类型，各有何优、缺点？

3. 电感式传感器有哪些类型，各有何优、缺点？

4. 电容式传感器有哪些类型，各有何优、缺点？

5. 简述 R、L、C 三种传感器的主要用途。

6. 电阻应变片的灵敏度系数 $S=2$，电阻值 $R=120\Omega$，设工作时其应变为 $1000\mu\varepsilon$，其电阻变化为多少？

第 6 章 压电、磁敏传感技术

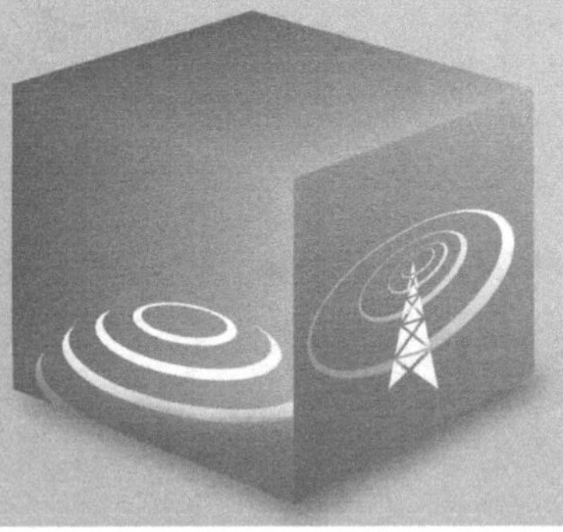

学习要点

① 了解压电、磁敏传感技术的基本原理；

② 掌握压电式传感器、磁敏电阻、磁敏二极管、磁敏三极管、霍尔传感器等的结构、特性及使用方法。

本章主要介绍压电式传感器和应用十分广泛的磁敏霍尔传感器的结构、原理、类型、特征以及它们的优、缺点和使用方法。

6.1 压电式传感器

压电式传感器主要是用于动态作用力、压力和加速度的测量。

压电式传感器是一种能量转换型传感器。它既可以将机械能转换为电能，又可以将电能转化为机械能。它的工作原理是基于某些晶体受力后，在其表面产生电荷的压电效应。压电式传感器刚度大、固有频率高，一般都在几十千赫以上，配上适当的电荷放大器，能在低至接近 0Hz，高达 10kHz 的范围内工作，尤其适合于测量迅速变化的参数；其测量值可到上百吨力，又能分辨出小到几克力。近年来压电测试技术发展迅速，特别是电子技术的迅速发展，使压电式传感器的应用越来越广泛。

6.1.1 工作原理

1. 压电效应

某些晶体（如石英等）在一定方向的外力作用下，不仅几何尺寸会发生变化，而且晶体内部会产生极化现象，晶体表面上有电荷出现，形成电场。当外力去除后，表面又恢复到不带电状态，这种现象被称为压电效应。具有这种性质的材料，称为压电材料。若将压电材料置于电场之中，其几何尺寸也会发生变化。这种由于外电场作用下，导致压电材料产生机械变形的现象，称为逆压电效应或电致伸缩效应。

2. 石英晶体的压电效应

压电式传感器是利用石英压电晶体的压电效应工作的。

(1) *石英材料的特性*

石英晶体即二氧化硅无水化合物，分子式为SiO_2，它具有各向异性，通常以直角坐标来表征其方向性，如图6.1所示。

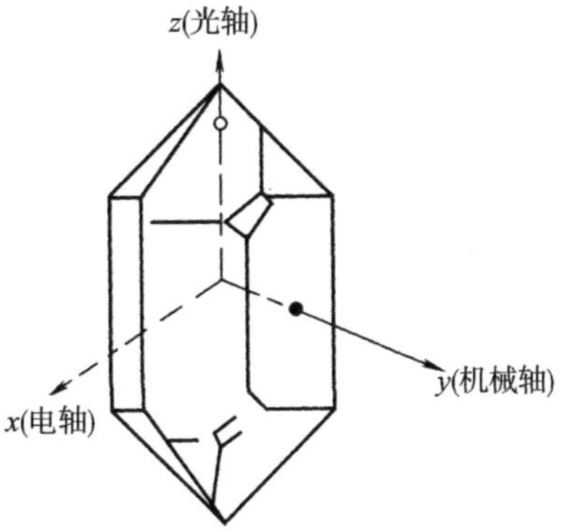

图6.1 理想石英晶体的外形和直角坐标轴

石英晶体材料具有其他材料无可比拟的特性，因而被广泛用作力－电转换元件。其特性有以下几种。

① 石英晶体具有理想的线性，在一般情况下无滞后现象。

② 刚性好，石英弹性模量$E=8000kg/mm^2$，因通常晶片厚度只有（0.4mm～1mm左右），所以整个传感器与实心小钢块的刚性相似，大大提高了传感器的固有频率。

③ 频率响应范围宽，特别适用于动态测量。

④ 稳定性好，时间老化率低，无热释电现象。

⑤ 居里点高（573℃），对温度的敏感性比电阻、电感类要低得多，因此灵敏度变化极小。

⑥ 具有较高的绝缘阻抗，体积电阻率大于$10^{12}\Omega \cdot m^2/m$。

(2) *石英晶体的三种压电效应*

① 纵向效应

对石英晶体$x0°$切割（见图6.2），截得的压电元件的两个端面都是与x轴（电轴）相垂直。在垂直于x轴的平面上，沿x轴方向受力F_x时，则在垂直于x轴的平面上产生的电荷Q与作用力F_x成正比，且与晶片的几何尺寸无关，这种现象称为纵向压电效应（见图6.3），关系式为：

$$Q=d_{11}F_x \tag{6.1}$$

式中，d_{11}为石英晶体的纵向压电常数，单位为C/N（库仑/牛顿）：

$$\begin{aligned} d_{11} &= \pm 2.31\times 10^{-12}\mathrm{C/N} \\ &= \pm 22.64\mathrm{pC/kg}\ （皮库仑/千克） \end{aligned}$$

② 横向效应

对石英晶体$y0°$切割，截得的压电元件的两个端面都是与y轴（中性轴，或机械轴）相垂直。在垂直于y轴的平面上，沿着y轴方向受力F_y时，在垂直于x轴的平面上产生的电荷Q与作用力F_y成正比，且与晶片的尺寸有关，这种现象称为横向压电效应。关系式为：

$$Q=-d_{11}\frac{l}{t}F_y \tag{6.2}$$

式中，l为晶体片长度；t为晶体片厚度。

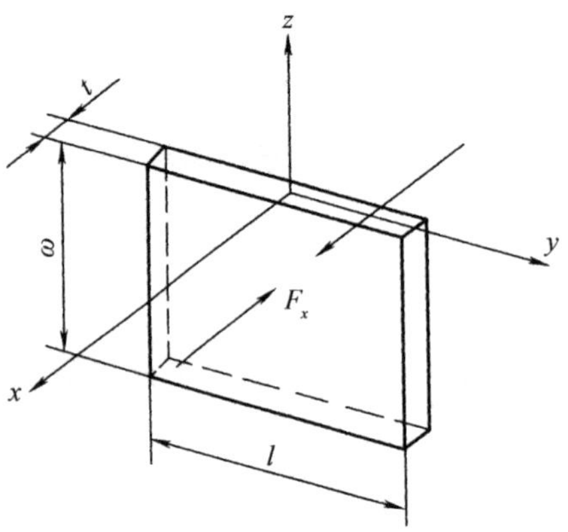

图 6.2　石英晶体的 x0°切割

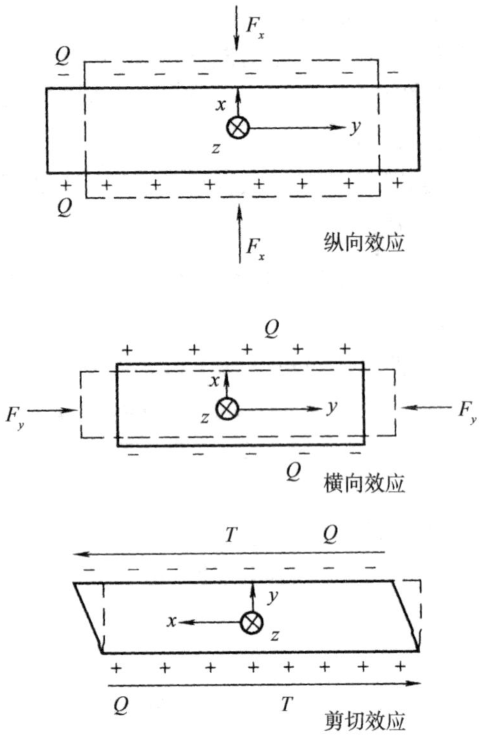

图 6.3　石英中的压电效应

③ 剪切效应

在剪切型（y0°）切割的晶片中，当晶体在垂直于 y 轴的平面内，沿 x 轴的方向受剪切力 T 作用时，在受力表面上产生的电荷 Q 与剪切力 T 成正比，且与石英片的几何尺寸无关，这种现象称为剪切压电效应。关系式为：

$$Q = d_{26}T = -2d_{11}T \tag{6.3}$$

式中，d_{26}为石英晶体的横向电压常数，单位为 C/N。

6.1.2　压电材料及压电元件的结构

1. 压电材料选择原则

选取合适的压电材料是压电传感器的关键，一般应考虑以下主要特性进行选择。

① 具有较大的压电常数。

② 压电元件的机械强度高、刚度大并具有较高的固有振动频率。

③ 具有高的电阻率和较大的介电常数，以期减少电荷的泄漏以及外部分布电容的影响，获得良好的低频特性。

④ 具有较高的居里点。所谓居里点是指在压电性能破坏时的温度转变点。居里点高可以得到较宽的工作温度范围。

⑤ 压电材料的压电特性不随时间蜕变，有较好的时间稳定性。

2. 常见压电材料

常见的压电材料有以下几种。

(1) 石英晶体

石英晶体有天然和人工制造两种类型。人工制造的石英晶体的物理、化学性质几乎与天然石英晶体无多大区别，因此目前广泛应用成本较低的人造石英晶体。它在几百摄氏度的温度范围内，压电系数不随温度变化。石英晶体的居里点为573℃，即到573℃时，它将完全丧失压电性质。它有很大的机械强度和稳定的机械性能，没有热释电效应；但灵敏度很低，介电常数小，因此逐渐被其他压电材料所代替。

(2) 水溶性压电晶体

这类压电晶体有酒石酸钾钠（$NaKC_4H_4O_6 \cdot 4H_2O$）、硫酸锂（$Li_2SO_4 \cdot H_2O$）、磷酸二氢钾（KH_2PO_4）等。水溶性压电晶体具有较高的压电灵敏度和介电常数；但易于受潮，机械强度也较低，只适用于室温和湿度低的环境下。

(3) 铌酸锂晶体

铌酸锂是一种透明单晶，熔点为1250℃，居里点为1210℃。它具有良好的压电性能和时间稳定性，在耐高温传感器上有广泛的用途。

(4) 压电陶瓷

这是一种应用最普遍的压电材料，压电陶瓷具有烧制方便、耐湿、耐高温、易于成型等特点。

- 钛酸钡压电陶瓷。钛酸钡（$BaTiO_3$）是由 $BaCO_3$ 和 TiO_2 在高温下合成的，具有较高的压电系数和介电常数。但它的居里点较低，为120℃，此外机械强度不如石英。
- 锆钛酸铅系压电陶瓷（PZT）。锆钛酸铅是 $PbTiO_3$ 和 $PbZrO_3$ 组成的固溶体 Pb（ZrTi）O_3。它具有较高的压电系数和居里点（300℃以上）。
- 铌酸盐系压电陶瓷。如铌酸铅具有很高的居里点和较低的介电常数。铌酸钾的居里点为435℃，常用于水声传感器中。
- 铌镁酸铅压电陶瓷（PMN）。这是一种由三元素组成的新型陶瓷。它具有较高的压电系数和居里点，能够在较高的压力下工作，适合作为高温下的力传感器。

(5) 压电半导体

有些晶体既具有半导体特性又同时具有压电性能，如 ZnS，CaS，GaAs 等。因此既可利用它的压电特性研制传感器，又可利用半导体特性以微电子技术制成电子器件。两者结合起来，就出现了集转换元件和电子线路为一体的新型传感器，它的前途是非常远大的。

(6) 高分子压电材料

某些合成高分子聚合物薄膜经延展拉伸和电场极化后，具有一定的压电性能，这类薄膜称为高分子压电薄膜。目前出现的压电薄膜有聚二氟乙烯（PVF_2）、聚氟乙烯（PVF）、聚氯乙烯（PVC），聚γ甲基-L谷氨酸酯（PMG）等。这是一种柔软的压电材料，不易破碎，可以大量生产和制成较大的面积。

如果将压电陶瓷粉末加入高分子化合物中，可以制成高分子-压电陶瓷薄膜，它既保持了高分子压电薄膜的柔软性，又具有较高的压电系数，是一种很有希望的压电材料。

3. 压电元件的常用结构形式

在压电式传感器中，常用两片或多片组合在一起使用。由于压电材料是有极性的，因此接法也有两种，如图6.4所示。图6.4（a）为并联接法，其输出电容C'为单片的n倍，即$C'=nC$，输出电压$U'=U$，极板上的电荷量Q'为单片电荷量的n倍，即$Q'=nQ$。图6.4（b）为串联接法，这时有$Q'=Q$，$U'=nU$，$C'=C/n$。

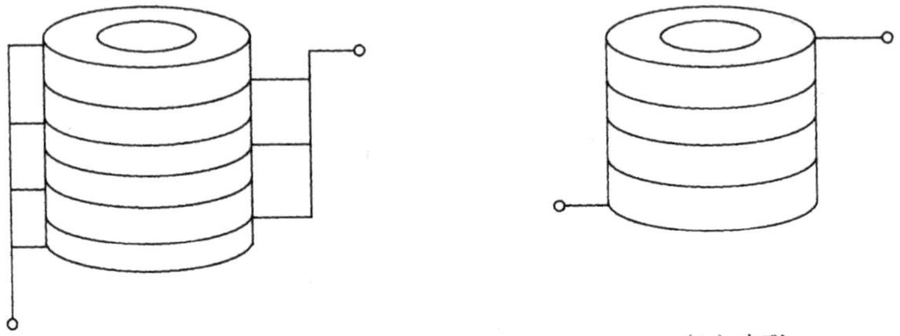

（a）并联　　　　（b）串联

图6.4　压电元件的串、并联

在以上两种连接方法中，并联接法输出电荷大，本身电容大，因此时间常数也大，适用于测量缓变信号，并以电荷量作为输出的场合。串联接法输出电压高，本身电容小，适用于以电压作为输出量以及测量电路输入阻抗很高的场合。

压电元件在压电传感器中，必须有一定的预应力，这样可以保证在作用力变化时，压电片始终受到压力，同时也保证了压电片的输出与作用力的线性关系。

6.1.3　测量电路

压电式传感器的内阻抗很高，而输出的信号微弱，因此一般不能直接显示和记录。

压电式传感器要求测量电路的前级输入端要有足够高的阻抗，这样才能防止电荷迅速泄漏而使测量误差减小。

压电式传感器的前置放大器有两个作用：一是把传感器的高阻抗输出变换为低阻抗输出；二是把传感器的微弱信号进行放大。

1. 电压放大器

压电传感器接电压放大器的等效电路如图6.5（a）所示。图6.5（b）为简化后的等效电路，其中，u_i为放大器输入电压；$C=C_c+C_i$；$R=\dfrac{R_aR_i}{R_a+R_i}$；$u_a=\dfrac{Q}{C_a}$。

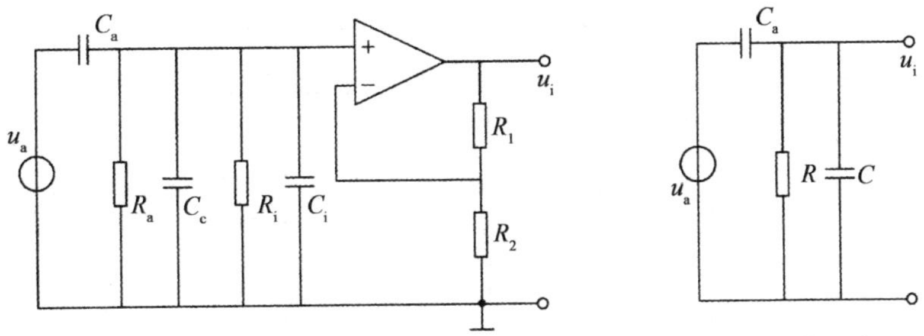

（a）等效电路　　（b）简化电路

图 6.5　压电传感器接电压放大器的等效电路

如果压电传感器受力为：

$$F = F_m \sin\omega t \tag{6.4}$$

式中，F_m 为压电传感器受力的最大值，则在压电元件上产生的电压为：

$$u_a = \frac{dF_m}{C_a}\sin\omega t \tag{6.5}$$

当 $\omega R\ (C_i + C_c + C_a) \gg 1$ 时，放大器的输入电压为：

$$u_i = \frac{\dfrac{R\dfrac{1}{j\omega C}}{R+\dfrac{1}{j\omega C}}}{\dfrac{1}{j\omega C_a}+\dfrac{R\dfrac{1}{j\omega C}}{R+\dfrac{1}{j\omega C}}}u_a = \frac{j\omega R}{1+j\omega R\ (C+C_a)}dF \tag{6.6}$$

而在放大器输入端形成的电压为：

$$u_i \approx \frac{d}{C_i + C_c + C_a}F \tag{6.7}$$

由式（6.7）可以看出，放大器输入电压幅度与被测频率无关。当改变连接传感器与前置放大器的电缆长度时，C_c 将改变，从而引起放大器的输出电压也发生变化。在设计时，通常把电缆长度定为一常数，使用时如要改变电缆长度，则必须重新校正电压灵敏度值。

2. 电荷放大器

电荷放大器是一种输出电压与输入电荷量成正比的前置放大器。它实际上是一个具有反馈电容的高增益运算放大器。图 6.6 为压电传感器与电荷放大器连接的等效电路，图中 C_f 为放大器的反馈电容，其符号的意义与电压放大器相同。

如果忽略电阻 R_a，R_i 及 R_f 的影响，则输入到放大器的电荷量为：

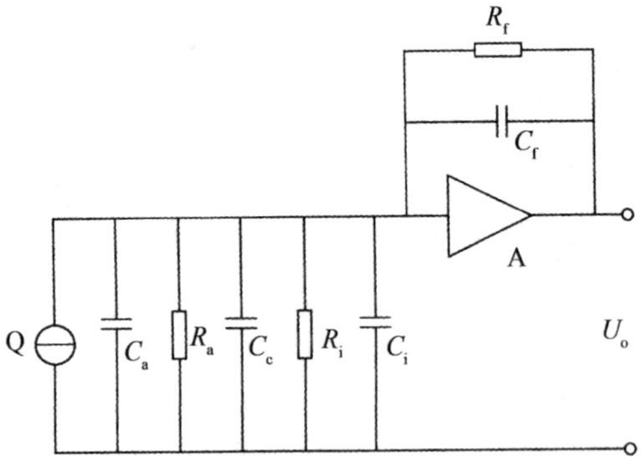

图 6.6　电荷放大器等效电路

$$Q_i = Q - Q_f$$

$$Q_f = (U_i - U_o)\ C_f = \left(-\frac{U_o}{A} - U_o\right) C_f = -(1+A)\ \frac{U_o}{A} C_f$$

$$Q_i = U_i\ (C_i + C_c + C_a) = -\frac{U_o}{A}\ (C_i + C_c + C_a)$$

式中，A 为开环放大系数。所以有：

$$-\frac{U_o}{A}\ (C_i + C_c + C_a) = Q - \left[-(1+A)\ \frac{U_o}{A} C_f\right] = Q + (1+A)\ \frac{U_o}{A} C_f$$

故放大器的输出电压为：

$$U_o = \frac{-AQ}{C_i + C_c + C_a + (1+A)\ C_f} \tag{6.8}$$

当 $A \gg 1$，而 $(1+A)\ C_f \gg C_i + C_c + C_a$ 时，放大器输出电压可以表示为：

$$U_o = -\frac{Q}{C_f} \tag{6.9}$$

由式（6.9）中可以看出，由于引入了电容负反馈，电荷放大器的输出电压仅与传感器产生的电荷量及放大器的反馈电容有关，电缆电容等其他因素对灵敏度的影响可以忽略不计。

电荷放大器的灵敏度为：

$$K = \frac{U_o}{Q} = -\frac{1}{C_f} \tag{6.10}$$

可见放大器的输出灵敏度取决于 C_f。在实际电路中，是采用切换运算放大器负反馈电容 C_f 的办法来调节灵敏度的。C_f 越小则放大器的灵敏度越高。

为了放大器的工作稳定，减小电路的零点漂移，在反馈电容 C_f 两端并联了一反馈电阻，形成直流负反馈，用以稳定放大器的直流工作点。

6.1.4　应用举例

压电式传感器常用来测量力、压力、振动的加速度，也用于声学和声发射等测量。

1. 测量汽缸中燃烧的爆发力

如图 6.7 所示，将石英力传感器紧固在汽缸盖的紧固螺栓中，相当于垫圈的作用。连接电荷放大器和记录仪式峰值电压表即可实现汽缸的爆发力测量。

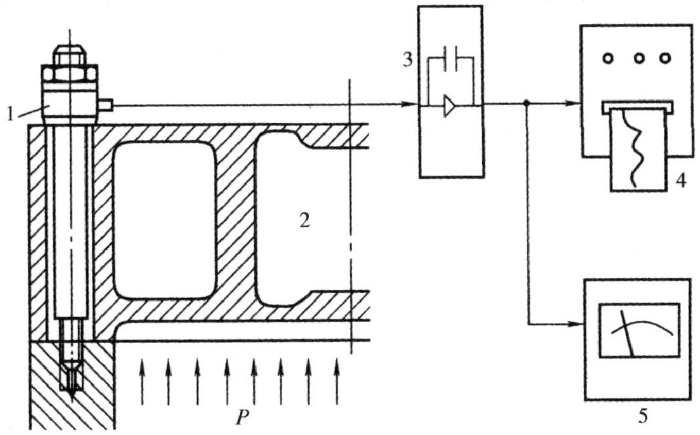

1. 石英力传感器；2. 汽缸盖；3. 电荷放大器；
4. 记录器；5. 峰值电压表

图 6.7　通过汽缸盖螺栓力测量燃烧的爆发力示意图

2. 测量冲床压力

如图 6.8 所示为冲床压力测量示意图。当测量大的力值时，可用两个传感器支承，或将几个传感器圆周均布支承，而后将分别测得的力值算术相加求出总力值 F（属平行力时）。因有时力的分布不均匀，各个传感器测得的力值有大有小，故分别测力可以测得更准确些，有时也可通过各点的力值来了解力的分布情况。

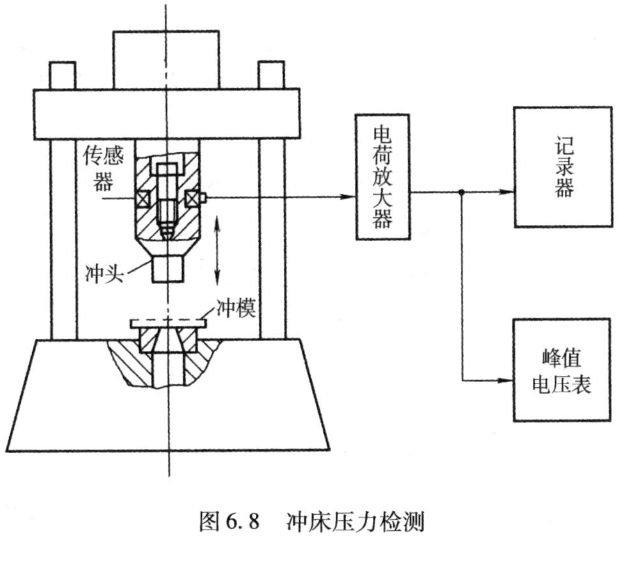

图 6.8　冲床压力检测

6.2 磁敏电阻

磁敏电阻是基于磁阻效应的磁敏元件。磁敏电阻的应用范围比较广，可以利用它制成磁场探测仪、位移和角度检测器、安培计以及磁敏交流放大器等。

6.2.1 磁阻效应

当一载流导体置于磁场中时，其电阻会随磁场而变化，这种现象被称为磁阻效应。

当温度恒定时，在磁场内，磁阻与磁感应强度 B 的平方成正比。如果器件只是在电子参与导电的简单情况下，理论推导出来的磁阻效应方程为：

$$\rho_B = \rho_0 \ (1 + 0.273\mu^2 B^2) \tag{6.11}$$

式中，ρ_B 为磁感应强度为 B 的电阻率；ρ_0 为零磁场下的电阻率；μ 为电子迁移率；B 为磁感应强度。

当电阻率变化为 $\Delta\rho = \rho_B - \rho_0$ 时，则电阻率的相对变化为：

$$\frac{\Delta\rho}{\rho_0} = 0.273\mu^2 B^2 = K\mu^2 B^2 \tag{6.12}$$

由式（6.12）可知，磁场一定，迁移率越高的材料，如 InSb、InAs 和 NiSb 等半导体材料，其磁阻效应越明显。

6.2.2 磁敏电阻的结构

磁敏电阻通常使用两种方法来制作：一种是在较长的元件片上用真空镀膜方法制成，如图 6.9（a）所示的许多短路电极（光栅状）的元件；另一种是在结晶制作过程中有方向性地析出金属而制成磁敏电阻，如图 6.9（b）所示。除此之外，还有圆盘形，中心和边缘处各有一电极，如图 6.9（c）所示，磁敏电阻大多制成圆盘结构。

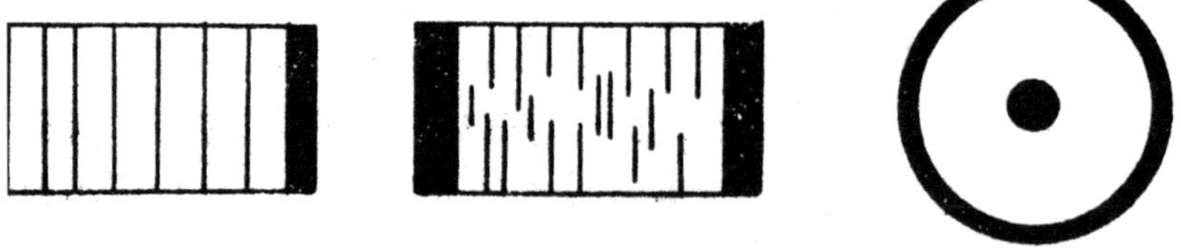

（a）短路电极　（b）在结晶中有方向性地析出金属　（c）圆盘结构

图 6.9　磁敏电阻的结构

磁阻效应除了与材料有关外，还与磁敏电阻的形状有关。若考虑其形状的影响，电阻率的相对变化与磁感应强度和迁移率的关系可表示为：

$$\frac{\Delta\rho}{\rho_0} \approx K\ (\mu B)^2\ \left[1 - f\ \left(\frac{L}{b}\right)\right] \tag{6.13}$$

式中，L，b 分别为电阻的长和宽；$f\ \left(\frac{L}{b}\right)$ 为形状效应系数。

在恒定磁感应强度下，其长度（L）比宽度越小，则$\frac{\Delta\rho}{\rho_0}$越大。各种形状的磁敏电阻，其磁阻与磁感应强度的关系如图 6.10 所示。由图可见，圆盘形样品的磁阻最大。

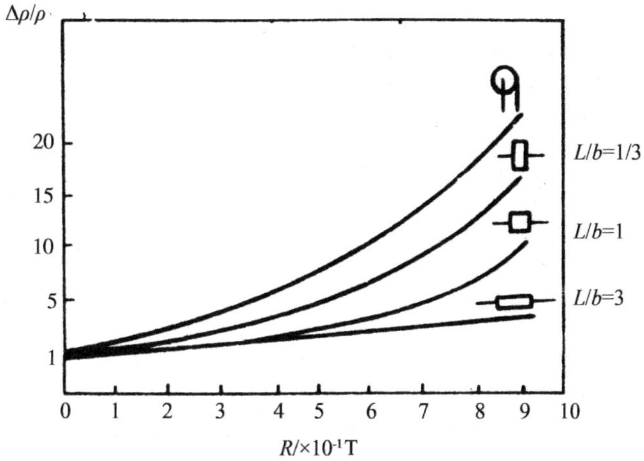

图 6.10　磁阻与磁感应强度的关系

磁敏电阻的灵敏度一般是非线性的，且受温度影响大；因此，使用磁敏电阻时，必须首先了解如图 6.11 所示的特性曲线，然后确定温度补偿方案。

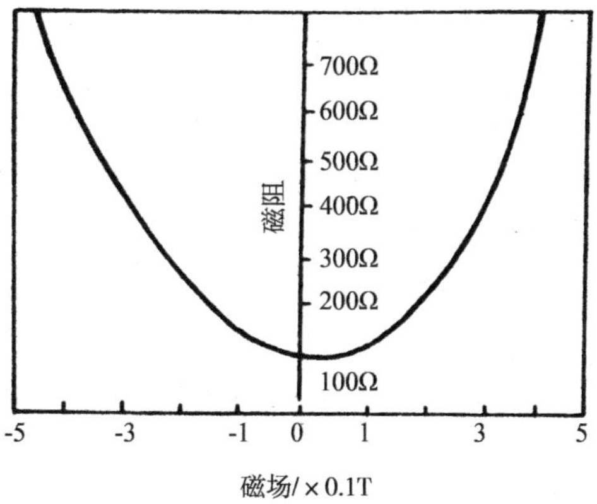

（a）灵敏度

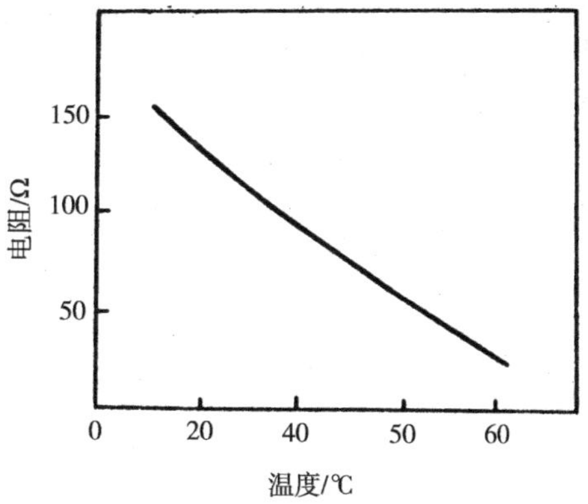

（b）温度特性

图 6.11　磁敏电阻（InSb）的特性

6.2.3 应用举例

1. 非接触式交流电流监视器

非接触式交流电流监视器电路如图 6.12 所示。交流电流检测传感器采用半导体磁敏电阻 MS-F06，放大器 A_1 的增益可以在 100 至 1000 倍之间调整，输出可接万用表 2V/20A 交流档。只要把传感器靠近被测的交流电源线，则传感器就会输出与其电流大小成比例的电压，其具体接法如图 6.13 所示。

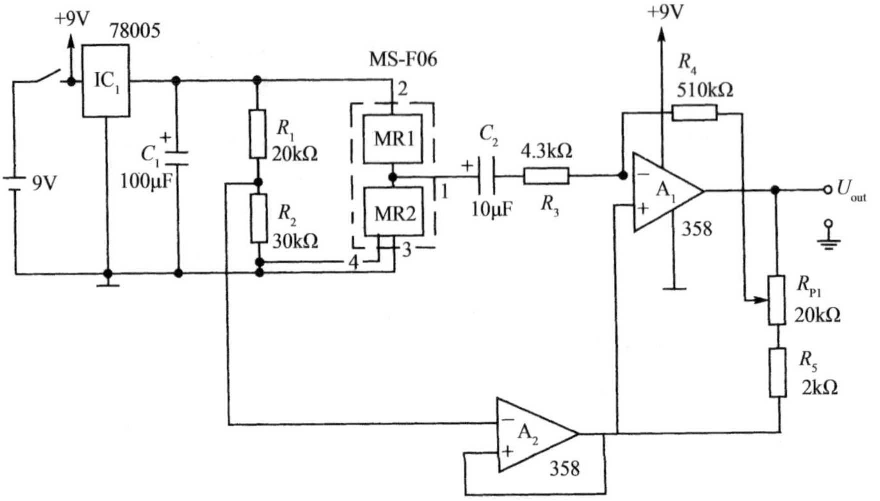

图 6.12 非接触式交流电流监视器电路

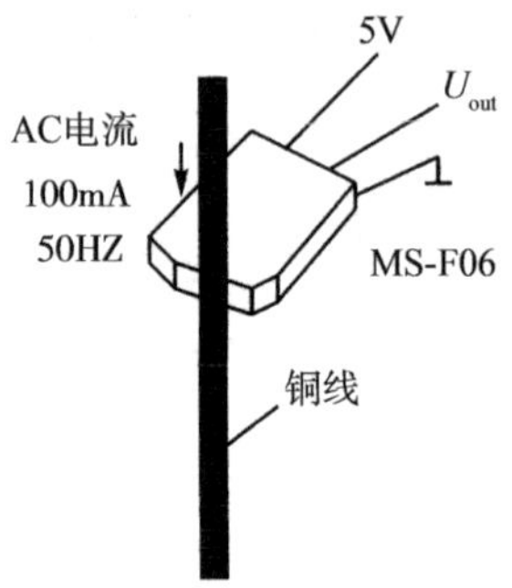

图 6.13 用 MS-F06 测量交流电流

2. 电机转速测量电路

图 6.14 是采用磁敏电阻测量电机转速电路的实例。电路中 a 点电压随转速而改变，用运放放大 a 点的变化电压（这时采用交流放大器），目的是减小放大器的零点漂移。另外，因磁敏电阻工作时加有偏磁，可获得与转速随时间变化趋势相同的信号。在运放的输出端接入示波器或计数器，就可测量电机的转速。

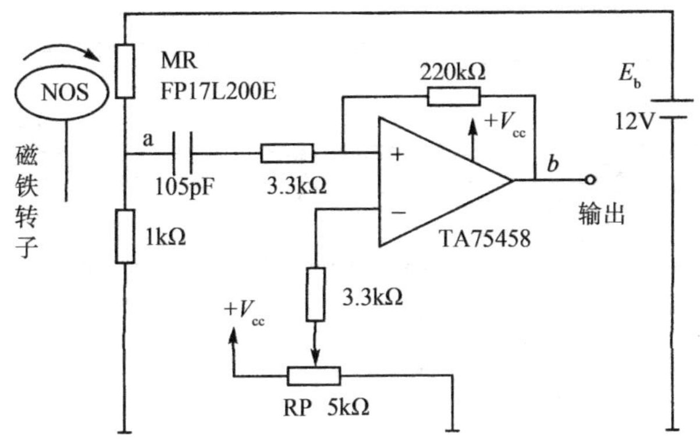

图 6.14 采用磁敏电阻测量电机转速电路

6.3 磁敏二极管

磁敏二极管是 PN 结型的磁电转换元件，它具有输出信号大、灵敏度高、工作电流小和体积小等特点，因此，比较适合磁场、转速、探伤等方面的检测和控制。

6.3.1 结构形式

磁敏二极管（SMD）的结构形式如图 6.15 所示。磁敏二极管的 P 型和 N 型电极由高阻材料制成，在 P，N 之间有一个较长的本征区 I，本征区 I 的一面磨成光滑的复合表面（为 I 区），另一面打毛，设置成高复合区（为 r 区），其目的是因为电子-空穴对易于在粗糙表面复合而消失。当通以正向电流后就会在 P，I，N 结之间形成电流。由此可知，磁敏二极管是 PIN 型的。

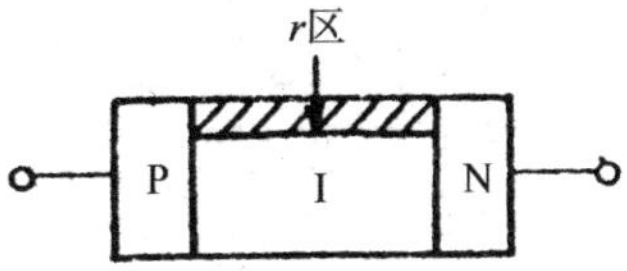

（a）结构

（b）符号

图 6.15 磁敏二极管结构示意图

6.3.2 工作原理

当磁敏二极管未受到外界磁场作用时，外加正偏压，如图 6.16（a）所示，则有大量的空穴从 P 区通过 I 区进入 N 区，同时也有大量电子流入 P 区，形成电流。只有少量电子和空穴在 I 区复合掉。

当磁敏二极管受到外界磁场 H^+（正向磁场）作用时，如图 6.16（b）所示，则电子和空穴受到洛仑兹力的作用而向 r 区偏转，由于 r 区的电子和空穴复合速度比光滑面 I 区快，因此，形成的电流因复合速度而减小。

当磁敏二极管受到外界磁场 H^-（反向磁场）作用时，如图 6.16（c）所示，电子、空穴受到洛仑兹力作用而向 I 区偏移，由于电子、空穴复合率明显变小，则电流变大。

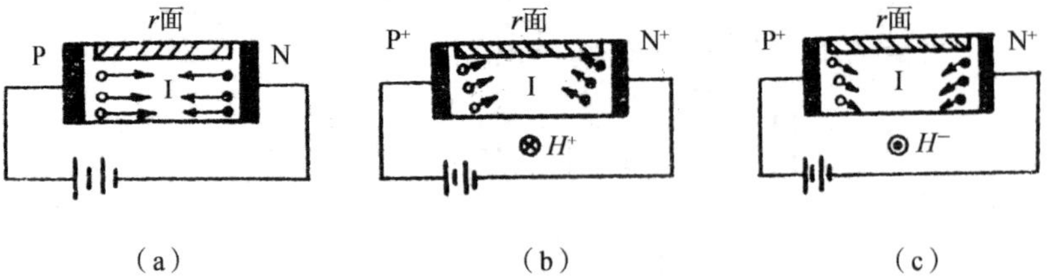

图 6.16　磁敏二极管工作原理示意图

利用磁敏二极管在磁场强度的变化下，其电流发生变化，于是就实现磁电转换。

6.3.3　主要特性

磁敏二极管的主要特性包括：磁电特性，伏安特性，温度特性。

1. 磁电特性

在给定条件下，磁敏二极管输出的电压变化与外加磁场的关系称为磁敏二极管的磁电特性。

磁敏二极管通常有单个使用和互补使用两种方式。它们的磁电特性如图 6.17 所示。由图可知，单个使用时，正向磁灵敏度大于反向；互补使用时，正、反向磁灵敏度曲线对称，且在弱磁场下有较好的线性。

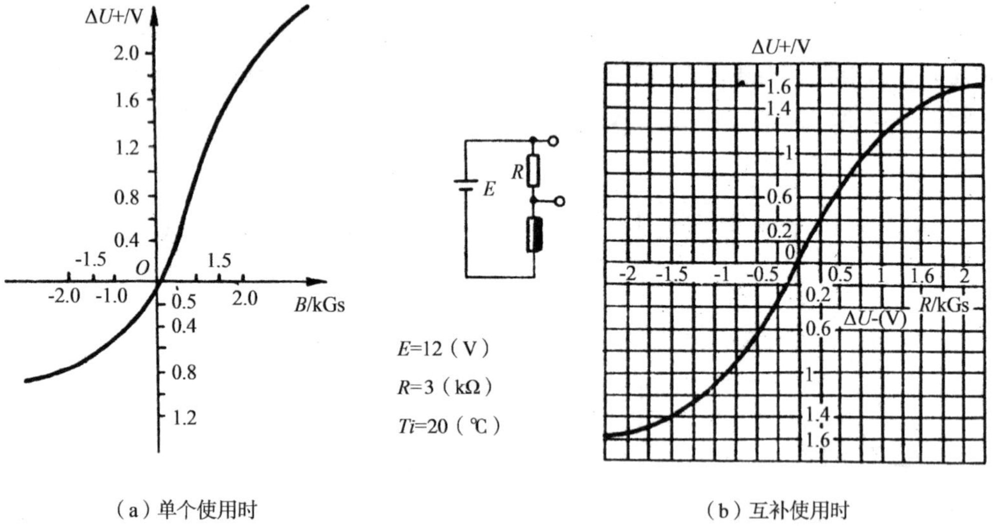

图 6.17　磁电特性

2. 伏安特性

磁敏二极管正向偏压和通过其上电流的关系被称为磁敏二极管的伏安特性。如图 6.18 所示。从图可知，磁敏二极管在不同磁场强度 H 的作用下，其伏安特性将不一样。

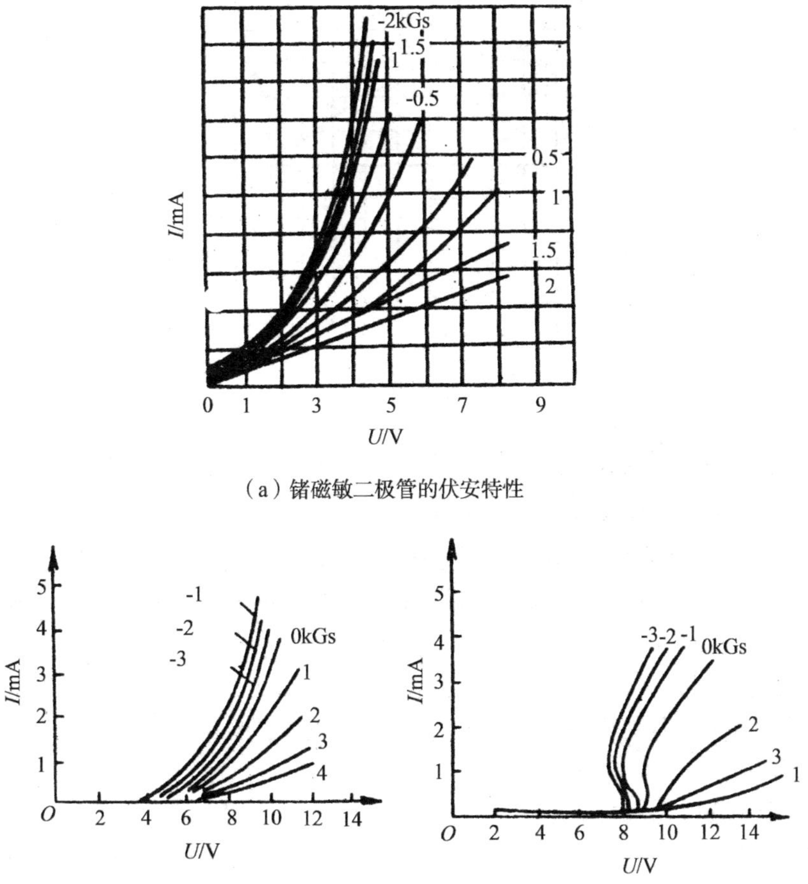

（a）锗磁敏二极管的伏安特性

（b）硅磁敏二极管的伏安特性（1）

（c）硅磁敏二极管的伏安特性（2）

图 6.18　磁敏二极管的伏安特性

图 6.18（a）为锗磁敏二极管的伏安特性。图 6.18（b）、（c）为硅磁敏二极管的伏安特性。图 6.18（b）表示在较宽的偏压范围内，电流变化比较平坦；当外加偏压增加到一定值后，电流迅速增加，伏安特性曲线上升很快，表现其动态电阻比较小。图 6.18（c）表示这一种磁敏二极管的伏安特性曲线上有负阻特性，即电流急剧增加的同时，偏压突然跌落。其原因是这一种高阻硅的热平衡载流子较少，注入的载流子未填满复合中心区之前，不会产生较大的电流；当填满复合中心区之后，电流才开始急增，同时，本征区 I 的压降要减小，故呈现负阻特性。

3. 温度特性

一般情况下，磁敏二极管受温度影响较大，即在一定测试条件下，磁敏二极管的输出电压变化量 ΔU，或者在无磁场作用时，中点电压 U_m 随温度变化较大。其温度特性如图 6.19 所示。因此，在实际使用时，必须对其进行温度补偿。常用的温度补偿电路有互补式、差分式、全桥式和热敏电阻四种补偿电路，如图 6.20 所示。

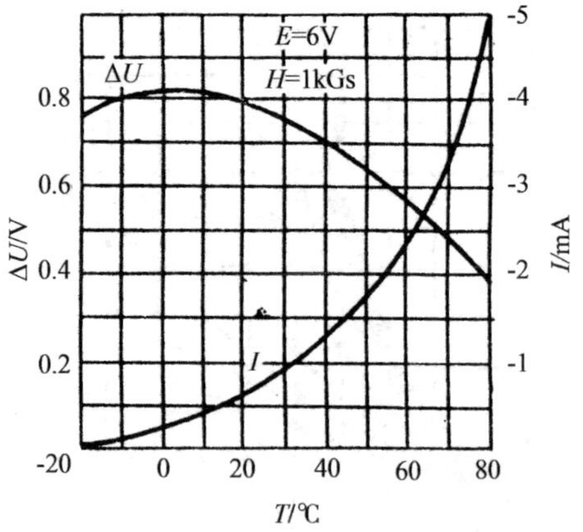

图 6.19　单个使用时磁敏二极管温度特性

(1) 互补式温度补偿电路（见图 6.20 (a)）

为了补偿单只磁敏二极管使用时，因为温度变化产生输出电压的变化，可以采用互补电路。在互补电路中选用两只性能相近的磁敏二极管，按相反磁极性组合，即将它们的磁敏面相对或背向放置（见图 6.20 (a)），并把它们串接在电路中，就可形成如图 6.20 (a) 所示的互补电路。从图可知，无论温度如何变化，其分压比总保持不变，输出电压 U_m 随温度变化而始终保持不变，这样就达到了温度补偿的目的。不仅如此，互补电路还能提高磁灵敏度。

例如，当磁敏二极管 D_1 在 +1kGs 磁场作用时，其等效电阻 R_1 增加 ΔR_1，相应电压变化量为 ΔU_1^+；同时，由于磁敏二极管 D_2 磁极性反向安置，因而，受到 −1kGs 磁场作用，等效电阻 R_2 减少 ΔR_2，相应电压变化量为 ΔU_2^-。因此总的输出电压变化量为：

$$\Delta U_m = \Delta U_1^+ + \Delta U_2^-$$

显然在同样磁场作用下，互补使用比单管使用输出电压变化量增大，即磁灵敏度提高（见图 6.20 (b)）。

(2) 差分式电路（见图 6.20 (c)）

差分电路不仅能很好地实现温度补偿，提高灵敏度，而且，还可以弥补互补电路的不足（具有负阻现象的磁敏二极管不能用作互补电路）。如果电路不平衡，可适当调节电阻 R_1 和 R_2。

(3) 全桥电路（见图 6.20 (d)）

全桥电路是将两个互补电路并联而成。和互补电路一样，其工作点只能选在小电流区，且不能使用有负阻特性的管子。在给定的磁场下，该电路的输出电压是差分电路的两倍。由于要选择四个性能相同的磁敏二极管，因此，给实际使用带来一些困难。

(4) 热敏电阻补偿电路（见图 6.20 (e)）

该电路是利用热敏电阻随温度的变化，而使 R_t 和 D 的分压系数不变，从而实现温度补偿。热敏电阻补偿电路的成本略低于上述三种温度补偿电路，因此是常被采用的一种温度补偿电路。

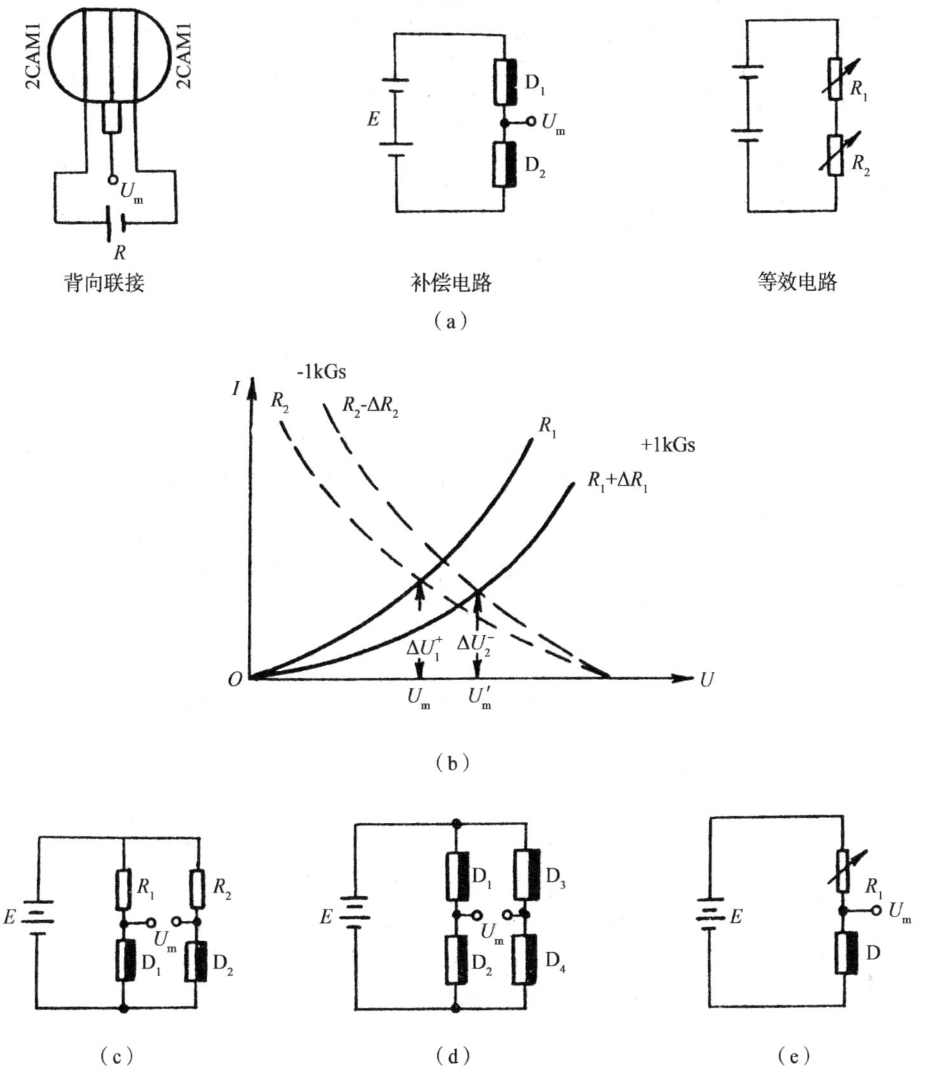

图 6.20　温度补偿电路

6.3.4　应用举例

1. 磁场测量——2ACM 索尼二极管的应用

图 6.21 是一种小量程高斯计的电路图。由四个磁敏二极管组成桥式磁敏探头，差分放大器放大探头的输出信号，并由微安表指示测试值。在 B =0 时，磁桥输出为 0，校准调节 RW_2（10kΩ）电位器使微安表读数为 0。当 B >0 时有 B_T 存在，1，4 管截止，磁桥有输出$\Delta V_{AB}<0$并经差分放大器放大后，由表头指示磁场强度。当 B <0 即改变方向时，表头指针反转。

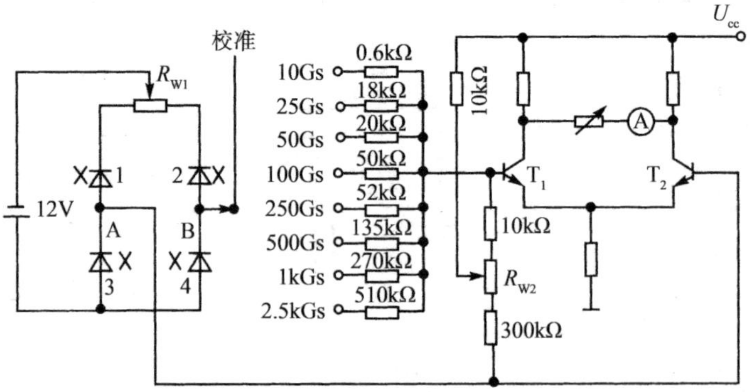

图 6.21 一种小量程高斯计的电路图

2. 无触点开关

图 6.22 所示是无触点开关的电路。由四个磁敏二极管组成桥式检测电路。这样可以进行温度补偿。无磁场时，磁敏电桥平衡无信号输出；当磁铁运行到距磁敏二极管一定位置时，在磁场作用下，磁敏电桥有信号输出，该信号加在 VT_1 的基极上，使其导通。由于 R_1 上的压降增高，使晶闸管 VT_2 导通，继电器 K 工作，其常开触点 K_{-1} 和 K_{-2} 闭合，指示灯点亮，控制电路接通。

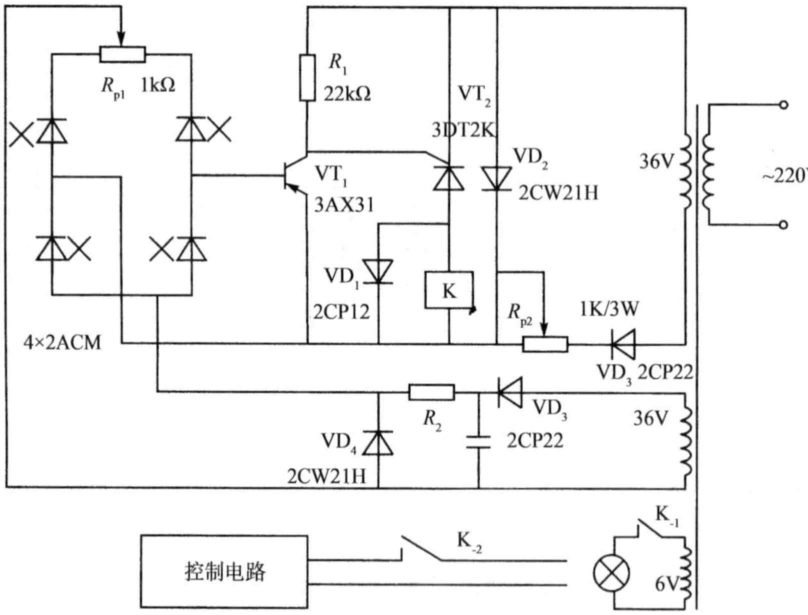

图 6.22 无触点开关的电路图

3. 无触点电位器

一般电位器在使用时由于触点的原因，常产生噪声信号，而且寿命不长。使用磁敏元件制作的无触点电位器则可克服上述缺点。图 6.23 是无触点电位器的结构示意图。其中磁敏元件可使用磁敏二极管或霍尔线性传感器。将磁敏元件放置在单个磁铁的下方或两个磁铁之间，当旋动电位器手柄时，磁铁跟着转动，从而使磁敏元件表面的磁感强度也发生变化，这样，磁敏元件的输出电压将随着手柄的转动而变化，起到电位调节的作用。

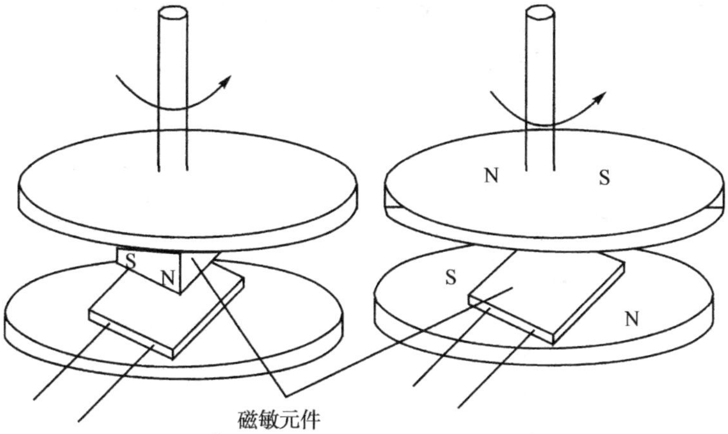

（a）单磁铁　　（b）双磁铁

图 6.23　无触点电位器的结构示意图

6.4　磁敏三极管

磁敏三极管是 PN 结型的磁电转换元件，它具有灵敏度高、输出信号大、工作电流小、体积小等特点，适合于磁场、转速、探伤等方面的检测和控制。

6.4.1　结构形式

磁敏三极管的结构如图 6.24（a）所示。在弱 P 型或弱 N 型本征半导体上用合金法或扩散法形成发射极、基极和集电极。其最大特点是基区较长，基区结构类似磁敏二极管，也有高复合速率的 r 区和本征 I 区。长基区分为输运基区和复合基区。磁敏三极管用如图 6.24（b）所示的符号表示。

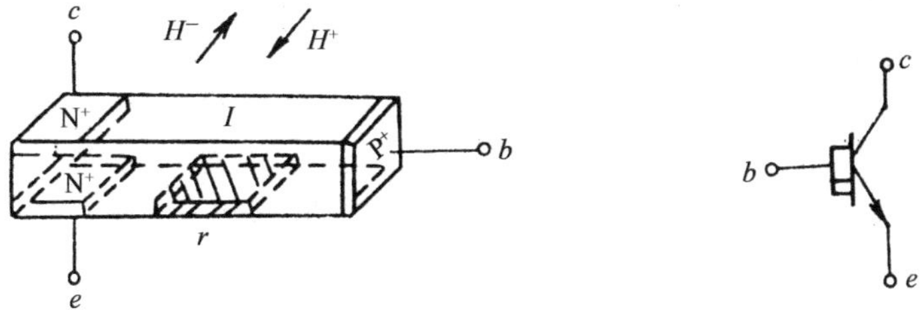

（a）结构（NPN）　　（b）符号

图 6.24　磁敏三极管的结构与符号

6.4.2 工作原理

当磁敏三极管未受到磁场作用时，如图6.25（a）所示。由于基区宽度大于载流子有效扩散长度，大部分载流子通过e-I-b，形成基极电流；少数载流子输入到c极。因而形成了基极电流大于集电极电流的情况，使$\beta=\frac{I_c}{I_b}<1$。

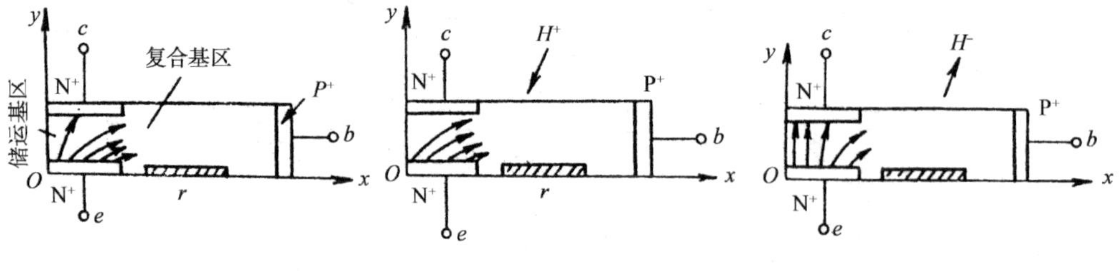

图6.25 磁敏三极管工作原理

当受到正向磁场（H⁺）作用时，由于磁场的作用，洛仑兹力使载流子偏向发射结的一侧，导致集电极电流显著下降，如图6.25（b）所示。当反向磁场（H⁻）作用时，在H⁻的作用下，载流子向集电极一侧偏转，使集电极电流增大，如图6.25（c）所示。由此可知，磁敏三极管在正、反向磁场作用下，其集电极电流出现明显变化。这样就可以利用磁敏三极管来测量弱磁场、电流、转速、位移等物理量。

6.4.3 主要特性

磁敏三极管的主要特性包括：磁电特性，伏安特性，温度特性。

1. 磁电特性

磁敏三极管的磁电特性是应用的基础，它是主要特性之一。例如，国产NPN型3BCM（锗）磁敏三极管的磁电特性，在弱磁场作用下，曲线接近一条直线，如图6.26所示。

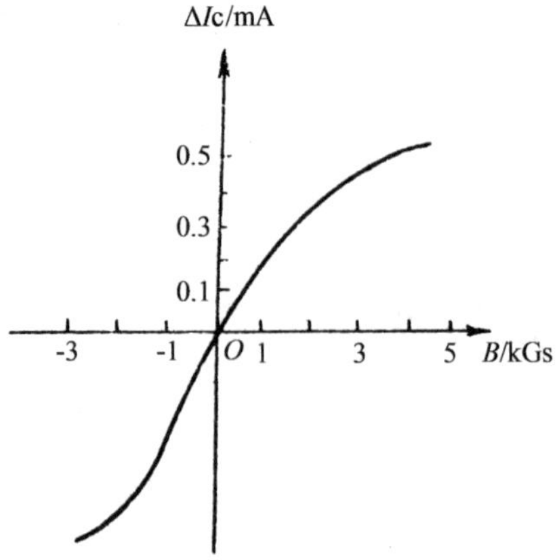

图6.26 3BCM的磁电特性

2. 伏安特性

磁敏三极管的伏安特性类似普通晶体管的伏安特性曲线。图 6.27（a）为不受磁场作用时，磁敏三极管的伏安特性曲线；图 6.27（b）是磁场为 ±1kGs，基极为 3mA 时，集电极电流的变化。由该图可知，磁敏三极管的电流放大倍数小于 1。

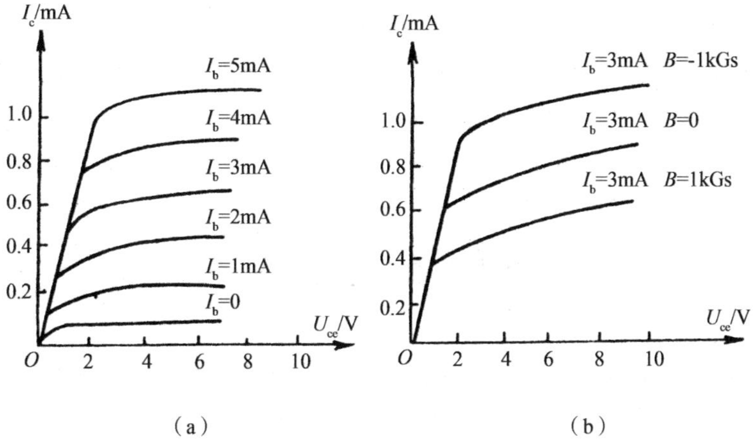

图 6.27　磁敏三极管的伏安特性曲线

3. 温度特性及其补偿

磁敏三极管对温度比较敏感，实际使用时必须采用适当的方法进行温度补偿。对于锗磁敏三极管，例如，3ACM，3BCM，其磁灵敏度的温度系数为 0.8%/℃；硅磁敏三极管（3CCM）磁灵敏度的温度系数为 -0.6%/℃。对于硅磁敏三极管可用正温度系数的普通硅三极管来补偿因温度而产生的集电极电流的漂移。具体补偿电路如图 6.28（a）所示。当温度升高时，BG_1 管集电极电流 I_c 增加，导致 BG_m 管的集电极电流也增加，从而补偿了 BG_m 管因温度升高而导致 I_c 的下降。

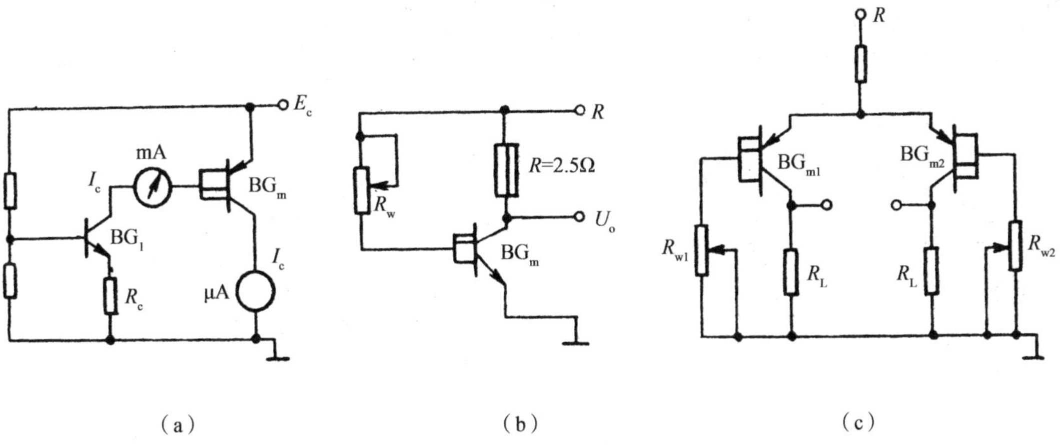

图 6.28　磁敏三极管的温度补偿电路

图6.28（b）是利用锗磁敏二极管电流随温度升高而增加的这一特性使其作硅磁敏三极管的负载，从而当温度升高时，弥补了硅磁敏三极管的负温度漂移系数所引起的电流下降的问题。除此之外，还可以采用两只特性一致、磁极相反的磁敏三极管组成的差分电路，如图6.28（c）所示，这种电路既可以提高磁灵敏度，又能实现温度补偿，它是一种行之有效的温度补偿电路。

6.4.4 磁敏三极管的应用

磁敏三极管的应用技术领域与磁敏二极管相似。主要在磁场测量、大电流测量、磁力探伤、接近开关、程序控制、位置控制、转速测量、直流无刷马达和各种工业过程自动控制等技术领域中应用，本节不再介绍。

6.5 霍尔传感器

霍尔传感器是基于霍尔效应的一种传感器。它具有结构简单、形小体轻、无触点（亿次开关）、频率响应范围宽（从直流到微波）、动态范围大（输出量的变化可达1000比1）、寿命长等优点。

1879年美国物理学家霍尔首先在金属材料中发现了霍尔效应，但由于金属材料的霍尔效应太弱而没有得到应用。随着半导体技术的发展，开始用半导体材料制成霍尔元件，由于它的霍尔效应显著而得到应用和发展。霍尔传感器广泛应用于电磁、压力、加速度、振动等方面的测量。

6.5.1 霍尔效应及霍尔元件

1. 霍尔效应

置于磁场中的静止载流导体，当它的电流方向与磁场方向不一致时，载流导体上平行于电流和磁场方向上的两个面之间产生电动势，这种现象称霍尔效应。该电势称霍尔电势。如图6.29所示，在垂直于外磁场B的方向上放置一导电板，导电板通以电流I，方向如图所示。导电板中的电流是金属中自由电子在电场作用下的定向运动。此时，每个电子受洛仑磁力f_m的作用，f_m大小为：

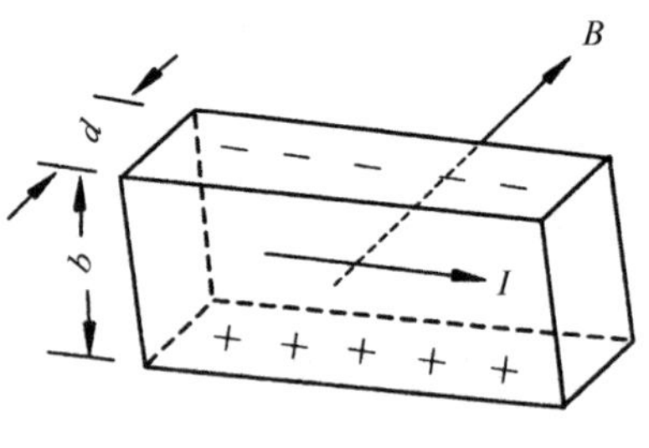

图6.29 霍尔效应原理图

$$f_m = eBv \tag{6.14}$$

式中，e为电子电荷；v为电子运动平均速度；B为磁场的磁感应强度。

f_m的方向在图6.29中是向上的，此时电子除了沿电流反方向做定向运动外，还在f_m的作用下向上漂移，结果使金属导电板上底面积累电子，而下底面积累正电荷，从而形成了附加内电场E_H，称霍尔电场，该电场强度为：

$$E_{\mathrm{H}}=\frac{U_{\mathrm{H}}}{b} \tag{6.15}$$

式中，U_{H} 为电位差。霍尔电场的出现，使定向运动的电子除了受洛仑磁力作用外，还受到霍尔电场的作用力，其大小为 eE_{H}，此力阻止电荷继续积累。随着上、下底面积累电荷的增加，霍尔电场增加，电子受到的电场力也增加，当电子所受洛仑磁力与霍尔电场作用力大小相等、方向相反时，即：

$$eE_{\mathrm{H}}=evB \tag{6.16}$$

则：

$$E_{\mathrm{H}}=vB \tag{6.17}$$

此时电荷不再向两底面积累，达到平衡状态。

若金属导电板单位体积内电子数为 n，电子定向运动平均速度为 v，则激励电流 $I=nevbd$，则：

$$v=\frac{I}{bdne} \tag{6.18}$$

将式（6.18）代入式（6.17）得：

$$E_{\mathrm{H}}=\frac{IB}{bdne} \tag{6.19}$$

将上式代入式（6.15）得：

$$U_{\mathrm{H}}=\frac{IB}{ned} \tag{6.20}$$

式中，令 $R_{\mathrm{H}}=1/(ne)$，称之为霍尔常数，其大小取决于导体载流子密度，则：

$$U_{\mathrm{H}}=R_{\mathrm{H}}\frac{IB}{d}=K_{\mathrm{H}}IB \tag{6.21}$$

式中，$K_{\mathrm{H}}=R_{\mathrm{H}}/d$ 称为霍尔片的灵敏度。由式（6.21）可见，霍尔电势正比于激励电流及磁感应强度，其灵敏度与霍尔常数 R_{H} 成正比而与霍尔片厚度 d 成反比。为了提高灵敏度，霍尔元件常制成薄片形状。

对霍尔片材料的要求，希望有较大的霍尔常数 R_{H}，霍尔元件激励极间电阻 $R=\rho L/(bd)$，同时 $R=U_{\mathrm{I}}/I=E_{\mathrm{I}}L/I=vL/(\mu nevbd)$，其中 U_{I} 为加在霍尔元件两端的激励电压，E_{I} 为霍尔元件激励极间内电场，v 为电子移动的平均速度。则：

$$\frac{\rho L}{bd}=\frac{L}{\mu nebd} \tag{6.22}$$

解得：

$$R_{\mathrm{H}}=\mu\rho \tag{6.23}$$

从式（6.23）可知，霍尔常数等于霍尔片材料的电阻率 ρ 与电子迁移率 μ 的乘积。若要霍尔效应强，则 R_H 值大，因此要求霍尔片材料有较大的电阻率和载流子迁移率。一般金属材料载流子迁移率很高，但电阻率很小；而绝缘材料电阻率极高，但载流子迁移率极低。故只有半导体材料适于制造霍尔片。目前常用的霍尔元件材料有：锗、硅、砷化铟、锑化铟等半导体材料。其中N型锗容易加工制造，其霍尔系数、温度性能和线性度都较好。N型硅的线性度最好，其霍尔系数、温度性能同N型锗相近。锑化铟对温度最敏感，尤其在低温范围内温度系数大，但在室温时其霍尔系数较大。砷化铟的霍尔系数较小，温度系数也较小，输出特性线性度好。表6.1为常用国产霍尔元件的技术参数。

表6.1　常用国产霍尔元件的技术参数

参数名称	符号	单位	HZ-1型	HZ-2型	HZ-3型	HZ-4型	HT-1型	HT-2型	HS-1型
			材料（N型）						
			Ge（111）	Ge（111）	Ge（111）	Ge（100）	InSb	InSb	InAs
电阻率	ρ	Ω·cm	0.8~1.2	0.8~1.2	0.8~1.2	0.4~0.5	0.003~0.01	0.003~0.05	0.01
几何尺寸	$l\times b\times d$	mm^3	8×4×0.2	4×2×0.2	8×4×0.2	8×4×0.2	6×3×0.2	8×4×0.2	8×4×0.2
输入电阻	R_i	Ω	110±20%	110±20%	110±20%	45±20%	0.8±20%	0.8±20%	1.2±20%
输出电阻	R_o	Ω	100±20%	100±20%	100±20%	40±20%	0.5±20%	0.5±20%	1±20%
灵敏度	K_H	mV/(mA·T)	>12	>12	>12	>4	1.8±20%	1.8±2%	1±20%
不等位电阻	r_o	Ω	<0.07	<0.05	<0.07	<0.02	<0.005	<0.005	<0.003
寄生直流电压	U_o	μV	<150	<200	<150	<100			
额定控制电流	I_c	mA	20	15	25	50	250	300	200
霍尔电势温度系数	α	1/℃	0.04%	0.04%	0.04%	0.03%	-1.5%	-1.5%	
内阻温度系数	β	1/℃	0.5%	0.5%	0.5%	0.3%	-0.5%	-0.5%	
热阻	R_θ	℃/mW	0.4	0.25	0.2	0.1			
工作温度	T	℃	-40~45	-40~45	-40~45	-40~75	0~40	0~40	-40~60

2. 霍尔元件基本结构

霍尔元件的结构很简单，它由霍尔片、引线和壳体组成，如图6.30（a）所示。霍尔片是一块矩形半导体单晶薄片，引出四个引线。1、1′两根引线加激励电压或电流，称为激励电极；2、2′引线为霍尔输出引线，称为霍尔电极。霍尔元件壳体由非导磁金属、陶瓷或环氧树脂封装而成。在电路中霍尔元件可用两种符号表示，如图6.30（c）所示。

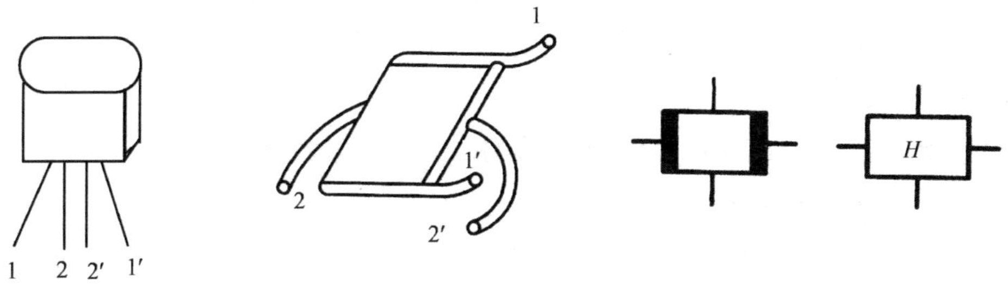

（a）外形　（b）结构　（c）图形符号

图 6.30　霍尔元件

3. 霍尔元件基本特性

（1） 额定激励电流和最大允许激励电流

当霍尔元件自身温度升10℃时所流过的激励电流称为额定激励电流。以元件允许最大温升为限制所对应的激励电流称为最大允许激励电流。因霍尔电势随激励电流增加而线性增加，所以，使用中希望选用尽可能大的激励电流，因而需要知道元件的最大允许激励电流，改善霍尔元件的散热条件，可以使激励电流增加。

（2） 输入电阻和输出电阻

激励电极间的电阻值称为输入电阻。霍尔电极输出电势对外电路来说相当于一个电压源，其电源内阻即为输出电阻。以上电阻值是在磁感应强度为0℃且环境温度在20℃ ± 5℃时确定的。

（3） 不等位电势和不等位电阻

当霍尔元件的激励电流为 I 时，若元件所处位置磁感应强度为零，则它的霍尔电势应该为零，但实际不为零。这时测得的空载霍尔电势称不等位电势。产生这一现象的原因有：

① 霍尔电极安装位置不对称或不在同一等电位面上。
② 半导体材料不均匀造成了电阻率不均匀或是几何尺寸不均匀。
③ 激励电极接触不良造成激励电流不均匀分布等。

不等位电势也可用不等位电阻表示：

$$r_0 = \frac{U_0}{I_{\mathrm{H}}} \tag{6.24}$$

式中，U_0 为不等位电势；r_0 为不等位电阻；I_{H} 为激励电流。

由式（6.24）可以看出，不等位电势就是激励电流流经不等位电阻 r_0 所产生的电压。

（4） 寄生直流电势

在外加磁场为零、霍尔元件用交流激励时，霍尔电极输出除了交流不等位电势外，还有一直流电势，称寄生直流电势。其产生的原因有：

① 激励电极与霍尔电极接触不良，形成非欧姆接触，造成整流效果。

② 两个霍尔电极大小不对称，则两个电极点的热容不同，散热状态不同形成极向温差电势。

寄生直流电势一般在1mV以下，它是影响霍尔片温漂的原因之一。

(5) 霍尔电势温度系数

在一定磁感应强度和激励电流下，温度每变化1℃时，霍尔电势变化的百分率称霍尔电势温度系数。它同时也是霍尔系数的温度系数。

4. 霍尔元件不等位电势补偿

不等位电势与霍尔电势具有相同的数量级，有时甚至超过霍尔电势，而实用中要消除不等位电势是极其困难的，因而必须采用补偿的方法。由于不等位电势与不等位电阻是一致的，可以采用分析电阻的方法来找到不等位电势的补偿方法。如图6.31所示，其中A、B为激励电极，C、D为霍尔电极，极分布电阻分别用R_1、R_2、R_3、R_4表示。理想情况下，$R_1=R_2=R_3=R_4$，即可取得零位电势为零（或零位电阻为零）。实际上，由于不等位电阻的存在，说明此四个电阻值不相等，可将其视为电桥的四个桥臂，则电桥不平衡。为使其达到平衡，可在阻值较大的桥臂上并联电阻（见图6.31（a）），或在两个桥臂上同时并联电阻（见图6.31（b））。

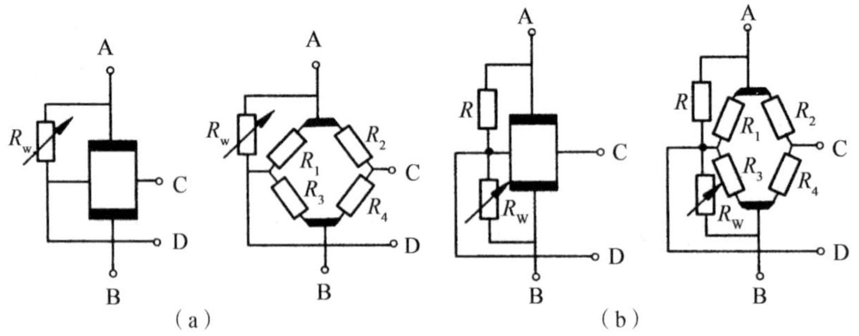

图6.31　不等位电势补偿电路

5. 霍尔元件温度补偿

霍尔元件是采用半导体材料制成的，因此它们的许多参数都具有较大的温度系数。当温度变化时，霍尔元件的载流子浓度、迁移率、电阻率及霍尔系数都将发生变化，从而使霍尔元件产生温度误差。

为了减小霍尔元件的温度误差，除选用温度系数小的元件或采用恒温措施外，由$U_H=K_H IR$可看出：采用恒流源供电是个有效措施，可以使霍尔电势稳定。但也只能减小由于输入电阻随温度变化而引起的激励电流I变化所带来的影响。

霍尔元件的灵敏系数K_H也是温度的函数，它随温度的变化引起霍尔电势的变化。霍尔元件的灵敏度系数与温度的关系可写成：

$$K_H = K_{H0}(1+\alpha\Delta T) \tag{6.25}$$

式中，K_{H0}为温度T_0时的K_H值；$\Delta T=T-T_0$为温度变化量；α为霍尔电势温度系数。并且大多数霍尔元件的温度系数α是正值，它们的霍尔电势随温度升高而增加（$1+\alpha\Delta T$）倍。如果，与此同时让激励电流I相应地减小，并能保持$K_H I$乘积不变，也就抵消了灵敏系数K_H增加的影响。图6.32就是按此思路设计的一个既简单、补偿效果又较好的补偿电路。电路中用一个分流电阻R_p与霍尔元件的激励电极相并联。当霍尔元件的输入电阻因温度升高而增加时，旁路分流电阻R_p自动地加强分流，减少了霍尔元件的激励电流I，从而达到补偿的目的。

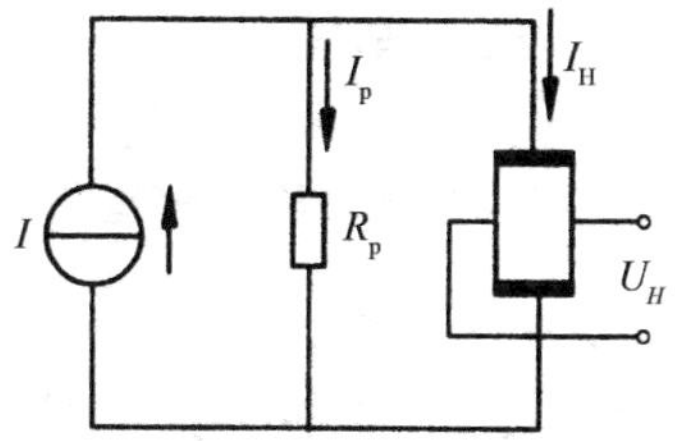

图6.32　恒流温度补偿电路

在图6.32所示的温度补偿电路中，设初始温度为T_0，霍尔元件输入电阻为R_{i0}，灵敏系数为K_{H1}，分流电阻为R_{p0}，根据分流概念得：

$$I_{H0}=\frac{R_{p0}I}{R_{p0}+R_{i0}} \tag{6.26}$$

当温度升至T时，电路中各参数变为：

$$R_i=R_{i0}(1+\delta\Delta T) \tag{6.27}$$

$$R_p=R_{p0}(1+\beta\Delta T) \tag{6.28}$$

式中，δ为霍尔元件输入电阻温度系数；β为分流电阻温度系数。

则：

$$\begin{aligned}I_H&=\frac{R_pI}{R_p+R_i}\\&=\frac{R_{p0}(1+\beta\Delta T)I}{R_{p0}(1+\beta\Delta T)+R_{i0}(1+\delta\Delta T)}\end{aligned} \tag{6.29}$$

虽然温度升高ΔT，为使霍尔电势不变，补偿电路必须满足温升前、后的霍尔电势不变，即：

$$\begin{gathered}U_{H0}=U_H\\K_{H0}I_{H0}B=K_HI_HB\end{gathered} \tag{6.30}$$

则：

$$K_{H0}I_{H0}=K_HI_H \tag{6.31}$$

将式（6.25）、（6.26）、（6.29）代入上式，经整理并略去α、β、$(\Delta T)^2$高次项后得：

$$R_{p0}=\frac{(\delta-\beta-\alpha)R_{i0}}{\alpha} \tag{6.32}$$

当霍尔元件选定后，它的输入电阻R_{i0}和温度系数δ及霍尔电势温度系数α是确定值。由式（6.32）即可计算出分流电阻R_{p0}及所需的温度系数β值。为了满足R_0及β两个条件，分流电阻可取温度系数不同的两种电阻的串、并联组合，这样虽然麻烦但效果很好。

6.5.2 应用举例

1. 霍尔式微位移传感器

霍尔元件具有结构简单、体积小、动态特性好和寿命长的优点，它不仅用于磁感应强度、有功功率及电能参数的测量，也在位移测量中得到广泛应用。

图 6.33 给出了一些霍尔式位移传感器的工作原理图。

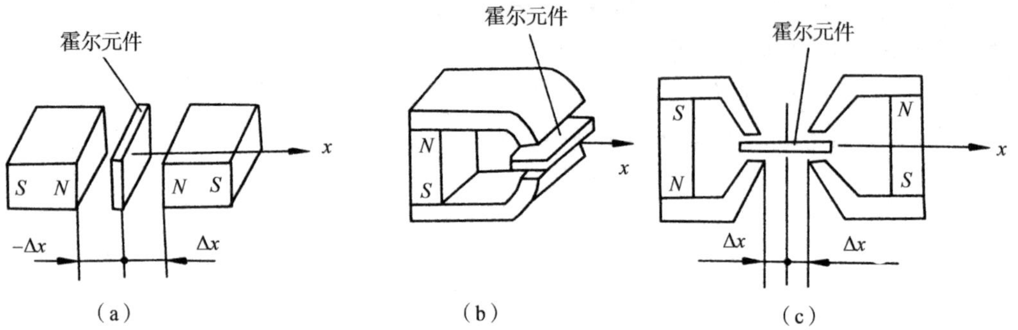

图 6.33 霍尔式位移传感器的工作原理图

图 6.33（a）是磁场强度相同的两块永久磁铁，同极性相对地放置，霍尔元件处在两块磁铁的中间。由于磁铁中间的磁感应强度$B=0$，因此霍尔元件输出的霍尔电势 U_H 也等于零，此时位移 $\Delta x=0$。若霍尔元件在两磁铁中产生相对位移，霍尔元件感受到的磁感应强度也随之改变，这时 U_H 不为零，其量值大小反映出霍尔元件与磁铁之间相对位置的变化量，这种结构的传感器，其动态范围可达 5mm，分辨率为 0.001mm。

图 6.33（b）所示是一种结构简单的霍尔位移传感器，由一块永久磁铁组成磁路的传感器，在 $\Delta x=0$ 时，霍尔电压不等于零。

图 6.33（c）是一个由两个结构相同的磁路组成的霍尔式位移传感器，为了获得较好的线性分布，在磁极端面装有极靴，霍尔元件调整好初始位置时，可以使霍尔电压 $U_H=0$。这种传感器灵敏度很高，但它所能检测的位移量较小，适合于微位移量及振动的测量。

2. 霍尔式转速传感器

图 6.34 是几种不同结构的霍尔式转速传感器。磁性转盘的输入轴与被测转轴相连，当被测转轴转动时，磁性转盘随之转动，固定在磁性转盘附近的霍尔传感器便可在每一个小磁铁通过时产生一个相应的脉冲，检测出单位时间的脉冲数，便可知被测转速。磁性转盘上小磁铁数目的多少决定了传感器测量转速的分辨率。

3. 霍尔计数装置

霍尔开关传感器 SL3501 是具有较高灵敏度的集成霍尔元件，能感受到很小的磁场变化，因而可对黑色金属零件进行计数检测。图 6.35 是对钢球进行计数的工作示意图和电路图。

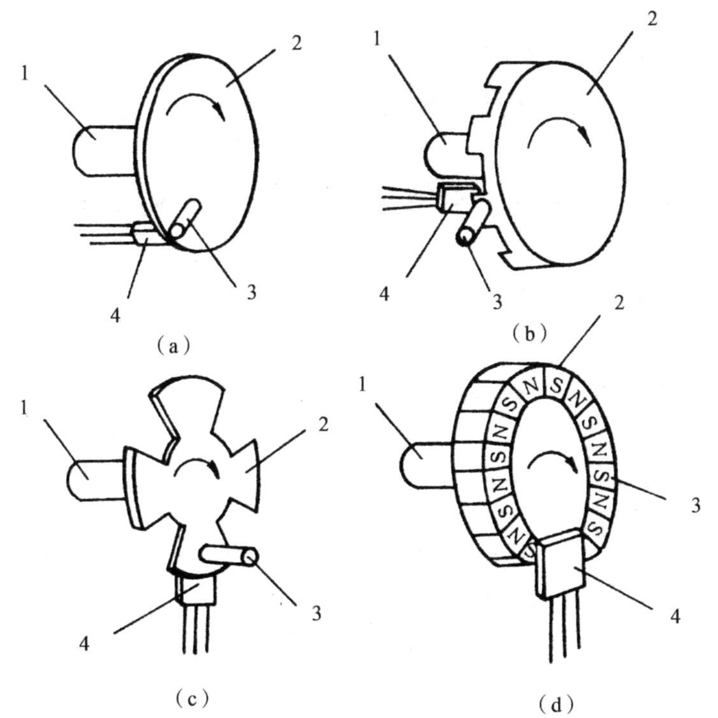

1. 输入轴；2. 转盘；3. 小磁铁；4. 霍尔传感器

图 6.34　几种霍尔式转速传感器的结构

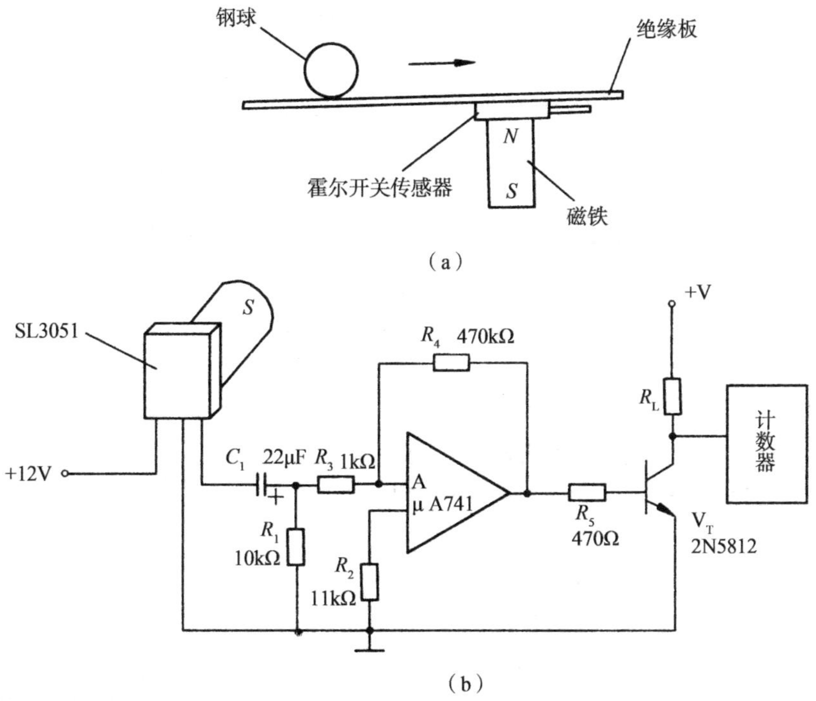

图 6.35　霍尔计数装置的工作示意图及电路图

当钢球通过霍尔开关传感器时，传感器可输出峰值 20mV 的脉冲电压，该电压经运算放大器 A（μA741）放大后，驱动半导体三极管 V_T（2N5812）工作，V_T 输出端便可接计数器进行计数，并由显示器显示检测数值。

6.6 压电、磁敏传感技术工程应用举例

压电磁敏传感技术应用十分广泛。前面的介绍举了一些应用实例。在此，再举几个典型的应用供参考。这些典型应用包括：位移检测、转速检测、钢绳断裂（丝）检测、功率测量、霍尔无损探伤、霍尔开关带载电路、霍尔计数装置、霍尔汽车点火器、霍尔线性集成传感器测磁感强度等。

6.6.1 位移检测

磁阻器件不仅可用于力、速度、加速度等参数的测量。而且也可用于位移检测，如图 6.36 所示，将两片磁阻元件置于磁场中，并同时相对磁场产生位移时，元件内阻 R_1，R_2 发生变化，一个阻值增大，另一个阻值减小。如果将 R_1，R_2 接于电桥中，则输出电压与电阻的变化成比例。

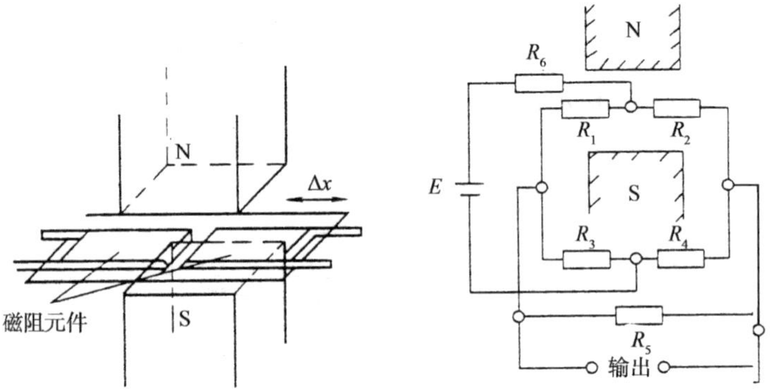

（a）磁阻元件置于磁场中　　（b）测量电路

图 6.36　磁阻效应位移传感器

6.6.2 转速检测

图 6.37 所示为霍尔转速传感器的工作原理，实际上是利用霍尔开关测转速。在待测转盘上有一对或多对小磁钢，小磁钢愈多，分辨率愈高。霍尔开关固定在小磁钢附近。待测转盘以角速度 ω 旋转，每当一个小磁钢转过霍尔开关集成电路时，霍尔开关便产生一个相应的脉冲。检测出单位时间内的脉冲数，即可确定待测物体的转速。

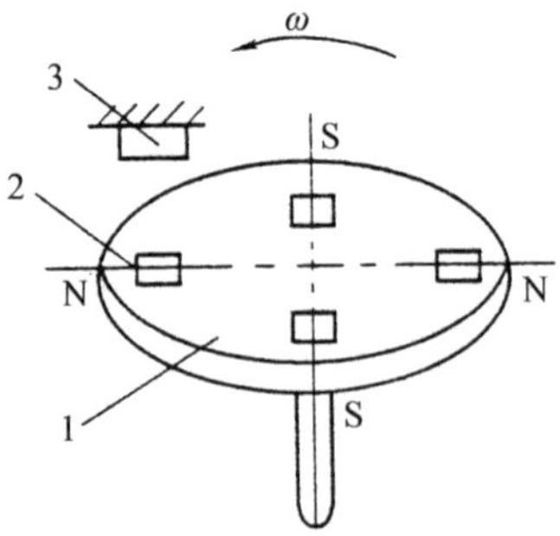

1. 待测物体；2. 小磁钢；
3. 霍尔开关集成电路

图 6.37　转速检测工作原理

6.6.3 钢绳断裂（丝）检测

图 6.38 所示为 GDJY-I 型钢丝绳断丝检测仪的工作原理，这是集成霍尔器件用于钢丝绳无损伤检测技术的实例。图 6.38 中，永久磁铁对钢丝绳局部磁化，当有断丝时，在断口处出现漏磁场，霍尔器件通过此磁场时，被转换为一个脉冲的电压信号。对该信号作滤波，并经 A/D 转换处理后，进入计算机分析，识别出断丝根数及位置。该项技术成果已成功地应用于矿井提升钢丝绳断丝检测，获得了良好的检测效果。

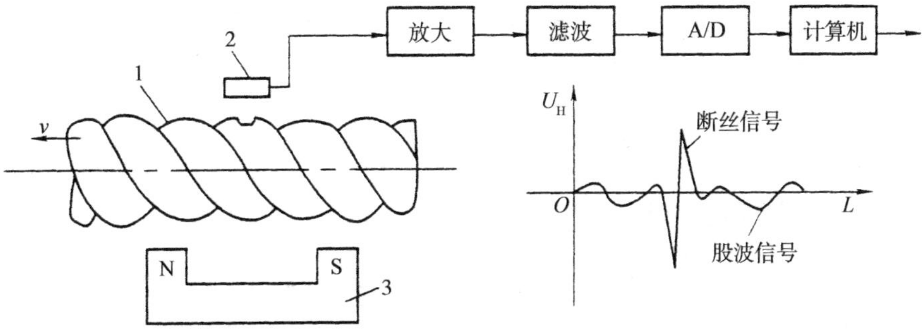

1. 钢丝绳；2. 霍尔元件；3. 永久磁铁

图 6.38 GDJY-I 型钢丝绳断丝检测仪工作原理

6.6.4 功率测量

图 6.39 是直流功率计电路。若外加磁场正比于外加电压，表示为 $B=k_1U$（式中 U 为外加电压；k_1 为与器件及器件材料、结构有关的常数）。则霍尔电压 U_H 为：

$$U_H = R_H \frac{I_L B}{d} = \frac{R_H}{d} K_1 K_2 I U = KP \tag{6.33}$$

式中，K_1、K_2 均为常数，$K=R_H K_1 K_2/d$。

因此，可利用霍尔元件进行直流功率测量。该电路适用于直流大功率的测量，R_L 为负载电阻，指示仪表一般采用有功率刻度的伏特表，霍尔元件采用 N 型锗材料元件较为有利。其测量误差一般小于 1%。这种功率测量方法有下列优点：由于霍尔电压正比于被测功率，因此可以做成直读式功率计；功率测量范围可从微瓦到数百瓦；装置中设有转动部分，输出和输入之间相互隔离，稳定性好，精度高，结构简单，体积小，寿命长，成本低廉。

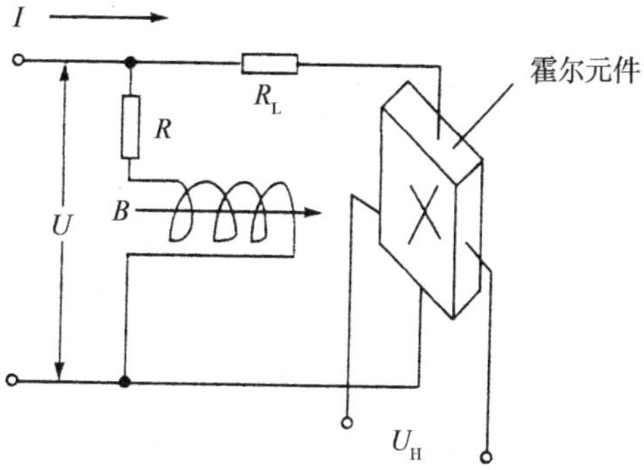

图 6.39 直流功率计电路

6.6.5 霍尔无损探伤

由于铁磁性材料具有高磁导率特性，因此可通过测量铁磁性材料中由缺陷所引起的磁导率变化来检测缺陷。在外加磁场的作用下，当铁磁材料中无缺陷时，磁力线绝大部分通过铁磁材料，此时在材料的内部磁力线均匀分布（见图6.40）；当有缺陷存在时，由于缺陷的磁导率远比铁磁材料本身小，致使磁力线发生弯曲，并且有一部分磁力线泄露出材料表面（见图6.41）；采用霍尔元件检测该泄露磁场 B 的信号变化，就能有效检测出缺陷的存在。无损探伤装置主要由激励源、探伤元件、可调整式探头等结构组成。

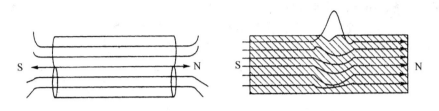

图6.40　无缺陷磁料中磁力线的分布

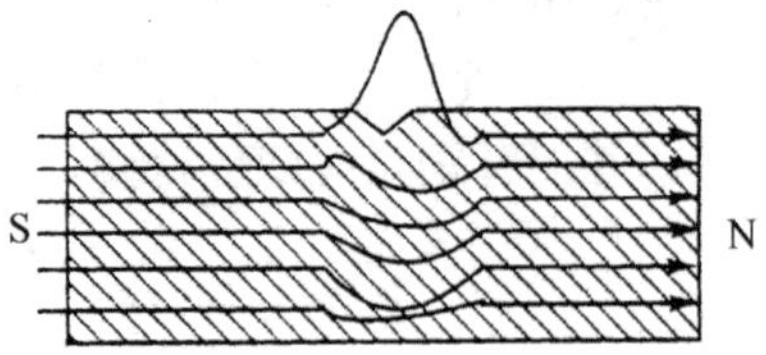

图6.41　有缺陷磁料中磁力线的分布

6.6.6　霍尔开关带载电路

由于霍尔开关集成电路的输出是晶体管，且是其发射极接地、集电极开路的电路结构，很容易与晶体管、晶闸管和逻辑电路相耦合。一般的负载接口电路如图6.42所示。

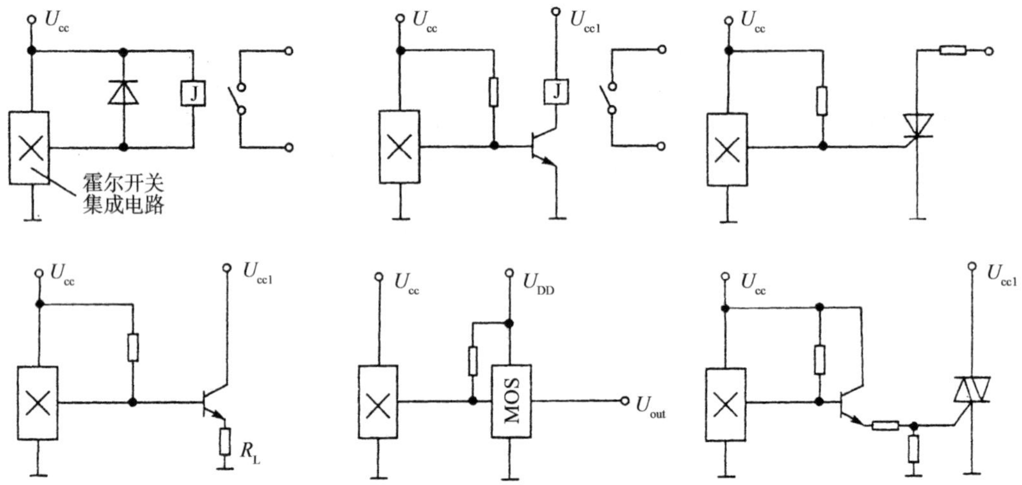

图6.42　常用霍尔开关集成电路的负载接口电路

6.6.7　霍尔计数装置

由于SL3051霍尔开关集成传感器具有较高的灵敏度，能感受到很小的磁场变化，可对黑色金属零件的有无进行检测。利用这一特性制成计数装置，图6.43给出对钢球进行计数的工作示意图和电路图。当钢球运动到磁场时被磁化，其后运动到霍尔开关集成传感器时，传感器可输出峰值为20mV的峰值电压，该电压经放大器IC放大后，驱动晶体管T工作输出低电平；钢球走过后传感器无信号，T截止输出高电平，即每过一个钢球会产生一个负脉冲，计数器便计一个数，并通过显示器进行显示。

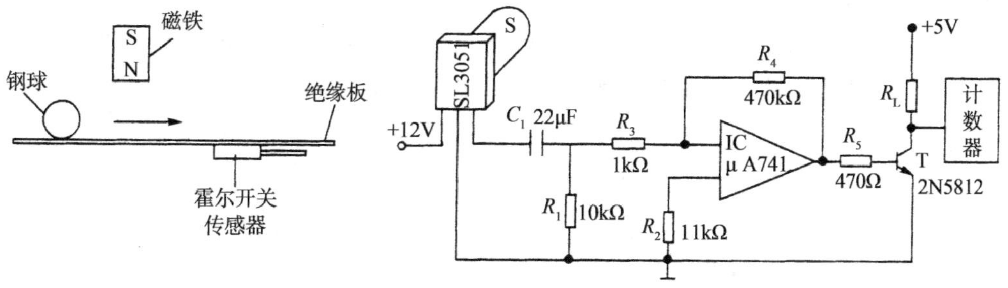

(a) 工作示意图　　(b) 电路图

图 6.43　对钢球进行计数的工作示意图和电路图

6.6.8　霍尔汽车点火器

传统的汽车点火装置是利用机械装置使触点闭合和打开，在点火线圈断开的瞬间感应出高电压供火花塞点火。这种方法容易造成开关的触点产生磨损，氧化，使发动机性能变坏，也使发动机性能的提高受到限制。图 6.44 所示为霍尔汽车点火器的结构示意图。

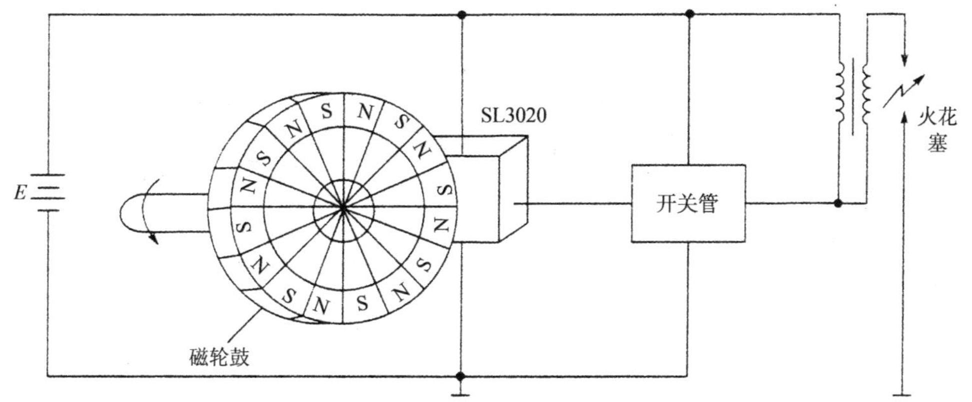

图 6.44　霍尔汽车点火器的结构示意图

图中的霍尔传感器采用 SL3020，在磁轮鼓圆周上按磁性交替排列并等分嵌有永久磁铁和软铁制成的轭铁磁路，它和霍尔传感器保持有适当的间隙。当磁轮鼓转动时，磁铁的 N 极和 S 极便交替地在霍尔传感器的表面通过，霍尔传感器的输出端便输出一串脉冲信号，这些脉冲信号被积分后触发功率开关管，使它导通或截止，在点火线圈中便产生 15kV 的感应高电压，以点燃汽缸中的燃油，随之发动机转动。采用霍尔传感器制成的汽车点火器和传统的汽车点火器相比具有很多优点，如由于无触点，因此无须维护，使用寿命长；由于点火能量大，汽缸中气体燃烧充分，排气对大气的污染明显减少；由于点火时间准确，可提高发动机的性能。

6.6.9　霍尔线性集成传感器测磁感强度

磁感应强度测量仪的电路如图 6.45 所示。磁传感器采用 SL3501M 霍尔线性集成传感器，其差动输出电压，在磁感应强度为 0.1T 时是 1.4V。该测量仪的线性测量范围的上限为0.3T。电位器 R_{P_1} 用来调整表头量程，而 R_{P_2} 则用于调零。电容器 C_1 是为防止电路之间的杂散交连而设置的低通滤波器。为防止电路引起自激振荡，电位器的引线不宜过长。使用时，只要使传感器的正面面对磁场，便可以测得磁场感应强度。

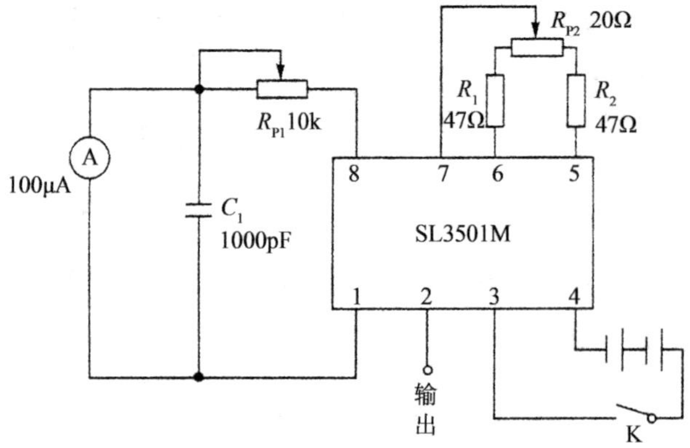

图6.45　磁感应强度测量仪的电路

6.7 小　　结

1. 当沿着某些晶体介质的电轴方向施加作用力时，在垂直于电轴线的晶体平面上即产生电荷，当作用力除去时，电荷也随之消失。这种现象称为“压电效应”。

2. 根据“压电效应”做成的传感器，称为压电式传感器，压电式传感器主要用于动态作用力、压力和加速度等的测量。

3. 目前常见的磁传感器主要类型、特性及用途如表6.2所示，从 10^{-14}T 的人体弱磁场到高达25T以上的强磁场，都可以找到相应的传感器来进行检测。

表6.2　主要的磁传感器

名　称	工作原理	工作范围	主要用途	相关元件
霍尔器件	霍尔效应	10^{-7}T～10T	磁场测量，位置和速度传感，电流、电压传感等	单晶（Si、Ge、InAs、InSb、GaAs、InAsP）霍尔片，开关和线性集成电路
半导体磁敏电阻	磁敏电阻效应	10^{-3}T～1T	旋转和角度传感	长方体、栅格结构、InSb-NiSb共晶体和曲折形磁阻元件，科尔宾元件
磁敏二极管	复合电流的磁场调制	10^{-6}T～10T	位置和速度及电流、电压传感	
磁敏晶体管	集电极电流或漏极电流的磁场调制	10^{-6}T～10T	位置和速度及电流、电压传感	双极型和MOS型晶体管
金属膜磁敏电阻器	磁敏电阻的各向异性	10^{-3}T～10^{-2}T	磁读头、旋转编码器速度检测等	包括三端、四端、二维、三维和集成电路

（续表）

名　称	工作原理	工作范围	主要用途	相关元件
巨磁阻抗传感器	巨磁阻抗或巨磁感应效应	10^{-10}T ~ 10^{-4}T	旋转和位移传感，大电流传感	
威根德器件	威根德效应	10^{-4}T	速度检测、脉冲发生器	
磁电感应传感器	法拉第电磁感应效应	10^{-3}T ~ 100T	磁场测量和位置速度传感	
超导量子干涉器件	约瑟夫逊效应	10^{-14}T ~ 10^{-8}T	生物磁场检测	

6.8 习　　题

1. 什么是压电晶体的“压电效应”？叙述压电式传感器的工作原理。
2. 压电式传感器测量电路的作用是什么？其核心是解决什么问题？
3. 何为“磁阻效应”？磁敏电阻有何作用？
4. 磁敏二极管和磁敏三极管有何特点？适合于什么场合使用？
5. 什么是“霍尔效应”？一个霍尔元件在一定的电流控制下，其霍尔电势与哪些因素有关？
6. 温度变化对霍尔元件输出电势有什么影响？如何补偿？
7. 简述磁敏二极管的工作原理。如何用四个磁敏二极管组成电桥？用磁桥测量磁场有何优点？
8. 设计一种磁敏三极管温度补偿电路，并叙述原理。
9. 设计一个利用霍尔集成电路检测发电机转速的电路。要求当转速过高或过低时发出警报位号。

第7章 声、气、湿敏传感技术

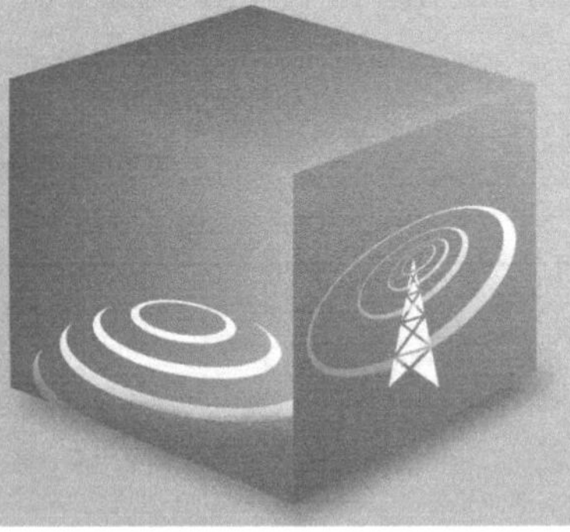

学习要点

① 了解声、气、湿敏传感技术的基本工作原理；
② 掌握声、气、湿敏传感器结构、特性及使用方法。

本章主要介绍应用广泛的声/超声波传感器、气敏传感器、湿敏传感器等的结构、原理、类型、特征以及它们的优、缺点和使用方法。

7.1 声/超声波传感器

声/超声技术是一门以物理、电子、机械及材料学为基础的，各行各业都要使用的通用技术之一。它是通过声/超声波产生、传播及接收的物理过程完成的。目前，特别是超声波技术广泛用于冶金、船舶、机械、医疗等各个工业部门的超声探测、超声清洗、超声焊接、超声检测和超声医疗等方面。

7.1.1 声/超声波及其物理性质

振动在弹性介质内的传播称为波动，简称波。频率在 $16\text{Hz} \sim 2\times10^4\text{Hz}$ 之间，能为人耳所闻的机械波，称为声波；低于 16Hz 的机械波，称为次声波；高于 $2\times10^4\text{Hz}$ 的机械波，称为超声波，如图 7.1 所示。

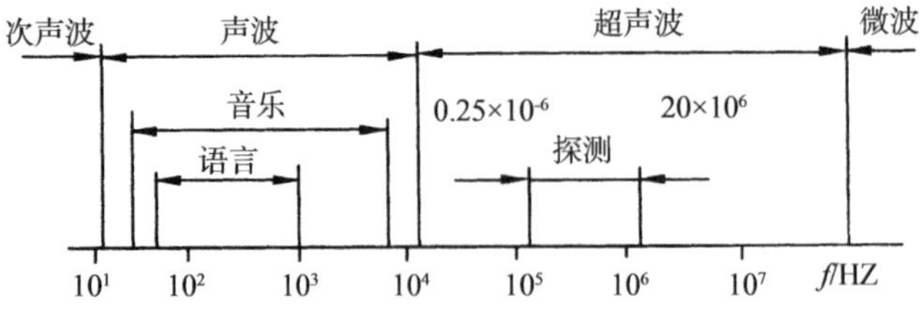

图 7.1 声波的频率界限图

当超声波由一种介质入射到另一种介质时，由于在两种介质中传播速度不同，在介质面上会产生反射、折射和波形转换等现象。

1. 声/超声波的波形及其转换

由于声源在介质中施力方向与波在介质中传播方向的不同，因此声波的波形也不同。通常有：

- 纵波。质点振动方向与波的传播方向一致的波。
- 横波。质点振动方向垂直于传播方向的波。
- 表面波。质点的振动介于横波与纵波之间，沿着表面传播的波。

横波只能在固体中传播，纵波能在固体、液体和气体中传播，表面波随深度增加衰减很快。

为了测量各种状态下的物理量，应多采用纵波。

纵波、横波及表面波的传播速度取决于介质的弹性常数及介质密度，气体中声速为344m/s，液体中声速在900m/s～1900m/s。

当纵波以某一角度入射到第二介质（固体）的界面上时，除有纵波的反射、折射外，还发生横波的反射和折射，在某种情况下，还能产生表面波。

2. 声/超声波的反射和折射

声波从一种介质传播到另一种介质，在两个介质的分界面上一部分声波被反射，另一部分透射过界面，在另一种介质内部继续传播。这样的两种情况称之为声波的反射和折射，如图7.2所示。

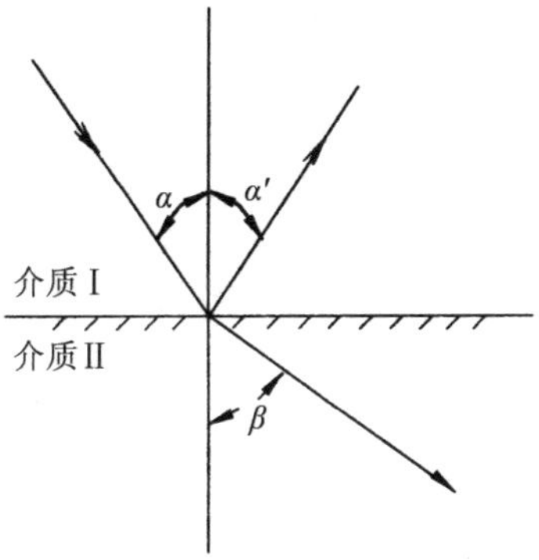

图7.2　超声波的反射和折射

由物理学知，当波在界面上产生反射时，入射角 α 的正弦与反射角 α' 的正弦之比等于波速之比。当波在界面处产生折射时，入射角 α 的正弦与折射角 β 的正弦之比，等于入射波在第一介质中的波速 C_1 与折射波在第二介质中的波速 C_2 之比，即：

$$\frac{\sin\alpha}{\sin\beta}=\frac{C_1}{C_2} \tag{7.1}$$

3. 声/超声波的衰减

声波在介质中传播时，随着传播距离的增加，能量逐渐衰减，其衰减的程度与声波的扩散、散射及吸收等因素有关。其声压和声强的衰减规律为：

$$P_x=P_0e^{-\alpha x} \tag{7.2}$$

$$I_x=I_0e^{-2\alpha x} \tag{7.3}$$

式中，P_x、I_x 为距声源 x 处的声压和声强；x 为声波与声源间的距离；α 为衰减系数，单位为Np/m（奈培/米）。

声波在介质中传播时，能量的衰减决定于声波的扩散、散射和吸收，在理想介质中，声波的衰减仅来自声波的扩散，即随声波传播距离增加而引起声能的减弱。散射衰减是固体介质中的颗粒界面或流体介质中的悬浮粒子使声波散射。吸收衰减是由介质的导热性、粘滞性及弹性滞后造成的，介质吸收声能并转换为热能。

7.1.2 声敏传感器

声敏传感器是一种将在气体、液体或固体中传播的机械振动转换成电信号的器件或装置，它用接触或非接触的方法检测信号。声敏传感器的种类很多，按测量原理可分为电阻变换、光电变换、电磁感应、静电效应和磁致伸缩等，各类传感器的工作原理、构成如表7.1所示。

表7.1 声敏传感器的分类

分 类	原 理	传感器	构 成
电磁感应	动电型	动圈式麦克风 扁型麦克风，动圈式拾音器	线圈和磁铁
	电磁型	电磁型麦克风（助听器） 电磁型拾音器 磁记录再生磁头	磁铁和线圈 高导磁率合金或 铁氧体和线圈
	磁致伸缩型	水中受波器 特殊麦克风	镍和线圈 铁氧体和线圈
静电效应	静电型	电容式麦克风 驻极体麦克风 静电型拾音器	电容器和电源 驻极体
	压电型	麦克风 石英水声换能器	罗息盐，石英，压电高分子(PVDF)
	电致伸缩型	麦克风 水声换能器 压电双晶片型拾音器	钛酸钡（$BaTiO_3$） 锆钛酸铅（PbZT）
电阻变换	接触阻抗型	电话用碳粒送话器	
	阻抗变换器	电阻丝应变型麦克风 半导体应变变换器	电阻丝应变计和电源 半导体应变计和电源
光电变换	相位变化型	干涉型声传感器 DAD 再生用传感器	光源，光纤和光检测器 激光光源和光检测器
	光量变化型	光量变化型声传感器	光源，光纤和光检测器

1. 电阻变换型声敏传感器

按照转换原理可将这类传感器分为接触阻抗型和阻抗变换型两种。接触阻抗型声敏传感器的一个典型实例是碳粒式送话器，其工作原理图如图7.3所示，当声波经空气传播至膜片时，膜片产生振动，使膜片和电极之间碳粒的接触电阻发生变化，从而调制通过送话器的电流，电流经变压器耦合至放大器经放大后输出。阻抗变换型声敏传感器是由电阻丝应变片或半导体应变片粘贴在膜片上构成的。当声压作用在膜片上时膜片产生形变，使应变片的阻抗发生变化，检测电路将这种变化转换为电压信号输出从而完成声-电的转换。

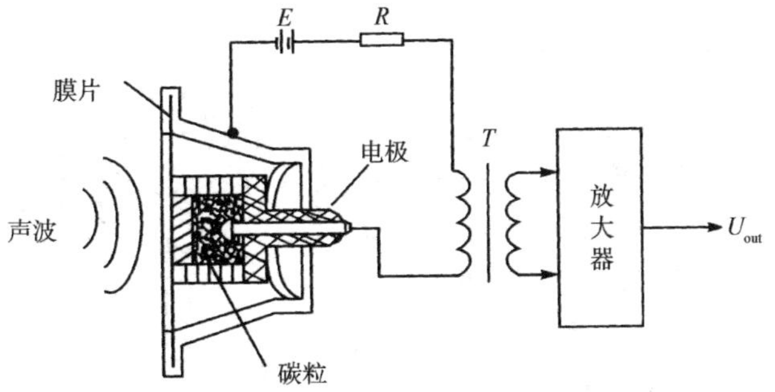

图 7.3 碳粒式送话器的工作原理图

2. 压电声敏传感器

压电声敏传感器是利用压电晶体的压电效应制成的。图 7.4 是压电传感器的结构图。压电晶体的一个极面和膜片相连接，当声压作用在膜片上使其振动时，膜片带动压电晶体产生机械振动，压电晶体在机械应力的作用下产生随受压大小变化而变化的电压，从而完成声-电的转换。压电声敏传感器可广泛用于水声器件、微音器和噪声计等方面。图 7.5 为压电微音器接口电路。图 7.6 为其在噪声计上的应用电路。

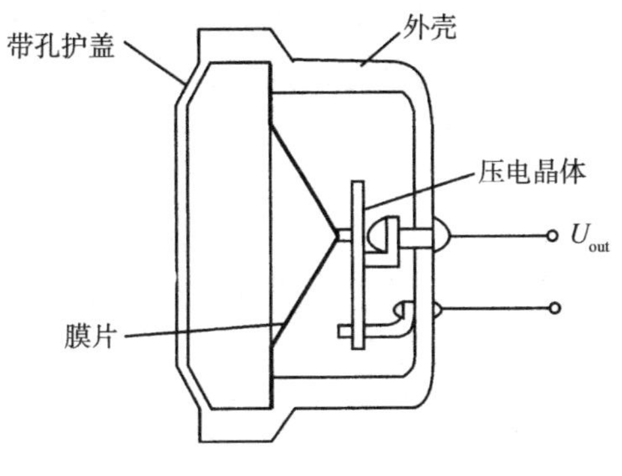

图 7.4 压电传感器的结构图

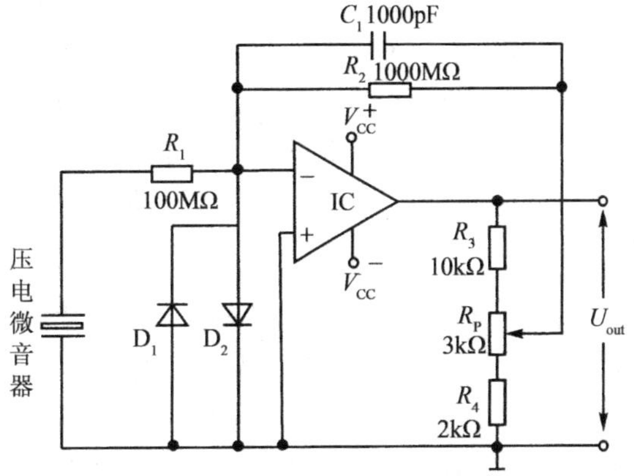

图 7.5 压电微音器电路图

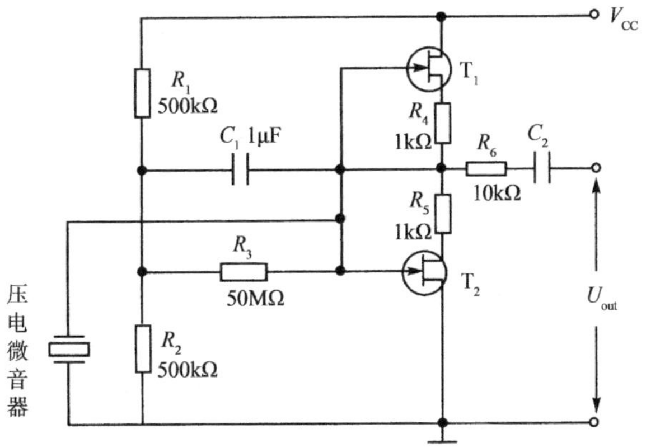

图 7.6 压电微音器的噪声计应用

3. 电容式声敏传感器（静电型）

图 7.7 为电容式送话器的结构示意图。它由膜片、外壳及固定电极等组成，膜片为一片质轻而弹性好的金属薄片，它与固定电极组成一个间距很小的可变电容器。当膜片在声波作用下振动时，膜片与固定电极间的距离发生变化，从而引起电容量的变化。如果在传感器的两极间串接负载电阻 R_L 和直流电流极化电压 E，在电容量随声波的振动变化时，在 R_L 的两端就会产生交变电压。

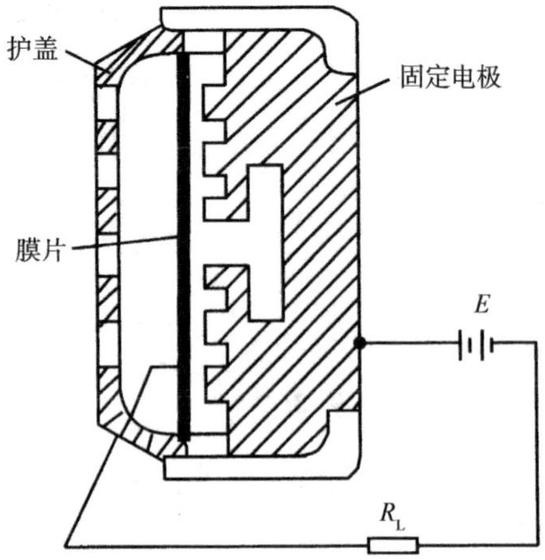

图 7.7　电容式送话器结构示意图

电容式声敏传感器的输出阻抗为容性，由于其容量小，在低频情况下容抗很大，为保证低频时的灵敏度，必须有一个输入阻抗很大的变换器与其相连，经阻抗变换后，再由放大器进行放大。

4. 音响传感器

音响传感器有：将声音载于通信网的电话话筒；将可听频带范围（20Hz～20kHz）的声音真实地进行电变换的放音、录音话筒；从媒质所记录的信号还原成声音的各种传感器等。根据不同的工作原理（有电磁变换、静电变换、电阻变换、光电变换等），可制成多种音响传感器。下面介绍几种音响传感器。

（1）驻极体话筒

驻极体是以聚酯、聚碳酸酯和氟化乙烯树脂作为材料的电介质薄膜，使其内部极化，并将电荷固定在薄膜的表面。将薄膜的一个面作成电极，如图 7.8 所示，与固定电极保持一定的间隙 d_0，并配置于固定电极的对面，在薄膜的单位电极表面上所感应的电荷为：

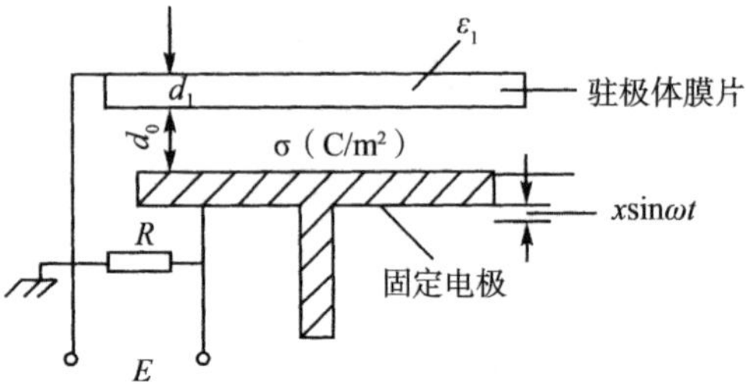

图 7.8　驻极体话筒的结构示意图

$$Q=\frac{\varepsilon_1 d_0\sigma}{\varepsilon_1 d_0+\varepsilon_0 d_1} \tag{7.4}$$

$$Q=-\frac{\varepsilon_0 d_1\sigma}{\varepsilon_1 d_0+\varepsilon_0 d_1} \tag{7.5}$$

式中，ε_0、ε_1 分别为各部分的电介质系数。

设图 7.8 中系统的合成电容为 C（F）时，驻极体膜片（或固定电极）以角频率 ω 振动，若 $R \gg \omega C$，则来自外部的电荷不能移动，从而在电极间产生电位差，即：

$$E=\frac{d_0}{\varepsilon_0}\times \sin\omega t=\frac{\sigma d_1}{\varepsilon_1 d_0+\varepsilon_0 d_1}\times \sin\omega t \tag{7.6}$$

式（7.6）表明输出电压与位移成比例，即短路电流与振动速度成比例。驻极式话筒体积小，重量轻，多用于电视讲话节目方面。

（2）水听器

空气中的话筒大多限制在可听频带范围（20Hz～20kHz）。声音在水中传播速度快，声波传输衰减小，而且水中各种噪声的分贝一般比空气中的声压分贝值约高20dB。音响振动变换元件可换成电动、电磁、静电式，也可直接使用晶体和烧结体元件，水中的音响技术涉及测深、鱼群探测、海流检测及各种噪声检测等。图7.9为水听器头部断面，由于元件呈电容性，加长输出电缆效果不理想，因此在水听器的元件之后配置场效应管，进行阻抗变换以便得到输出。由于使用于海中等特殊环境，因此，要求具有防水性和耐压性。

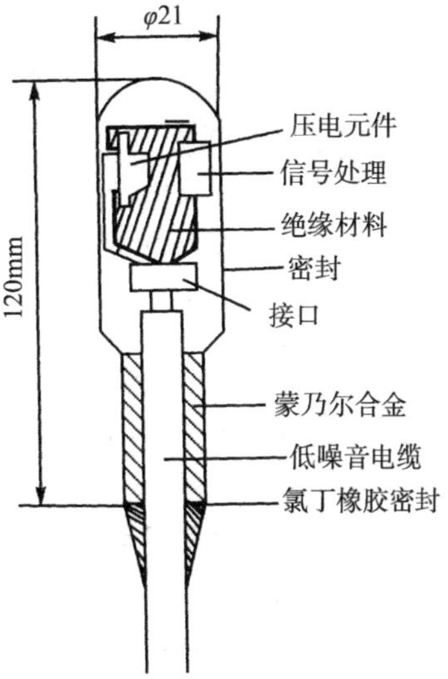

图7.9　水听器头部断面

（3）录音拾音器

拾音器由机-电变换部分和支架构成，它可检测录音机V形沟纹里记录的上下、左右振动，其芯子大致可分为：速度比例式（分为电动式和电磁式）与位移比例式（分为静电式、压电式和半导体式）。大多数电动式芯子，在其线圈中都包含有磁心，由振动线圈本身交链磁通的变化（$d\Phi/dt$）产生输出电压，其磁性材料广泛使用坡莫合金，目前也开始应用铁硅铝磁合金和珀明德铁钴系高导磁合金。电磁式有动磁式（MM型）、动铁式（MI型）、磁感应式（IM型）和可变磁阻式等。国外大多MM型结构的示意图如图7.10所示，随着磁铁速度的变化，从被固定的线圈左、右端子即可获得输出结果。压电式的变换元件有使用晶体（酒石酸钾钠）的或使用钛酸钡陶瓷的。

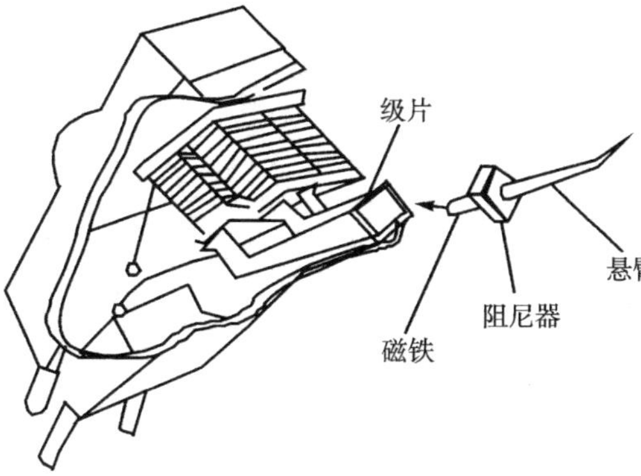

图7.10　MM型拾音器芯子

(4) 动圈式话筒

动圈式话筒的结构如图7.11所示，由磁铁和软铁组成磁路，磁场集中在磁铁芯柱与软铁形成的气隙中。在软铁的前部装有振动膜片，它的上面带有线圈，线圈套在磁铁芯柱上，位于强磁场中。当振动膜片受声波作用时，带动线圈切割磁力线，产生感应电动势，从而将声信号转变为电信号输出。由于线圈的圈数很少，因而在输出端还接有升压变压器，以提高输出电压。

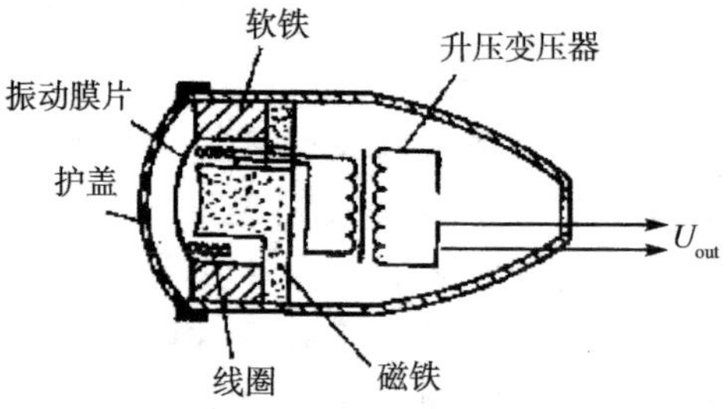

图7.11 动圈式话筒结构

(5) 医用音响传感器

为了诊断疾病，常用音响传感器检测体内诸器官所发出的声音，如心脏的跳动声、心杂音、由血管的狭窄部分所发出的杂音、伴随着呼吸的支气管与肺膜发生的声音、肠杂音、胎儿心脏的跳动声等。下面介绍两款医用音响传感器。

① 心音计

检测向胸腔壁传播的心脏跳动声、心脏杂音的信号，并通过放大器和滤波器加以组合，就可获得胸部的特定部位随时间而变化的波形，根据波形就可进行诊断。心音变换器分为空气传导式与直接传导式两种。空气传导式由气室与一般的传声器组合而成，易于使用，但输出小，还易于受到周围杂音的干扰。直接传导式分为加速度型、悬挂型、放置型三种，如图7.12所示。直接传导式必须和胸腔壁接触，根据接触部分的面积和重量，即使对同一被检测者来说，其响应也不一样，但胸腔壁上的心音的伸缩振动，可在薄膜厚度方向输出电压。

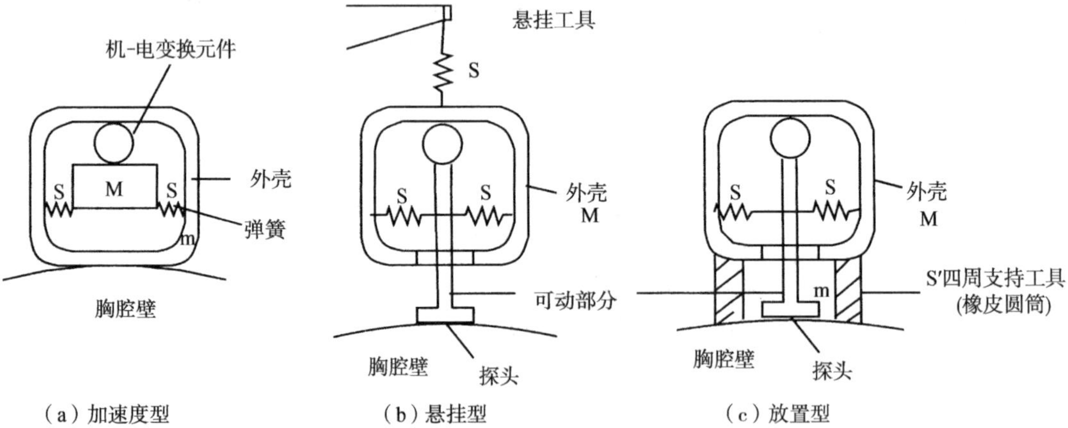

图7.12 直接传导式心音传声器

② 心音导管尖端式传感器

它是将压力检测元件配置在心音导管端部的、小型的探头形的传感器，用于测定血压、检测心音和心杂音的发生部位。压力检测元件可使用电磁式、应变片（电阻丝和半导体）式、压电陶瓷式等，用光导纤维束来传输光，将端部压力元件（振动片）的位移由振动片反射回来，从而引起光量的变化，然后由光量变化读出压力值，如图 7.13 所示。可检测 -50Pa ~ 200 ×133.322Pa 的血压（误差 ±2 ×133.322Pa），还可检测 20Hz ~ 4kHz 的心内音。

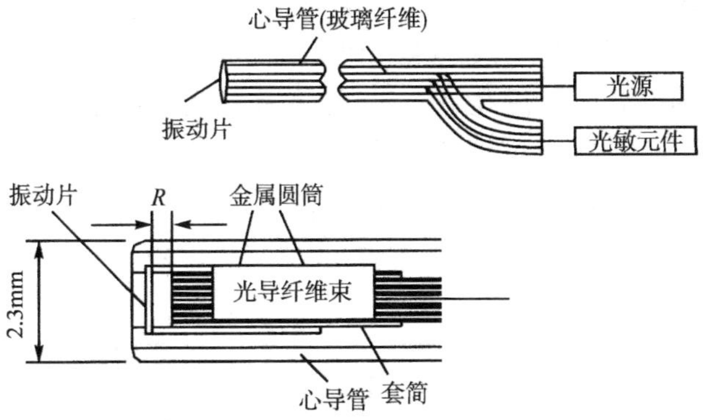

图 7.13　光导纤维导管尖端式血压计

7.1.3　超声波传感器

利用超声波在超声场中的物理特性和各种效应研制的装置可称为超声波传感器，也称作超声波探头或超声波换能器。

1. 超声波传感器的分类

超声波传感器按其工作原理可分为压电式、磁致伸缩式、电磁式等，而以压电式最为常用。

(1) 压电式传感器

压电式传感器是利用电致伸缩现象制成的，在压电材料切片上施加交变电压，使它产生电致伸缩振动而产生超声波，如图 7.14 所示。常用的压电材料为石英晶体、压电陶瓷、钴钛酸铅等。

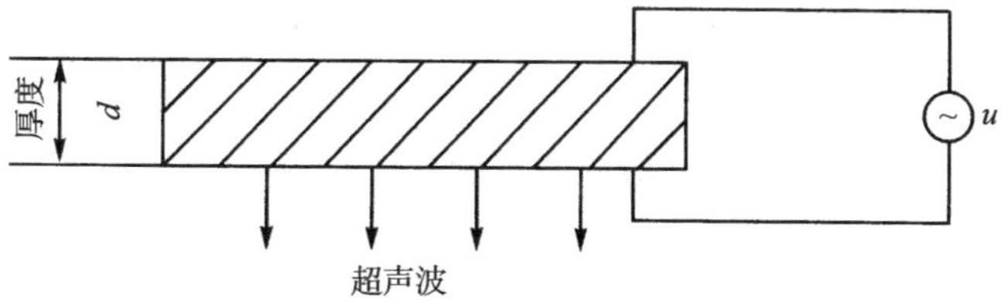

图 7.14　压电式换能器

压电材料的固有频率与晶体片厚度 d 有关，即：

$$f=\frac{nc}{2d}=\frac{n}{2d}\sqrt{\frac{E}{\rho}} \tag{7.7}$$

式中，$n=1, 2, 3, \cdots$，是谐波的级数；c 为波在压电材料里传播的纵波速度；E 为杨氏模量；ρ 为压电晶体的密度。

当外加交变电压的频率等于晶片的固有频率时产生共振，这时产生的超声波最强。压电效应换能器可以产生几十千赫到几十兆赫的高频超声波，其声强可达几十瓦/厘米^2。

压电式超声波接收器一般是利用超声波发生器的逆效应进行工作的，其结构和超声波发生器基本相同，有时就用同一个换能器兼作发生器和接收器两种用途。当超声波作用到压电晶片上时使晶片伸缩，在晶片的两个界面上便产生交变电荷，这种电荷被转换成电压经放大后送到测量电路，最后记录或显示出来。

由于用途不同，压电式超声波传感器有多种结构形式，如直探头（纵波）、斜探头（横波）、表面波探头、双探头（一个探头发射，另一个接收）、聚集探头（将声波聚集成一细束）、水浸探头（可浸在液体中）以及其他专用探头。典型的压电式超声波传感器结构如图 7.15 所示。

压电式多为圆板形，由式（7.7）知，超声波频率 f 与其厚度 d 成反比，压电晶片在基频作厚度振动时，晶片厚度 d 相当于晶片振动的半波长，可依此规律选择晶片厚度。压电晶片两面镀有银层作为导电的极板，底面接地，上面接至引出线。为避免直探头与被测件直接接触而磨损压电晶片，在压电晶片下粘合一层保护膜（0.3mm 厚的塑料膜、不锈钢片或陶瓷片）。

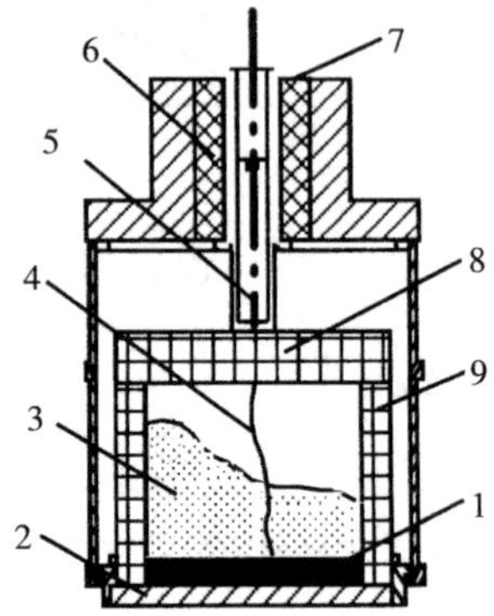

1.压电片；2.保护膜；3.吸收块；4.接线；5.导线螺杆；6.绝缘柱；7.接触座；8.接线片；9.压垫片座

图 7.15　压电式超声波传感器结构

（2）*磁致伸缩式传感器*

铁磁物质在交变的磁场中沿着磁场方向产生伸缩的现象，叫作磁致伸缩效应。磁致伸缩效应的强弱即伸长缩短的程度，因铁磁物质的不同而不同。镍的磁致伸缩效应最大，它在一切磁场中都是缩短的；如果先加一定的直流磁场，再通以交流电流时，它可工作在特性最好的区域。

磁致伸缩式传感器是把铁磁材料置于交变磁场中，使它产生机械尺寸的交替变化即机械振动，从而产生出超声波。它是用几个厚为 0.1mm ~ 0.4mm 的镍片叠加而成，片间绝缘以减少涡流损失，其结构形状有矩形、窗形等。传感器机械振动的固有频率的表达式与压电式的式（7.7）相同。如果振动器是自由的，则 $n=1，2，3，\cdots$，如果振动器的中间部分固定，则 $n=1，3，5，\cdots$。磁致伸缩式传感器的材料除镍外，还有铁钴钒合金和含锌、镍的铁氧体；其工作效率范围较窄，仅在几万赫兹范围内，但功率可达十万瓦，声强可达几千瓦/厘米^2，能耐较高的温度。

磁致伸缩超声波接收器是利用磁致伸缩效应工作的。当超声波作用到磁致伸缩材料上时，使磁致材料伸缩，引起它的内部磁场（即导磁特性）的变化。根据电磁感应，磁致伸缩材料上所绕的线圈里便获得感应电动势。此电动势送到测量电路及记录显示设备，它的结构也与发生器差不多。

2. 超声波传感器的应用

(1) *超声波测厚*

超声波测量金属零件的厚度，具有测量精度高、测试仪器轻便、操作安全简单、易于读数或实行连续自动检测等优点。但是对于声衰减很大的材料，以及表面凹凸不平或形状很不规则的零件，则用超声波测厚有困难。超声波测厚常用脉冲回波法，此方法检测厚度的工作原理如图 7.16 所示。

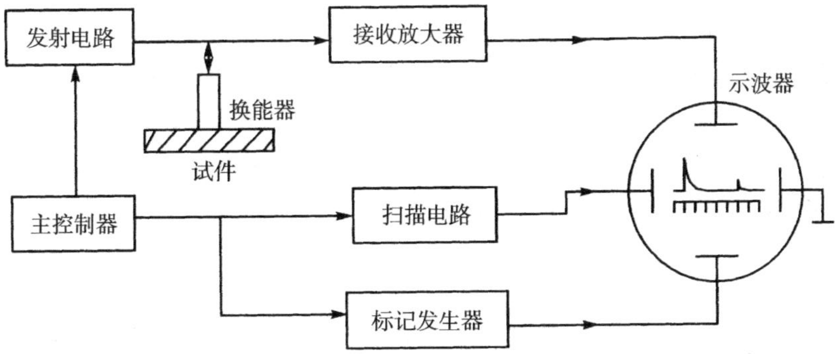

图 7.16　脉冲回波法测厚度的工作原理

超声波传感器与被测物体表面接触；主控制器产生一定频率的脉冲信号，送往发射电路，经电流放大后激励压电式探头，以产生重复的超声波脉冲；脉冲波传到被测工件另一面被反射回来，被同一探头接收；如果超声波在工件中的声速 c 是已知的，设工件厚度为 d，脉冲波从发射到接收的时间间隔 Δt 可以测量，因此可求出工件厚度为：

$$d = \frac{\Delta t}{2} \cdot C \qquad (7.8)$$

(2) *超声波测物位*

将存于各种容器内的液体表面高度及所在的位置称为液位；固体颗粒、粉料、块料的高度或表面所在位置称为料位。二者统称为物位。超声波测物位，由于非接触连续测量、安装方便、不受被测介质影响，因而具有可在较高温度下测量、精度高、功能强等特点。在物位仪表中越来越受到重视。图 7.17 为脉冲回波式测量液位的工作原理图。传感器发出的超声波脉冲通过介质到达液面，经液面反射后又被传感器接收。测量发射与接收超声脉冲的时间间隔和介质中的传播速度，即可求出传感器与液面之间的距离。根据传声方式和使用传感器数量的不同，可以分为（a）单探头液介式，（b）单探头气介式，（c）单探头固介式，（d）双探头液介式等。

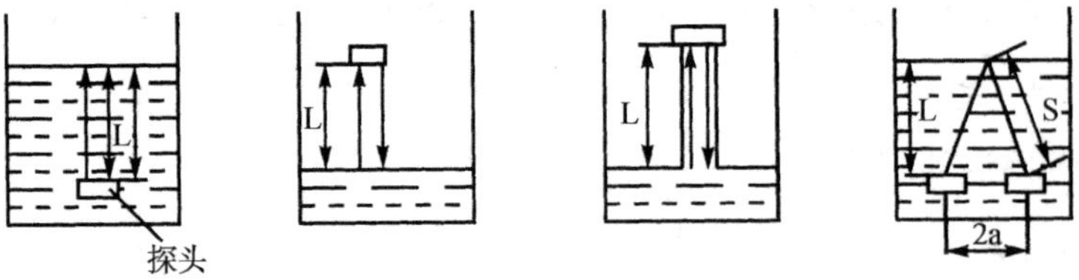

(a) 单探头液介式　(b) 单探头气介式　(c) 单探头固介式　(d) 双探头液介式

图 7.17　脉冲回波式超声液位测量

在生产实践中，有时只需要知道液面是否升到或降到某个或几个固定高度，则可采用图 7.18 所示的超声波定点式液位计，实现定点报警或液面控制。图 7.17 (a)、(b) 为连续波阻抗式液位计的示意图。由于气体和液体的声阻抗差别很大，当探头发射面分别与气体或液体接触时，发射电路中通过的电流也就明显不同。因此利用一个处于谐振状态的超声波探头，就能通过指示仪表判断出探头前是气体还是液体。图 7.17 (c)、(d) 为连续波透射式液位计示意图。图中相对安装的两个探头之间有液体时，接收探头才能接收到透射波。由此可判断出液面是否达到探头的高度。

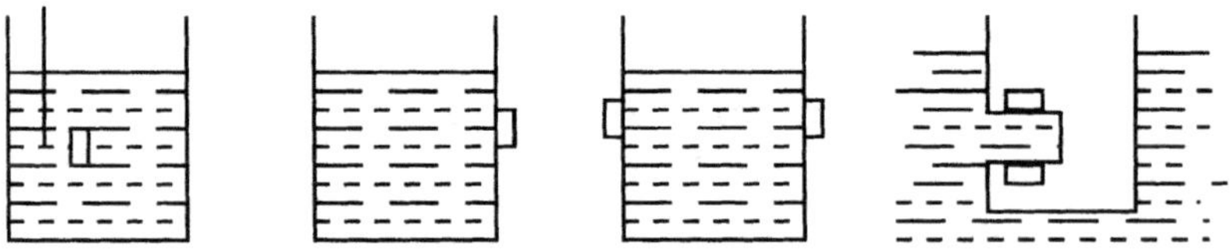

(a)　(b)　(c)　(d)

图 7.18　超声波定点液位计

(3) *超声波测流量*

利用超声波测流量对被测流体并不产生附加阻力，测量结果不受流体物理和化学性质的影响。超声波在静止和流动流体中的传播速度是不同的，进而形成传播时间和相位上的变化，由此可求得流体的流速和流量。图 7.19 为超声波测流体流量的工作原理图。图中 v 为流体的平均流速，c 为超声波在流体中的速度，θ 为超声波传播方向与流动方向的夹角，A、B 为两个超声波传感器，L 为其距离。

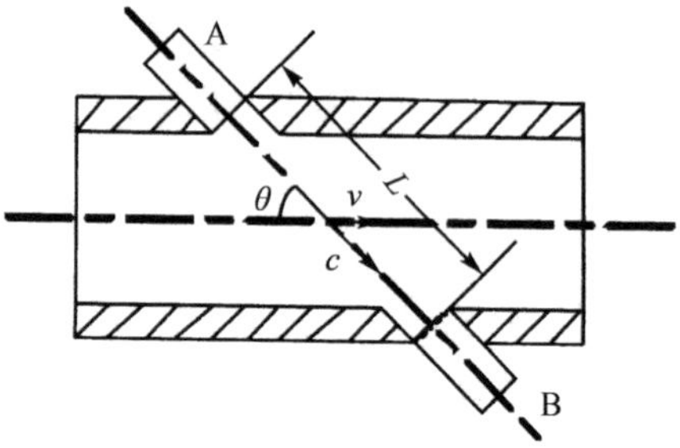

图 7.19　超声波测流量的原理图

① 时差法测流量

当 A 为发射探头，B 为接收探头时，超声波传播速度为 $c+v\cos\theta$，于是顺流传播时间 t_1 为：

$$t_1=\frac{L}{c+v\cos\theta} \tag{7.9}$$

当 B 为发射探头，A 为接收探头时，超声波传播速度为 $c-v\cos\theta$，于是逆流传播时间 t_2 为：

$$t_2 = \frac{L}{c - v\cos\theta} \tag{7.10}$$

时差为：

$$\Delta t \approx t_2 - t_1 = \frac{2Lv\cos\theta}{c^2 - v^2\cos^2\theta} \tag{7.11}$$

由于 $c \gg v$，于是式（7.11）可近似为：

$$\Delta t \approx \frac{2Lv\cos\theta}{c^2} \tag{7.12}$$

则流体的平均流速为：

$$v \approx \frac{c^2}{2L\cos\theta}\Delta t \tag{7.13}$$

该测量方法精度取决于 Δt 的测量精度，同时应注意 c 并不是常数，而是温度的函数。

② 相位差法测流量

当 A 为发射探头，B 为接收探头时，接收信号相对发射超声波的相位角为：

$$\varphi_1 = \frac{L}{c + v\cos\theta}\omega \tag{7.14}$$

式中，ω 为超声波的角频率。

当 B 为发射探头，A 为接收探头时，接收信号相对发射超声波的相位角为：

$$\varphi_2 = \frac{L}{c - v\cos\theta}\omega \tag{7.15}$$

相位差为：

$$\Delta\varphi = \varphi_2 - \varphi_1 = \frac{2Lv\cos\theta}{c^2 - v^2\cos^2\theta}\omega \tag{7.16}$$

同样，由于 $c \gg v$，于是式（7.16）可近似为：

$$\Delta\varphi = \frac{2Lv\cos\theta}{c^2}\omega \tag{7.17}$$

则流体的平均流速为：

$$v \approx \frac{c^2}{2\omega L\cos\theta}\Delta\varphi \tag{7.18}$$

该法以测相位角代替精确测量时间，因而可以进一步提高测量精度。

③ 频率差法测流量

当 A 为发射探头、B 为接收探头时，超声波的重复频率 f_1 为：

$$f_1 = \frac{c + v\cos\theta}{L} \tag{7.19}$$

当 B 为发射探头，A 为接收探头时，超声波的重复频率 f_2 为：

$$f_2 = \frac{c - v\cos\theta}{L} \tag{7.20}$$

频率差为：

$$\Delta f = f_2 - f_1 = \frac{2v\cos\theta}{L} \tag{7.21}$$

则流体的平均流速为：

$$v = \frac{L}{2\cos\theta}\Delta f \tag{7.22}$$

当管道结构尺寸 L 和探头安装位置 θ 一定时，式（7.22）中 v 直接与 Δf 有关，而与 c 值无关。可见该法将能获得更高的测量精度。

7.2　气敏传感器

气敏传感器是用来测量气体的类别、浓度和成份的传感器。由于气体的种类繁多，性质各不相同，不可能用一种传感器检测所有类别的气体，因此，能实现气、电转换的传感器种类很多，如表 7.2 所示。按构成气敏传感器的材料可分为半导体和非半导体两大类。目前实际使用最多的是半导体气敏传感器。因此，本节以半导体气敏传感器为例进行介绍。

表 7.2　主要类型的气敏元件

<table>
<tr><th>名称</th><th colspan="2">检测原理、现象</th><th>具有代表性的气敏元件及材料</th><th>检测气体</th></tr>
<tr><td rowspan="5">半导体气敏元件</td><td rowspan="2">电阻型</td><td>表面控制型</td><td>SnO_2、ZnO、In_2O_3、WO_3、V_2O_5、β-Cd_2SnO_4
有机半导体、金属、酞菁、蒽</td><td>可燃性气体，如 C_2H_2CO、$C\text{-}Cl_2\text{-}F_2$、NO_2 等</td></tr>
<tr><td>体控制型</td><td>γ-Fe_2O_3、α-Fe_2O_3、CoC_3、$C_{03}O_4$、$Ia_{1-x}Sr_xCoS$-
rO_3、TiO_2、CoO、$CoO\text{-}MgO$、Nb_2O_5 等</td><td>可燃性气体，如 O_2、C_nH_{2n}、C_nH_{2n-6}等等</td></tr>
<tr><td rowspan="3">非电阻型</td><td>二极管整流作用</td><td>Pd/CdS、Pd/TiO_2、Pd/ZnO、Pt/TiO_2、Au/TiO_2、Pd/MoS</td><td>H_2、CO、SiH_4 等</td></tr>
<tr><td>FET 气敏元件</td><td>以 Pd、Pt、SnO_2 为栅极的 MOSFET</td><td>H_2、CO、H_2S、NH_3</td></tr>
<tr><td>电容型</td><td>$Pb\text{-}BaTiO_3$、$CuO\text{-}BaSnO_3$、$CuO\text{-}BaTiO_3$、$Ag\text{-}CuO\text{-}BaTiO_3$ 等</td><td>CO_2</td></tr>
<tr><td rowspan="4">固体电解质气敏元件</td><td colspan="2">电池电动势</td><td>$CaO\text{-}ZrO_2$、$Y_2O_3\text{-}ZrO_2$、$Y_2O_3\text{-}TiO_2$、LaF_3、KAg_4I_5、$PbCl_2$、$PbBr_2$、K_2SO_4、Na_2SO_4、β-Al_2O_3、$LiSO_4^-$、Ag_2SO_4、K_2CO_3、Ba（NH_3）$_2$、$SrCe_{0.95}Yb_{0.05}O_3$</td><td>O_2、卤素、SO_2、SO_3、CO、NO_x、H_2O、H_2</td></tr>
<tr><td colspan="2">混合电位</td><td>$CaO\text{-}ZrO_2$、Zr（HPO_4）$_2$ · nH_2O、有机电解质</td><td>CO、H_2</td></tr>
<tr><td colspan="2">电解电流</td><td>$CaO\text{-}ZrO_2$、YF_6、LaF_3</td><td>O_2</td></tr>
<tr><td colspan="2">电　流</td><td>$Sb_2O_3 \cdot nH_2O$</td><td>H_2</td></tr>
</table>

（续表）

名称	检测原理、现象	具有代表性的气敏元件及材料	检测气体
接触燃烧式	燃烧热（电阻）	Pt 丝 + 催化剂（Pd、Pt-Al_2O_3、CuO）	可燃性气体
电化学式	恒电位电解电流	气体透过膜 + 贵金属阴极 + 贵金属阳极	CO、NO、SO_2、O_2
	伽伐尼电池式	气体透过膜 + 贵金属阴极 + 贱金属阳极	O_2、NH_3
其他类型	红外吸收型、石英振荡型、光导纤维型、热传导型、异质结型、气体色谱法、声表面波气体传感器		无机气体和有机气体

7.2.1 电阻型半导体气敏材料的导电机理

半导体气敏传感器是利用气体在半导体表面的氧化和还原反应导致敏感元件阻值变化而制成的。当半导体器件被加热到稳定状态，在气体接触半导体表面而被吸附时，被吸附的分子首先在物体表面自由扩散，失去运动能量，一部分分子被蒸发掉，另一部分残留分子产生热分解而化学吸附在吸附处。当半导体的功函数小于吸附分子的亲和力（气体的吸附和渗透特性），则吸附分子将从器件夺得电子而变成负离子吸附，半导体表面呈现电荷层。例如氧气等具有负离子吸附倾向的气体被称为氧化型气体或电子接收性气体。如果半导体的功函数大于吸附分子的离解能，吸附分子将向器件释放出电子，而形成正离子吸附。具有正离子吸附倾向的气体有 H_2、CO、碳氢化合物和醇类，它们被称为还原型气体或电子供给性气体。

当氧化型气体吸附到 N 型半导体，还原型气体吸附到 P 型半导体上时，将使半导体载流子减少，而使电阻值增大。当还原型气体吸附到 N 型半导体上，氧化型气体吸附到 P 型半导体上时，则载流子增多，使半导体电阻值下降。图 7.20 表示了气体接触 N 型半导体时所产生的器件阻值变化情况。由于空气中的含氧量大体上是恒定的，因此氧化的吸附量也是恒定的，器件阻值也相对固定。若气体浓度发生变化，其阻值也会变化。根据这一特性，可以从阻值的变化得知吸附气体的种类和浓度。半导体气敏时间（响应时间）一般不超过 1min。N 型材料有 SnO_2，ZnO，TiO 等，P 型材料有 MoO_2，CrO_3 等。

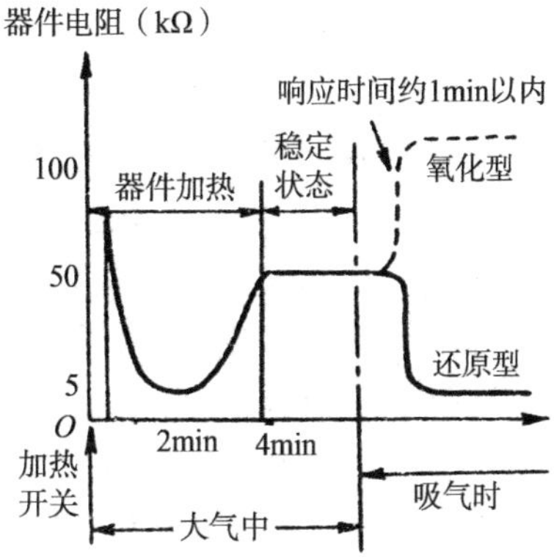

图 7.20 N 型半导体吸附气体时器件阻值变化图

7.2.2 电阻型半导体气敏传感器的结构

气敏传感器通常由气敏元件、加热器和封装体等三部分组成。气敏元件从制造工艺来分有烧结型、薄膜型和厚膜型三类。它们的典型结构如图 7.21 所示。

图 7.21（a）为烧结型气敏器件。这类器件以 SnO_2 半导体材料为基体，将铂电极和加热丝埋入 SnO_2 材料中，用加热、加压、温度为 700℃ ~900℃ 的制陶工艺烧结成形。因此，被称为半导体导瓷，简称半导瓷。半导瓷内的晶粒直径为 1μm 左右，晶粒的大小对

电阻有一定影响，但对气体检测灵敏度则无很大的影响。烧结型器件制作方法简单，器件寿命长；但由于烧结不充分，器件机械强度不高，电极材料较贵重，电性能一致性较差，应用受到一定限制。

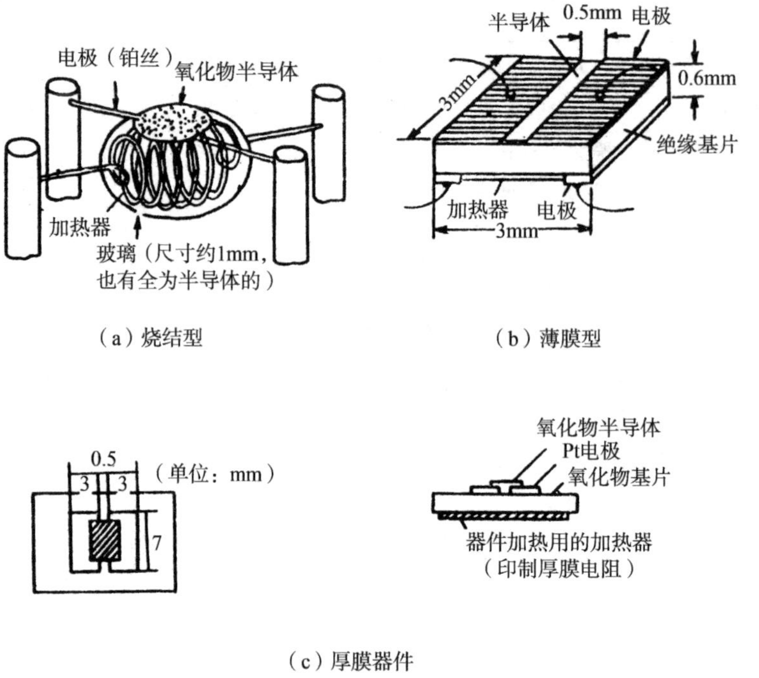

图 7.21　半导体传感器的器件结构

图 7.21（b）为薄膜器件。采用蒸发或溅射工艺，在石英基片上形成氧化物半导体薄膜（其厚度约在 1000Å 以下）。制作方法也很简单。实验证明，SnO_2 半导体薄膜的气敏特性最好；但这种半导体薄膜为物理性附着，器件间性能差异较大。

图 7.21（c）为厚膜型器件。这种器件是将 SnO_2 或 ZnO 等材料与3% ~15%（重量）的硅凝胶混合制成能印刷的厚膜胶，把厚膜胶用丝网印刷到装有铂电极的氧化铝（Al_2O_3）或氧化硅（SiO_2）等绝缘基片上，再经 400℃ ~800℃温度烧结 1h（小时）制成。由于这种工艺制成的元件离散度小、机械强度高，适合大批量生产，所以是一种很有前途的器件。

加热器的作用是将附着在敏感元件表面上的尘埃、油雾等烧掉，加速气体的吸附，提高其灵敏度和响应速度。加热器的温度一般控制在 200℃ ~400℃左右。

加热方式一般有直热式和旁热式两种，因而形成了直热式和旁热式气敏元件。直热式是将加热丝直接埋入 SnO_2，ZnO 粉末中烧结而成，因此，直热式常用于烧结型气敏结构。直热式结构如图 7.22（a）、（b）所示。旁热式是将加热丝和敏感元件同置于一个陶瓷管内，管外涂梳状金电极作测量极，在金电极外再涂上 SnO_2 等材料，其结构如图 7.22（c）、（d）所示。

直热式结构的气敏传感器的优点是制造工艺简单、成本低、功耗小，可以在高电压回路中使用。它的缺点是热容量小，易受环境气流的影响，测量回路和加热回路间没有隔离而相互影响。国产 QN 型和日本费加罗 TGS#109 型气敏传感器均属此类结构。

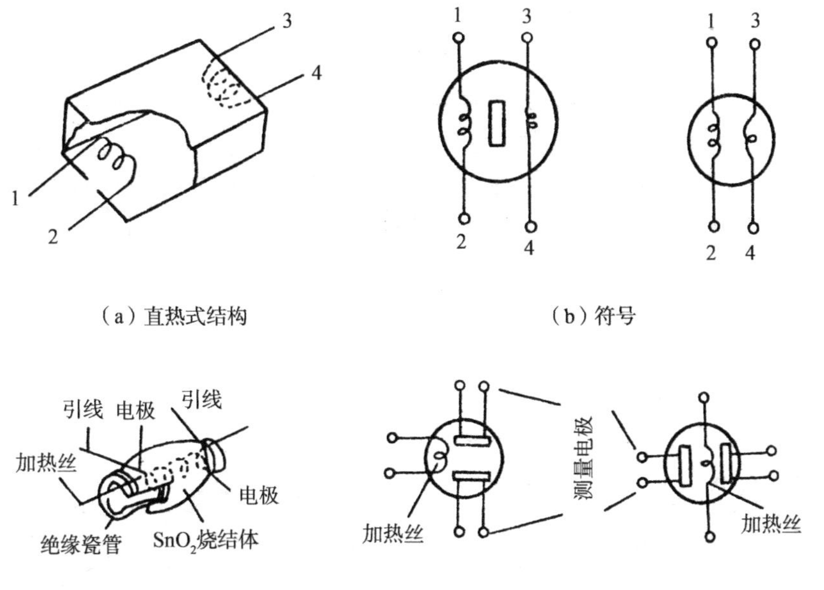

(a) 直热式结构　　(b) 符号

(c) 旁热式结构　　(d) 符号

图 7.22　气敏器件结构与符号

旁热式结构的气敏传感器克服了直热式结构的缺点，使测量极和加热极分离，而且加热丝不与气敏材料接触，避免了测量回路和加热回路的相互影响；器件热容量大，降低了环境温度对器件加热温度的影响，所以这类结构器件的稳定性、可靠性比直热式的好。国产 QMN5 型和日本费加罗 TGS#812，813 等型气敏传感器都采用这种结构。

7.2.3　气敏器件的基本特性

1. SnO_2 系

烧结型、薄膜型和厚膜型 SnO_2 气敏器件对气体的灵敏度特性如图 7.23 所示。气敏元件的阻值 R_c 与空气中被测气体的浓度 C 成对数关系变化：

$$\log R_c = m\log C + n \tag{7.23}$$

式中，n 与气体检测灵敏度有关，除了随材料和气体种类不同而变化外，还会由于测量温度和添加剂的不同而发生大幅度变化，m 为气体的分离度，随气体浓度变化而变化，对可燃性气体，$1/3 \leqslant m \leqslant 1/2$。

在气敏材料 SnO_2 中添加铂（Pt）或钯（Pd）等作为催化剂，可以提高其灵敏度和对气体的选择性。添加剂的成分和含量，元件的烧结温度和工作温度都将影响元件的选择性。

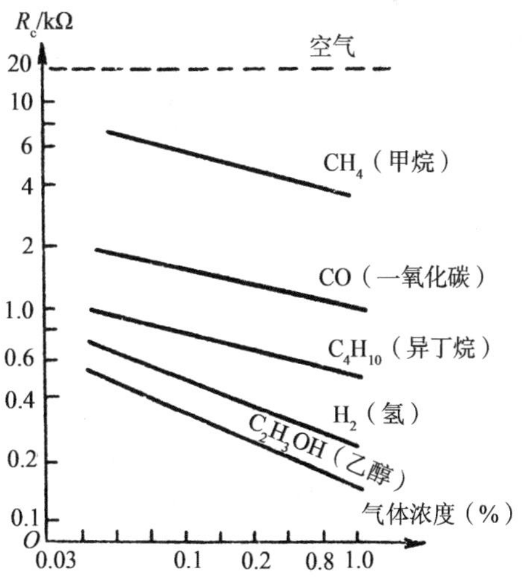

图 7.23　SnO_2 气敏元件灵敏度特性

例如在同一工作温度下，含1.5%（重量）Pd的元件对CO最灵敏；而含0.2%（重量）Pd时，却对CH_4最灵敏。又如同一含量Pt的气敏元件，在200℃以下，检测CO最好；而在300℃时，则检测丙烷最好；在400℃以上检测甲烷最佳。经实验证明，在SnO_2中添加ThO_2（氧化钍）的气敏元件，不仅对CO的灵敏程度远高于其他气体，而且其灵敏度随时间而产生周期性的振荡现象；同时，该气敏元件在不同浓度的CO气体中，其振荡波形也不一样，如图7.24所示。虽然目前尚不明确其机理，但可利用这一现象对CO浓度作精确的定量检测。

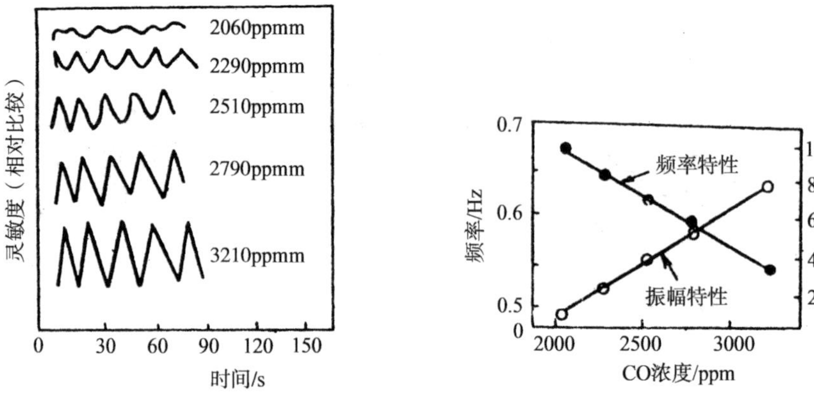

图7.24　添加ThO_2的SnO_2气敏元件在不同浓度CO气体中的振荡波形、灵敏度和频率、幅度特性（工作温度为200℃，添加1%（重量）的ThO_2）

SnO_2气敏元件易受环境温度和湿度的影响，图7.25给出了SnO_2气敏元件受环境温度、湿度影响的综合特性曲线。由于环境温度、湿度对其特性有影响，因此使用时，通常需要加温度补偿。

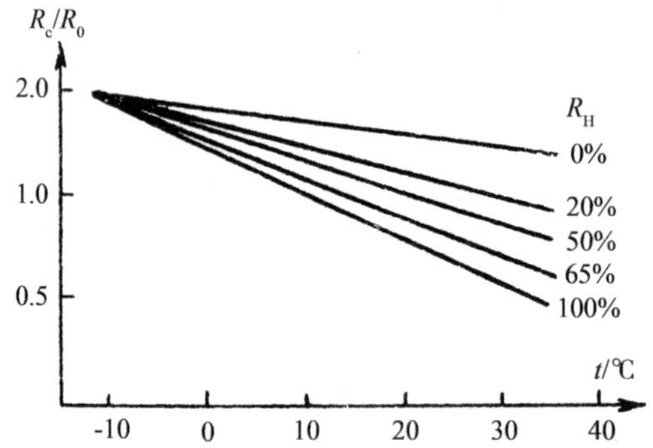

图7.25　SnO_2气敏电阻温湿特性

2. ZnO系

ZnO（氧化锌）系气敏元件对还原性气体有较高的灵敏度。它的工作温度比SnO_2系气敏元件约高100℃左右，因此不及SnO_2系元件应用普遍。同样如此，要提高ZnO系元件对气体的选择性，也需要添加Pt和Pd等添加剂。例如，在ZnO中添加Pd，则对H_2和CO呈现出高的灵敏度；而对丁烷（C_4H_{10}）、丙烷（C_3H_8）、甲烷（CH_4）等烷烃类气体则灵敏度很低，如图7.26（a）所示。如果在ZnO中添加Pt，则对烷烃类气体有很高的灵敏度，而且含碳量越多，灵敏度越高，而对H_2，CO等气体则灵敏度很低，如图7.26（b）所示。

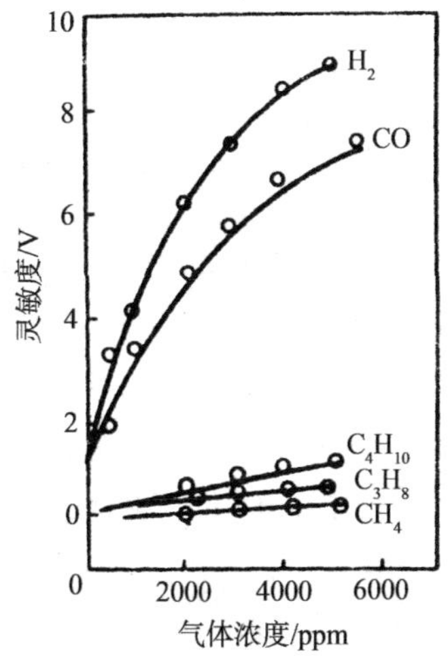

（a）ZnO添加Pd的灵敏度特性

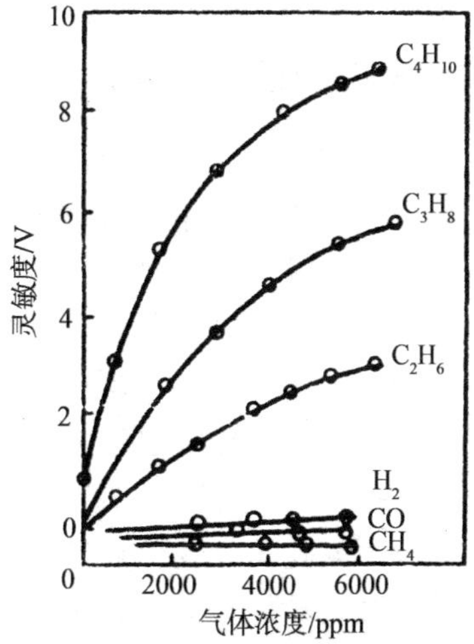

（b）ZnO添加Pt的灵敏度特性

图7.26　ZnO系气敏元件的灵敏度特性

7.2.4　非电阻型气敏器件

非电阻型气敏器件也是半导体气敏传感器之一。它是利用MOS二极管的电容－电压特性的变化以及MOS场效应晶体管（MOSFET）的阈值电压的变化等物性而制成的气敏元件。由于这类器件的制造工艺成熟，便于器件集成化，因而其性能稳定且价格便宜。利用特定材料还可以使器件对某些气体特别敏感。

1. MOS二极管气敏器件

MOS二极管气敏元件是在P型半导体硅片上，利用热氧化工艺生成一层厚度为50nm～100nm的二氧化硅（SiO_2）层，然后在其上面蒸发一层钯（Pd）的金属薄膜作为栅电极，如图7.27（a）所示。由于SiO_2层电容C_a固定不变，而Si和SiO_2界面电容C_s是外加电压的函数，其等效电路见图7.27（b）。由等效电路可知，总电容C也是栅偏压的函数。

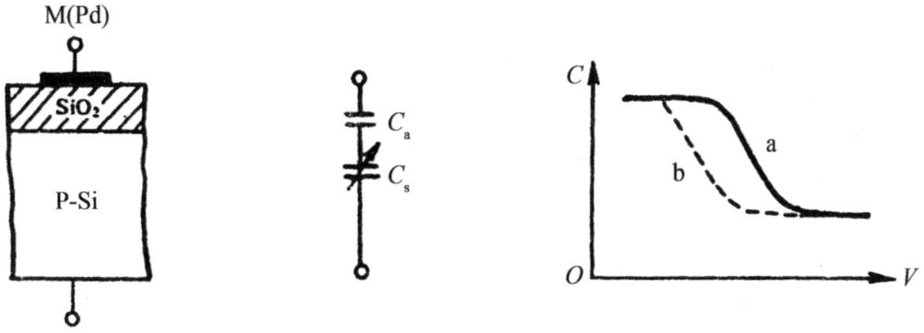

（a）结构　　（b）等效电路　　（c）C-V特性

图7.27　MOS二极管结构和等效电路

其函数关系称为该类 MOS 二极管的 *C-V* 特性。由于钯对氢气（H_2）特别敏感，当钯吸附了 H_2 以后，会使钯的功函数降低，导致 MOS 管的 *C-V* 特性向负偏压方向平移，如图 7.27（c）所示。根据这一特性就可用于测定 H_2 的浓度。

2. 钯-MOS 场效应晶体管气敏器件

钯-MOS 场效应晶体管（Pd-MOSFET）的结构与普通 MOSFET 结构，如图 7.28 所示。从图可知，它们的主要区别在于栅极 G。Pd-MOSFET 的栅电极材料是钯（Pd），而普通 MOSFET 为铝（Al）。因为 Pd 对 H_2 有很强的吸附性，当 H_2 吸附在 Pd 栅极上，引起 Pd 的功函数降低。根据 MOSFET 工作原理可知，当栅极（G）、源极（S）之间加正向偏压 V_{GS}，且 $V_{GS}>V_T$（阈值电压）时，则栅极氧化层下面的硅从 P 型变为 N 型。这个 N 型区域将源极和漏极连接起来，形成导电通道，即为 N 型沟道。此时，MOSFET 进入工作状态。若此时，在源（S）漏（D）极之间加电压 V_{DS}，则源极和漏极之间有电流流通（I_{DS}）。I_{DS} 随 V_{DS} 和 V_{GS} 的大小而变化，其变化规律即为 MOSFET 的 *V-A* 特性。当 $V_{GS}<V_T$ 时，MOSFET 的沟道未形成，故无漏源电流。V_T 的大小除了与衬底材料的性质有关外，还与金属和半导体之间的功函数有关。Pd-MOSFET 气敏器件就是利用 H_2 在钯栅极上吸附后引起阈值电压 V_T 下降这一特性来检测 H_2 浓度。

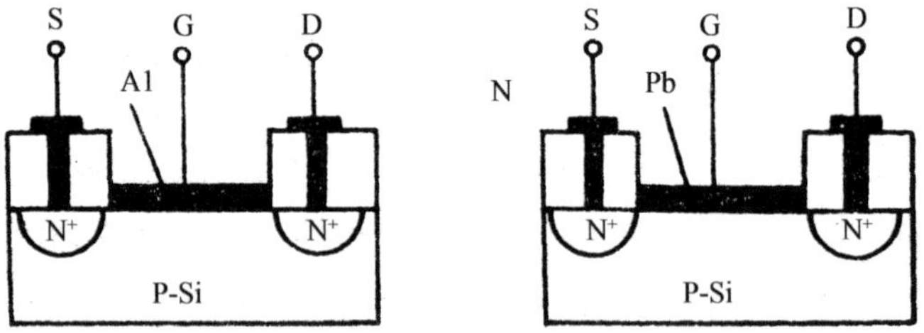

（a）普通MOSFET　　（b）Pd-MOSFET

S. 源极；G. 栅极；D. 漏极

图 7.28　Pd-MOSFET 和普通 MOSFET 结构

由于这类器件特性尚不够稳定，用 Pd-MOSFET 和 Pd-MOS 二极管定量检测 H_2 浓度还不成熟，因此只能作 H_2 的泄漏检测。

7.2.5　气敏传感器的主要参数与特性

1. 灵敏度

灵敏度（S）是气敏元件的一个重要参数，标志着气敏元件对气体的敏感程度，决定了测量精度。用其阻值变化量 ΔR 与气体浓度变化量 ΔP 之比来表示：

$$S=\frac{\Delta R}{\Delta P} \tag{7.24}$$

灵敏度的另一种表示方法，即气敏元件在空气中的阻值 R_0 与在被测气体中的阻值 R

之比，以 K 表示：

$$K = \frac{R_0}{R} \tag{7.25}$$

2. 响应时间

从气敏元件与被测气体接触，到气敏元件的阻值达到新的恒定值所需要的时间称为响应时间。它表示气敏元件对被测气体浓度的反应速度。

3. 选择性

在多种气体共存的条件下，气敏元件区分气体种类的能力称为选择性，对某种气体的选择性好，就表示气敏元件对它有较高的灵敏度。选择性是气敏元件的重要参数，也是目前较难解决的问题之一。

4. 稳定性

当气体浓度不变时，若其他条件发生变化，在规定的时间内气敏元件输出特性维持不变的能力，称为稳定性。稳定性表示气敏元件对于气体浓度以外的各种因素的抵抗能力。

5. 温度特性

气敏元件灵敏度随温度变化的特性称为温度特性。温度有元件自身温度与环境温度之分。这两种温度对灵敏度都有影响。元件自身温度对灵敏度的影响相当大，解决这个问题的措施之一就是采用温度补偿方法。

6. 湿度特性

气敏元件的灵敏度随环境湿度变化的特性称为湿度特性。湿度特性是影响检测精度的另一个因素。解决这个问题的措施之一就是采用湿度补偿方法。

7. 电源电压特性

气敏元件的灵敏度随电源电压变化的特性称为电源电压特性，为改善这种特性，需采用恒压源。

7.2.6 应用举例

各类易燃、易爆、有毒、有害气体的检测和报警都可以用相应的气敏传感器及其相关电路来实现，如气体成分检测仪、气体报警器、空气净化器等等已用于工厂、矿山、家庭、娱乐场所等。下面给出几个典型实例。

1. 简易家用气体报警

图 7.29 是一种最简单的家用气体报警器电路，采用直热式气敏传感器 TGS109，当室

内可燃性气体浓度增加时，气敏器件接触到可燃性气体而电阻值降低，这样流经测试回路的电流增加，可直接驱动蜂鸣器 BZ 报警。对于丙烷、丁烷、甲烷等气体，报警浓度一般选定在其爆炸下限的 1/10，通过调整电阻来调节。

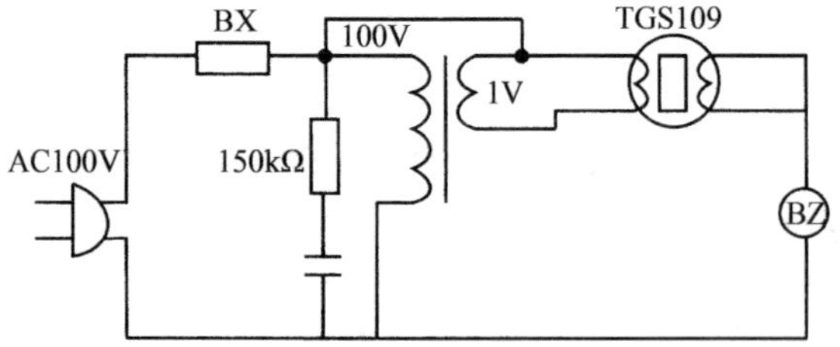

图 7.29　最简单的家用气体报警器电路

2. 有害气体鉴别、报警与控制电路

图 7.30 给出的有害气体鉴别、报警与控制电路图一方面可鉴别实验中有无有害气体产生，鉴别液体是否有挥发性，另一方面可自动控制排风扇排气，使室内空气清新。MQS2B 是旁热式烟雾、有害气体传感器，无有害气体时阻值较高（10kΩ 左右），有有害气体或烟雾进入时阻值急剧下降，A、B 两端电压下降，使得 B 的电压升高，经电阻 R_1 和 R_P 分压、R_2 限流加到开关集成电路 TWH8778 的选通端⑤脚，当⑤脚电压达到预定值时（调节可调电阻 R_P 可改变⑤脚的电压预定值），①、② 两脚导通。+12V 电压加到继电器上使其通电，触点 J_{1-1}吸合，合上排风扇电源开关自动排风。同时②脚 +12V 电压经 R_4 限流和稳压二极管 DW1 稳压后供给微音器 HTD 电压而发出嘀嘀声，而且发光二极管发出红光，实现声光报警的功能。

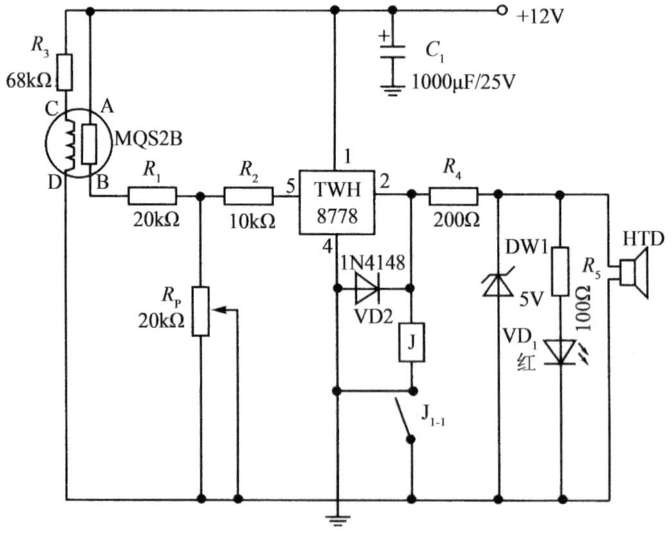

图 7.30　试验室有害气体鉴别与控制电路

3. 可燃性气体浓度检测电路

图 7.31 给出检测电路原理图，它可用于家庭对煤气、一氧化碳、液化石油气等泄漏实现监测报警。图中 U257B 是 LED 条形驱动器集成电路，其输出量（LED 点亮只数）与输入电压成线性关系。LED 被点亮的只数取决于输入端⑦脚电位的高低。通常 IC⑦脚电压低于 0.18V 时，其输出端②～⑥脚均为低电平，LED_1～LED_5 均不亮。当⑦脚电位等于 0.18V 时，LED_1 被点亮；⑦脚电压为 0.53V 时，则 LED_1 和 LED_2 均点亮；⑦脚电压为 0.84V 时，LED_1～LED_3 均点亮；⑦脚电压为 1.19V 时，LED_1～LED_4 均点亮；⑦脚电压等于 2V 时，则使 LED_1～LED_5 全部点亮。U2578 的额定工作电压范围 8V～25V；输入电压最大 5V；输入电流 0.5mA；功耗 690mW。采用低功耗、高灵敏的 QM-N10 型气敏检测管，它和电位器 R_P 组成气敏检测电路，气敏检测信号从 R_P 的中心端旋臂取出。

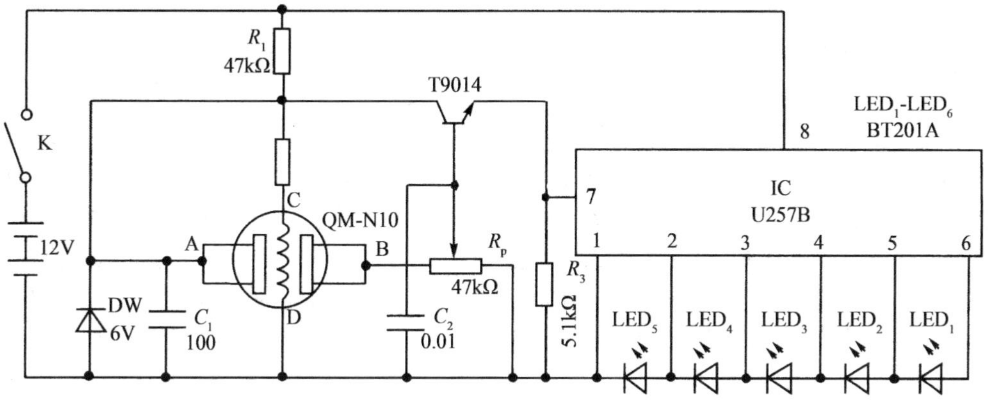

图 7.31 可燃性气体浓度检测电路原理图

当 QM-N10 不接触可燃性气体时，其 A-B 两电极间呈高阻抗，使得⑦脚电压趋于 0V，相应 LED_1～LED_5 均不亮。当 QM-N10 处在一定的可燃性气体浓度中时，其 A-B 两电极端电阻变得很小，这时⑦脚存在一定的电压 0.18V，使得相应的发光二极管点亮。如果可燃性气体的浓度越高，则 LED_1～LED_5 依次被点亮的只数越多。

4. 矿灯瓦斯报警器

图 7.32 所示为矿灯瓦斯器报警电路，其瓦斯探头由 QM-N5 型气敏元件 R_Q、R_1 及 4V 矿灯蓄电池等组成，其中 R_1 为限流电阻。因为气敏元件在预热期间会输出信号造成误报警，所以气敏元件在使用前必须预热十几分钟以避免误报警。一般将矿灯瓦斯报警器直接安放在矿工的工作帽内，以矿灯蓄电池为电源。当瓦斯超限时，矿灯自动闪光并发出报警声。图中 ZD 为矿灯，C_1、C_2 为 CD10 电解电容器，D 为 2APl3 型锗二极管；T_1 为 3DG12B，$\beta=80$；T_2 为 3AX81，$\beta=70$；T_3 为 3DG6，$\beta=20$；J 为 4099 型超小型中功率继电器；全部元件均安装在矿帽内。

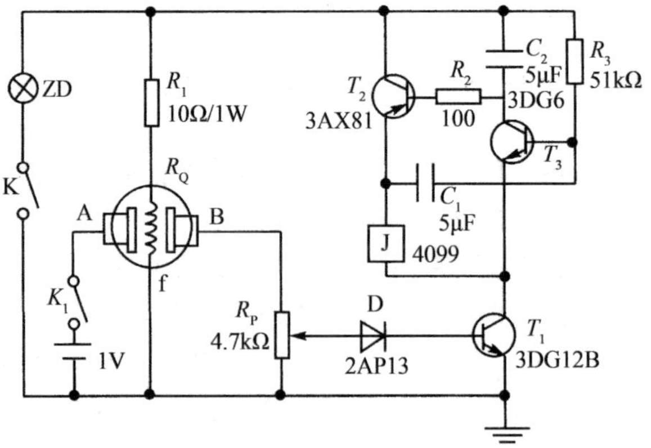

图 7.32　矿灯瓦斯报警器电路

R_P 为报警设定电位器。当瓦斯超过某设定点时，R_P 输出信号通过二极管 D 加到 T_1 基极上，T_1 导通，T_2、T_3 便开始工作。而当瓦斯浓度低时，R_P 输出的信号电位低，T_1 截止，T_2、T_3 也截止。T_2、T_3 为一个互补式自激多谐振荡器。在 T_1 导通后电源通过 R_3 对 C_1 充电，当充电至一定电压时 T_3 导通，C_2 很快通过 T_3 充电，使 T_2 导通，继电器 J 吸合。T_2 导通后 C_1 立即开始放电，C_1 正极经 T_3 的基极、发射极、T_1 的集电结、电源负极，再经电源正极至 T_2 集电结至 C_1 负极，所以放电时间常数较大。当 C_1 两端电压接近零时，T_3 截止，此时 T_2 还不能马上截止，原因是电容器 C_2 上还有电荷，这时 C_2 经 R_2 和 T_2 的发射结放电，待 C_2 两端电压接近零时 T_2 就截止了，自然 J 也就释放。当 T_3 截止，C_1 又进入充电阶段，以后过程又同前述，使电路形成自激振荡，J 不断地吸合和释放。由于 J 与矿灯都是安装在工作帽上，J 吸合时，衔铁撞击铁芯发出的“嗒、嗒”声通过矿帽传递给矿工。同时，矿灯因 J 的吸合与释放也不断闪光，引起矿工的警觉，提醒矿工及时采取通风措施。对 R_Q 要采取防风防煤尘措施但要透气，将它安装在矿帽前沿。调试时通电 15min 后，在清洁空气中调节 R_P，使 D 的正极对地电压低于 0.5V，使 T_1 截止；然后将气敏元件通入瓦斯气样，报警即可。

7.3　湿敏传感器

湿度是指大气中的水蒸气含量，通常采用绝对湿度和相对湿度两种表示方法。绝对湿度是指单位空间中所含水蒸气的绝对含量、浓度或者密度，一般用符号 AH 表示。相对湿度是指被测气体中蒸气压和该气体在相同温度下饱和水蒸气压的百分比，一般用符号 RH 表示。相对湿度给出大气的潮湿程度，它是一个无量纲的量，在实际使用中多使用相对湿度这一概念。

下面介绍一些至今发展比较成熟的几类湿敏传感器。

7.3.1　氯化锂湿敏电阻

氯化锂湿敏电阻是利用吸湿性盐类潮解，离子导电率发生变化而制成的测湿元件。该元件的结构如图 7.33 所示，由引线、基片、感湿层与电极组成。

氯化锂通常与聚乙烯醇组成混合体，在氯化锂（LiCl）溶液中，Li 和 Cl 均以正负离子的形式存在，而 Li^+ 对水分子的吸引力强，离子水合程度高，其溶液中的离子导电能力与浓度成正比。当溶液置于一定温湿场中，若环境相对湿度高，溶液将吸收水分，使浓度降低，因此，其溶液电阻率增高。反之，环境相对湿度变低时，则溶液浓度升高，其电阻率下降从而实现对湿度的测量。氯化锂湿敏元件的湿度－电阻特性曲线如图 7.34 所示。

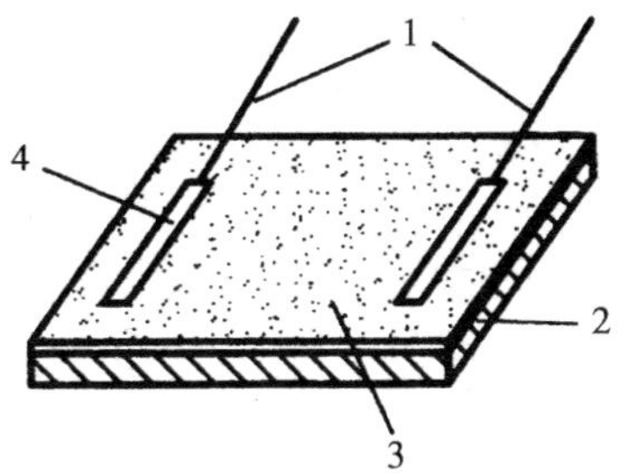

1. 引线；2. 基片；3. 感湿层；4. 金属电极

图 7.33　湿敏电阻结构示意图

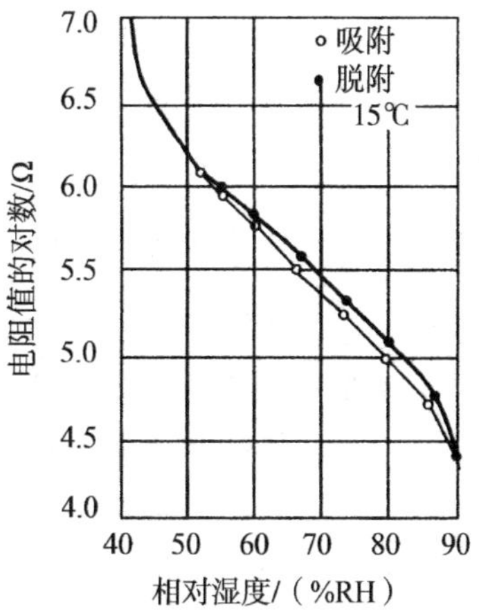

图 7.34　氯化锂湿度－电阻特性曲线

由图可知，在 50%～80% 相对湿度范围内，电阻与湿度的变化呈线性关系。为了扩大湿度测量的线性范围，可以将多个氯化锂含量不同的器件组合使用，如将测量范围分别为（10%～20%）RH，（20%～40%）RH，（40%～70%）RH，（70%～80%）RH 和（80%～99%）RH 五种元件配合使用，就可自动地转换完成整个湿度范围的测量。

氯化锂湿敏元件的优点是滞后小，不受测试环境风速影响，检测精度高达 ±5%，但其耐热性差，不能用于露点以下测量，器件性能的重复性不理想，使用寿命短。

7.3.2　半导体陶瓷湿敏电阻

半导体陶瓷湿敏电阻通常是用两种以上的金属氧化物半导体材料混合烧结而成的多孔陶瓷。这些材料有 $ZnO\text{-}LiO_2\text{-}V_2O_5$ 系、$Si\text{-}Na_2O\text{-}V_2O_5$ 系、$TiO_2\text{-}MgO\text{-}Cr_2O_3$ 系、Fe_3O_4 等，前三种材料的电阻率随湿度增加而下降，故称为负特性湿敏半导体陶瓷，最后一种的电阻率随湿度增大而增大，故称为正特性湿敏半导体陶瓷（为叙述方便，有时将半导体陶瓷简称为半导瓷）。

1. 负特性湿敏半导瓷的导电机理

由于水分子中的氢原子具有很强的正电场，当水在半导瓷表面吸附时，就有可能从半导瓷表面俘获电子，使半导瓷表面带负电。如果该半导瓷是P型半导体，则由于水分子吸附使表面电势下降。若该半导瓷为N型，则由于水分子的附着使表面电势下降。如果表面电势下降较多，不仅使表面层的电子耗尽，同时吸引更多的空穴达到表面层，有可能使到达表面层的空穴浓度大于电子浓度，出现所谓表面反型层，这些空穴称为反型载流子。它们同样可以在表面迁移而对电导做出贡献，由此可见，不论是N型还是P型半导瓷，其电阻率都随湿度的增加而下降。图7.35表示了几种负特性半导瓷阻值与湿度的关系。

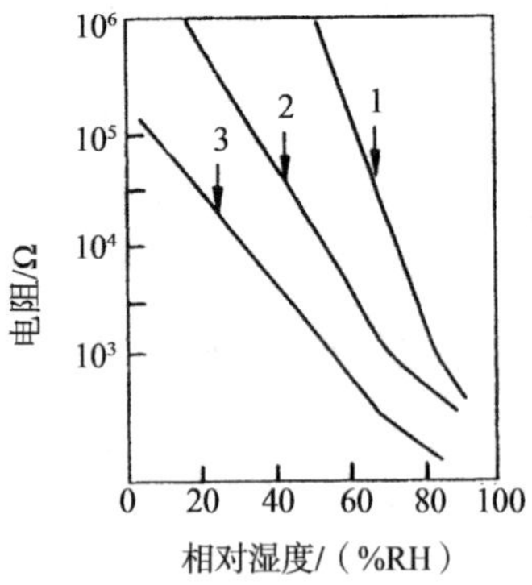

图7.35　几种半导瓷湿敏负特性

2. 正特性湿敏半导瓷的导电机理

正特性湿敏半导瓷的导电机理认为这类材料的结构、电子能量状态与负特性材料有所不同。当水分子附着半导瓷的表面使电势变负时，导致其表面层电子浓度下降，但还不足以使表面层的空穴浓度增加到出现反型程度，此时仍以电子导电为主。于是，表面电阻将由于电子浓度下降而加大，这类半导瓷材料的表面电阻将随湿度的增加而加大。如果对某一种半导瓷，它的晶粒间的电阻并不比晶粒内电阻大很多，那么表面层电阻的加大对总电阻并不起多大作用。不过，通常湿敏半导瓷材料都是多孔的，表面电导占的比例很大，故表面层电阻的升高必将引起总电阻值的明显升高；但是，由于晶体内部低阻支路仍然存在，正特性半导瓷的总电阻值的升高没有负特性材料的阻值下降得那么明显。图7.36给出了Fe_3O_4正特性半导瓷湿敏电阻阻值与湿度的关系曲线。

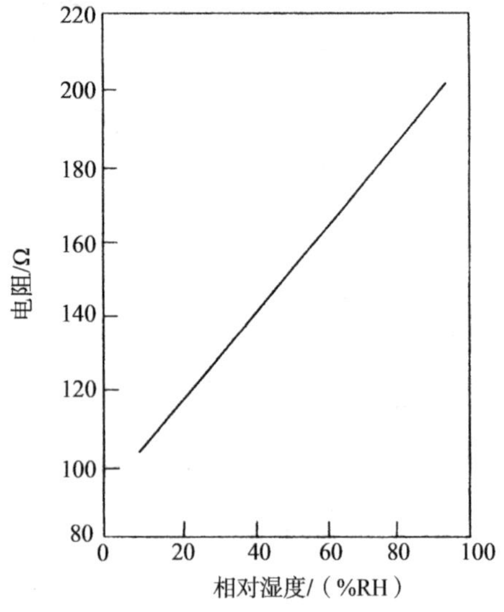

图7.36　Fe_3O_4半导瓷的正湿敏特性

3. 典型半导瓷湿敏元件

（1）$MgCr_2O_4$-TiO_2湿敏元件

氧化镁复合氧化物－二氧化钛湿敏材料通常制成多孔陶瓷型“湿－电”转换器件，它是负特性半导瓷，$MgCr_2O_4$为P型半导体，它的电阻率低阻值温度特性好，结构如图7.37所示，在$MgCr_2O_4$-TiO_2陶瓷片的两面涂覆有多孔金电极。金电极与引出线烧结在一起，为了减少测量误差，在陶瓷片外设置由镍铬丝制成的加热线圈，以便对器件加热清洗，排除恶劣气氛对器件的污染。整个器件安装在陶瓷基片上，电极引线一般采用铂－铱合金。

3. 房间湿度控制器

将湿敏电容置于 RC 振荡电路中，直接将湿敏元件的电容信号转换成电压信号。由双稳态触发器及 RC 组成双振荡器，其中一支路由固定电阻和湿敏电容组成，另一支路由多圈电位器和固定电容组成。设定在 0% RH 时，湿敏支路产生一脉冲宽度的方波，调整多圈电位器使其方波与湿敏支路脉宽相同，则两信号差为 0，湿度变化引起脉宽变化，两信号差通过 RC 滤波后经标准化处理得到电压输出，输出电压随相对湿度几乎成线性增加，这是 KSC-6V 集成相对湿度传感器的原理，其相对湿度 0% ~ 100% RH 对应的输出为 0mV ~ 100mV。

KSC-6V 湿度传感器的应用电路如图 7.42 所示。将传感器的输出信号分成三路，分别接在 A_1 的反相输入端、A_2 的同相输入端和显示器的正输入端，A_1 和 A_2 电压比较器由 R_{P_1} 和 R_{P_2} 调整到适当位置。当湿度下降时，传感器输出电压下降，当降低到设定数值时，A_1 输出突然变为高电平，使 T_1 导通，LED_1 发绿光，表示空气干燥，J_1 吸合接通超声波加湿器。当相对湿度上升时，传感器输出电压升高，升到一定值即超过设定值时，J_1 释放，A_2 输出突变为高电平，使 T_2 导通，LED_2 发红光表示空气太潮湿，J_2 吸合接通排气扇排除潮气。相对湿度降到一定值时，J_2 释放排气扇停止工作。这样可以将室内湿度控制在一定范围内。

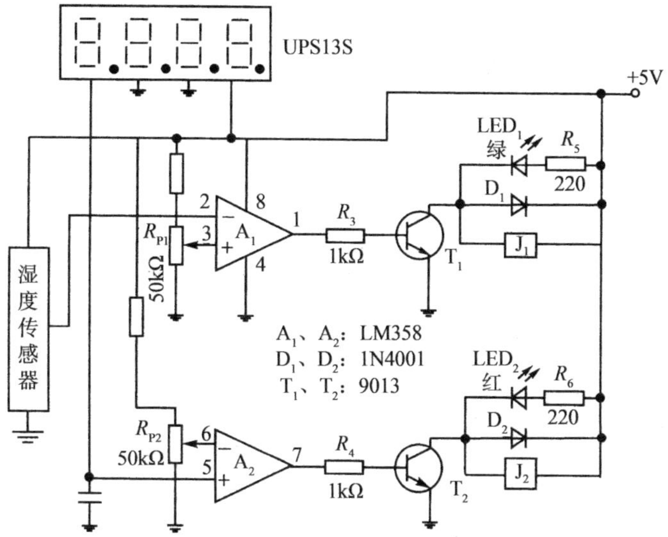

图 7.42 湿度控制器原理电路图

4. 汽车后窗玻璃自动去湿装置

图 7.43 为自动去湿电路。图中 R_L 为嵌入玻璃的加热电阻，R_H 为设置在后窗玻璃上的湿度传感器。由 T_1 和 T_2 半导体管接成施密特触发电路，在 T_1 的基极接有由 R_1、R_2 和湿度传感器电阻 R_H 组成的偏置电路。在常温常湿条件下，由于 R_H 较大，T_1 处于导通状态，T_2 处于截止状态，继电器 J 不工作，加热电阻无电流流过。当室内外温差较大，且湿

度过大时，湿度传感器 R_H 的阻值减小，使 T_1 处于截止状态，T_2 翻转为导通状态，继电器 J 工作，其常开触点 J_1 闭合，加热电阻开始加热，后窗玻璃上的潮气被驱散。

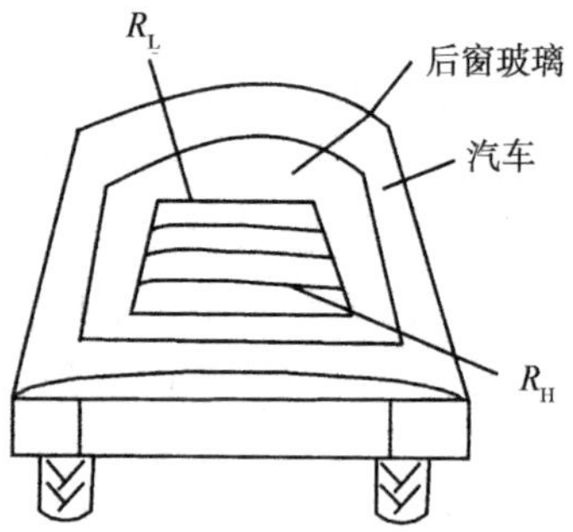

(a) 安装示意图

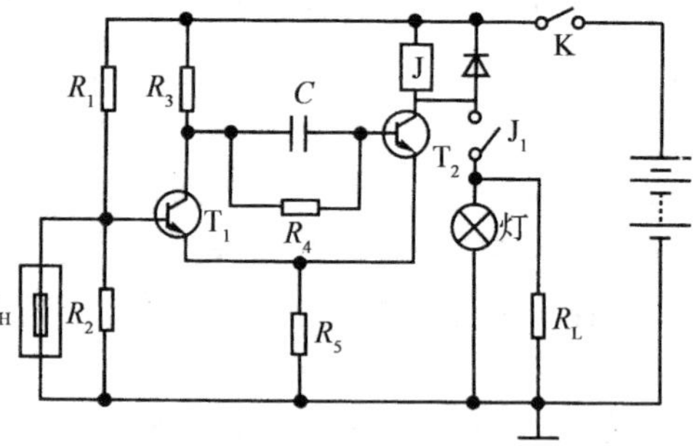

(b) 电路

图 7.43　汽车后窗玻璃自动去湿电路

7.4　工程应用举例

声、气、湿敏传感技术的应用，在前面的介绍中已分别列举了一些实例。在此，再列举几个典型应用，供参考。这些典型应用内容包括：超声波探伤、烟雾报警器电路、酒精测试仪、酒精检测报警器、直读式温度计、浴室镜面水汽清除器、土壤缺水告知器、电容式谷物水分测量仪等。

7.4.1　超声波探伤

1. 穿透法探伤

穿透法探伤是根据超声波穿透工件后能量的变化状况来判断工件内部质量的方法。穿透法用两个探头，置于工件相对两面，一个发射声波，一个接收声波。发射波可以是连续波，也可以是脉冲。其结构如图 7.44 所示。

当在探测中工件内无缺陷时，接收能量大，仪表指示值大；当工件内有缺陷时，因部分能量被反射，接收能量小，仪表指示值小。根据这个变化，就可把工件内部缺陷检测出来。此法的特点：探测灵敏度较低，不能发现小缺陷；根据能量的变化可判断有无缺陷，但不能定位；适宜探测超声波衰减大的材料；指示简单，适用于自动探伤；可避免盲区，适宜探测薄板；对两探头的相对距离和位置要求较高。

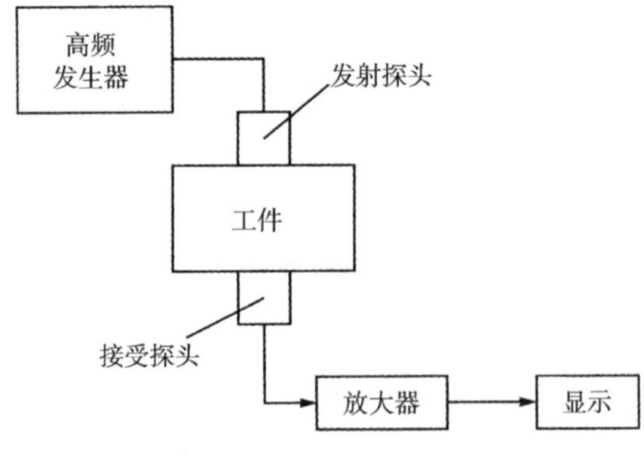

图 7.44　穿透法探伤原理图

2. 反射法探伤

反射法探伤是以声波在工件中反射
情况的不同来探测缺陷的方法。反射法探伤又分为一次脉冲反射法和多次脉冲反射法探伤，下面分别介绍。

（1）一次脉冲反射法

图7.45是以一次底波为依据进行探伤的方法。高频脉冲发生器产生脉冲（发射波）加在探头上，激励压电晶体振动，使它产生超声波。超声波以一定的速度向工件内部传播，一部分超声波遇到缺陷F时反射回来，另一部分超声波继续传至工件底面B后也反射回来，都被探头接收又变为电脉冲。发射波T、缺陷波F及底波B经放大后，在显示器荧光屏上显示出来。荧光屏上的水平亮线为扫描线（时间基准），其长度与时间成正比。由发射波、缺陷波及底波在扫描线上的位置，可求出缺陷位置。由缺陷波的幅度，可判断缺陷大小；由缺陷波的开头可分析缺陷的性质。当缺陷面积大于声束截面时，声波全部由缺陷处反射回来，荧光屏上只有T、F波，没有B波。当工件无缺陷时，荧光屏上只有T、B波，没有F波。

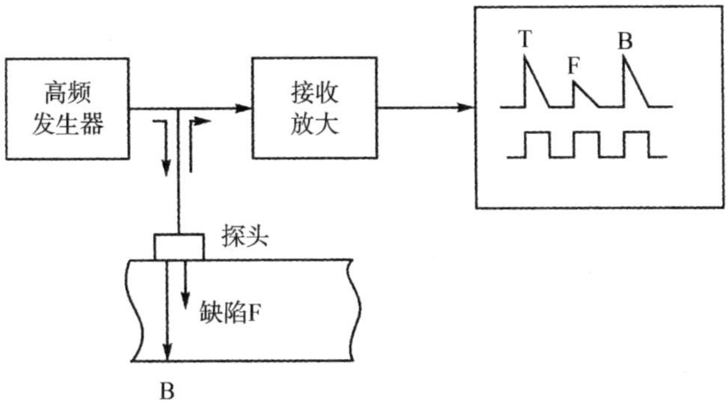

图7.45　反射法探伤原理图

（2）多次脉冲反射法探伤

多次脉冲反射法是以多次底波为依据而进行探伤的方法。声波由底部反射回至探头时，一部分声波被探头接收，另一部分又折回底部，这样往复反射，直至声能全部衰减完为止，若工件中无缺陷，则荧光屏上出现呈指数曲线递减的多次反射底波，如图7.46（b）所示。当工件内有吸收性缺陷时，声波在缺陷处的衰减很大，底波反射的次数减少，甚至消失，以此判断有无缺陷及严重程度，如图7.46（c）、（d）。当工件为板材时，为了观察方便，一般常用多次脉冲反射法探测。

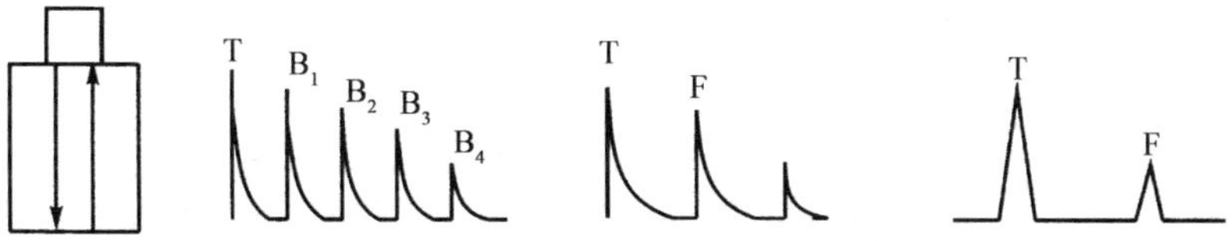

（a）示意图　（b）无缺陷时的波形（c）有吸收性缺陷时的波形（d）缺陷严重时的波形

图7.46　超声波多次脉冲反射法探伤原理图

7.4.2 烟雾报警器

图 7.47 给出烟雾报警器电路原理图。由电源、检测、定时报警输出三部分组成。电源部分将 200V 市电经变压器降至 15V，由 $D_1 \sim D_4$ 组成的桥式整流电路整流并经 C_2 滤波成直流。三端稳压器 7810 供给烟雾检测器件（HQ-2）和运算放大器 IC 10V 直流电源以工作，三端稳压器 7805 供给 5V 以加热。

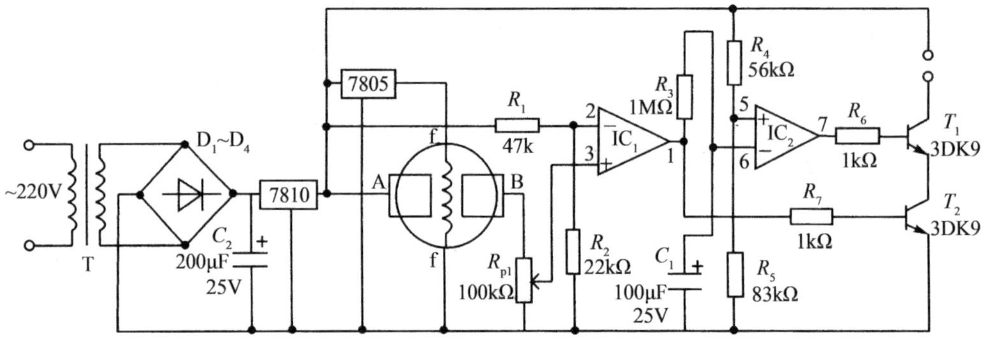

图 7.47 烟雾报警器电路原理图

HQ-2 气敏管 A、B 之间的电阻，在无烟环境中为几十千欧，有烟雾环境中可下降到几千欧。一旦有烟雾存在，A、B 间电阻便迅速减小，比较器 IC_1 通过电位器 R_{P_1} 所取得的分压随之增加，IC_1 翻转输出高电平使 T_2 导通。IC_2 在 IC_1 翻转之前输出高电平，因此 T_1 也处于导通状态。只要 IC_1 一翻转，输出端便可输出报警信号。输出端可接蜂鸣器或发光器件。IC_1 翻转后，由 R_3、C_1 组成的定时器开始工作（改变 R_3 阻值可改变报警信号的长短）。当电容 C_1 被充电达到阈值电位时，IC_2 翻转，则 T_1 关断，停止输出报警信号。烟雾消失后，比较器复位，C_1 通过 IC_1 放电。该气敏管长期搁置首次使用时，在没有遇到可燃性气体时电阻也将减小，需经 10min 左右的初始稳定时间后方可正常工作。

7.4.3 酒精测试仪

图 7.48 所示为实用酒精测试仪的电路。该测试仪只要被试者向传感器吹一口气，便可显示出醉酒的程度，确定被试者是否还适宜驾驶车辆。气体传感器选用二氧化锡气敏元件。

当气体传感器探测不到酒精时，加在 A_5 脚的电平为低电平；当气体传感器探测到酒精时，其内阻变低，从而使 A_5 脚电平变高。A 为显示推动器，它共有 10 个输出端，每个输出端可以驱动一个发光二极管，显示推动器 A 根据第 5 脚电压高低来确定依次点亮发光二极管的级数，酒精含量越高则点亮二极管的级数越大。上 5 个发光二极管为红色，表示超过安全水平。下 5 个发光二极管为绿色，代表安全水平，酒精含量不超过 0.05%。

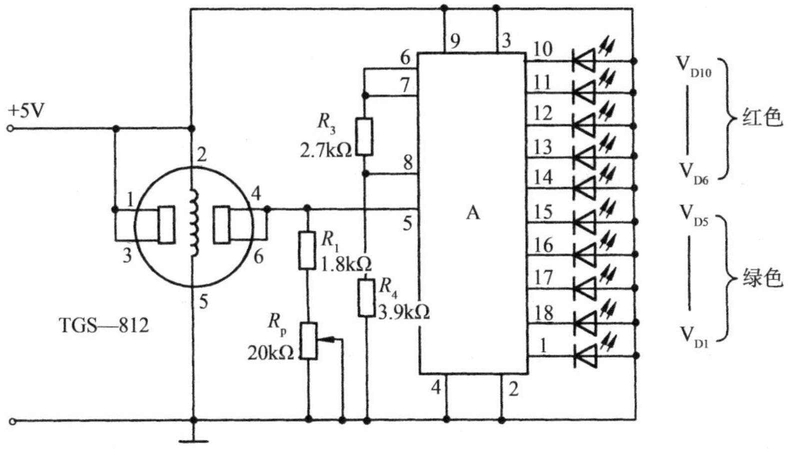

图 7.48 酒精测试仪电路

7.4.4 酒精检测报警器

由于 SnO_2 气敏元件不仅对酒精敏感，而且对于汽油、香烟也敏感，经常造成检测驾驶员是否饮酒的报警器发生误动作而不能普遍推广使用。必须选用只对酒精敏感的 QM-NJ9 型酒精传感器，要求当检测器接触到酒精气味后立即发出连续不断的“酒后别开车”的响亮语音报警，并切断车辆的点火电路，强制车辆熄火。

图 7.49 给出酒精检测报警控制器电路原理图。图中三端稳压器 7805 将传感器的加热电压稳定在 5V ±0. 2V，保证该传感器工作稳定性和具有高的灵敏度。当酒精气敏元件接触到酒精味后，B 点电压升高，且升高值随检测到的酒精浓度增大而升高，当该电压达到 1. 6V 时，使 IC_2 导通，语音报警电路 IC_3 和功率放大 IC_4 组成语言声光报警器，IC_3 得电后即输出连续不断的“酒后别开车”的语音报警声，经 C_6 输入到 IC_4 放大后，由扬声器发出响亮的报警声，并驱动 LED 闪光报警。同时继电器 J 动作，其常闭触点断开切断点火电路，强制发动机熄火。该报警器既可安装在各种机动车上用来限制酒后开车，又可安装成便携式供交通人员用于交通现场检测。

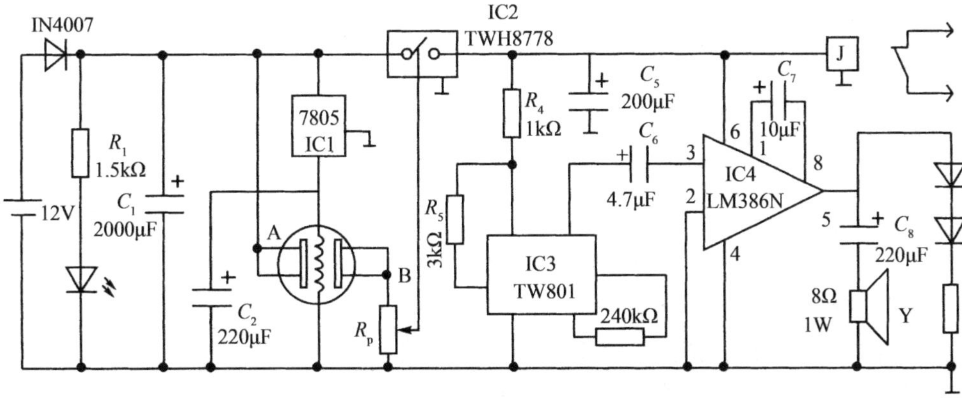

图 7.49 酒精检测报警控制器电路原理图

该电路的消耗功率小于0.75W，响应时间小于10s，恢复时间小于60s，适合 -200℃ ~ +50℃的环境条件。测试前应接通电源，预热5min ~ 10min，待其工作稳定后测一下A、B之间的电阻，看其在洁净空气中的阻值和含有酒精空气中的阻值差别是否明显，一般要求越大越好。全部元件装好后，应开机预热3min ~ 5min，然后调节电位器 R_P，使报警器处于报警临界状态，再将低于39度的白酒接近探头，此时应发出声光报警，否则应重新调试。

7.4.5 直读式湿度计

图7.50是直读式湿度计电路，其中RH为氯化锂湿度传感器。由 V_{T1}、V_{T2}、T_1 等组成测湿电桥的电源，其振荡频率为250Hz ~ 1000Hz。电桥输出经变压器 T_2，C_3 耦合到 V_{T3}，经 V_{T3} 放大后的信号，由 V_{D1} ~ V_{D4} 桥式整流后，输入给微安表，指示出由于相对湿度的变化引起电流的改变，经标定并把湿度刻画在微安表盘上，就成为一个简单而实用的直读式湿度计了。

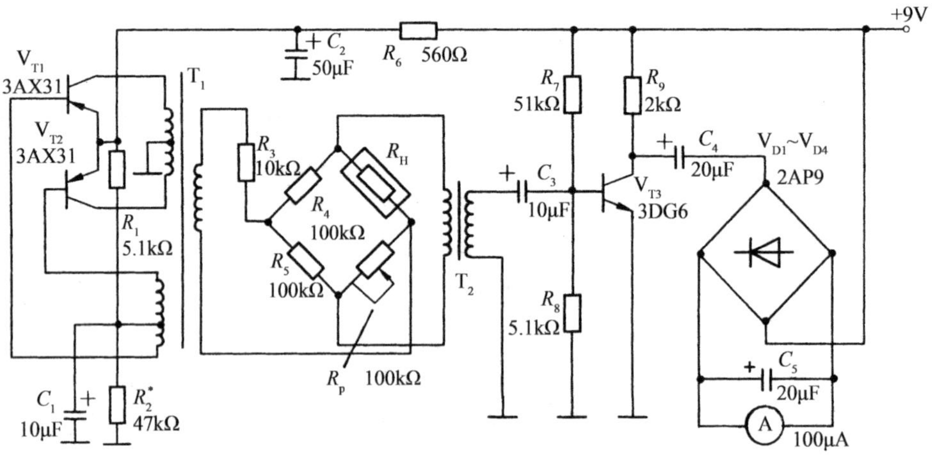

图7.50 直读式湿度计电路图

7.4.6 浴室镜面水汽清除器

图7.51为浴室镜面水汽清除器的整体结构。它主要由电热丝、结露传感器、控制电路等组成，其中电热丝和结露传感器安装在玻璃镜子的背面，用导线将它们和控制电路连接。控制电路见图7.52。B为结露传感器，感知水汽后的阻值变化，T_1 和 T_2 组成施密特电路实现两种稳定的状态。当玻璃镜面周围的空气湿度变低时，B阻值变小，约为2kΩ，此时 T_1 的基极电位约0.5V，T_2 的集电极为低电位，T_3 和 T_4 处于截止状态，双向晶闸管VS的控制极无电流通过。如果玻璃镜面周围的湿度增加，使B阻值增大到50kΩ时，T_1 导通，T_2 截止，其集电极变为高电位，T_3 和 T_4 均处于导通状态，VS控制极有控制电流导通，电流流过加热丝 R_L，使玻璃

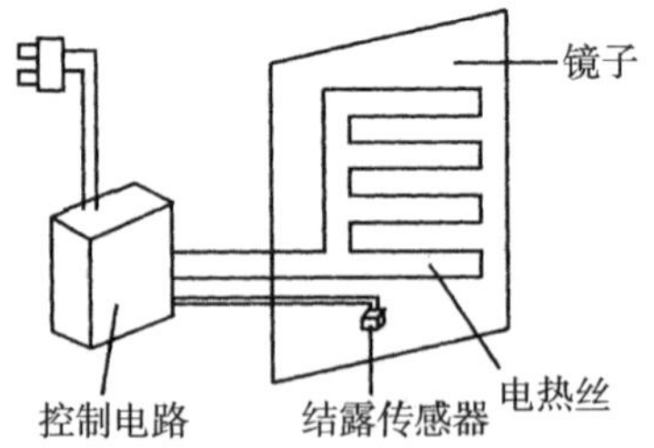

图7.51 镜面水汽清除器的整体结构图

镜面加热。随着镜面温度逐步升高，从而使镜面水汽被蒸发恢复清晰。加热丝加热的同时，指示灯 D_2 点亮。调节 R_1 的阻值，可使加热丝在确定的某一相对湿度条件下开始加热。控制电路的电源由 C_3 降压，经整流、滤波和 VD_3 稳压后供给。

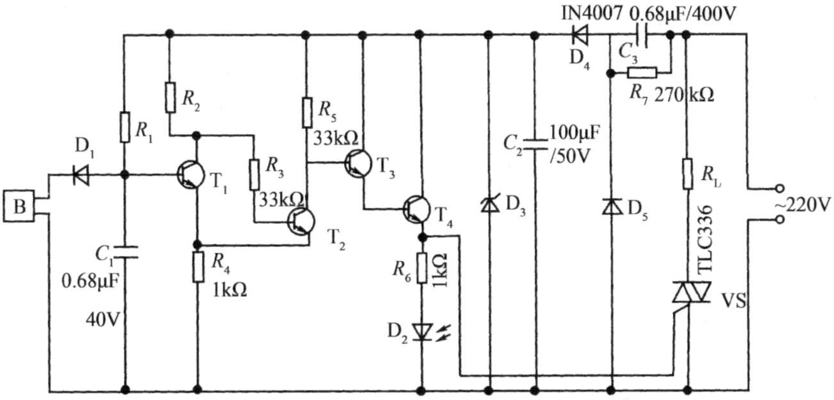

图 7.52　浴室镜面水汽清除器电路图

7.4.7　土壤缺水告知器

土壤的电阻值与其湿度有关，潮湿的土壤电阻仅有几百欧姆，干燥时土壤电阻可增大到数十千欧姆以上，因此，可以利用土壤电阻值的变化来判断土壤是否缺水。在图 7.53 所示的土壤缺水告知器电路原理图中，采用一对金属探板作为土壤湿度传感器。平时它埋在需要监视的土壤中。为了防止在土壤中的极板发生极化现象，采用交变信号与土壤电阻组成分压器。图中由 IC_{1a}、R_1 和 C_1 组成一个振荡器，IC_{1b} 为振荡器的缓冲电路。R_2 与传感器测得的电阻形成的分压由 D_1 削去负半部分，经 T_1 缓冲并由 D_2、R_4 和 C_3 整流，经 R_5 输送给 IC_2 比较器的同相端，与 R_{P_1} 设定的基准电压进行比较。当土壤潮湿时，其阻值变小，C_3 两端电压较低，比较器 IC_2 输出电压 U_{out} 为低电位；当土壤缺水干燥时，C_3 两端电压高于基准设定电压时，比较器 IC_2 输出电压 U_{out} 为高电位。U_{out} 可对指示报警电路进行控制，达到土壤缺水告知的目的。

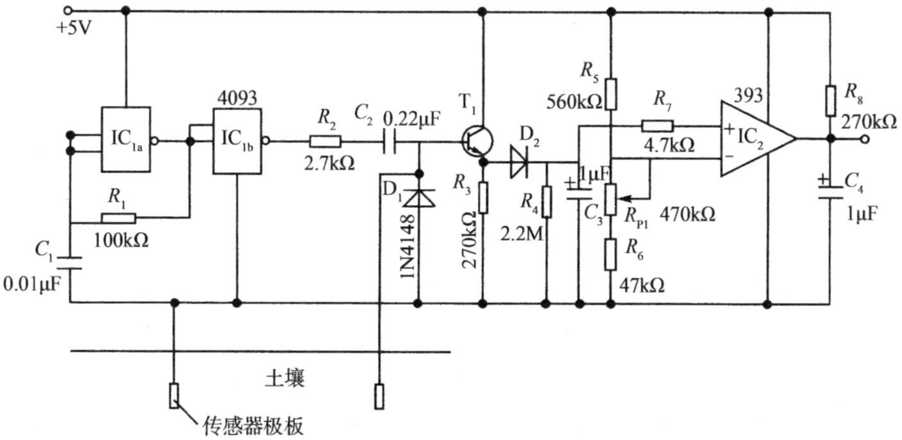

图 7.53　土壤缺水告知器电路原理图

7.4.8 电容式谷物水分测量仪

水分测量仪采用筒式电容式水分传感器，谷物装入传感器筒内后，介电常数会随谷物水分含量不同而变化。测量仪的电路指示图如图 7.54 所示，电路原理图如图 7.55 所示。

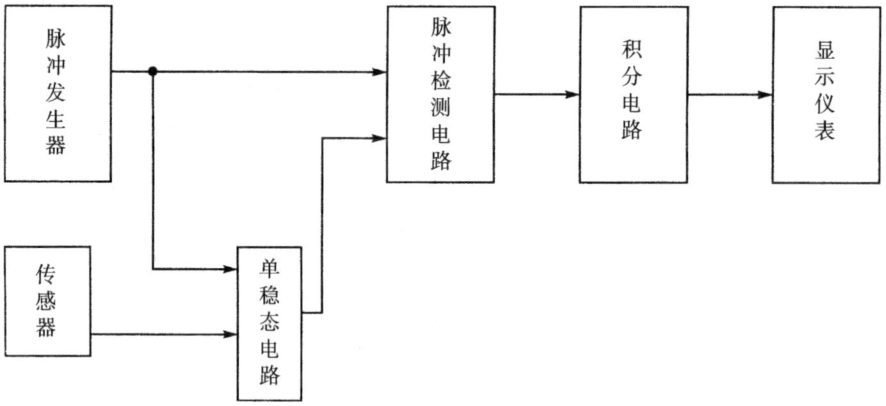

图 7.54　水分测量仪电路指示图

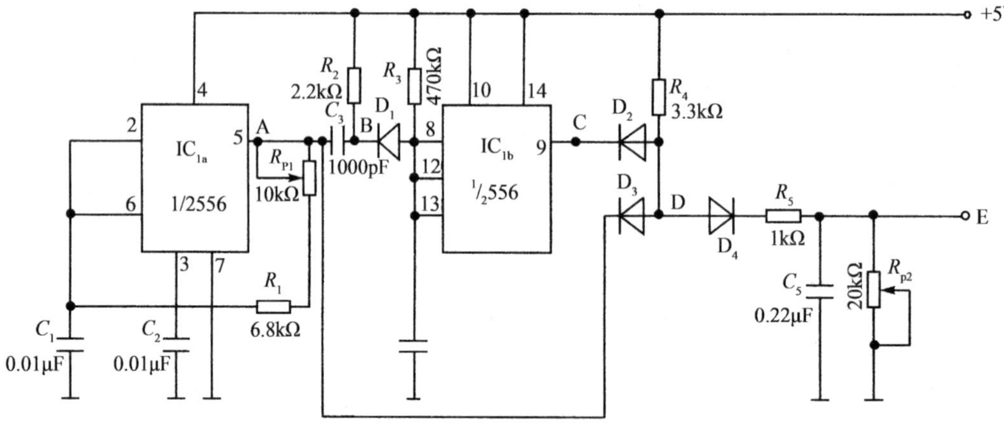

图 7.55　水分测量仪电路原理图

其中脉冲发生器和单稳态电路由一块时基电路 555 组成，IC_{1a}组成占空比为 50%，频率为 8kHz 的方波发生器，其输出的方波经 C_3、R_2 组成的微分电路输出尖脉冲（见图 7.56中的 A、B 波形）。尖脉冲经 D_1 去掉正向脉冲，由负向脉冲触发 IC_{1b}使单稳态电路翻转，单稳恢复的时间由 R_3 和电容式水分传感器的容量决定。从 IC_{1b}的 9 脚输出频率不变、脉冲宽度随传感器电容值变化的矩形波（见图 7.56 中 C 波形）。从 IC_{1b}的 9 脚输出的调宽方波和 IC_{1a}的 5 脚输出的方波输入到由 R_4、D_2、D_3 组成的与门，与门将两个波形中脉宽不同的部分检出（见图 7.56 中 D 波形），经 D_4 隔离加到由 R_5、R_{P_2}、C_5 等组成的积分电路，从 E 点输出与谷物水分对应的平均直流电压。其灵敏度为 10mV/1%。R_{P_1}用来调整水分低端覆盖，R_{P_2}用来调整高端覆盖。从E端输出的电压表示被测谷物水分的含量，它可以使用数字电压表显示水分，也可以使用100/1A电流表指示水分。当使用电流表显示时，应串入一个电阻，把电流表变为电压表才可使用。

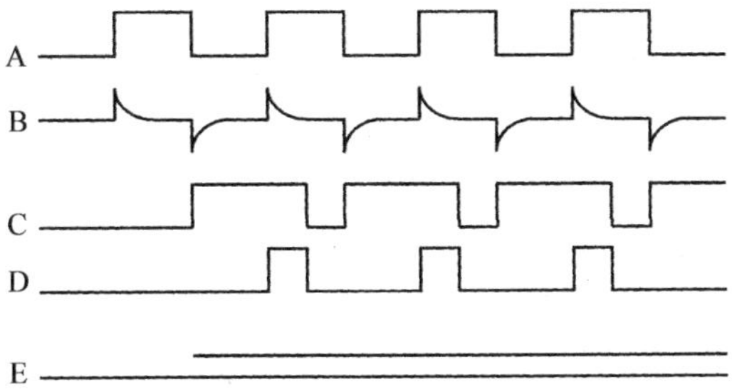

图7.56　电路波形图

7.5 小　　结

1. 声/超声波传感器
   - ① 原理：利用声波在声场中的物理特性和效应
   - ② 类型
     - 电磁变换→麦克风、助听器、拾音器、再生磁头等
     - 静电变换→驻极体麦克风、拾音器、水声器等
     - 电阻变换→送话器、麦克风等
     - 光电变换→再生传感器等
   - ③ 用途：声探测、超声焊接、超声清洗、超声医疗、超声检测等
2. 气敏传感器
   - ① 原理：利用物体受（加）热吸附对气体的化学反应
   - ② 类型
     - 半导体式
       - 电阻式→表面控制型、体控制型
       - 非电阻式→二极管、电容型等
     - 固体电解质式→电池电动势、电解电流等
     - 接触燃式→热燃烧电阻
     - 电化学式→恒电位电解电流、电池式
     - 其他类型→红外吸收型、气体色谱法、光纤型等
   - ③ 用途：易燃、易爆、有毒、有害气体的监测、预报和自动控制
   - ④ 缺点：气味选择性较差，例如：目前国内外对人体气味的辨别确定待研究
3. 湿敏传感器
   - ① 原理：利用材料的电气性能或机械性能随湿度变化的原理
   - ② 类型
     - 电阻式：利用电导率与湿度的关系制成
       特点是线性好、灵敏度高、成本低
     - 电容式：利用电极介质吸附水蒸气制成
     - 其他类型：微波式、光纤式等
   - ③ 用途：日常生活、工业生产、气象预报、物资仓储等的检测

7.6 习　　题

1. 声波和超声波在介质中传播具有哪些特性?

2. 声敏传感器的原理是什么？简述其类型特征及用途。

3. 气敏传感器的原理是什么？简述其类型特征及用途。

4. 湿敏传感器的原理是什么？简述其类型特征及用途。

5. 自拟一个题目，当被测量（声、气、湿）超过一定额限时，利用声敏、气敏、湿敏传感器设计一个报警装置。

生物传感技术 第8章

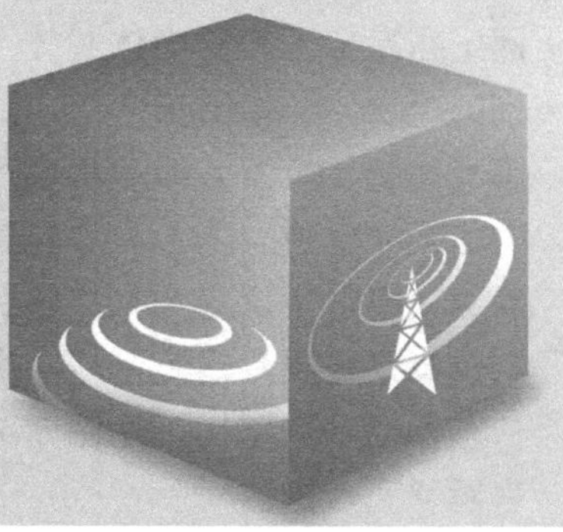

学习要点

本章是选学课。通过本章的学习，应：

① 了解生物传感技术的基本工作原理；

② 掌握常用生物传感器的结构、特性。

近年来，生物传感技术在电分析化学、临床化学、微电子学、生物医学、生命科学等领域深受重视。从1962年Clark和Lyons最先提出生物传感器至今已有近50年的历史，在最初的15年时间内，生物分子传感技术主要以研制酶电极等电化学生物传感器为主。这期间，生物电极的研究和生产均有了长足的发展，但与之后的20年相比，无论在研究规模、投入力量、重视程度、涉及的学科范围以及对应用前景的认识等方面都相差甚远，无法比拟。进入20世纪80年代后，由于生命科学得到人类极大重视，生物分子传感技术的研究和开发呈现出突飞猛进的局面。西方发达的工业国家以及不少发展中国家投入巨大的人力和物力研究生命科学及其获取生命信息的生物分子传感器。仅日本就有5个管理部门和50多个公司从事生物传感器的研究。欧洲把生物传感器的研究列为尤里卡计划。美国各大学均有该方面的研究机构。这种研究新高潮的形成，说明各国都充分认识到生物传感器在微电子学、生物医学、生命科学研究中的重要性。

8.1 生物分子传感器

8.1.1 定义

早在20世纪40年代，就开始用酶作为分析试剂来检测特定物质。众所周知，酶是能选择性地催化特定物质反应的蛋白质，具有良好的分子识别作用。酶首先被选为对有机物呈特异响应的传感器的敏感材料。1962年Clark最先提出利用酶的这种特异性，把它和电极组合起来，用以测定酶的底物。1967年Updike和Hicks，根据Clark的设想，并采用了生物技术中的酶固定化技术，把葡萄糖氧化酶（GOD）固定在水膜上，再和氧电极结合，组装成了第一个酶电极（传感器）——葡萄糖电极。生物体内除了酶以外，还有其他具有分子识别作用的物质，例如，抗体、抗原、激素等，把它们固定在膜上也能作传感器的敏感元件。此外，固定化的细胞、细胞体（器）及动、植物组织的切片也有类似作用。人们把这类用固定化的生物体成分——酶、抗原、抗体、激素等，或生物体本身——细胞、细胞体（器）、组织作为敏感元件的传感器称为生物分子传感器或简称生物传感器。

8.1.2 基本结构

生物分子传感器通常将生物物质固定在高分子膜等固体载体上，被识别的生物分子作用于生物功能性人工膜（生物传感器）时，将会产生变化的信号（电位、热、光等）输出。然后，采用电学反应测量、热测量、光测量等方法测量输出信号。生物分子传感器的基本结构可用图 8.1 形象地表示。

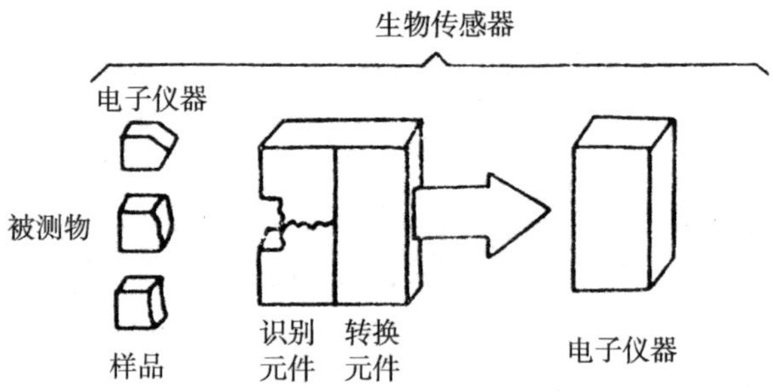

图 8.1 生物分子传感器的基本结构

8.1.3 工作原理及类型

生物分子传感器是经 30 多年的研究而发展起来的一种新型传感器，它只有在各种生物分子敏感材料发现后才能产生。发展到今天，已经商品化或正在研究的生物分子传感器，从工作原理上来看，大致有如下几种。

1. 将化学变化转变成电信号

目前绝大部分生物分子传感器的工作原理均属此类。现以酶传感器为例加以说明。

酶能催化特定物质发生反应，从而使特定物质的量有所增减。用能把这类物质的量的改变转换为电信号的装置和固定化的酶相耦合，即组成酶传感器。常用的这类信号转换装置有 Clark 型氧电极、过氧化氢电极、氢离子电极、其他离子电极、氨氯敏电极、CO_2 气敏电极、离子敏场效应晶体管等。除酶以外，用固定化细胞，特别是微生物细胞、固定化细胞器，同样可以组成相应的传感器，其工作原理与酶相似。生物分子传感器这种工作原理如图 8.2 所示。

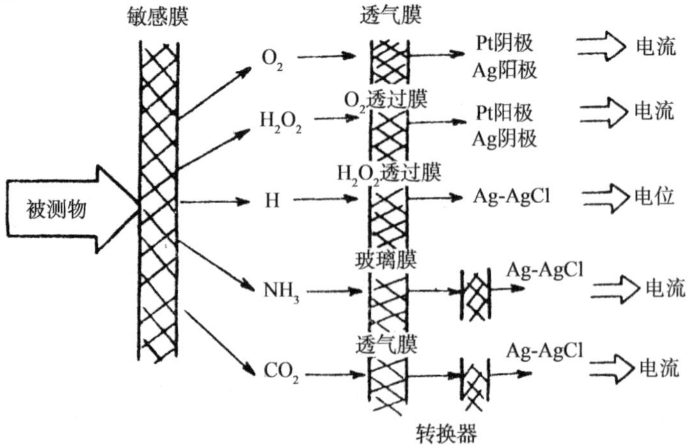

图 8.2 将化学变化转换成电信号的生物分子传感器

2. 将热变化转换为电信号

当固定化的物质材料与相应的被测物作用时，常伴有热变化，即产生热效应，然后，利用热敏元件，如热敏电阻，转换为电阻等物理量的变化。图 8.3 就是这类生物传感器的工作原理。例如大多数酶反应均有热变化，一般在 25～100KJ/mol 的范围。

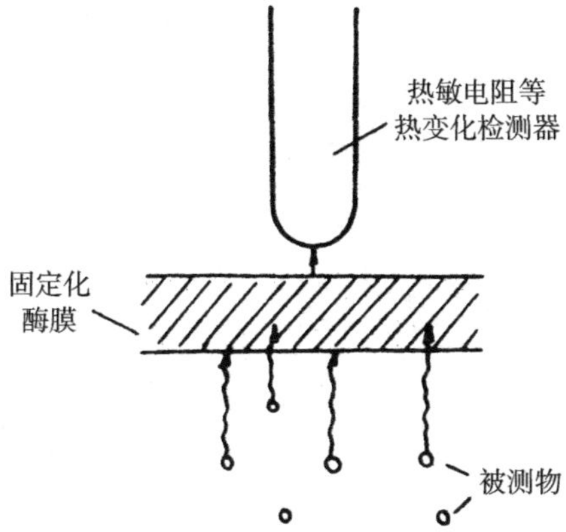

图 8.3　热效应生物传感器

3. 将光效应转变为电信号

有些生物物质，如过氧化氢酶，能催化过氧化氢/鲁米诺体系发光，因此，如能将过氧化酶膜附着在光纤或光敏二极管等光敏元件的前端，再用光电流检测装置，即可测定过氧化氢的含量。许多酶反应都伴有过氧化氢的产生，又如葡萄糖氧化酶（GOD）在催化葡萄糖氧化时也产生过氧化氢。因此把 GOD 和过氧化氢酶一起做成复合酶膜，则可利用上述方法测定葡萄糖。除酶传感器外，也可依据上述原理组成酶标免疫传感器。

4. 直接产生电信号

上述三种原理的生物传感器，都是将分子识别元件中的生物敏感物质与待测物发生化学反应，所产生的化学或物理变化量通过信号转换器变为电信号进行测量的，这些方式称为间接测量方式。另有一种方式可使酶反应伴随有电子转移、微生细胞的氧化，直接或通过电子传送体作用在电极表面上产生电信号，因此称为直接测量方式。

例如 Gass 等人提出一种测定葡萄糖的传感器，它是用二茂络铁的电子传送体，使 GOD 的氧化还原反应按如下进行：

$$G + GOD_{OX} \longrightarrow GL + GOD_{red}$$

$$GOD_{red} + 2Fe_{CP_2}R^+ \longrightarrow GOD_{OX} + 2Fe_{CP_2}R + 2H^+$$

$$2Fe_{CP_2}R \rightleftharpoons 2Fe_{CP_2}R^+ + 2e^-$$

其中，G，GL 为葡萄糖和葡萄糖酸内酯；GOD_{OX}，GOD_{red}为氧化型和还原型 GOD；$Fe_{CP_2}R$，$Fe_{CP_2}R^+$为还原型和氧化型的二茂络铁。

葡萄糖被 GOD 氧化的同时，GOD 被还原成 GOD_{red}，氧化型的电子传送体 $Fe_{CP_2}R^+$可

将 GOD_{rcd} 再氧化成 GOD_{OX}，使之再生；同时它本身被还原成 $Fe_{CP_2}R$，后者又在阳极上电化学氧化生成 $Fe_{CP_2}R^+$，所得的氧化电流可用于测定葡萄糖。又如利用微生物细胞直接或通过电子传送体在铂阳极上的氧化产生电流，利用这一过程现已研制成测定菌数的传感器等。

随着科学技术的发展，基于新的原理的生物分子传感器将不断涌现，这是毫无疑问的。总之，生物分子传感器种类较多，内容较为广深，是一大类很有发展前途的传感器。直到今天，生物分子传感器大致可分为表 8.1 所示的几种类型。

表 8.1　生物分子传感器的类型

敏感材料	分子识别部分	信号转换部分
酶传感器	酶	电化学测定装置
微生物传感器	微生物	场效应晶体管
免疫传感器	抗体或抗原	光纤或光敏二极管
细胞器传感器	细胞器	热敏电阻等
组织传感器	动、植物组织	SAW 装置

8.2　酶传感器

酶是生物体内具有催化作用的活性蛋白质，早在 1962 年就得以证实。Sumer 首先制得酶晶体，并经水解最终获得了氨基酸，从而证实了酶的本质是蛋白质。与其他蛋白质一样，它具有特异的催化功能，因此，酶被称为生物催化剂。酶的理化性质即为蛋白质的理化性质。酶蛋白属两性电解质，在等电位点易发生聚沉，在电场中则发生电泳。酶是大分子化合物，分子量从一万到几十万。酶可分为单纯蛋白酶和结合蛋白酶两大类。单纯蛋白酶除蛋白质以外不含其他成分，如胃蛋白酶、胰蛋白酶和脲酶等。结合蛋白酶是由蛋白和非蛋白两部分组成。两者结合得牢固的则称为辅基，如细胞色素氧化酶中的铁卟啉部分（即为铁卟啉的辅基）等；两者结合不牢的则称为辅酶，如烟酰胺腺嘌呤二核苷酸（NAD，辅酶 1）和烟酰胺腺嘌呤二核苷酸磷酸（NADP，辅酶Ⅱ），两者均称为脱氢酶的辅酶。

由于酶在生物体内具有催化作用，它在生命活动中起着极为重要的作用。它参加新陈代谢过程中的所有生化反应，并以极高的速度和明显的方向性维持生命的代谢活动，包括生长、发育、繁殖与运动，可以说没有酶就没有生命。

目前已鉴定出的酶有 2000 余种。酶与一般催化剂相同，在相对浓度较低时，仅能影响化学反应的速度，而不改变反应的平衡点，反应前后不发生明显改变；但酶又不同于一般催化剂，酶的催化效率比一般催化剂要高 $10^6 \sim 10^{13}$ 倍。酶催化反应所需要的条件较为温和，在常温、常压、近中性条件下均可进行。而这一特性也反映在工业上，若以非酶试催化，则需要在 300 个大气压，500℃温度的条件下方可进行。酶的催化具有高度的专一性，即一种酶只能作用于一种或一类物质，产生一定的产物，即特异催化功能。正因为酶有如此的特性，才被用作对某种物质的敏感材料，而制造成传感器。

8.2.1 基本结构

酶传感器主要由固定化的酶膜与电化学电极系统复合而成。它既有酶的分子识别功能和选择催化功能，又具有电化学电极响应快、操作简便的优点。其结构如图 8.4 所示。

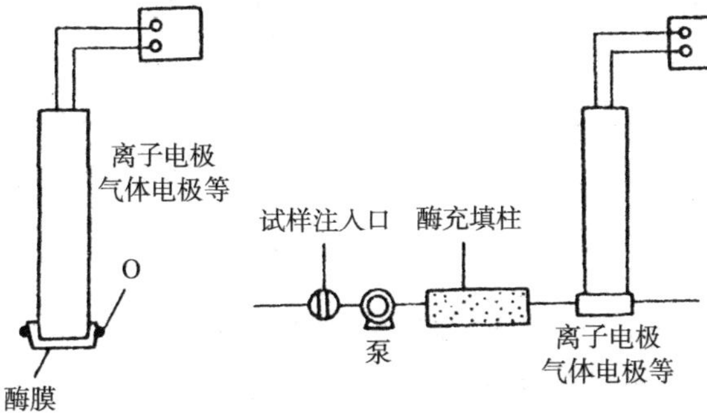

（a）密接型酶传感器　　（b）分离型酶传感器

图 8.4　酶传感器的结构

在传感器的化学电极的敏感面上组装固定化酶膜，当酶膜接触待测物质时，该膜对待测物质的基质（酶可以与之产生催化反应的物质）作出响应，催化它的固有反应，结果是与此反应的有关物质明显增加或减少，该变化再转换为电极中的电流或电位的变化，此种装置就是图 8.4（a）所示的密度型酶传感器。图 8.4（b）所示的酶传感器为分离型酶传感器，也称为液流偶联型酶传感器。它是将固定化酶充填在反应柱内，待测物质流经反应柱时，发生酶催化反应，随后产物再流经电极表面，引起响应。一般在酶膜外再加一层尼龙布或半透膜的保护层，以防止酶的流失。

8.2.2 工作过程

酶传感器的工作过程可用图 8.5 表示。根据此结构可知，基础电极的外部活性表面为 O（如基础电极是气敏电极，则指透气膜的外表面），它与一个很薄酶层 OL 紧密相接。固定化酶层的外表面暴露在被测液中，后者通常是处于充分搅拌下，以尽量减小其浓度梯度。若酶层基质的机械强度较差，则在其外侧再加一个能透过底物和辅助试剂的薄膜 LL′。底物在被测过程中一般需经历如下步骤：

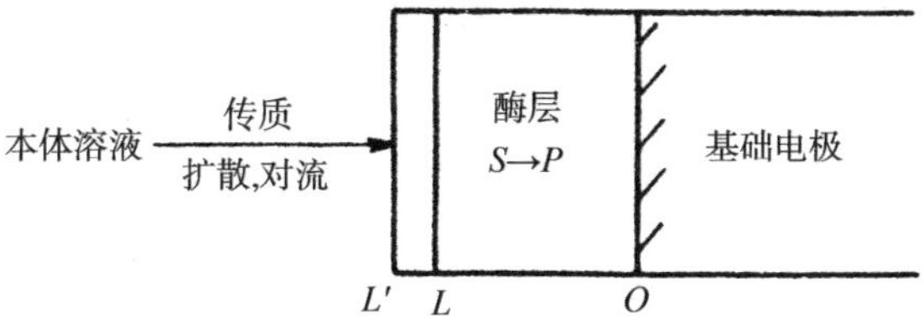

图 8.5　酶传感器的工作过程

① 底物 S 由溶液传输至电极表面 L′。

② S 在酶层与溶液之间进行分配。

③ S 在酶层中传输与反应。

④ 产生物 P 传输至基础电极上被检测。

8.2.3 典型酶传感器

下面，我们对目前几种常用的酶传感器作介绍。

1. 葡萄糖传感器

葡萄糖传感器是第一支酶传感器，在 1967 年由 Updike 和 Hicks 研制成功。葡萄糖传感器是由葡萄糖氧化酶膜和电化学电极两部分组成。当葡萄糖溶液与酶膜接触时，将产生：

$$C_6H_{12}O_6 + 2H_2O + O_2 \xrightarrow{GOD} C_6H_{12}O_6 + 2H_2O_2$$

的反应。所以，根据样品上葡萄糖酸的生成、氧的消耗和 H_2O_2（过氧化氢）的生成量，分别用 pH 电极、氧电极和 H_2O_2 电极来测定葡萄糖的含量。

葡萄糖传感器不仅广泛应用于临床化验分析，而且广为食品工业，如蔗糖工业生产等所接受。除测定葡萄糖、蔗糖以外，还被应用于乳糖、次黄苷的分析。也可将葡萄氧化酶作为生物样品的标记物，将葡萄糖电极应用于抗原、抗体、受体等的测定。

2. 氨基酸传感器

用 L-氨基酸氧化酶做成的酶传感器，其酶催化反应为：

$$RCHNH_2COOH + O_2 + H_2O \xrightarrow{\text{氨基酸氧化酶}} RCOCOOH + NH_3 + H_2O_2$$

它的基础电极可为氧电极、H_2O_2 电极与氨电极。此类传感器可用于氨基酸生产线上的分析和监控。

3. 乙醇传感器

由于乙醇在乙醇氧化酶（AOE）的作用下，伴随耗氧过程中将生成乙醛与过氧化氢，其反应为：

$$CH_3CH_2OH + O_2 \xrightarrow{AOE} CH_3CHO + H_2O_2$$

虽然，可以直接测定酶催化反应时产生的过氧化氢（H_2O_2），但受到乙醛的干扰，所以其测定较为困难。若使用 AOE 与 HRP 同时固定化并与氧电极偶联作成乙醇电极，这样在测定血样的氧的还原过程时，电流变化较为明显，因此，就有实用价值。

乙醇在乙醇脱氢酶（ADH）的作用下，将发生如下反应：

$$CH_3CH_2OH + \text{电子传送体（OX）} \xrightarrow{ADH} CH_3\overset{\overset{\displaystyle O}{\|}}{C}\text{—}H + \text{电子传送体（rcd）}$$

有人把乙醇脱氢酶固定在盘状铂电极上，加入 10mmol/L 的六氰合铁（Ⅲ）酸钾作为电子传送体，来测定酒精产品中的乙醇含量。此外，由于辅酶Ⅰ（NAD）能促进 ADH 作用，使乙醇氧化为乙醛，辅酶Ⅰ本身则还原为 NADH，于是，测定 NADH 氧化时所产生的瞬时电流的变化，而达到测定乙醇的含量。根据此原理已制成混合固定化乙醇脱氢

酶 —— 乙醇传感器。其制作方法如下：

先将载体 —— 葡聚糖用溴化氰活化，取出活化的葡聚糖 0.8g 放入 10mL，0.1mol/L 的 $NaHCO_3$ 溶液中，加入 12mg ADH，在 4℃下搅拌 16h，用布氏漏斗过滤，除去游离酶，并以大量的 1mol/L NaCl 和 PBS（pH = 7.40）洗涤，然后将此酶胶液存放在 4℃的 PBS 中予以备用，酶胶液中酶活性 0.5 ~ 15μ/g。将带有缓冲液的酶胶液慢慢注入网状玻碳电极上方的槽孔中形成酶柱，这样就制成了葡聚糖键合包裹的网状玻碳盘状电极，以它为工作电极，Ag-AgCl 作为参比电极。每天测定开始前，先将网状玻碳电极在 -1.25 ~ +1.25V 下预处理 15min，然后在流速为 1.45mL/min 的 0.1mol/L 的 PBS（pH = 7.40）和 $[NDA^+]$ = 50μmol/L 以下，施加 0.9V 电压，测定 NADH 的瞬时氧化电流的变化，记录电流的改变值，再绘出电流变化值与乙醇浓度曲线，即可测得乙醇含量。该传感器的检测范围为 $10^{-6} \sim 1.5 \times 10^{-4}$ mol/L，响应时间为 15s。本方法噪声低，灵敏度高。

4. 尿素传感器

尿素传感器是酶传感器中研究得较成熟的传感器。它是利用尿素水解反应：

$$(NH_2)_2CO + H_2O \xrightarrow{\text{脲酶}} 2NH_3 + CO_2$$

生成氨和二氧化碳来测定尿素含量的。因此可将氨和 CO_2 制成基础电极，其中氨气敏电极灵敏度最高，线性范围较高，故常被采用。尿素传感器可以用于临床全血、血清尿液等样品中尿素的测定和尿素生产线上的分析。尿素酶膜的制备方法很多，下面介绍一种用交流电导转换器的尿素生物传感器。其工作原理如下：

$$H_2NCONH_2 + 3H_2O \xrightarrow{\text{脲酶}} 2NH_4^+ + HCO_8^- + OH^-$$

经过酶催化反应后生成了较多离子，导致溶液电导增加，然后，用铂电极作电导转换器，将制成的脲酶膜固定在电极表面。在每组电极间施加一个等幅振荡的正弦（1kHz，10mV）电压信号，引导产生交变电流，经检波整流成直流信号。此信号与溶液的电导成正比，于是便可知尿素的含量。据文献提供的资料，这种方法是尿素传感器中最好的一种测定方法。

5. 青霉素传感器

青霉素在青霉素酶作用下水解生成青霉素噻唑酸：

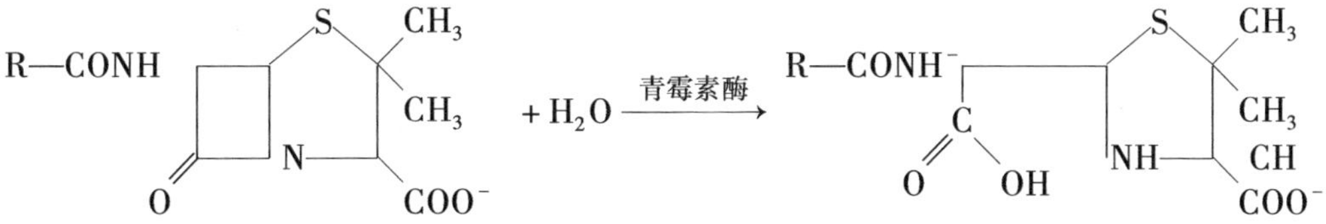

将青霉素酶聚丙烯酰胺凝胶膜装置在 pH 玻璃电极表面，即构成青霉素电极。在测定前，先将测试液 pH 调节为 6.900 ± 0.005；测定时，量度溶液 pH 将变化，即可测定 $10^{-5} \sim 3 \times 10^{-3}$ mol/L 的青霉素浓度。若青霉素浓度为 $10^{-2} \sim 10^{-3}$ mol/L，则 $\Delta pH \approx 1.4$，稳定时间为 3 周，响应时间为 2 ~ 4min。此种传感器可用于发酵槽中青霉素产生程序的控制。

酶传感器除了上述介绍的各种传感器外，酶还可以制成有机酸盐电极、苯甲酸盐电极、亚硝酸盐电极等。随着科学技术的不断发展，各学科的交叉渗透，各种酶传感器将随之出现。

8.3 微生物传感器

酶作为生物传感器的敏感材料虽然已有许多应用，但因酶的价格比较昂贵并且不够稳定，因此它的应用受到一定限制。

近年来，微生物固定化技术在不断发展，从而使固定化微生物越来越多地被用作生物传感器的分子识别元件，于是产生了微生物电极。

8.3.1 优点

微生物电极与酶电极相比有其独到之处，它可以克服酶价格昂贵、提取困难及不稳定等弱点。对于复杂反应，还可同时利用微生物体内辅酶。此外，微生物电极尤其适合于发酵过程的测定，因为在发酵过程中常存在对酶的干扰物质，应用微生物电极则有可能排除这些干扰。总之，微生物电极的应用是很有前景的。

8.3.2 工作原理

微生物电极是以活的微生物作为分子识别元件的敏感材料，其工作原理大致可分为以下几种类型：

(1) 利用微生物体内含有的酶（单一酶或复合酶）系来识别分子，这与酶电极相类似；但利用微生物体内的酶可免去提取、精制酶的复杂过程。

(2) 利用微生物对有机物的同化作用。有些微生物能够对某一特定的有机物有同化作用，当固定化微生物与该有机化合物接触时，有机化合物就会扩散到固定有微生物的膜中，并被微生物所同化，微生物细胞的呼吸活性（摄氧量）在同化有机物后有所提高，可通过测定氧的含量来估计被测物的浓度。

(3) 有些对有机物有同化作用的微生物是厌氧性的，它们同化有机物后可生成各种电极敏感的代谢物，通过检测这些代谢物来估计被测物的浓度。

测定不同的物质，选择不同的微生物，各种微生物的性质和响应机理也各不相同。

微生物传感器的结构如图 8.6 所示。它主要由固定化微生物膜和转换器件两部分组成。转换器可

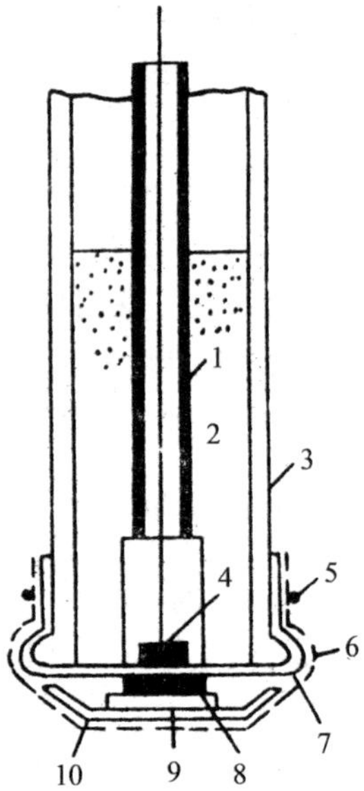

1. 铝阳极；2. 电解液；3. 绝缘体；
4. 铂阴极；5. 橡胶圈；6. 尼龙网；
7. 聚四氟乙烯膜；8. 微生物；
9. 醋酸纤维素膜；10. 多孔聚四氟乙烯膜

图 8.6 微生物传感器的结构示意图

采用电化学电极、场效应晶体管（FET）等，但习惯上称前者为微生物传感器；后者被叫作微生物 FET 或生物电子学传感器，此类传感器将在后面进行介绍。常用于电化学电极的有 pH 玻璃电极、氧电极、氨气敏电极、CO_2 气敏电极等。

微生物传感器种类很多，根据输出信号性质可分为电流型和电位型微生物传感器两类，下面分别予以介绍。

8.3.3 电流型微生物传感器

电流型微生物传感器如表 8.2 所示，共有 17 种。表中分别给出了这 17 种传感器的特性参数，供使用时选择参考。

值得一提的是，表中固定化方法有包埋法和吸附法：包埋法是指将微生物活细胞包埋于适当的立体网状材料中的方法；吸附法是指微生物细胞附着于固体载体上的方法。这两种方法，在选择使用时要注意区别。

表 8.2　电流型微生物传感器

被测物	微生物	固定化方法	转换器件	稳定性/d	响应时间/min	测定范围/（mg/L）
葡萄糖	Pseudomonas fuorescens	包埋法	氧电极	14	10	5 ~ 20
同化糖	Brevibacterium lactofermentum	吸附法	氧电极	20	10	$20\sim2\times10^2$
甲醇	未鉴定菌	吸附法	氧电极	30	10	5 ~ 20
醋酸	Trichosporon brassicae	吸附法	氧电极	20	10	$10\sim10^2$
乙醇	Trichosporon brassicae	吸附法	氧电极	30	10	5 ~ 20
蚁酸	Clostridium butyrioum	包埋法	燃料电池型电极	30	30	$1\sim3\times10^2$
氨气	硝化细菌	吸附法	氧电极	20	5	5 ~ 45
L-色氨酸	Pseudomonas fluorescens	吸附法	氧电极	20	3 ~ 5	$4\times10^{-4}\sim7\times10^{-1}$*
L-抗坏血酸	Enterobacter agglomeranans	吸附法	氧电极	11	3	0.004 ~ 0.7*
制霉菌素	Saccharomyces cerevisiae	吸附法	氧电极	20	60	$1\sim8\times10^2$
甲烷	Methylomonas flagellata	吸附法	氧电极	30	0.5	$20\sim2\times10^2$
菌数	—	—	燃料电池型电极	60	15	$10^5\sim10^{11}$ 个/mL
胆固醇	Nocardia erythropolis	—	氧电极	28	2 ~ 7	0.015 ~ 0.13*
维生素 B_1	Lactobacillus fermenti	—	燃料电池型电极	60	360	$10\sim10^2$

（续表）

被测物	微生物	固定化方法	转换器件	稳定性/d	响应时间/min	测定范围/（mg/L）
BOD	Trichosporon cutaneum	包埋法	氧电极	30	6.5	
庆大霉素	Escherichia coli	吸附法	氧电极	30	3～10	1～20
磷酸盐	Chlorella Vulgaris	滤于聚碳酸酯膜	氧电极	60	1	8～70*

* mmol/L

8.3.4 电位型微生物传感器

电位型微生物传感器如表8.3所示，共有18种。表中给出了这18种传感器的性能参数，供使用时选择参考。

表8.3 电位型微生物传感器

底物	微生物	被检物质	测定范围/（mol/L）
L-精氨酸	Streptococcus faecium	NH_3	$5\times10^{-5}\sim1\times10^{3}$
L-天冬氨酸	Bacterium cadaveris	NH_3	$3\times10^{-4}\sim7\times10^{-3}$
L-天冬酰胺	Serratia marcescens	NH_3	$1\times10^{-3}\sim9\times10^{-3}$
NAD^+	Escherichia coli/NADase	NH_3	$5\times10^{-5}\sim8\times10^{-4}$
三乙酸胺	Pseudomonas sp	NH_3	$1\times10\sim7\times10$
L-酷氨酸	Aeromonas phenologenes	NH_3	$8.3\times10^{-5}\sim1.0\times10^{-3}$
L-谷氨酰胺	Sarcina flara	NH_3	$2\times10^{-5}\sim1\times10^{-2}$
L-组氨酸	Pseudomonas sp	NH_3	$1\times10^{-4}\sim1.6\times10^{-2}$
硝酸盐	Azotobacter vinelandii	NH_3	$1\times10^{-5}\sim8\times10^{-4}$
L-丝氨酸	Clostridium acidiurici	NH_3	$1.8\times10^{-4}\sim1.6\times10^{-2}$
尿　酸	Pichea membranaefaciens	CO_2	$1.0\times10^{-4}\sim2.5\times10^{-3}$
L-谷氨酸	E.　coli	CO_2	$1\times10^{-5}\sim1\times10^{-3}$
丙酮酸盐	Streptococcus faecium	CO_2	$2.2\times10^{-4}\sim3.2\times10^{-2}$
L-赖氨酸	E.　coli	CO_2	10mg/L～100mg/L
乳酸盐	Hansenula anomala	H^+	$4\times10^{-5}\sim2\times10^{-3}$
头孢菌素	Citrobacter freudii	H^+	60mg/L～500mg/L
烟　酸	Lactobacillus arabinosa	H^+	10mg/L～500mg/L
L-半胱氨酸	Proteus morganii	H_2S	$5\times10^{-5}\sim9\times10^{-4}$

根据微生物与待测物质之间作用关系，下面分两种情况谈谈微生物传感器的基本工作原理。一种是需氧性微生物作为其敏感材料，它与待测物作用（同化有机物）时，其细胞的呼吸活性有所提高，因此可以通过测定其呼吸活性来测定待测物质，如此机理就构成了

测定呼吸活性型微生物传感器，其工作原理如图 8.7（b）所示。把需氧性微生物固定化膜装在隔膜式氧电极上，构成微生物电极。再将该电极插入含有可被同化的有机化合物样品溶液中，有机化合物就扩散到含有微生物细胞的固相膜内并被微生物同化，微生物细胞的呼吸活性则在同化有机物后有所提高，这样扩散到氧探头上的氧量就相应减少，则氧电流值降低，据此可间接求出被微生物同化的有机物的浓度。正因为如此，这一类微生物传感器一般都是电流型微生物传感器。另一种是厌氧性微生物构成敏感材料。可通过测定它在同化有机物后生成的各种电极敏感代谢物来进行分子识别，因此就构成了测定代谢物质型微生物传感器，其工作原理如图 8.7（b）所示。若同化产生物中的某一物质是电极的敏感物质，则可利用该电极作为信号转换器件，与固定化微生物膜一起组成微生物传感器用以测定待测物质的浓度。例如把能够产生的“产氢菌”固定在高分子凝胶中，再把它装在燃料电池型（该电池是以白金为阳极，过氧化银（Ag_2O_2）为阴极，极间充有磷酸盐缓冲液（pH7.0）所构成，氢等电极活性物质在阳极上发生氧化反应，则可为产生电流的一种燃料电池）的阳极上，把这种微生物电极浸入含有有机化合物的溶液中，有机化合物扩散到凝胶膜中的产氢菌处，则被同化而产生氢。产生的氢，则向与凝胶紧密接触的阳极扩散，在阳极上被氧化，所以测得的电流值与扩散来的氢的量值成正比，又因为氢生成量与试样溶液中的有机化合物浓度成比例，故待测有机化合物浓度就可转换为电流来测量。

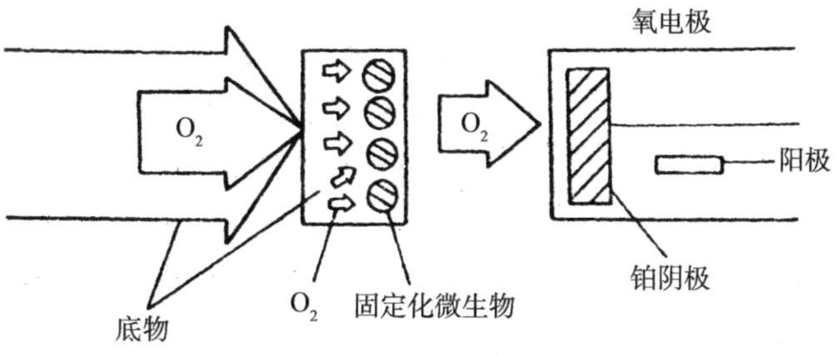

（a）测定呼吸活性型微生物传感器

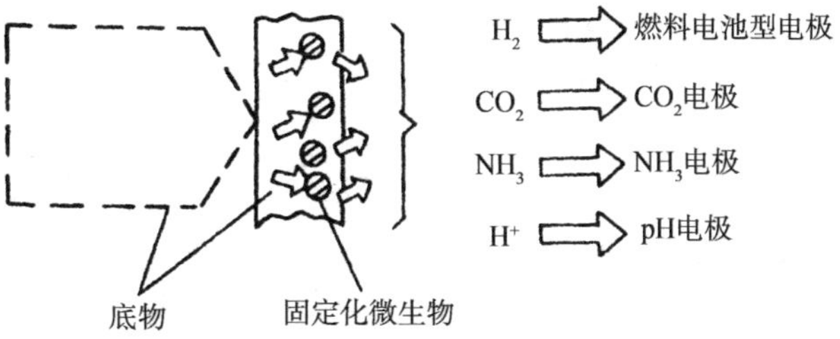

（b）测定代谢物质型微生物传感器

图 8.7　微生物传感器的一般工作原理

8.4 免疫传感器

自从免疫测定法（免疫传感器）问世以来，许多在以前无法测量的生物有机物质，现在逐一得以解决。免疫测定法是根据抗体（是一种免疫球蛋白）与抗原（是一种进入机体后能刺激机体产生免疫反应的物质）反应来测定有关物质的。因为抗体对相应的抗原具有识别和结合的双重功能，所以抗体对抗原具有很强的选择性。免疫传感器就是利用抗体与相应抗原的识别功能和结合功能而设计的某种检测装置。

8.4.1 结构组成

免疫传感器是由分子识别元件和电化学电极组合而成。抗体或抗原具有识别和结合相应的抗原或抗体的特性。在均相免疫测定中，作为分子识别元件的抗原或抗体分子不需要固定在固体载体上，而在非均相免疫测定中则需将抗体或抗原分子固定到一定的载体上使之变成半固态或固态。固定的方法可以是物理的也可以是化学的。

抗体或抗原在与相应的抗原或抗体结合时，自身的立体结构和物性发生变化，这个变化是比较小的。为使抗体与抗原结合时产生明显的化学量的变化，人们常利用酶的化学放大作用。若采用竞争法测定抗原，则用酶标记抗原；若采用夹心法测定抗原，则用酶标记这个抗原的抗体。在酶免疫测定法中，不管是夹心法还是竞争法，都是根据标记的酶催化底物发生化学变化进行化学放大的，最终导致分子识别元件的环境产生比较大的改变。在抗原和抗体结合时，分子识别元件自身变化或其周围环境的变化均可采用转换器来检测。电化学免疫传感器所使用的转换器是电化学电极。根据信息的转换过程，电化学免疫传感器的结构大致可分为直接型和间接型两类。

1. 直接型电化学免疫传感器的结构

这类传感器的特点是在抗体与其相应抗原识别结合的同时，就把这个免疫反应的信息直接转变成电信号。这类传感器在结构上又可分为结合型和分离型两种。前一种是将抗体或抗原直接固定在转换器表面上，将分子识别元件和转换器两者合为一体。Janata 所提出的“免疫电极”即属于这种类型。他是将抗体通过聚氯乙烯膜直接固定到金属导体上制成的。后来 Yamamoto 等使用钛丝或钨丝，通过化学修饰后用溴化氰活化将抗体或抗原借共价键偶联到金属丝的表面上（见图 8.8）。这类结构的传感器与相应的抗体或抗原发生结合的同时产生电位改变。另一种类型，分子识别元件与转换器是分开的。如用抗体或抗原制作的抗体膜或抗原膜，当它与相应的配基反应时，膜的电位发生变化。在测定这种膜电位的装置中，抗体膜或抗原膜与转换器（电极）是分开的。

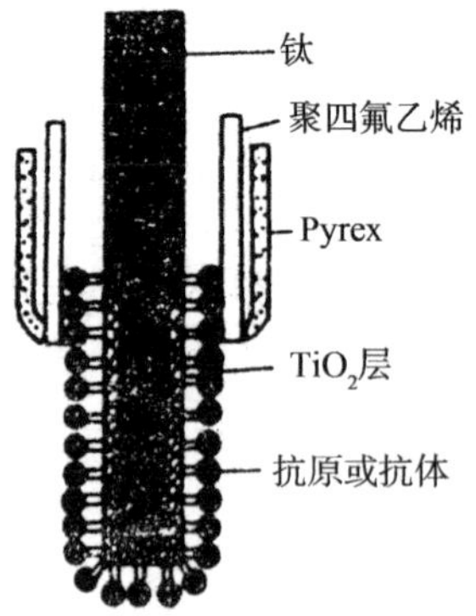

图 8.8 用蛋白修饰的工作电极

2. 间接型电化学免疫传感器的结构

这种类型传感器的特点是将抗原和抗体结合的信息转变成另一种中间信息，然后再把这个中间信息转变成电信号。这类传感器在结构上也有两种类型：结合型和分离型。前一种结构是将抗体或抗原通过化学方法直接结合到电化学电极的表面上，或将制成的抗体膜或抗原膜贴附在电极的表面上。它们的中间信息的转换器实质上是一种在化学上把分子识别元件和转换器连接起来的化学体系，在两者之间实现这种联系的可以是标记酶的体系或其他标记物。Robison 等人采用玻碳电极组装的一种新型的测定 hCG 电化学免疫传感器属于前者。他们把葡萄糖氧化酶（GOD）固定在玻碳电极上，然后再将抗 hCG McAb 结合在 GOD 上（见图 8.9（a）），这个电极在电子传送体 M 和酶的底物 S 存在下，电极上 GOD 的活性随电极上固定的抗 hCG McAb 与 hCG 结合量的增多而增大，从而影响催化电流。

另一种结合型用得比较多的是将抗体膜或抗原膜贴附在氧电极的聚氟乙烯的透气膜上（见图 8.9（b）），采用这种结构的传感器通常使用过氧化氢酶或 GOD 作为标记酶。采用电位型电极进行测定时也用类似于图 8.9（b）的方法将抗体膜或抗原膜贴附在电极敏感表面上。

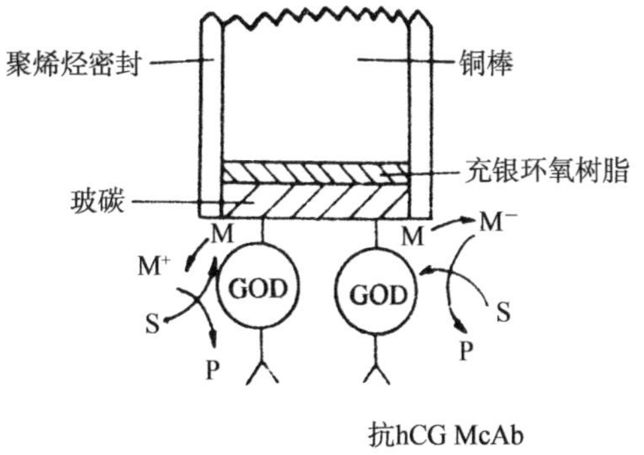

（a）均相生物电化学免疫测定hGG的电极

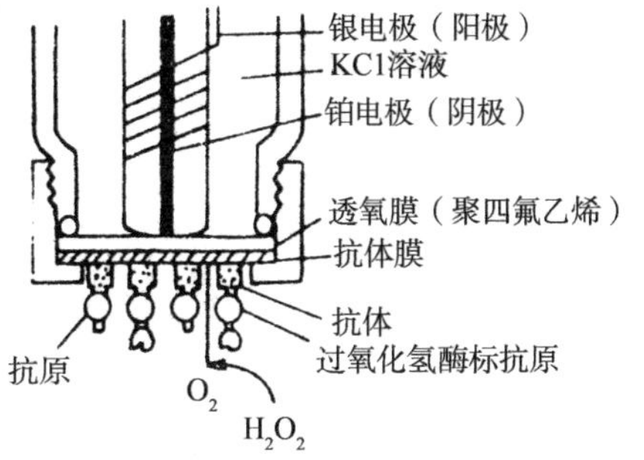

（b）由氧电极组成的酶免疫传感器的结构图

图 8.9　间接型电化学免疫传感器的结构

还有一种间接型电化学免疫传感器结构是分子识别元件和转换器，两者是完全分开的。例如，使用聚苯乙烯珠或其微孔管内壁吸附抗体或抗原制作分子识别元件，用电化学电极进行酶免疫测定，它们的分子识别元件和转换器是完全分开的，如图 8.10 所示。该图中用聚苯乙烯作载体制作分子识别元件，采用过氧化物酶作为标记酶，它催化底物产生的 CO_2 作为中间信息，用 CO_2 气敏电极作为转换器进行测定。图 8.11 中用聚苯乙烯管作为载体制作分子识别元件，采用碱性磷酸酶作为标记酶，它催化 6-磷酸葡萄糖产生的葡萄糖作为中间信息，用葡萄糖传感器作为转换器进行测定。Karube 等在他们研制的“反应型酶免疫传感器”中，将抗体固定在 5Å 分子筛上作为分子识别元件，且与转换器氧电极也是完全分开的（见图 8.12）。均相酶免疫测定法是依赖于标记抗原和抗体结合形成抗体－抗原复合物时出现的标记信号强度的改变，所以将测定这个信号改变的电化学电极插入这个体系中便可构成均相测定的电化学免疫传感器。

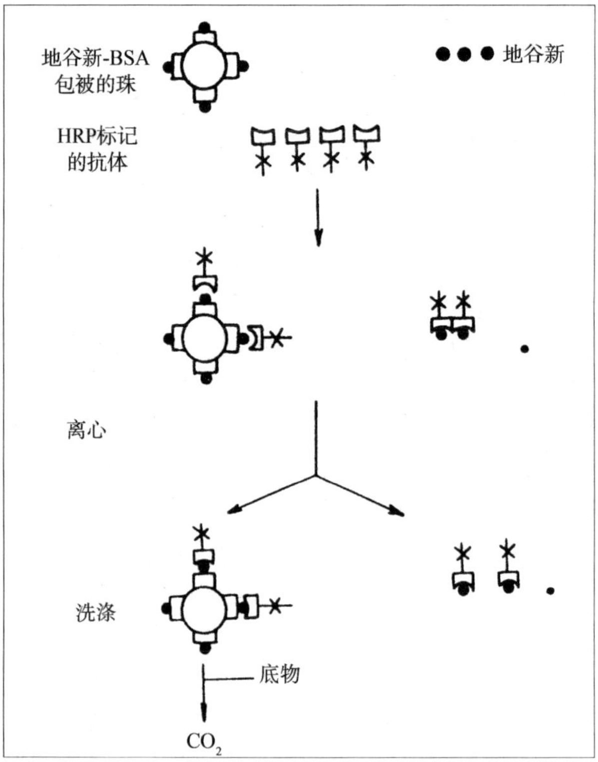

图 8.10　用 CO_2 作为中间信息，用 CO_2 气敏电极作为转换器酶的免疫测定简图

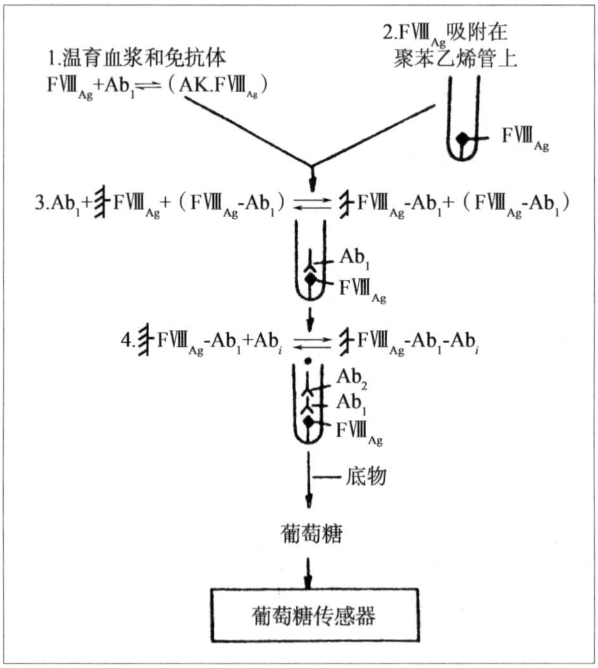

图 8.11　用葡萄糖传感器作转换器的酶免疫测定简图

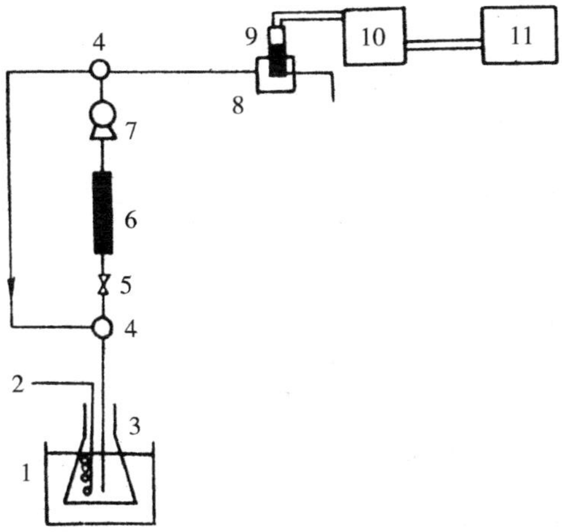

1. 水浴；2. N_2（氮）；3. 磷酸盐缓冲液；4. 三通活塞；5. 注入部件；
6. 固定抗体的反应器；7. 蠕动泵；8. 流通池；9. 氧电极；10. 安培计；11. 记录器

图 8.12　分子识别元件和转换器完全分开的酶反应传感器体系

8.4.2　分类和测定原理

在电化学免疫传感器中所使用的电化学电极有两种：电位型和电流型。电位型电极工作于电极敏感界面处，电位处于平衡状态，在此状态下的电极电位或膜电位与被测物浓度之间存在着对数关系，且其理想的电极斜率为$\frac{59}{n}$（mV）。电流型电极与电位型电极不同，它需要在电极上施加电压，推动电极表面的电化学反应，由此而产生的电流与在电极上发生氧化或还原的电活性物质浓度之间存在着线性关系。

为了提高免疫传感器的灵敏度，常在抗体或抗原分子上标记一种测定灵敏度高和选择性好的可测物质，这种物质称为标记剂，它可以是酶，或是非酶物质。用酶做标记剂，由酶催化其底物发生反应导致化学放大，可根据底物和产物的种类选择使用电流型或电位型电极将化学放大后的底物或产物浓度的改变转变为电流或电位的改变。根据所用的标记物种类和电极类型，可将电化学免疫传感器分成如下五类。

1. 电流型酶免疫传感器

这种传感器是以酶免疫测定为基础，采用电流型电极将酶的底物浓度改变或其催化产物的浓度改变转变成电流信号的测定装置。这类免疫传感器有多种，其中之一是以 Clark 氧电极为基础而建立起来的酶免疫传感器。其结构很简单，是将抗体膜或抗原膜固定到氧电极的聚四氟乙烯膜上便可构成这类传感器。下面以过氧化氢酶作为标记酶来说明其测定方法的原理：① 在测定溶液中加入标记过氧化氢酶的抗原，然后将免疫传感器插入上述溶液中，未标记抗原（被测物）和标记抗原对膜上的抗体发生竞争结合；② 洗去未反应的抗原；③ 将传感器插入测定酶活性的溶液中，这时传感器显示的电流值是由测定液中溶存氧量决定的。然后，向溶液中加入定量的 H_2O_2，结合在膜上的过氧化氢酶使 H_2O_2 分

解产生 O_2，随之传感器的电流值增大。根据这种方法曾测定过 IgG、hCG、甲胎蛋白、茶碱和胰岛素等。

2. 电流型非酶标记免疫传感器

电流型非酶标记免疫传感器是采用某种电活性物质对抗体或抗原做标记，而不是采用酶作标记。采用电活性物质标记抗原而进行的均相电化学免疫测定主要是根据抗原和标记抗原对定量抗体进行竞争结合，而标记抗原与抗体结合后氧化或还原电流减少。Webber 等人曾用二茂络铁标记吗啡，按伏安免疫测定法测定二茂络铁-吗啡结合物在抗吗啡抗体的存在与不存在时的氧化作用。在抗体存在时，由二茂络铁-吗啡结合物产生氧化而使电流减小，他的试验结果构成了对吗啡均相测定的依据。

3. 电位型无标记免疫传感器

这种传感器的特点是：抗体或抗原被固定在大分子构成的膜上或金属电极上，当被固定的抗体或抗原与相应的配体结合时则电极电位或膜电位发生变化。由于这种类型的免疫传感器的分子识别和信号转换同时进行，因此也称之为直接型电化学免疫传感器。Janata 所制作的免疫电极就属于这种类型，是基于蛋白质在水溶液中能电离而使其本身带有电荷。抗体是一种蛋白质，当它与其抗原结合时电荷要发生变化。如果参与和抗原相互作用的抗体结合点是游离的，则固定抗体的电极与参比电极之间的电位差取决于游离抗原的浓度。Janata 的模型体系是在铂丝上涂一层厚为 5μm 的聚氯乙烯薄膜，然后将外凝集素固定在这个薄膜上。当向此体系加入多糖时，可观察到电极电位发生变化。

将抗血清蛋白固定到膜上，使这个膜的两侧与适当的电解质溶液接触，通过测定两侧电解质溶液之间的电位差便可测出抗体膜的膜电位。当电解质浓度和温度一定时，膜电位将依赖膜的电荷和离子在膜中的迁移率等。结合有抗血清蛋白抗体的抗体膜在酸性和中性介质的条件下带正电，而血清蛋白则相反，带负电。当抗体抗原反应时，抗体膜的表面结合上血清蛋白，使抗体膜电荷密度和膜中的离子迁移率等发生变化，从而使膜电位发生变化，Aizawa 等曾根据这个原理将心肌磷脂固定在纤维膜上制作出抗原膜组成的梅毒传感器来测定血清中的梅毒抗体。

4. 电位型酶免疫传感器

在这种免疫传感器中使用的标记酶的底物或其底物的催化产物是能用电位型电极测定的。通常所使用的电极有离子选择电极、CO_2 气敏电极和氨气敏电极等。

采用离子选择电极组成电位型酶免疫传感器的例子有：使用氟离子选择电极，以辣根过氧化物酶作为标记剂，采用非均相免疫测定法测定人血清中的 IgG，可测到 0.9μg/mL；用 NH_4^+ 选择电极，以腺苷脱氨酶作为标记剂组成新的均相酶免疫传感器测定模型抗原 HSA；使用碘离子选择电极，以辣根过氧化物酶做标记剂，按夹心法测定人 IgG，可测到 2.5μg/mL。采用气敏电极组成电位型酶免疫传感器的例子有：采用 CO_2 气敏电极，用氯过氧化物酶作为标记剂测定人 IgG，可测到 1μg/mL；使用氨气敏电极，以脲酶作为标记剂，采用固二抗非均相竞争免疫测定法定模型抗原 BSA 和 CAMP，可测到 BSA < 10μg/mL，CAMP < 10^{-8}mol。

5. 电位型非酶标记免疫传感器

在这种类型传感器中所使用的标记剂不是酶而是除酶以外可用电位型电极进行测定的其他标记剂。因非酶物质没有酶的化学放大作用，灵敏度较低，因此这类传感器比较少见。这种类型的免疫传感器可以被利用的放大效应是采用非酶标记的微脂粒。Shiba 等报道一种非酶标记的微脂粒免疫传感器。他们采用 TPA^+（四苯基铵离子）作为标记剂，将 TPA^+ 和类脂抗原（ε-二硝基氨基乙酰基-磷脂酰乙醇胺）包埋在微脂粒中，当将此微脂粒与抗类脂抗原的抗体和补体一起温育时，由于特异的抗体和补体的作用产生免疫溶解，从微脂粒中释放出大量的 TPA^+。这个变化起到了放大作用，见图 8.13（a）。释放出的 TPA^+，用 TPA^+ 离子选择电极和板形 Ag-AgCl 电极，采用薄层电位法进行测定，见图 8.13（b），此法所需试样体积非常小，在微升数量级。

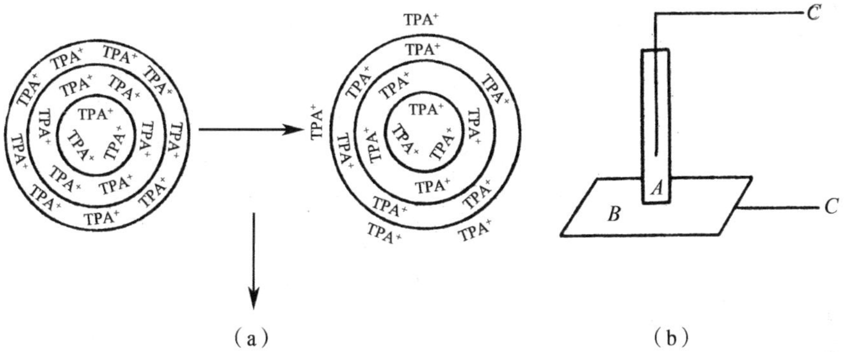

A. TPA^+ 离子选择电极；B. 板状 Ag-AgCl 电极

图 8.13 微脂粒免疫溶解（a）和薄层电位法的装置（b）

8.4.3 应用举例

1. 免疫传感器在测量胰岛素中的应用

胰岛素对物质代谢的作用非常重要，总的效果是促进合成代谢，抑制分解代谢。若缺少胰岛素，则血糖值增高。因此，测定血液中胰岛素浓度和血糖值对诊断、治疗糖尿病是很重要的。

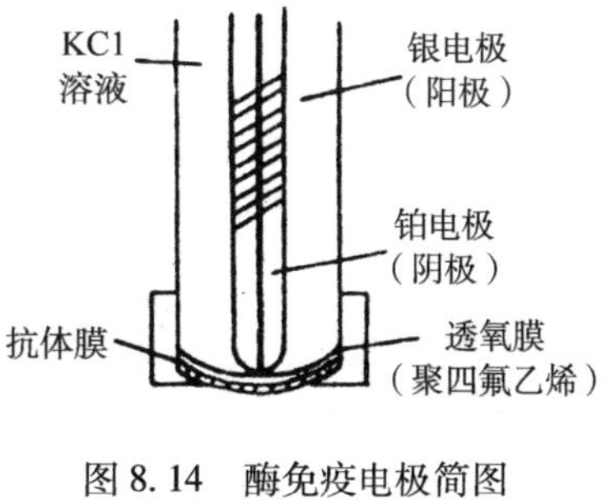

图 8.14 酶免疫电极简图

Haga 等为测定血中胰岛素含量曾研制测定胰岛的酶免疫传感器。他们用氧电极作为转换器，将氧电极端部做成凸面防止气泡附着（见图 8.14），用牛胰岛素作抗原，将溴醋酸纤维和胰岛素抗体直接偶联制成抗体膜，用戊二醛将过氧化氢酶标记在胰岛素上。其测定方法是将装有抗体膜的氧电极置于含有胰岛素和酶标胰岛素的溶液中，30℃温育 10min 后再放入 pH8 缓冲液中浸泡 5min 除去非特异结合的物质。将该电极插入 30℃，pH7.0 缓冲液中，输出电流稳定后，加入一定量的 H_2O_2。用记录仪记录加入底物后电流值的增加，求出电流增加的初始速度（di/dt），然后将它对胰岛素浓度作图制作标准曲线。测定完毕可将电极置入 pH2.2，0.2mol/L 甘氨酸-HCl 溶液中 10min 使电极上抗体再生。此法得到的标准曲线如图 8.15 所示。由图中可看出，可检出胰岛素浓度范围为 4×10^{-8}mol/L～10^{-7}mol/L，最小检出浓度为 4×10^{-8}mol/L。

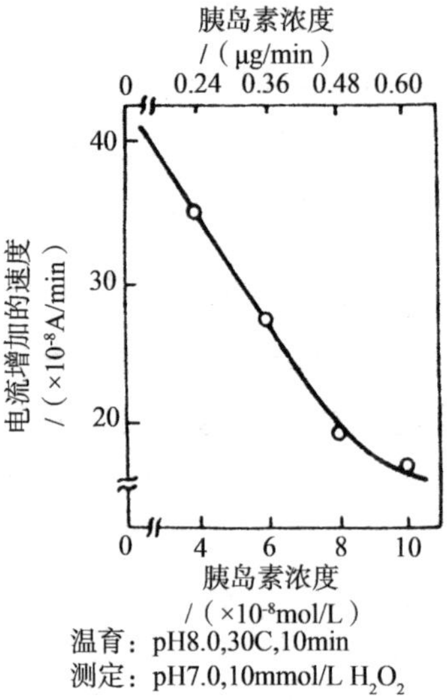

图 8.15 标准曲线

2. 免疫传感器在人绒毛膜促性腺激素 hCG 测定中的应用

hCG（人绒毛膜促性腺激素）是一种雌性激素，是诊断早期妊娠的重要指标。有些专家用氧电极作转换器，采用过氧化氢酶用戊二醛标记 hCG，将抗 hCG 抗体固定在用溴乙酸纤维素和乙酸纤维素制成的膜上而制作成抗体膜，然后将抗体膜固定到氧电极聚四氟乙烯膜上组成 hCG 酶免疫传感器，如图 8.16 所示。将该传感器插入含有待测游离的 hCG 和一定量的酶标记 hCG 的溶液中温育一定时间，这时待测的 hCG 和酶标记 hCG 对抗体膜上抗 hCG 抗体发生竞争结合。洗去非特异结合的 hCG 和酶标记 hCG 后将传感器插入 30℃用氧饱和的 pH7.0 磷酸盐缓冲液中，用记录仪记录其电流随时间的变化。当电流稳定后加入定量的酶底物 H_2O_2，测定电流增加的起始速度，如图 8.17 所示，电流增加的起始速度和未标记 hCG 浓度之间的关系曲线如图 8.18 所示。当使用过氧化氢酶标记 hCG 为 0.4IU/mL 时，可在 hCG 浓度 0.02IU/mL～1.0IU/mL 范围内测定 hCG，误差约为 5%。过氧化氢酶标记 hCG 为 4IU/mL 时，可测定 hCG 的范围为 0.2IU/mL～10IU/mL hCG；若过氧化氢酶标记 hCG 浓度为 40IU/mL，则可测定 hCG 的范围为 2IU/mL～100IU/mL。

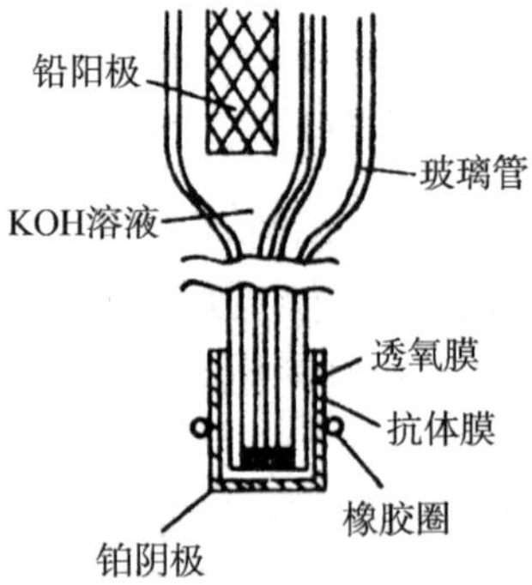

图 8.16 测定 hCG 酶免疫传感器的结构图

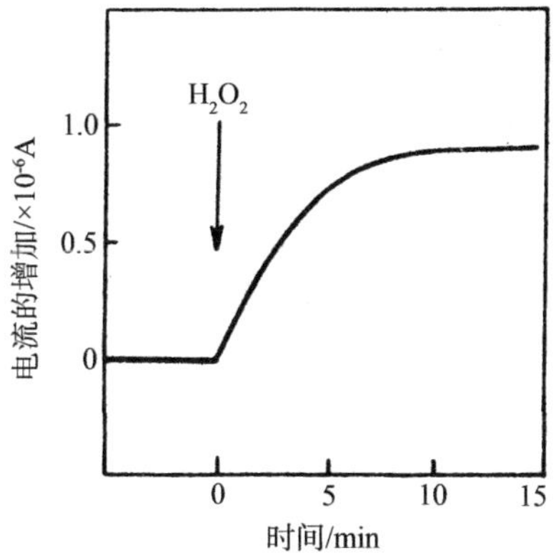

图 8.17 酶免疫传感器输出的时间曲线

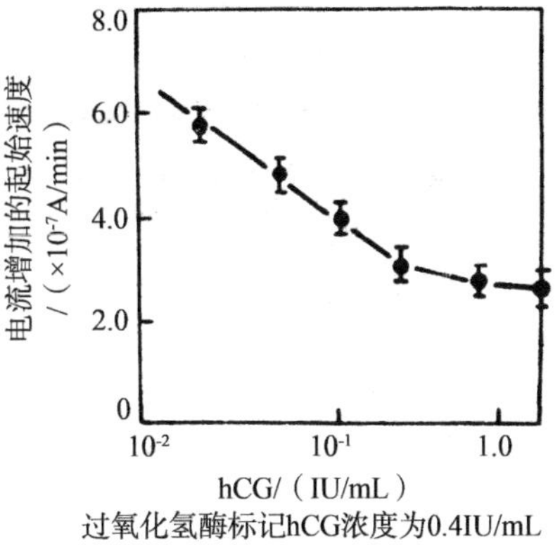

图 8.18 电流增加的起始速度与 hCG 浓度之间的关系曲线

这个免疫传感器在测定 hCG 方面有可行性，但和 LH（促黄体激素）有交叉反应。这个问题可使用单克隆抗体来解决。

8.5 生物电子学传感器

由于近年来离子感应性场效应管（ISFET）实用性的突破，给半导体器件应用于生物传感器创造了极好的机遇。由此，将生物分子和半导体器件等电子器件融合制作的传感器就称为生物电子学传感器。

利用酶固定技术和半导体工艺技术将酶薄膜制作在 ISFET 的栅极上，就可以制成具有酶分子识别功能的生物电子学传感器。虽然，这类传感器仍处在研究阶段，但是，由于利用了十分成熟的半导体工艺技术，不难想象，这类传感器将具有如下优点：（1）有可能微型化；（2）有大批量生产的可能；（3）单片化、智能化；（4）多功能化。

目前正在研究的 ISFET 是采用栅极绝缘膜直接接触溶液的结构，其界面电位随溶液中的离子浓度而变化。最初制作 ISFET 时，没有采用外参比电极，后来增加了外参比电极，使其特性趋于稳定。最新研究的酶 FET 以 pH 响应的 FET 传感器为基本结构，并在其栅极绝缘膜上制作有酶膜。随着酶膜制作方法的改进，酶稳定性的改善，ISFET 演变成多功能、单片智能化必将成为现实。

现在也有人用催化发光反应的酶与光电二极管、光电三极管等组合制作新的生物电子学传感器。过氧（化）物酶等可催化下面的发光反应：

$$\text{氨基苯二酰肼（Luminal）} + H_2O_2 \longrightarrow \text{氨基邻苯二甲（酸）酐} + N_2 + H_2O + h_v$$

由此反应说明，如果氨基苯二酰肼浓度恒定，则能产生正比于过氧化氢浓度的光子。因此，将过氧（化）物酶制备在光电二极管表面就可制成过氧化氢传感器。

氧化酶等多数伴有过氧化氢的发生。例如，葡萄糖氧化酶可催化下面的反应：

$$\text{葡萄糖} + O_2 + H_2O \longrightarrow \text{葡萄糖} + H_2O_2$$

因此，若使葡萄糖氧化酶和过氧（化）物酶共存，则可制作葡萄糖检测的酶光电二极管，利用这种反应制作导体受光元件而制作的生物传感器自然有很美好的发展前景。

若注重伴随酶反应过程中少许的温度变化，还可以研究开发酶热敏电阻。利用超声波的传播速度具有显著的温度依赖性的关系，人们提出了使用表面弹性波（SAW）器件制作酶传感器的设想。虽然，生物分子传感器目前仍是一种尝试，但是这种尝试必将产生辉煌的成果，这也完全是预料之中的。发展生物分子传感器是今后传感技术研究的一个重要方向。

下面列举几例来说明生物电子学传感器的工作原理。

8.5.1 酶场效应晶体管的结构与工作原理

1. 酶场效应晶体管的结构

酶场效应晶体管（Enzyme-based FET，简记 ENFET）是由酶膜和 ISFET 两部分构成，其中的 ISFET 又多为 pH-ISFET，其结构如图 8.19 所示。把酶膜固定在栅极绝缘膜（Si_3N_4-SiO_2）上进行测量时，由于酶的催化作用，使待测的有机分子反应生成 ISFET 能够响应的离子。Si_3N_4 表面离子浓度发生变化时，表面电荷将发生变化，场效应晶体管栅极对表面电荷非常敏感，由此引起栅极的电位变化，这样就可以对漏极电流进行调制。

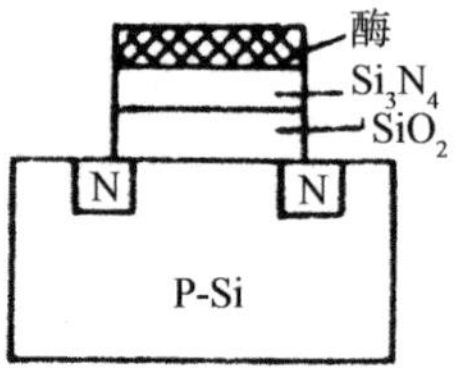

图 8.19　ENFET 结构

2. 酶场效应晶体管工作原理

临床医生通常通过测定患者血液中脂质含量来判断患者动脉硬化程度。ENFET 的出现，使得这种测定变得很简单。现以铃木研制出的测定中性脂肪的 ENFET 为例说明其工作原理。他是将脂蛋白脂肪酶（LPL）以共价结合固定在 pH-FET 的栅极最外层 Si_3N_4 膜上，LPL 可以催化中性脂肪发生下列水解反应产生 H^+：

$$\begin{array}{l} H_2COOC—R \\ \,| \\ HCOOC—R \\ \,| \\ H_2COOC—R \end{array} + 3H_2O \xrightarrow{LPL} \begin{array}{l} CH_2OH \\ \,| \\ CHOH \\ \,| \\ CH_2OH \end{array} + 3RCOOH$$

$$RCOOH + H_2O \longrightarrow RCOO^- + H_3O^+$$

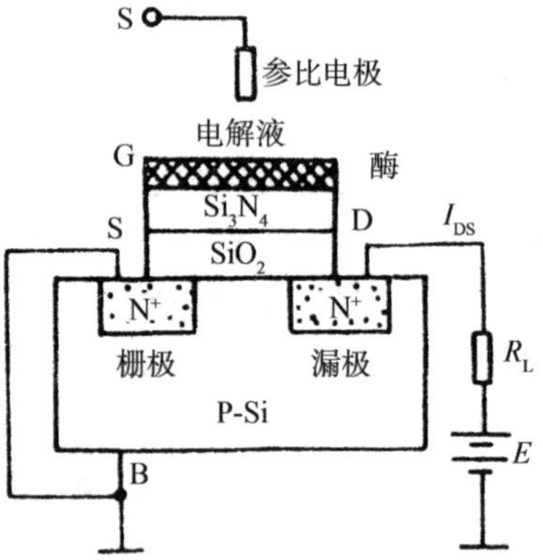

图 8.20　ENFET 结构

这样就可以引起栅极电位变化，再通过漏电流的变化，按图 8.20 所示测出所需信号。

8.5.2 免疫场效应晶体管的结构与工作原理

抗原或抗体一经固定于膜上，就形成具有识别免疫反应的分子功能性膜，例如将抗体固定在醋酸纤维素膜上。抗体是蛋白质，蛋白质为两性电解质（正负电荷数随 pH 而变），所以抗体的固定膜具有表面电荷，而此膜电位随电荷变化而变化（抗原与抗体的荷电状态往往差别很大)。因此，可根据抗体膜的膜电位变化测定抗原的结合量。

免疫场效应晶体管（Immuno Sensitive FET，简记 IMFET）是由 FET 和识别免疫反应的分子功能性膜所构成，如图 8.21（a）所示。首先把抗体固定在有机膜上，再把带抗体的有机膜覆在 FET 栅极上，即制成 IMFET。

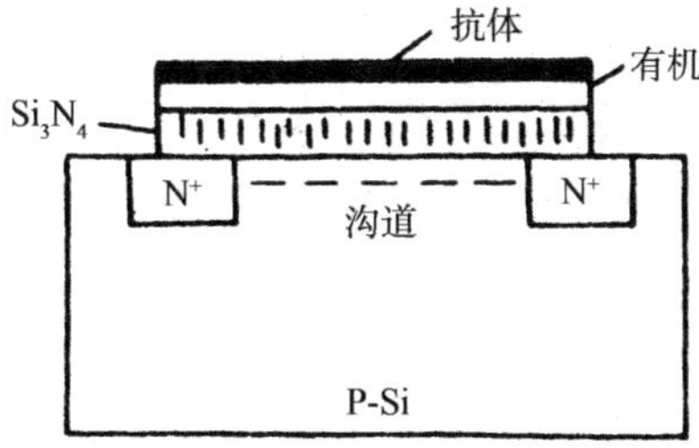

（a）IMFET结构

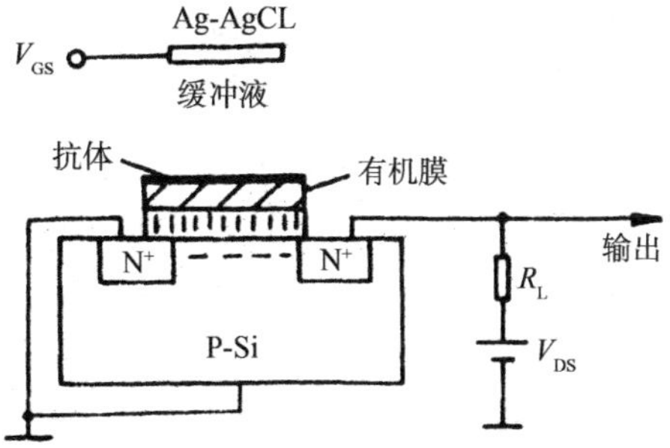

（b）IMFET的测量电路

图 8.21　IMFET 的结构与工作原理

用 IMFET 具体测量时，组成如图 8.21（b）所示电路，基片与源极接地，漏极接电源，相对地电压为 V_{DS}。测量时，将抗原放入缓冲液中，参比电极为 Ag-AgCl。

除了上述介绍的酶、微生物、免疫和生物电子学传感器之外，还有利用动、植物组织薄片材料作敏感材料的组织传感器。这类传感器仍然是利用动、植物组织中酶的催化作用做测量电极，因此，这里就不再详细介绍；但是世界范围内从事该项研究的人数很多，它是生物传感器中的一个重要课题。

8.6　仿生传感器

仿生就是利用现有的科学技术把生物体（或人）的行为和思想进行部分的模拟，其器件称为仿生传感器。

仿生传感器可分为视觉、听觉、接触觉、压觉、接近觉、力觉、滑觉等 7 类。由于这类传感器非常“年轻”—— 仅有 20 年左右的历史，它的技术尚未达到完善的阶段，因此，本节仅对研究得较为成熟的仿生传感器以定性方式分类，介绍其工作原理、结构等。

8.6.1　视觉传感器

人的视觉是获取外界信息的主要的感觉行为。据统计，人所获得外界信息的 80% 是靠视觉得到的，因此，视觉传感器是仿生传感器中最重要的部分。人类视觉的模仿多半是用电视摄像机和计算机技术来实现的，故又称为计算机视觉。视觉传感器的工作过程可分为检测、分析、描绘和识别四个主要步骤，简述如下。

1. 视觉检测

视觉检测主要利用图像信号输入设备，将视觉信息转换成电信号。常用的图像信号输入设备有摄像管和固态图像传感器。摄像管分为光导摄像管（如电视摄像装置的摄像头）和非光导摄像管两种，前者是存储型，后是是非存储型的。固态图像传感器分为线阵传感器和面阵传感器，其工作原理详见第 2 章 2. 10 节。

输入给视觉检测部件的信息形式有亮度、颜色和距离等，这些信息一般可以通过电视摄像机获得。亮度信息用 A/D 转换器按 4bit ~ 10bit 量化，再以矩阵形式构成数字图像，存于计算机内。若采用彩色摄像机可获得各点的颜色信息。对三维空间的信息还必须处理距离信息。常用于处理距离信息的方法有光投影法和立体视觉法。光投影法是向被测物体投以特殊形状的光束，然后检测反射光，即可获得距离信息。

例如，用点光束的激光扫描器把激光束投射在被测物体上，用摄像机接收物体的反光，进行画面位置的检测（其原理如图 8.22 所示），根据发射激光束的空间角度与反射光线空间角度，以及发射源和摄像机位置间的几何关系，可以确定反射点的空间坐标。用激光束的二维扫描可以确定被测物体各点的距离信息。

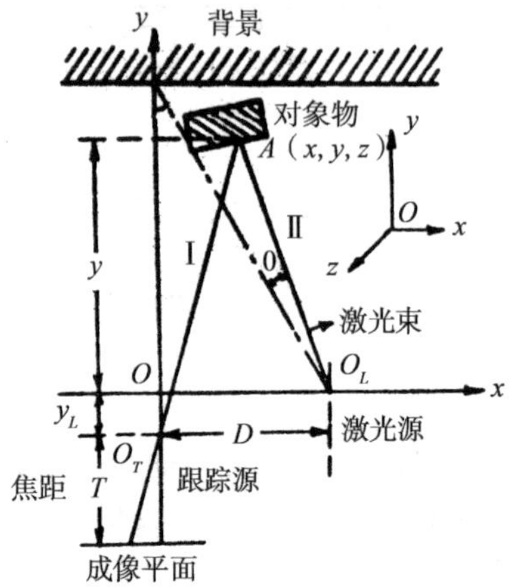

图 8.22　激光扫描三维视觉原理

立体视觉法采用两只摄像机测距，实现人的两眼视觉效果，通过比较两只摄像机拍摄的画面，找出物体上任意两点在两画面上的对应点，再根据这些点在两画面中的位置和两摄像机的几何位置，通过大量的计算，就可确定物体上对应点的空间位置。

为了得到视觉效果，景物的照明也是很重要的因素。设计一个很好的照明系统，对于景物照明，使图像的处理变得简单。最佳光源是亮度高，相干性、方向性和单色性好的激光光源。

2. 视觉图像分析

视觉图像分析是把摄取到的所有信号去掉杂波及无价值像素，重新把有价值的像素按线段或区域等排列成有像素集合。被测图像被划分为各个组成部分的预处理过程为视觉图像分析。

分析算法主要有边缘检测、门限化和区域法三种。

(1) 边缘检测法

图像中明暗变化显著的点，在多面体上的被测对象中往往是构成棱边的对应点。通过对图像微分运算，在计算结果中，选择某一阈值以上的点，就可求出明暗变化的交界点。

若被检测图像为二元函数 $G(x, y)$，对 $G(x, y)$ 一阶偏微分为：

$$\Delta G(x, y) = \frac{\partial G}{\partial x}i + \frac{\partial G}{\partial y}j \tag{8.1}$$

由于检测到的图像信号已经被离散化，因此，也可得到其抽样点的数值 $G(i, j)$，离散化后，就可用差分方程近似地代替微分方程：因为我们只关心图像明暗变化的速度，不考虑其正负，所以可以得到一种算法：

$$D(i,j)=\sqrt{[G(i+1,j+1)-G(i,j)]^2+[G(i+1,j)-G(i,j+1)]^2} \tag{8.2}$$

式中，i，j 为像素所在的行列位置。设定某一阈值，从中选取大于某一给定阈值的 $D(i,j)$，就可重新构成一幅图像。

一阶微分可以给出多面体图像的边缘，但不适合曲面图像，为了获得曲面图像的边缘，需要采用高阶微分。详细的知识请参阅有关图像处理技术书籍。

图 8.23 是边缘检测的一个实例，图（a）为机械零件，图（b）为用微分技术处理后的结果。

（2）门限化方法

门限化是按某种限制抽取成加工图像信息的一种广泛使用的方法。

一般的门限化技术可按下式定义：

$$G(x,y)=k$$

$$T_{k-1}\leqslant P(x,y)\leqslant T_k$$

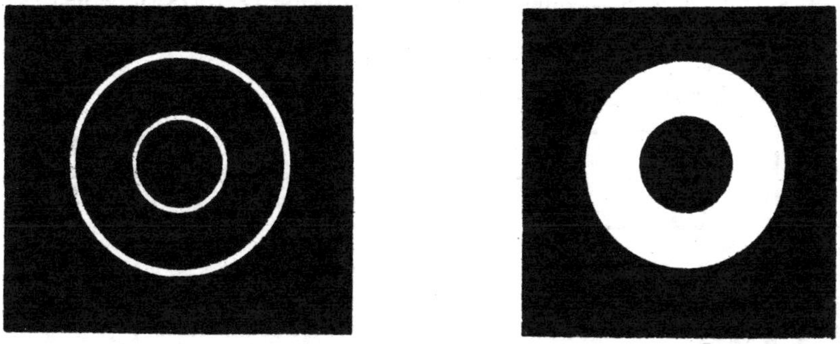

（a）　　（b）

图 8.23　微分技术求取的边缘

其中，$k=1,2,3,\cdots,m$；$G(x,y)$ 为被分析的图像函数；(x,y) 为像素坐标；$P(x,y)$ 为像素在 (x,y) 处的特征函数，例如亮度；m 为对于一个被门限化的图像所取的级别数，通常为亮度的级别数；T_k 为第 k 级阈值。

如果令 $f(x,y)$ 为点 (x,y) 的某些局部性质（如平均亮度），则 T_k 被看作如下形式的函数：

$$T_k=T_k[x,y,f(x,y),P(x,y)] \tag{8.3}$$

如果 T_k 取决于特征函数 $P(x,y)$，则称 T_k 为总体阈值；如 T_k 取决于局部性质 $f(x,y)$ 和特征函数 $P(x,y)$，则 T_k 为局部阈值；若 T_k 取决于 $f(x,y)$、$P(x,y)$ 和像素 (x,y)，则 T_k 为动态阈值。动态阈值取决于像素的位置 (x,y)，使用动态阈值易于把被测物体图像从背景中区别出来。局部阈值常用于物与环境的图像信息特性区别不明显的灰度图像。总体阈值适用于被测物体图像信息的一些特性相对于背景变化很显著的情况。例如 $P(x, y)$ 为单色亮度，只要一个常数值就可将物体从背景中区分出来。

(3) 区域法

区域法是把亮度大体一致的像素集合，合并为一个区域进行归纳的方法。它先通过连续亮度相同的相邻点，把画面分割成许多小区域，然后把相邻小区域，根据小区域的亮度差和边界形状进行合并，构成有较大含义的区域。此法同样适用颜色和距离信息，它适用于物体之间或物体与背景环境间难于用门限法或边缘检测法区分的情况。

3. 描绘与识别

图像信息的描绘是利用求取平面图形的面积、周长、直径、孔数、顶点数、二阶矩、周长平方与总面积之比，以及直线数目、弧的数目，最大惯性矩和最小惯性矩之比等方法，把这些方法中所隐含的图像特征提取出来的过程。因此，描绘的目的是从物体图像中提取特征。从理论上说，这些特征应该与物体的位置和取向无关，只包含足够的描绘信息。

而识别是对描绘过程的物体给予标志，如钳子、螺帽等名称。

由上述分析可知，视觉传感器的基本组成必须包括信息获取和处理两部分，才能把对象的物质特征通过分析处理，描绘后识别出来。从一定意义上说，一个典型视觉传感器的组成原理可由图 8.24 所示。它属于智能传感器的范畴。

图 8.24 视觉传感器的典型结构原理

8.6.2 听觉传感器

听觉传感器是人工智能装置，为机器人中必不可少的部件，它是利用语言信息处理技术制成的。机器人由听觉传感器实现“人-机”对话。一台高级的机器人不仅能听懂人讲的话，而且能讲出人能听懂的语言，赋予机器人这些智慧的技术统称为语音处理技术。前者为语音识别技术，后者为语音合成技术。具有语音识别功能的传感器称为听觉传感器。

语音识别实质上是通过模式识别技术识别已知的输入声音，通常分为特定话者和非特定话者两种语音识别方式。后者为自然语音识别，这种语音的识别比特定话者语音识别困难得多。特定话者的语音识别技术已进入了实用阶段，而自然语音的识别尚在研究阶段。特定语音识别是预先提取特定说话者发音的单词或音节的各种特征参数并记录在存储器中，要识别的输入声音属于哪一类，决定于待识别特征参数与存储器中预先登录的声音特征参数之间的差。实现这种技术的大规模集成电路的声音识别电路已在 20 世纪 80 年代末商品化了，其代表型号有 TMS320C25FNL、TMS320C25GBL、TMS320CGBL 和 TMS320C50PQ 等。采用这些芯片构成的传感器控制系统如图 8.25 所示，由此可知，该系统是一个很复杂的系统。

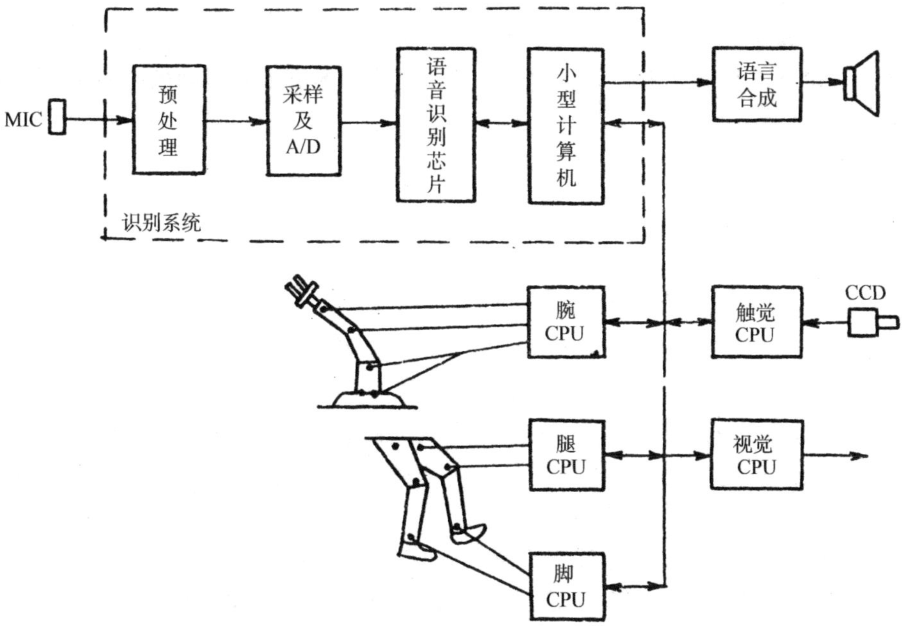

图 8.25　语音识别的听觉传感器的控制系统图

8.6.3　触觉传感器

人的触觉是通过四肢和皮肤对外界物体的一种物性感知。为了感知被接触物体的特性以及传感器接触对象物体后自身的状况，例如，是否握牢对象物体和对象物体在传感器何部位等，常使用接触传感器。它有机械式（例如微动开关)、针式差动变压器、含碳海绵及导电橡胶等几种。当接触力作用时，这些传感器以通断方式输出高低电平，实现传感器对被接触物体的感知。

例如，图 8.26 所示的针式差动变压器矩阵式接触传感器，它由若干个触针式触觉传感器构成矩阵形状。每个触针传感器由钢针、塑料套筒以及给每针杆加复位力的磷青铜弹簧等构成，如图 8.26（a）所示。在各触针上绕着激励线圈与检测线圈，用以将感知的信息转换成电信号，由计算机判定接触程度、接触部位等。

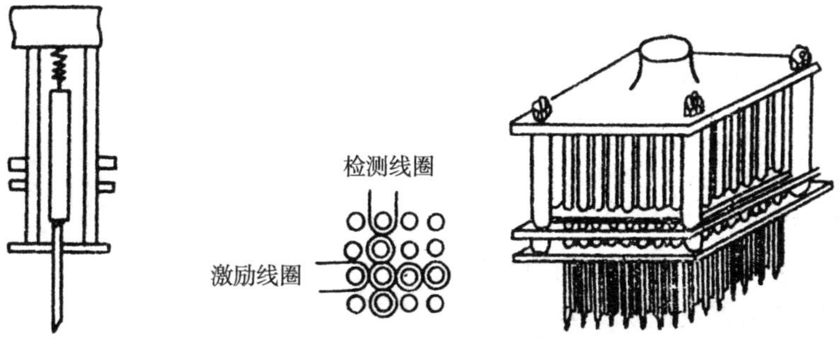

（a）单个触针式传感器示图　　（b）矩阵触针式传感器示图

图 8.26　针式变压器矩阵接触传感器

当针杆与物体接触而产生位移时，其根部的磁极体将随之运动，从而增强了两个线圈间的耦合系数。通过控制电路使各行激励线圈上加上交流电压，检测线圈则有感应电压，该电压随针杆位移增加而增大。通过扫描电路轮流读出各列检测线圈的感应电压（感应电压实际上标明了针杆的位移量），电压量通过计算机运算判断，即可知道对象物体的特征或传感器自身的感知特性。

8.6.4 压觉传感器

压觉传感器实际是接触传感器的引伸。目前，压觉传感器主要有如下几类：

（1）利用某些材料的内阻随压力变化而变化的压阻效应，制成压阻器件，将它们密集配置成阵列，即可检测压力的分布。如压敏导电橡胶或塑料等。

（2）利用压电效应器件，如压电晶体等，将它们制成类似人的皮肤的压电薄膜，感知外界压力。它的优点是耐腐蚀、频带宽和灵敏度高等；但缺点是无直流响应，不能直接检测静态信号。

（3）利用半导体压敏器件与信号电路构成集成压敏传感器。常用的有三种：压电型（如ZnO/Si-IC）、电阻型SIC（硅集成）和电容型SIC。其优点是体积小、成本低，便于同计算机接口；缺点是耐压性差、不柔软。

（4）利用压磁传感器和扫描电路与针式差动变压器式接触觉传感器构成压觉传感器。压磁器件有较强的过载能力，但体积较大。

图8.27是用半导体技术制成的高密度智能压觉传感器，它是一种很有发展前途的压觉传感器。其中压阻式和电容式器件使用最多。虽然，压阻式器件比电容式器件的线性好，封闭简单，但是压阻式器件的压力灵敏度要比电容器件小一个数量级，温度灵敏度比电容器件大一个数量级。因此，电容式压觉传感器，特别是硅电容压觉传感器得到广泛应用。

图8.28（a）为硅电容压觉传感器阵列结构示意图。单元电容的两个电极分别用局部蚀刻的硅薄膜和玻璃板上被金属化的极板组成。采用静电作用把硅基片粘贴在玻璃衬底上，用二氧化硅作电容极板与基片间的绝缘膜，将每行上的电容板连接起来，但行与行之间是绝缘的。行导线在槽里垂直地穿过硅片，金属列线水平地分布在硅片槽下的玻璃板上，在单元区域内扩展成电容电极，这样就形成了一个$x-y$平面的电容阵列。阵列上覆盖有带孔的保护盖板。盖板上有一块带孔的表面覆盖有薄膜层的垫片，垫片上开有沟槽，以减少局部作用力的图像扩散。盖板与垫片的孔连通，在孔中填满传递力的物质，如硅橡胶，如图8.28（b）所示。其灵敏度取决于硅膜片厚度和极板几何尺寸。

读出系统如图8.29（a）所示。该系统用作压觉传感器阵列的接口、控制和信号输出。它是由计数器或微机等分别发出行、列地址信号，经译码器和多路转换器产生选通某单元的电容的电压信号，经过检测放大器放大（该放大器采用电容构成

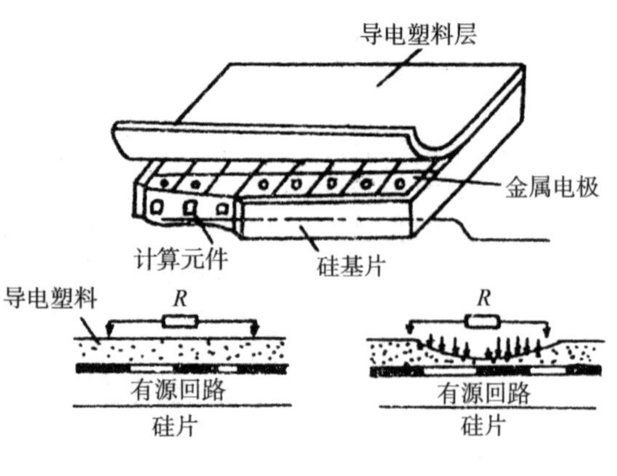

图8.27　高密度智能压觉传感器

负反馈回路)，放大器输出的信号以并行方式送给多路转换器。其图像由各敏感元件的信号通过扫描按一定时序经 A/D 变换后，由微处理器采集，并进行零位偏移补偿和灵敏度不均匀性补偿后输出。

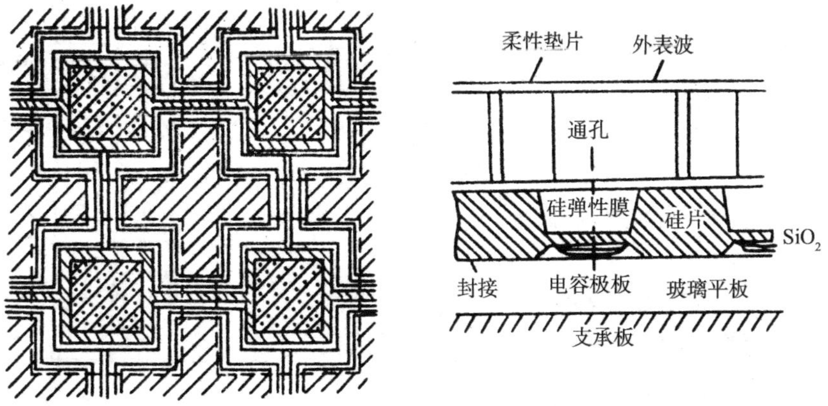

（a）四个硅电容压觉传感器　　（b）（a）图的剖视图

图 8.28　电容压觉传感器结构示意图

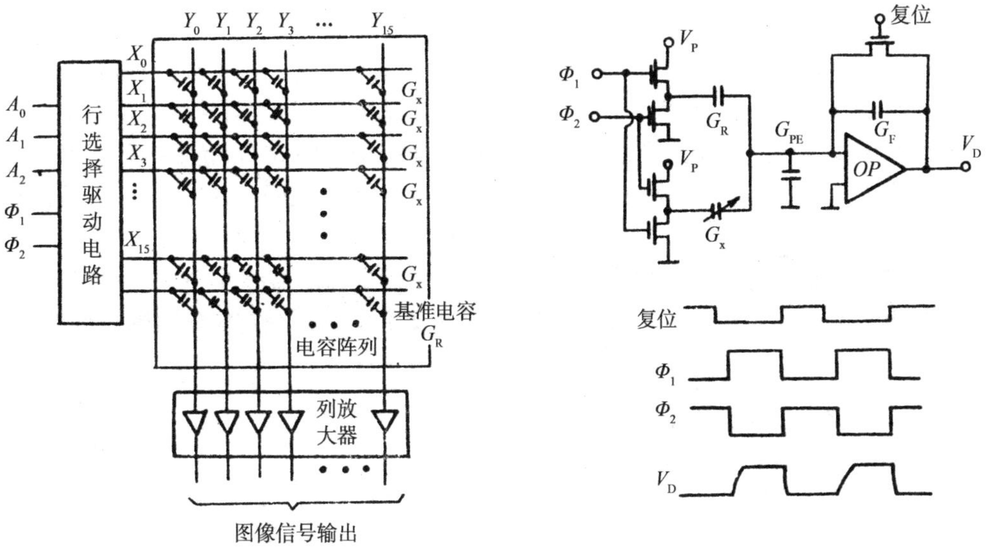

（a）阵列　　（b）读出电路

图 8.29　传感器阵列与读出电路

阵列读出电路的基本结构如图 8.29（b）所示。图 C_x，C_R，C_F，C_{ps} 分别为传感器电容、基准电容、放大器反馈电容和寄生电容，若调制交流峰值电压为 V_p，则放大器输出电压为：

$$V_D = V_p \frac{C_x - C_R}{C_F} = V_p \frac{\Delta C}{C_F} \tag{8.4}$$

电路中的寄生电容约等于（N-1）C_x，N 为每列中敏感单元数，即等于所有未选中单元的电路容量之和。由于该电路利用了运算放大器虚地工作原理，使 C_{ps} 对读信号基本无影响。

8.6.5 接近觉传感器

接近觉传感器是检测对象物体与传感器距离信息的一种传感器。利用距离信息测出对象物体的表面状态。接近觉传感器是视觉传感器功能的一部分，但它只给出距离信息。接近觉传感器有电磁感应式、光电式、电容式、气压式、超声波和微波式等多种。实际使用需要根据对象物体性质而定。

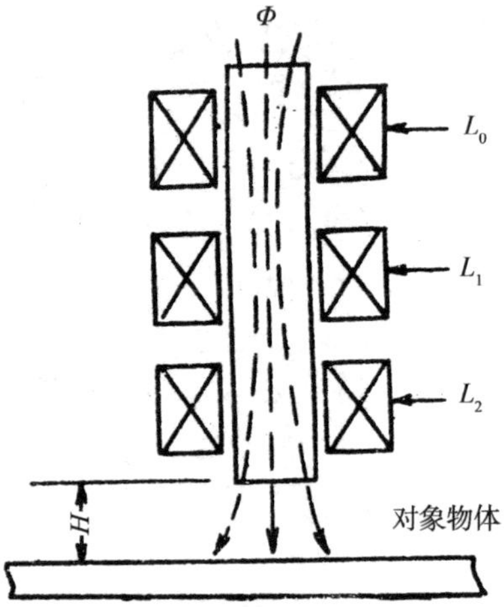

图 8.30 电磁感应式接近觉传感器的工作原理

例如，金属型的对象物体一般采用电磁感应式传感器，而塑料、木质器物等可采用光电式、超声波和微波式等传感器。图 8.30 所示的电磁感应式接近觉传感器常用于感觉金属型对象物体的距离。它由一个铁芯套着励磁线圈 L_0 以及可以连接差动电路的检测线圈 L_1 和 L_2 构成。当接近物体时，由于金属产生的涡流而使磁通量 Φ 变化，两相检测线圈距离对象物体不等使差动电路失去平衡，输出随离对象物体的距离不同而变化。

这种传感器坚固结实、便宜、抗热、光影响能力强。目前利用这种传感器制成的弧焊机器人，可在 200℃以下，距离 x 为 0～8mm 时，对焊缝进行跟踪焊接，其误差小 4%。

图 8.31 是一种利用发光元件和感光元件的光轴相交而构成的光纤接近觉传感器。当对象物体处于光轴交点时，反射光量出现峰值，即接收信号最强。利用这一特点可以测定对象物体的位置。

图 8.32 所示的接近觉传感器中，将 n 个发光元件沿横向直线排列，使其扫描顺序发光，再根据反射光量的变化及其时间，就可求出发射角，从而确定对象物体的距离。

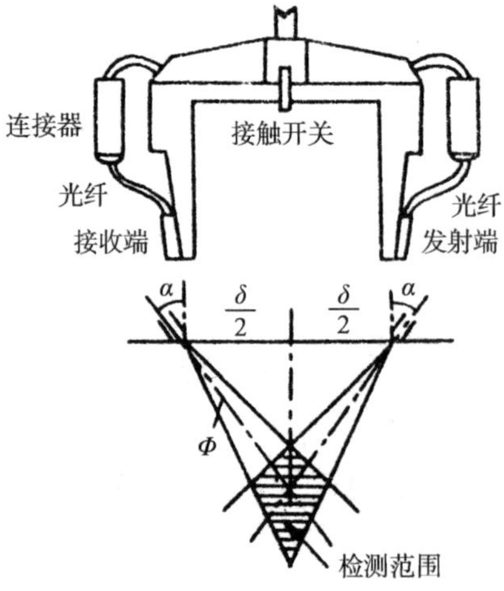

图 8.31 光纤接近觉传感器

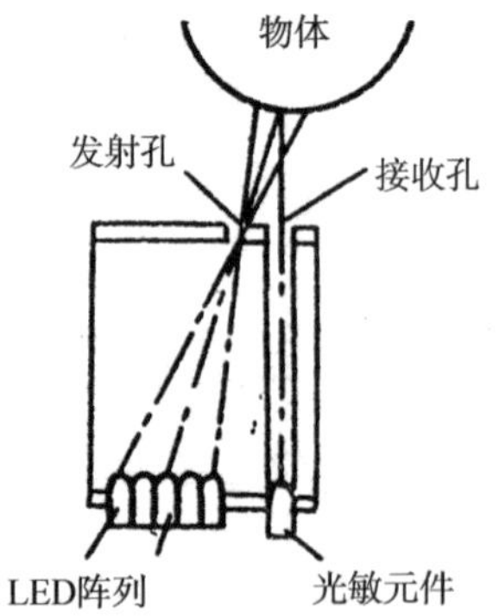

图 8.32 反射角度式接近觉传感器

8.6.6 力觉传感器

力觉传感器用于检测和控制机器人臂和腕的力与力矩。力觉传感器的敏感器元件一般用半导体应变片。力觉传感器能直接或通过运算获取多维力的力矩，由此借以感知机器人指、腕和关节等在工作和运动中所受到的力，从而决定如何运动，应采取什么姿态，以及推测对象物体的重量等。

图 8.33 是安装在机器人手指尖上操作间隙为 10μm 的精密镶嵌作业的力学传感器，用于检测手指尖方向的力。利用应变片和不同的机械结构可构成适合可作业范围内的不同种类的力觉传感器。

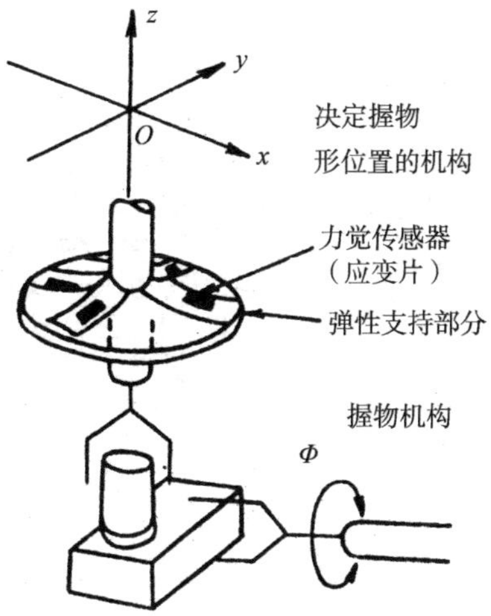

图 8.33 手指尖部位的力觉传感器

8.6.7 滑觉传感器

滑觉传感器是用于检测物体接触面之间相对运动大小和方向的传感器。例如，机器人的手爪，就是利用滑觉传感器判断是否握住物体，以及应该使用多大的力等。为了检测滑动，通常采用如下方法：① 将滑动转换成滚球和滚柱的旋转；② 用压敏元件和触针，检测滑动时的微小振动；③ 检测出即将发生滑动时，手爪部分的变形和压力通过手爪载荷检测器，检测手爪的压力变化，从而推断出滑动的大小等。

如图 8.34 所示的球式滑动传感器和滚轴式滑动传感器是经常被使用的一些滑觉传感器。图 8.34（a）中的球表面是导体和绝缘体配置成的网眼，从物体的接触点可以获取断续的脉冲信号，它能检测安全方位的滑动。从图 8.34（b）可知，当手爪中的物体滑动时，将使滚轴旋转，滚轴带动安装在其中的光电传感器和缝隙圆板而产生脉冲信号。这些信号通过计数电路和 D/A 变换器转换成模拟电压信号，通过反馈系统，构成闭环控制，不断修正握力，达到消除滑动的目的。

由于篇幅限制，其他类型的仿生感觉传感器，如嗅觉、味觉等传感器就不一一介绍了。

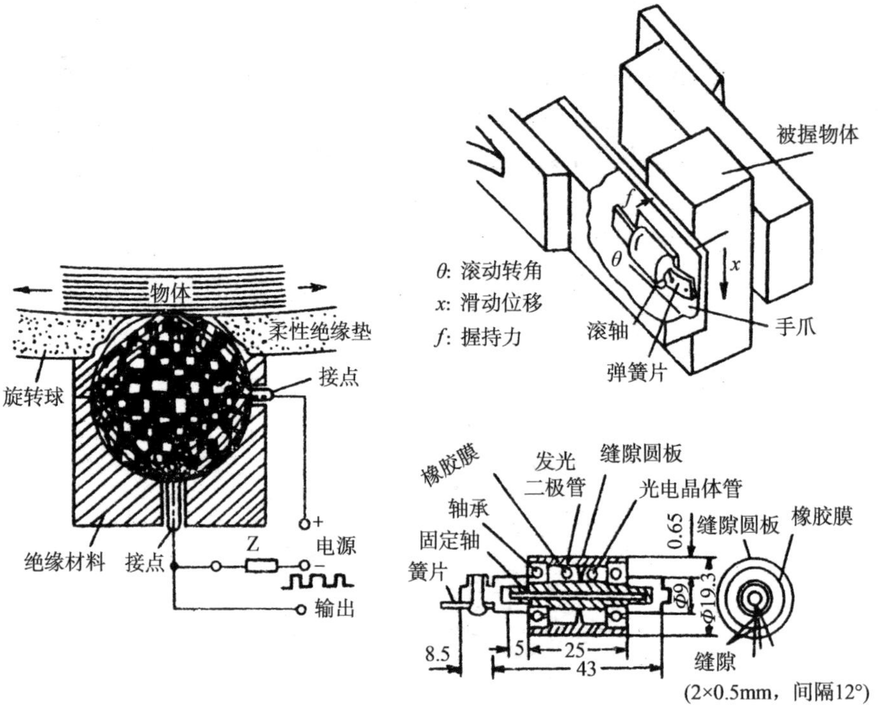

（a）滚球滑觉传感器　　（b）滚轴滑觉传感器

图 8.34　几种滑觉传感器

8.7　生物传感技术工程应用举例

生物传感技术的典型应用，以微生物传感器为例，列举以下两个应用实例。

8.7.1　微生物传感器在甲烷测定中的应用

甲烷是天然气中的主要成分，甲烷与空气结合可形成爆炸性混合物。另外，甲烷的生产过程实际是一个发酵过程，控制发酵过程则需要测定各发酵阶段的甲烷含量。因此，需要一种快速方法测量甲烷的含量。以往测定甲烷含量常用分光光度法，现在多采用微生物电极测量甲烷含量的方法。

制备该电极所用微生物是甲基单胞菌（Methylomonas flagellata）。它通过氧化甲烷而生长，甲烷是它的主要碳源和能源。它只能与甲烷同化，在同化过程中，呼吸消耗氧：

$$CH_4 + O_2 \xrightarrow{\text{甲烷氧化菌}} CH_3OH + H_2O$$

利用甲烷电极的测量系统如图 8.35 所示。这个系统由两个电极、两个反应器、一个电流放大器与一个记录仪构成。两个反应器中各含有 41mL 营养液（营养液的成分为 0.5g $(NH_4)_2SO_4$、0.3gKH_2PO_4、1.8g$Na_2HPO_4 \cdot 12H_2O$、0.2g $MgSO_4 \cdot 7H_2O$、10mg $FeSO_4$ ·

$7H_2O$ 和 1.0mg $CuSO_4 \cdot 5H_2O$)，其中一个含有细菌，另一个不含细菌。把两个电极分别安装在两个测量池中，用玻璃管或四氟乙烯管（ϕ30）把测量池与整个系统连接起来，用两个真空泵分别抽空管中的气体并向系统输送气体样品。

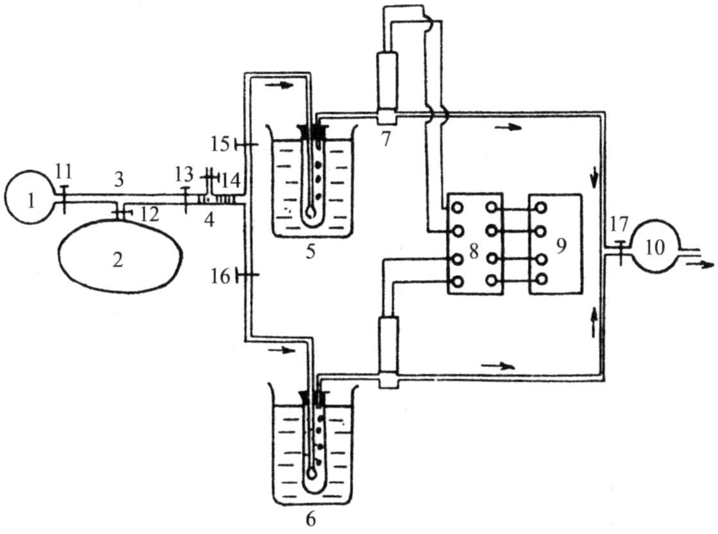

1. 真空泵；2. 样气袋；3. 气样管路；4. 棉花滤器；5. 控制反应器；
6. 甲烷氧化菌反应器；7. 氧电极；8. 放大器；9. 记录仪；10. 真空泵；11～17. 玻璃阀

图 8.35 甲烷微生物电极的测量系统

甲烷电极系统测量的是两个反应池中氧电极的电流差值，电流差值由氧含量不同而引起。当含有甲烷的气体样品流过有微生物的反应池时，甲烷被微生物同化，同时微生物呼吸活性增强，引起该反应池中氧电极电流减少直至最低的稳定状态。由于系统中含有两个传感器，另一支传感器所在的反应池中不含有微生物，氧含量及电流值均不会减小，因此两个电极电流的最大差值依赖于气体样本甲烷含量。

8.7.2 微生物传感器在抗生素测量中的应用

抗生素的测定通常用比浊法或滴定法，但用这些方法培养细菌需要较长的时间，因此通过微生物法连续迅速地测定抗生素是困难的。固定化酶电极也可用于测定抗生素，然而由于头孢菌素酶的分子量（MW＝3000）较低且酶较不稳定，所以头孢菌素酶的固定化是较困难的。

可以用固定化微生物制成电极来测定头孢菌素，该菌体中含有头孢菌素酶，电极由细菌胶原膜和复合 pH 电极组成。

1. 细菌－胶原膜的制备

取 Citrobacter freudii（头孢菌素氧化酶）B-0652 在 37℃需氧条件下培养 5h，在 5℃，8000g 下离心集菌，用去离子水洗涤 3 次。

将湿菌 4g 加到 60g 0.75% 的胶纤维悬浮液中，然后将悬浮液浇注在尼龙板上，并在室温下干燥 20h，便制成了细菌胶原膜。用 1% 的戊二醇处理膜 1min，再置室温下干燥，备用。

制成的细菌胶原膜厚度约为 50μm ~ 60μm。在胶原膜固定化细胞中的酶是稳定的，而固定化头孢菌素酶的活性只大约残余 9%。

2. 酶催化反应原理

Citrobacter freudii 菌可产生头孢菌素氧化酶，头孢菌素氧化酶可催化如图 8.36 所示的反应。从图 8.36 可见，此反应可释放出氢离子，因此用 pH 电极测量氢离子浓度的改变即可测得头孢菌素浓度。

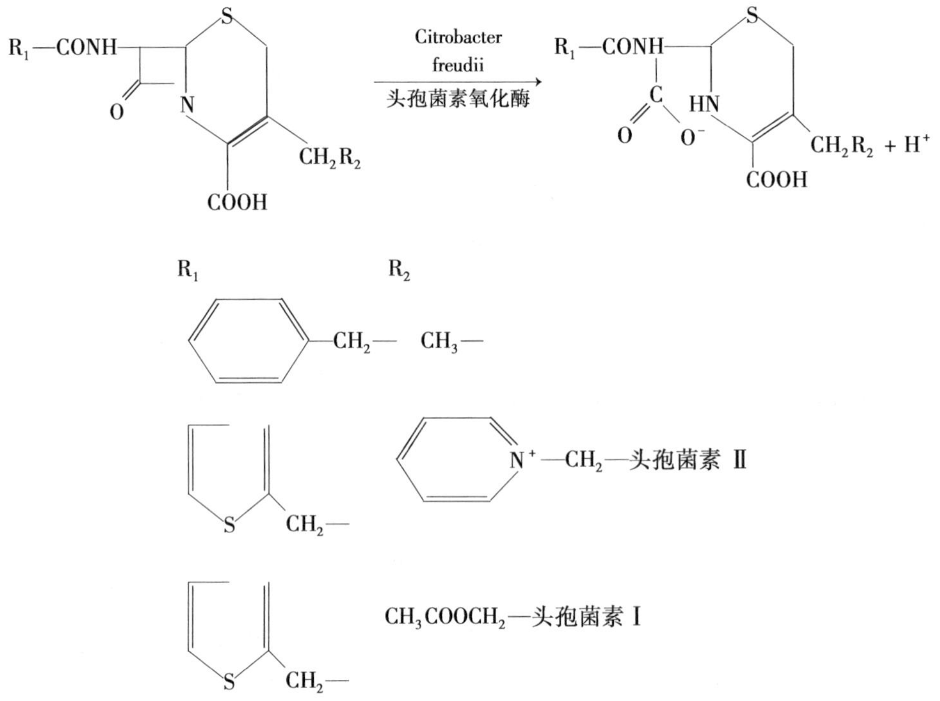

图 8.36　头孢菌素氧化酶催化反应

3. 测量系统及测量过程

用微生物电极连续测定头孢菌素的整个系统如图 8.37 所示。反应器（聚丙烯塑料，直径 1.8cm、高 5.2cm）是生物催化型的，中间有一隔板，微生物胶原膜用塑料网（5 × 20cm^2，20 目）包住并镶嵌在隔板上，反应器的体积是 4.1mL。

测量时，首先将磷酸盐冲液（0.5mmol/L，pH7.2）连续地输送到反应器和敏感池中，使 pH 电极的电位达到一稳定值，然后将不同浓度的样品用蠕动泵输送到反应器中，每份样品以 2mL/min 的速度输送 10mL。样品进入反应器后，发生如图 8.36 所示的反应并定量地释放出氢离子，测定池中的复合 pH 电极可对其检测，结果显示在记录仪上。

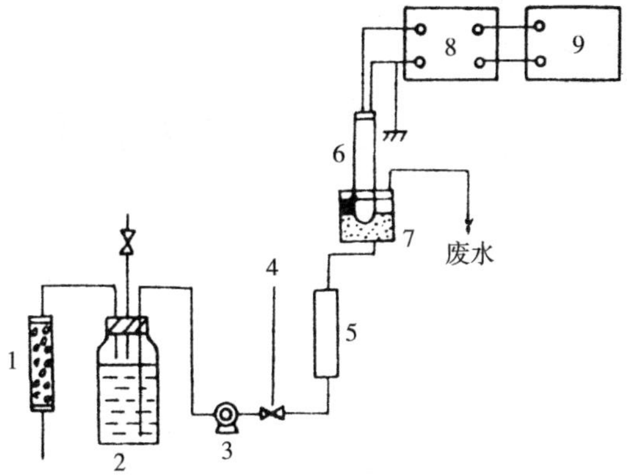

1. 碱石灰；2. 缓冲液贮存器；3. 蠕动泵；4. 进样阀；5. 固定化细胞反应器；6. 复合玻璃电极；7. 测量池；8. 放大器；9. 记录仪

图 8.37　头孢菌素微生物电极测量系统

除上述应用之外，还可以利用微生物传感器测定醇、氨、BOD 等。随着科学技术中新机理的发现，陆续地研制出了一批新型微生物传感器。例如，燃料电池型微生物电极、光微生物电极、酶-微生物电极等等，为生命科学和生物等领域提供了先进的检定手段。

8.8　小　结

1. 生物传感技术是研究生命科学的重要技术。它使用的传感器件是基于“生物物质作用发生生物学反应（即生物特有的生化反应）”的原理制成的。

2. 生物传感器的类型有：
   - ① 酶传感器
   - ② 微生物传感器
   - ③ 免疫传感器
   - ④ 半导体生物传感器
   - ⑤ 热生物传感器
   - ⑥ 光生物传感器
   - ⑦ 压电晶体生物传感器

特点：选择性极好、噪声低、操作简单、重复性好等。

3. 生物传感器的用途：广泛应用于医疗卫生、食品发酵、环境监测、生命探索等领域。

4. 生物传感技术是生命科学的关键技术，是 21 世纪最具影响力、最有发展前景、最有开发价值的技术。

8.9　习　题

1. 生物传感器是利用什么原理制成的？
2. 生物传感器的种类有哪些？各有何特点？
3. 生物传感器有什么用途？

第 9 章 无线传感技术

学习要点

① 了解无线传感器信号的发送、接收原理、太赫兹 THz 的优势；

② 掌握无线传感器的类型特点，使用方法、技巧与注意事项。

无线传感器，可用来检测力（拉压、应变、扭矩）、热、声、光、电等各种参数。

本章主要介绍无线传感器的类型特点、发射接收原理，以及工程检测的方法与技巧，共 9 个实例。

值得一提的是：无线传感器，是没有导线（没有绳子）传递信号的传感器。它具有非接触、高可靠性、高精度、反应快、使用方便的特点。因此，广泛用于航天航空、飞机轮船、卫星、手机、家电等领域。

无线传感器的线，由电波收发器代替。只要各种各样的传感器配上电波收发器，就构成了各种各样的无线传感器。

9.1 类型特点

无线传感器，如图 9.1 所示。图 9.1（a）为压力发射器，图 9.1（b）为温度发射器，图 9.1（c）为接收器。其特点是：外带一根天线（手机的天线在机壳内），集成模块封装在金属或塑料盒内，工作时由电池或振动发电机供电。盒内的模块，集成有传感器、数据处理单元、通信模块的微型节点，通过自组织的方式构成网络。

因此，无线传感器网络系统，通常包括传感器节点、汇聚节点和管理节点等。

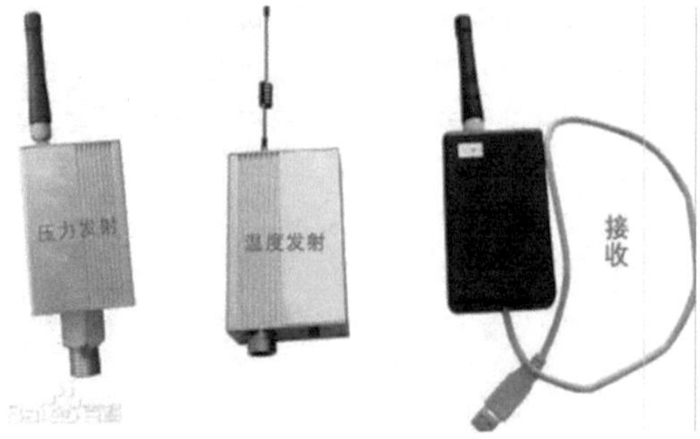

（a）压力发射　（b）温度发射　（c）接收

图 9.1　无线传感器示意图

9.1.1 无线传感器的类型

无线传感器的类型较多，下面主要介绍 3 种。

1. 振动传感器

无线振动传感器，每个节点的最高采样率可设置为4kHz，每个通道均设有抗混叠低通滤波器。采集的数据既可以实时无线传输至计算机，也可以存储在节点内置的2MB数据存储器内，保证了采集数据的准确性。有效室外通信距离可达300m，节点功耗仅30mA，使用内置的可充电电池，可连续测量18h（小时）。如果选择带有USB接口的节点，既可以通过USB接口对节点充电，也可以快速地把存储器内的数据下载到计算机里面。

无线振动传感器，其外形如图9.2所示。其中图9.2（a）为无线振动温度传感器，图9.2（b）为机泵用多测点无线振动传感器，图9.2（c）为WiFi无线振动温度一体智能传感器，图9.2（d）为蓝牙用无线振动传感器，图9.2（e）为工业通用无线振动传感器。

(a) (b) (c) (d) (e)

图9.2　无线振动传感器外形

2. 应变传感器

无线应变传感器，节点结构紧凑，体积小巧，由电源模块、采集处理模块、无线收发模块组成，封装在PPS塑料外壳内。节点每个通道内置有独立的高精度120～1000Ω桥路电阻和放大调理电路，可以方便地由软件自动切换选择1/4桥，半桥，全桥测量方式，兼容各种类型的桥路传感器，比如应变、载荷、扭距、位移、加速度、压力、温度等。节点同时支持2线和3线输入方式，桥路自动配平，也可以存储在节点内置的2MB数据存储器。有效室外通信距离可达300m。可连续测量十几个小时。

无线应变传感器的外形如图9.3所示。其中图9.3（a）为器件，图9.3（b）为无线应变传感器检测系统。

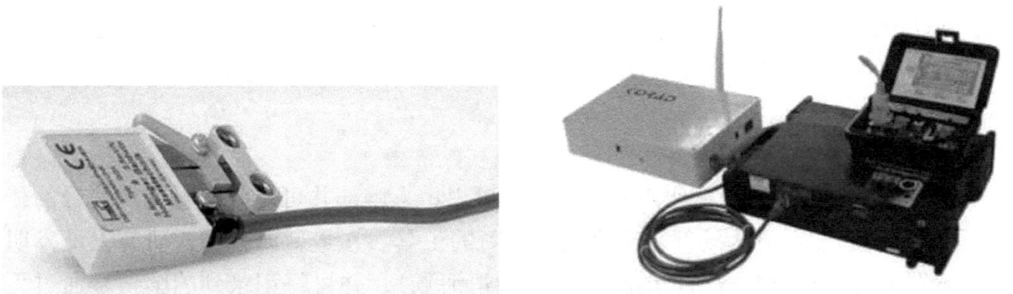

(a) (b)

图9.3　无线应变传感器

3. 扭矩传感器

无线扭矩传感器，节点结构紧凑，体积小巧，封装在树脂外壳内。节点每个通道内置有高精度 120 ~ 1000Ω 桥路电阻和放大调理电路。桥路自动配平。节点的空中传输速率可以达到 250kbps，有效实时数据传输率达到 4kbps，有效室内通信距离可达 100m。节点设计有专门的电源管理软硬件，在实时不间断传输情况下，节点功耗仅 25mA，使用普通 9V 电池，可连续测量几十个小时。对于长期监测应用，以 5min 间隔发送一次扭矩值，数年不需要更换电池，大大提高了系统的免维护性。

无线扭矩传感器的外形，如图 9.4 所示。

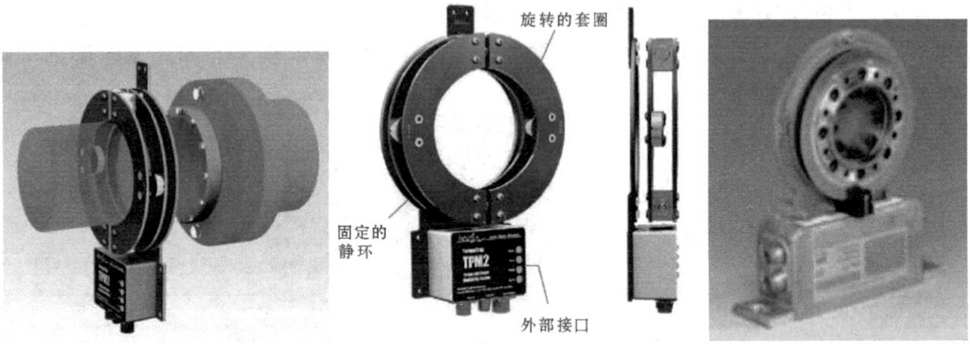

图 9.4　无线扭矩传感器示意图

9.1.2　无线传感器的特点

1. 低功耗设计

所有模块采用超低功耗设计，整个传感器节点具有非常低的电流消耗，使用两节普通干电池可以工作数年之久，使维护周期大大延长。从而也可以使用微型振动发电机，利用压电原理收集结构产生的微弱振动能量，转化为电量，为传感器提供电源，为了降低功耗，传感器选用超低功耗的产品，传感器在不采集的时候关断电源或置于睡眠模式。做到真正的免维护。

2. 时间同步

BEETECH 无线传感器，基于时间同步和固定路由表的 TDMA 发送协议，可实现“同时”睡眠，“同时”醒来，适合无线传感器工业自动化在线监测和检测。

3. 植入脑部

美国布朗大学的一个研究小组发明了一种可以植入脑部并可对外发射无线信号的传感器（无线传感器），可以为脑部功能研究提供新的工具。在最新研究中，研究人员发明的新型传感器可直接植入大型动物的脑部（猪和恒河猴），并可将记录到的脑信号通过无线技术传输到体外监控设备。动物可以在较大范围内自由活动，实验成功记录了它们与周围环境发生相互作用的数据。无线传感器还可以进行无线充电，实现长期记录。结果显示该传感器在一年时间内都可以保持稳定的信号传输。

4. 唤醒方式

无线传感器网络中，节点的唤醒方式有以下几种：

（1）全唤醒模式：这种模式下，无线传感器网络中的所有节点同时唤醒，探测并跟踪网络中出现的目标，虽然这种模式下可以得到较高的跟踪精度，然而是以网络能量的消耗巨大为代价的。

（2）随机唤醒模式：这种模式下，无线传感器网络中的节点由给定的唤醒概率 p 随机唤醒。

（3）由预测机制选择唤醒模式：这种模式下，无线传感器网络中的节点根据跟踪任务的需要，选择性地唤醒对跟踪精度收益较大的节点，通过本拍的信息预测目标下一时刻的状态，并唤醒节点。

（4）任务循环唤醒模式：这种模式下，无线传感器网络中的节点周期性地处于唤醒状态，这种工作模式的节点可以与其他工作模式的节点共存，并协助其他工作模式的节点工作。

5. 网络结构

无线传感器网络系统，通常包括传感器节点、汇聚节点和管理节点。

大量无线传感器节点随机部署在监测区域内部或附近，能够通过自组织方式构成网络。传感器节点监测的数据沿着其他传感器节点逐跳地进行传输，在传输过程中监测数据可能被多个节点处理，经过多跳后路由到汇聚节点，最后通过互联网或卫星到达管理节点。用户通过管理节点对传感器网络进行配置和管理，发布监测任务以及收集监测数据。

9.1.3 5G/6G 太赫兹

5G/6G 太赫兹关键技术指标的对比，如表 9.1 所示。

表 9.1 5G/6G 太赫兹关键技术指标的对比

主要指标	5G	6G
峰值数据速率	20Gbit/s	1Tbit/s
用户体验速率	1Gbit/s	>10Gbit/s
网络能效	没有特别要求	1pJ/b
最高频谱效率	30bit/s/Hz	100bit/s/Hz
端到端时延	10ms	0.1～1ms
抖动时延	没有特别要求	1μs
通信容量	10Mbit/s/m^2	1～10Gbit/s/m^3
可靠性	99.999%	99.999 9%
定位精度	10cm（二维）	1cm（三维）
设备接入密度	106 设备/km^2	107 设备/km^2
设备移动性	500km/h	≥1000km/h
接收机灵敏度	−120dBm	<−130dBm
覆盖率	约 70%	>99%

从表中可以看出：相比于目前已存在的无线通信系统，6G 在速度、延迟和容量方面带来极大的飞跃。在速度方面，6G 具有海量的频谱资源，例如，作为 6G 候选频段之一的太赫兹（THz，Terahertz）频段频谱范围为 0.1 ~ 10THz，远比 5G 毫米波（mmWave，millimeter Wave）频段（频谱范围为 30 ~ 300 GHz）丰富。如此海量的带宽资源可以提供超高的数据速率，如实现太比特每秒的数据传输，预计将比 5G 快 100 ~ 1000 倍。在延迟方面，6G 将提供相比于 5G 更低的延迟。具体地，5G 使工业自动化、无人驾驶、拓展现实（XR，Extended Reality）等成为可能，但人类仍能感知到存在的延迟。而 6G 在此基础上进一步进行提升，力求达到人类无法察觉的延迟，因此对延迟的要求变得更加严格。在容量方面，6G 期望实现全维度的覆盖，因此能有效地为上万亿级别数量的设备连接提供足够的支持，而在 5G 网络中，可以支持的移动设备连接数量为数十亿级别。因此，6G 网络的容量可能会比 5G 系统高 10 ~ 1000 倍。

为了迎接未来的挑战，6G 网络的开发引起了各国的广泛关注。截至目前，欧盟、国际电信联盟等多个组织，以及中国、美国、日本和芬兰等多个国家已经相继部署开展 6G 网络相关的研究。

6G 网络的正式部署预计将于 2027 ~ 2030 年展开。

9.1.4 太赫兹（THz）的优势

为满足无线通信中不断增长的需求，mmWave 和 THz 以及光通信（包括红外线、可见光以及深紫外线频段）备受关注，本节将对比 mmWave、光通信，对 THz 通信优势进行阐述，图 9.5 为无线电频谱示意及应用示意图。

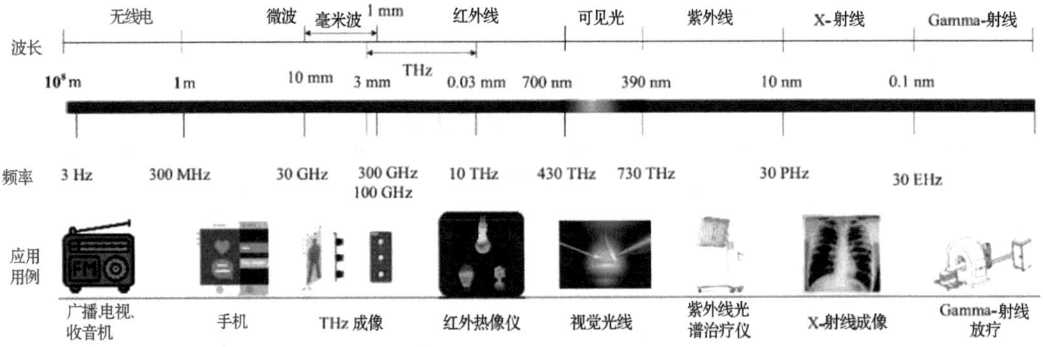

图 9.5　无线电频谱示意及应用示意图

1. Tbit/s 级的数据传输速率

THz 频段，其有效带宽比 mmWave 频段高三个数量级，能提供 Tbit/s 级的无线传输链路，而 mmWave、红外线以及可见光通信只能提供 10 Gbit/s 的数据传输速率。

2. 天气条件因素影响低

THz 波长短不易衍射，当遇到雾、尘以及湍流等天气时，THz 通信表现相对稳定，而红外线通信却会受到很大影响而大为衰减。此外红外线以及可见光通信会受室内外出现的荧光灯以及日/月光噪声的影响。

3. 安全性

THz 的安全性包括两方面，一方面非电离的 THz 频段对人体健康没有危害，另一方面，由于 THz 频段波长短，比 mmWave 具有更高的方向性，因此，THz 未经授权的用户必须在较窄的发射波束范围内拦截消息。此外，THz 频段频谱资源丰富，充足的带宽资源为扩频、跳频等技术的实现提供保障，而这些技术将为 THz 通信的抗干扰性提供强大支撑。

4. 可以实现多点通信

光通信相比于 THz 通信具有更高方向性，然而这对收发端的方向性要求极高，因此对于红外线和可见光只能实现点对点通信。mmWave 和 THz 由于存在非视线路径，因此可以实现多点到单点通信。

综上所述，表 9.2 对比了以上各频段通信系统的性能。

表 9.2　各频段无线通信系统的性能对比

性能	THz	mmWave	红外线	可见光
数据速率/Gbit · s^{-1}	100	10	10	10
带宽	宽	较窄	极宽	宽
天气影响	稳定	稳定	不稳定	不稳定
安全性	高	一般	高	高
通信方式	可多点	可多点	点对点	点对点

9.2　发射接收原理

无线传感器的发射接收原理，与手机和超外差接收机类似，它是无线传感器的技术关键。因此，下面我们以大家熟悉手机和超外差接收机为例，对其收发原理进行介绍。

9.2.1　无线发送设备的组成

无线发送设备的组成框图如图 9.6 所示。

- 高频振荡器：用来产生频率稳定，波长足够短的高频电磁波，此部分以稳频为目的。
- 高频放大器及倍频器：提高频率到载频和放大载波电压，将高频载波放大到足够大。
- 话筒：将语音、音乐转化成电信号。
- 低频放大器：将电信号放大到足够大。
- 幅度调制器：将音频电信号“加载”到载波上。
- 高频功率放大器：将携带音频信号的高频载波（称已调波）进行功率放大。
- 天线：将足够强大的已调波辐射到空中去，并传送到四面八方。

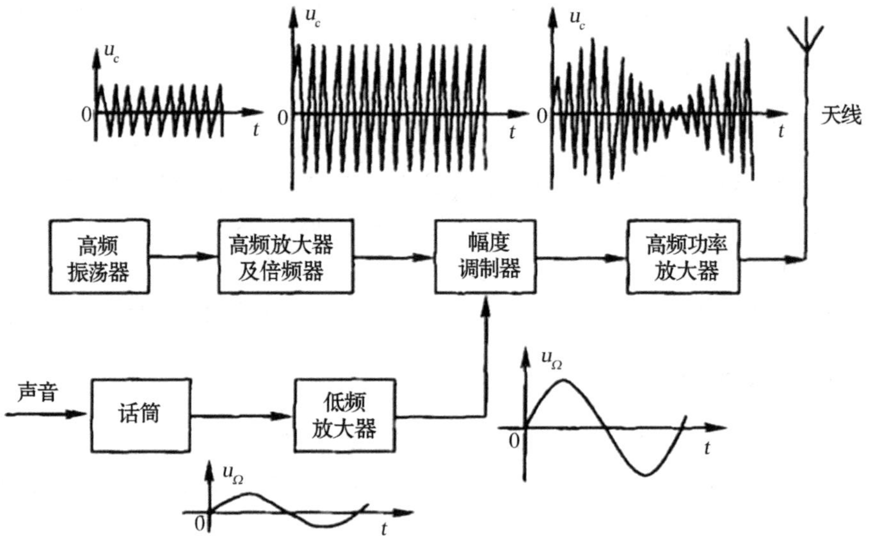

图 9.6　无线发送设备的方框图

图9.7（a）为载波信号，图9.7（b）为音频信号，图9.7（c）为已调波。为分析方便，音频信号取单一频率正弦波。从图可见，已调查波幅度随音频信号的变化而变化，但其频率仍为高频。由于已调波的振幅随着音频信号的内容而变化，因此又称调幅波。这种用单一频率调幅的已调波，可用三角函数简单分析。设载波为：

$$u_c(t)=U_c\cos\omega_c t \tag{9.1}$$

式（9.1）中，$u_c(t)$ 是高频振荡的瞬时值，U_c 是它的振幅，ω_c 是角频率。

设音频信号为一余弦波：

$$u_\Omega(t)=U_\Omega\cos\Omega t \tag{9.2}$$

式（9.2）中，$u_\Omega(t)$ 为音频信号的瞬时值，U_Ω 为音频信号振幅，Ω 为音频信号角频率。

调制后。已调波信号的振幅随音频信号幅度的变化而变化，其数学表达式为：

$$u(t)=U_c(1+m\cos\Omega t)\cos\omega_c t \tag{9.3}$$

式（9.3）中，$m=U_\Omega/U_c$ 称调幅系数。已调波可用三角公式分解为：

$$u(t)=\underbrace{U_c\cos\omega_c t}_{\text{载波分量}}+\underbrace{\frac{1}{2}mU_c\cos(\omega_c+\Omega)t}_{\text{上边频分量}}+\underbrace{\frac{1}{2}mU_c\cos(\omega_c-\Omega)t}_{\text{下边频分量}} \tag{9.4}$$

由此可见，已调波所占频带宽度为：

$$B=(w_c+\Omega)-(w_c-\Omega)=2\Omega \tag{9.5}$$

注意：如果音频信号为具有一定频带的信号，例如从 50Hz ~ 4.5kHz，可证明，已调波的频带宽度等于两倍的最高调制信号频率，即带宽为 2 ×4.5 =9kHz。

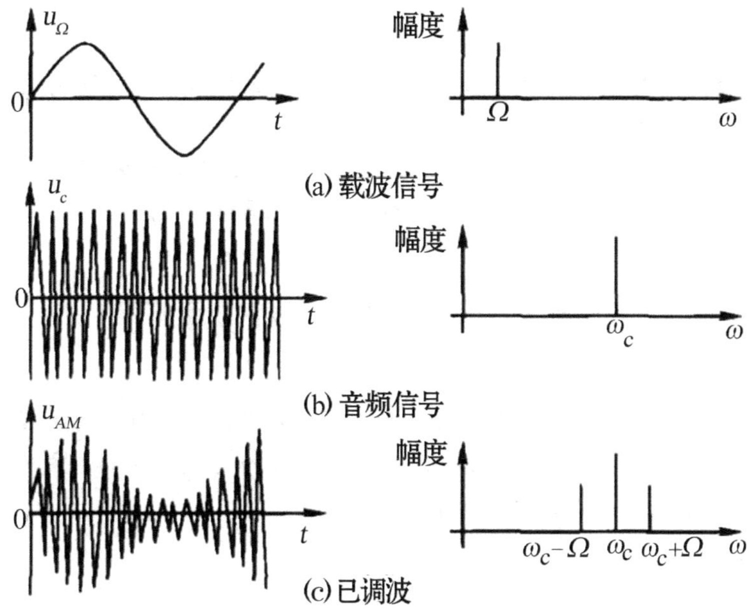

图 9.7　单音调幅的波形与频谱

9.2.2　无线接收设备的组成

超外差接收机方框图如图 9.8 所示。

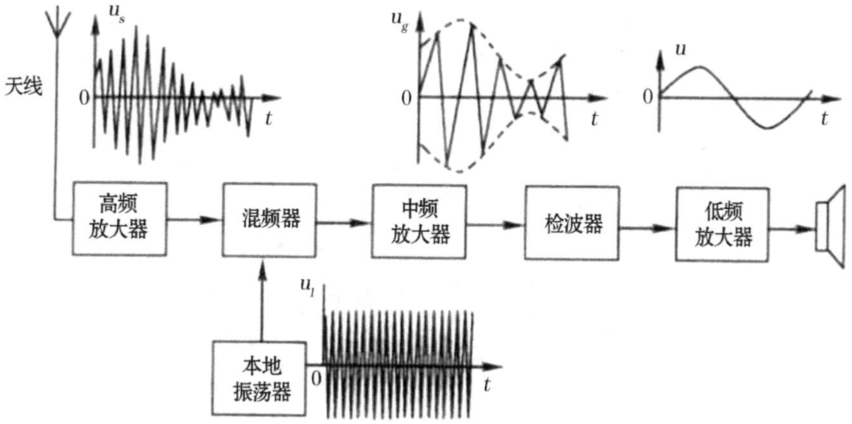

图 9.8　超外差接收机方框图

- 天线：接收从空中传来的、微弱的、一般只有几微伏至几十微伏的电磁波。
- 高频放大器：它有两个任务，一是从接收到的许许多多电台中选择出一个所需要的电台信号，二是把所选中的信号进行放大。
- 本地振荡器：它是接收机内部产生正弦信号的自激振荡器，其频率高于接收载波信号频率 465kHz，它和前级高放部分采用统一调谐机构。
- 混频器：利用晶体管的非线性将本振和载波信号混频，通过选频电路选出其差频信号，即为超外差接收机的中频信号465kHz，同时，本级对输入信号也有放大作用。

- 中频放大器：它是中心频率固定在465kHz的选频放大器，滤除无用信号，将有用的中频信号放大到几百毫伏。
- 检波器：它的任务是解除调制，从中波已调波中提取出音频调制信号。
- 低频放大器：将检出的音频信号进行功放，以便推动扬声器发声。

9.3 无线传感器技术工程应用举例

本节将简单介绍桥梁健康检测及监测、粮仓温湿度监测、混凝土浇灌温度监测、地震监测、建筑物振动检测、无线抽水泵系统、无线模拟量与开关量检测、主从站多种信号检测等的方法与技巧，共计9个，供读者参考、借鉴。

9.3.1 桥梁健康检测及监测

【例1】桥梁结构健康监测（SHM），是一种基于传感器的主动防御型方法，可以添加到安全性能十分重要的结构中，把传感器网络安置到桥梁、建筑和飞机中，利用传感器进行SHM是一种可靠且不昂贵的做法，可以在第一时间检测到缺陷的形成。这种网络可以提早向维修人员报告在关键结构中出现的缺陷，从而避免灾难性事故。

桥梁结构健康监测系统，如图9.9所示。图9.9（a）为桥梁结构健康监测点，其中包括振动监测、应力监测、沉降监测、索力监测、GPS位移监测等。图9.9（b）为桥梁结构健康监测系统，其中包括传感器无线数据收发器、倾角传感器、位移传感器、应变传感器、挠度沉降测试仪、无线数据中继收发器（接电脑端）、笔记本电脑等。

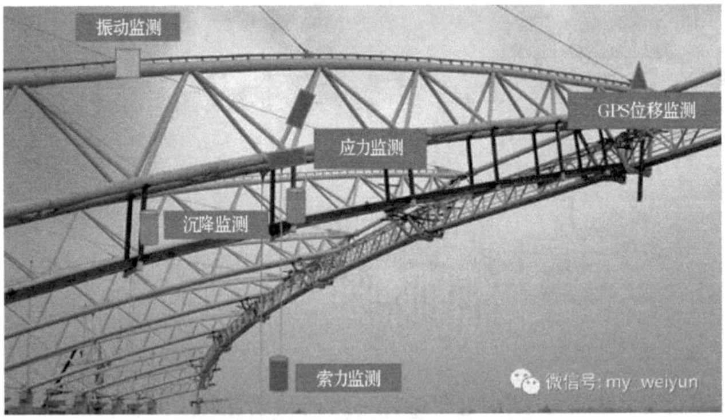

（a）桥梁结构健康监测

图9.9 无线桥梁健康监测示意图

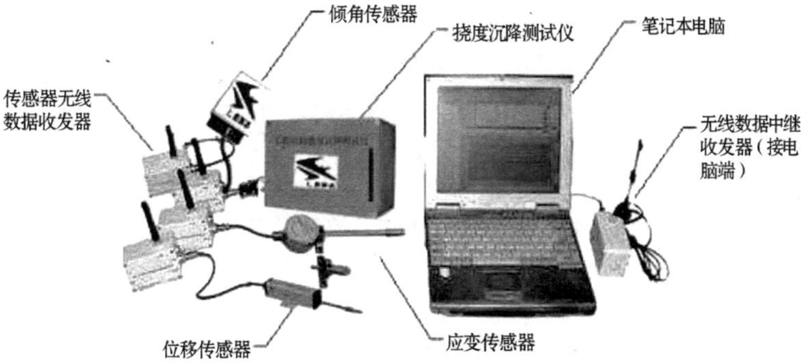

（b）监测系统

图 9.9（续）

9.3.2 粮仓温湿度监测

【例 2】无线传感器网络技术，在粮库粮仓温度湿度监测领域，应用最为普遍。

这是因为粮库粮在存储期间，由于环境、气候和通风条件等因素的变化，粮仓内的温度或湿度会发生异常，这极易造成粮食的腐烂或发生虫害。同时粮仓中粮食储存质量，还受到粮仓粮食的温度中气体、微生物以及虫害等因素的影响。

针对粮食存储的特殊性，粮仓监控系统，一般以粮仓和粮食的温度与湿度为主要检查参数，粮仓内气体成分含量为辅助参数。

粮仓监控系统，设备、参数等，如表 9.3 所示。由网络型温湿控制器（粮仓温湿度传感器专用）、通信转换模块、声光报警器控制器、声光报警器、计算机和系统监控软件组成。

表 9.3　粮仓温度和湿度监测系统设备参数表

名称	组成	参数	用途
网络型温湿度控制器	必选	1. 供电：12VDC 2. 量程：温度为 -20 ~ +60℃，湿度为 0 ~ 100% RH 3. 准确度：湿度 ±3% RH，温度 ±0.5℃ 4. 输出：RS485（标准 Modus 协议）三路继电器输出 5. 安装：螺丝固定墙面	1. 采集环境监测点 2. 通过 RS485 总线传给上位机 3. 三路继电器输出，可以控制调节监测点的温湿度和通风
声光报警器控制器	可选	1. 供电：12VDC 2. 输出：RS485（标准 Modus 协议）一路继电器输出 3. 安装：螺丝固定墙面	授收计算机 RS485 的报警信号，控制声光报警器

（续表）

<table>
<tr><th>名称</th><th>组成</th><th>参数</th><th>用途</th></tr>
<tr><td>通信转换模块</td><td>必选</td><td>采用隔离型，高速隔离 RS485/RS232 转换器</td><td>RS485 信号转换为 RS232 信号</td></tr>
<tr><td rowspan="2">系统监控软件</td><td>必选</td><td rowspan="2">1. 环境监控软件，采集、控制、记录、查询
2. 具备自动和手动（应急）控制功能
3. 可接入 LED 显示大屏幕</td><td rowspan="2">系统整体监控</td></tr>
<tr><td>可选</td></tr>
<tr><td rowspan="2">计算机</td><td rowspan="2">可选</td><td>客户自己的需求来配置</td><td rowspan="2"></td></tr>
<tr><td>14 寸触摸屏（配套专业的监控软件）</td></tr>
<tr><td>电话报警器</td><td>可选</td><td>1. DV12V（可外接 220V 电源适配器）可录制 10s 报警语音内容
2. 可预置 10 组报警电话号码
3. 按接警电话机上的“#”号键可远程遥控主机停止报警，返回布防状态</td><td>系统内任何监测点，超过设定点，将打电话给预设的电话号码</td></tr>
</table>

在本系统中，温湿度检测点主要为仓库内环境的温湿度值和粮食的温湿度值，分布在各个测点的温湿度控制器，将采集到的温度和湿度的信息进行处理，利用 RS485 总线将温湿度的信息送给 485 转 232 的转换器，接到上位计算机服务器上进行显示、报警、查询。

监控中心将收到的采样数据以表格形式显示和存储，然后将其与设定的报警值相比较，若实测值超出设定范围，则通过屏幕显示报警或语音报警，并打印记录。与此同时，监控中心可向现场监测仪发出控制命令，监测仪根据指令控制空调器、吹风机、除湿机等设备进行降温除湿，以保证粮食储存质量。监控中心也可以通过报警指令启动现场监测仪上的声光报警装置，通知粮食仓库人员采取相应措施以确保粮食存储安全。

本系统可以根据客户要求，现场监测仪采集粮仓粮情的更多的参数，如粮食温度、仓库温度、相对湿度、粮食水分、粮仓内二氧化碳、硫化氢气体含量等，监测点可以根据用户的要求能够组成 10～300 个监测点的 RS485（见图 9.10）的网络。

粮仓温湿度监测软件部分要求：

- 软件可以设定采集数据的时间间隔，从几分钟到几小时。
- 可以实时监测所有监测点的温度和湿度。
- 可以设定每路温度和湿度的上下限，条件超限相应的点有发光指示，同时电脑的喇叭发出滴滴的声音，也可以通过声光报警器控制器打开声光报警器，也可电话报警。
- 可以浏览、查询和保存历史数据。

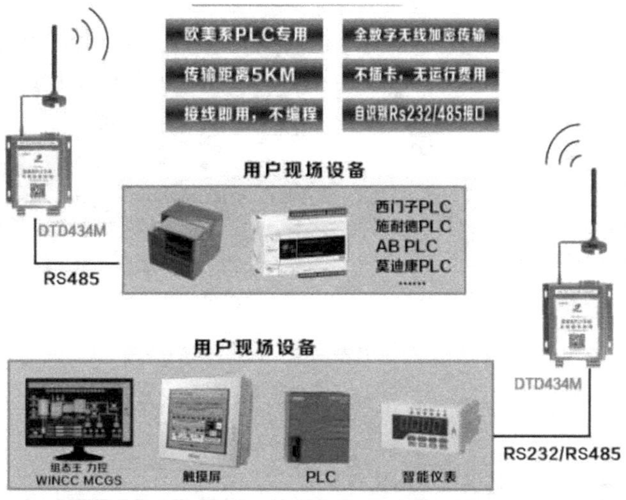

图 9. 10　自动识别 RS232/RS485 系统

【例 3】另一个粮仓温湿度监测系统，如图 9. 11 所示。

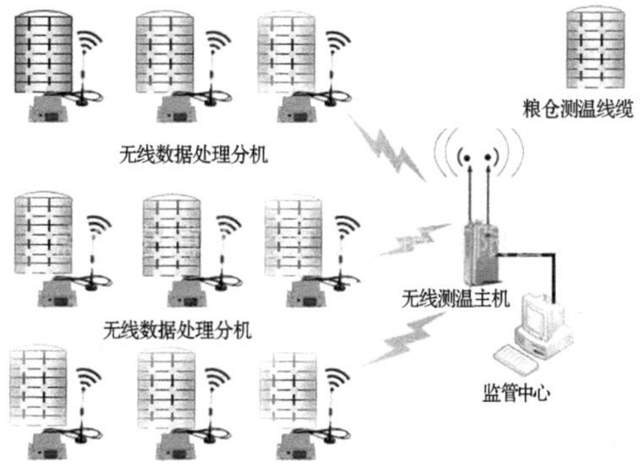

图 9. 11　粮仓温湿度监测系统示意图

1. 系统特点

1 台测控主机最多可带 255 台分机，2 万多个测温点。测控分机的直线通信距离可达 3 千米，通过中继路由可在 10km 以内库区使用。无线/有线测控分机路由级数最多可达 9 级。

1 台分机最多可带 990 个测温点，1 组电缆最多可带 80 个测温点。其粮情测控系统的硬件展示如图 9. 12 所示。

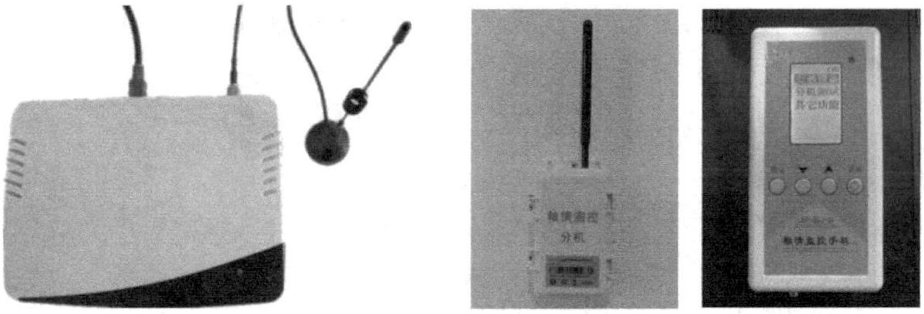

无线主机　　无线分机　　手持机

图 9.12　粮情测控系统的硬件示意图

2. 配件指标

(1) 粮温传感器 (测温芯片 DS18B20)

温度量程: -55 ~ +125℃。

温度误差: ±0.5℃。

(2) 温湿度传感器

工作温度: -40℃ ~ +80℃。

湿度量程: 0 ~ 99.9% RH。

湿度误差: ±2% RH。

温度量程: -40℃ ~ +80℃。

温度误差: ±0.3℃。

9.3.3　混凝土浇灌温度监测

无线混凝土浇灌温度监测，是在混凝土施工过程中，将数字温度传感器装入导热良好的金属套管内，可保证传感器对混凝土温度变化作出迅速的反应。每个温度监测金属管接入一个无线温度节点，整个现场的无线温度节点通过无线网络传输到施工监控中心，不需要在施工现场布放长电缆，安装布放方便，能够有效解决温度测量点因为施工人员损坏电缆造成的成活率较低的问题。

9.3.4　地震监测

无线地震监测，是通过使用由大量互连的微型传感器节点组成的传感器网络，对不同环境进行不间断的高精度数据搜集。采用低功耗的无线通信模块和无线通信协议，使传感器网络的生命期延续很长时间。保证了传感器网络的实用性。

无线传感器网络相对于传统的网络，其最明显的特色可以用六个字来概括即：“自组织，自愈合”。这些特点使得无线传感器网络能够适应复杂多变的环境，去监测人力难以到达的恶劣环境地区。BEETECH 无线传感器网络节点体积小巧，不需现场拉线供电，非常方便，在应急情况下进行灵活部署监测并预测地质灾害的发生情况。

9.3.5　建筑物振动检测

无线建筑物振动检测，是指建筑物悬臂部分，不会因为旁边公路及地铁交通所引发的振动，而超过舒适度的要求；通过现场测量，收集数据以验证由公路及地铁交通所引发的振动与主楼悬臂振动之相互关系；同时，通过模态分析得到主楼结构在小振幅脉动振动情况下前几阶振动模态的阻尼比，为将来进行结构的小振幅动力分析提供关键数据。

本检测，应用采用高精度加速度传感器，捕捉大型结构微弱振动，同样适用于风载，车辆等引起的脉动测量。

9.3.6 无线抽水泵系统

无线抽水泵系统如图 9.13 所示，由水泵控制终端（断路器、GSM 远程控制主机、交流接触器、负载水泵），液位探测终端（GSM 水位探测主机、液位探测开关）组成。手机远程控制检测图终端状态。

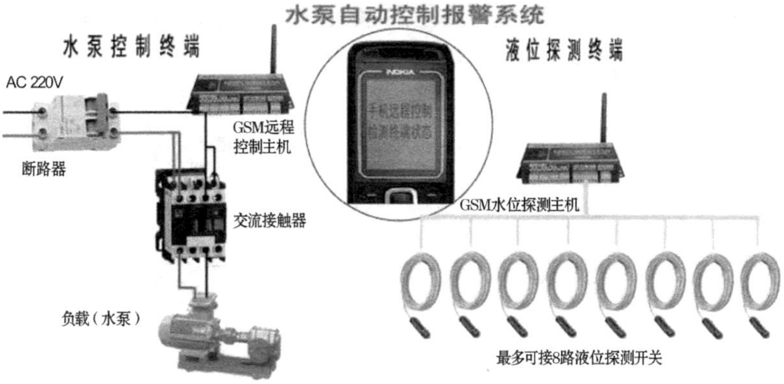

图 9.13　无线抽水泵系统示意图 1

无线抽水泵系统如图 9.14 所示，由断路器、交流接触器、负载水泵、手动（启动停止）开关、无线收发器组成。

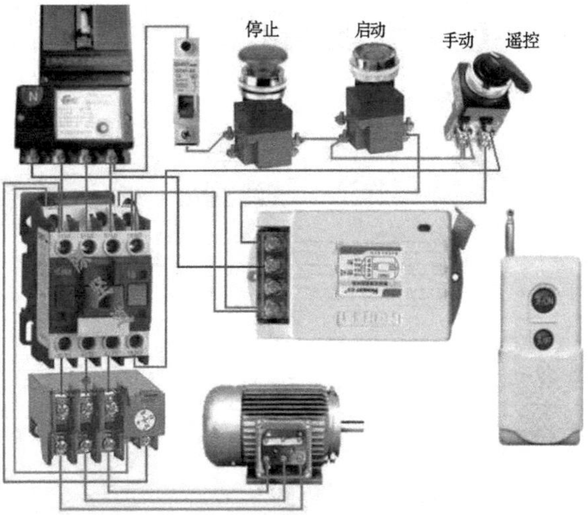

图 9.14　无线抽水泵系统示意图 2

9.3.7 无线模拟量与开关量检测

1. 无线模拟量

无线模拟量检测方案示意图如图 9.15 所示。特点是无线传输 5km，采集压力传感器、温度传感器、液位传感器的 4～20mA 模拟量信号，通过 4A1 发送设备发出，由 4A0 接收设备接收，然后再分别传输到 PLC、智能仪表、无纸记录仪中。

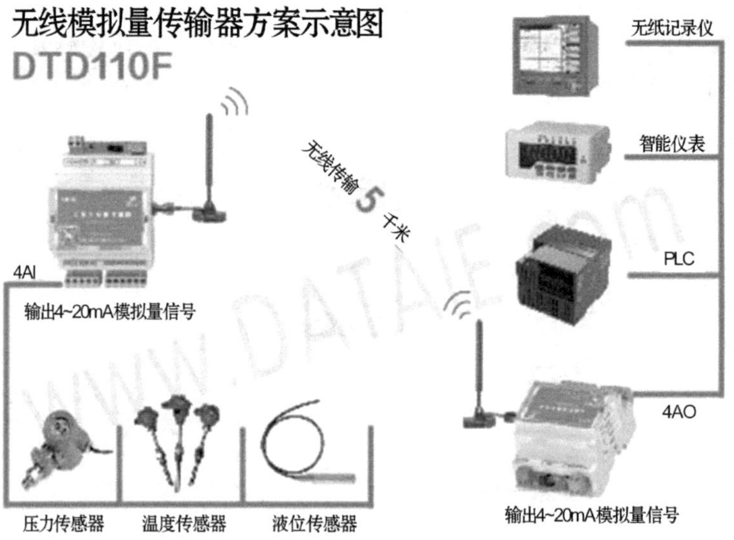

图 9.15　无线模拟量检测方案示意图

2. 无线开关量

无线开关量检测方案示意图如图 9.16 所示。特点是无线传输 20km，采集按钮开关、

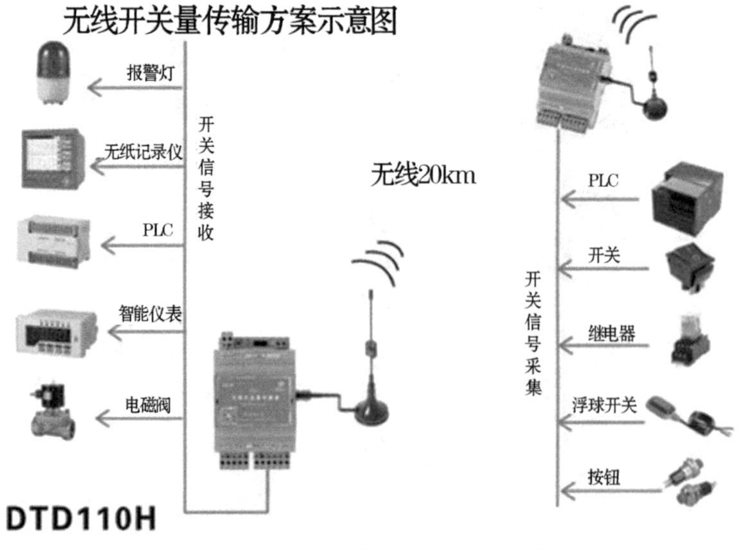

图 9.16　无线开关量检测方案示意图

浮球开关、继电器开关、普通开关、PLC 开关的开关量信号，通过发送器发出，由开关信号接收器接收，然后再分别传输到电磁阀、智能仪表、PLC 器、无纸记录仪、报警灯。

9.3.8 主从站多种信号检测

主从站多种信号检测，如图 9.17 所示。特点是可将力、热、声、光、电参数进行实时检测。

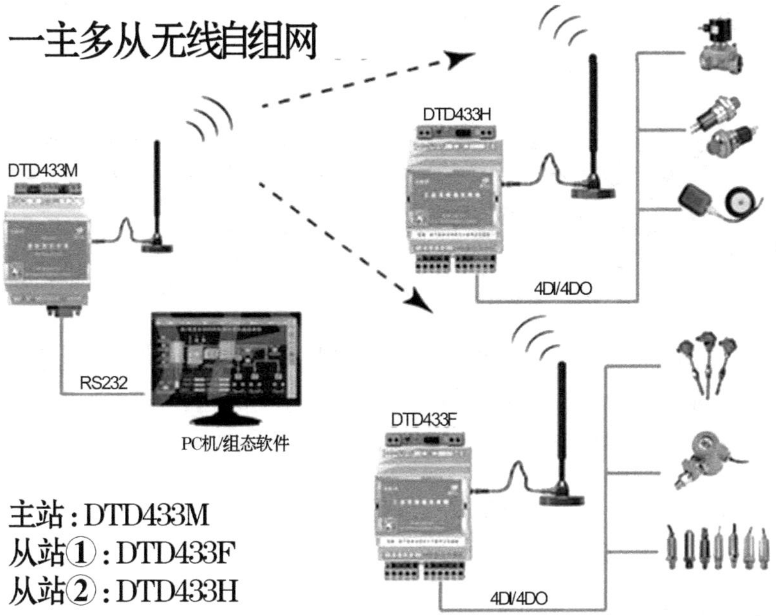

图 9.17 主从站多种信号检测

9.4 小 结

1. 本章介绍了无线传感器是指没有导线（没有绳子）传递信号的传感器。

2. 具有非接触、高可靠性、高精度、反应快、使用方便的特点；可用来检测力（拉压、应变、扭矩）、热、声、光、电等参数。

3. 无线传感器的线，由电波收发器代替。只要各种各样的传感器配上电波收发器，就构成了各种各样的无线传感器。

4. 介绍了无线传感器的工程检测方法与技巧，共 9 个实例。

9.5 习 题

1. 无线传感器有哪些类型，各有什么特点？

2. 简述无线传感器的发射、接收原理。

3. 无线传感器，在工程检测应用中，有什么方法与技巧，要注意些什么问题？

第10章 超导、智能传感技术

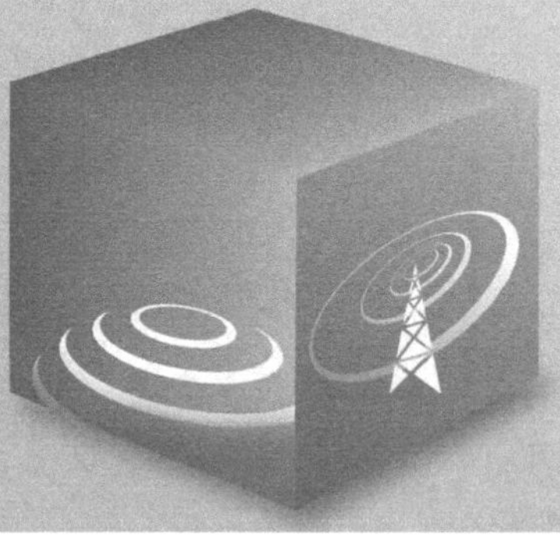

学习要点

本章是选学课。通过本章的学习，应：

① 了解超导、智能传感技术的基本工作原理；

② 掌握超导、智能传感器的结构、特性。

本章主要介绍超导传感器的超导效应、工作原理、结构特性、测量系统，以及智能传感器的定义和功能、智能化技术的途径、智能传感器的结构和发展前景等内容。

10.1　超导传感器

10.1.1　超导效应

某些材料具有这样的特性：当温度接近绝对零度时，它们的电阻几乎为零。当电流施加在其上后，几乎可以无限地流动下去。材料的这种特性称为超导。具有超导特性的金属导体称为超导体。超导体的形状可以根据具体需要制作而成。

在超导体中，电子可以穿过极薄的绝缘层，这个现象称为超导隧道效应。它可以分为正常电子隧道效应和电子对隧道效应，后者又称为约瑟夫逊效应。

超导体中存在两类电子，即正常电子和超导电子对。超导体中没有电阻，电子流动将不产生电压。如果在两个超导体中间夹一个很厚的绝缘层（大于几千埃）时，无论超导的电子和正常电子均不能通过绝缘层，因此，所连接的电路中没有电流；当绝缘层厚度减小到几百埃以下时，如果在绝缘层两端施加电压，则正常电子将穿过绝缘层，电路中出现电流，这种电流称为正常电子的隧道效应。正常电子隧道效应除了可以用于放大、振荡、检波、混频、微波上，还可用于亚毫米波幅的量子探测等。

当超导隧道结的绝缘层很薄（约为10Å）时，超导电子也能通过绝缘层，宏观上表现为电流能够无阻地流通。当通过隧道结的电流小于某一临界值（一般在几十微安至几十毫安）时，在结上没有压降。若超过该临界值，在结上将出现压降，这时正常电子也参与导电。在隧道结中有电流流过而不产生压降的现象，称为直流约瑟夫逊效应，这种隧道电流称为直流约瑟夫逊电流。若在超导隧道结两端加一直流电压，在隧道结与超导体之间将有高频交流电流通过，其频率与所加直流电压成正比，比例常数为483.6MHz/μV。这种高频电流能向外辐射电磁波或吸收电磁波的特性称为交流约瑟夫逊效应。利用这种效应可制作高速开关电路、电磁波的探测装置、超导量子干涉器件（Superconduction Quantum Interference Devices）或简称 SCQID，实际上它是一种超导传感器件。它同有关电路一起可构成高灵敏度的磁通或磁场的探测仪，或称为超导量子磁强计。下面介绍这种超导器件和由其构成的测量系统。

10.1.2 SCQID 超导传感器的工作原理

SCQID 一般是指电感很小，包含一个或两个约瑟夫逊结的环路。因此，具有两种不同的 SCQID 系统：一种是包含两个结的 SCQID，它用直流偏置，称为直流 SCQID；另一种是包含一个结的 SCQID，用射频偏置，称为射频 SCQID。

对于任何超导环，当它们所在的磁场小于环的最小临界磁场时，在中空的超导环内磁通的变化都会呈现不连续的现象，这称为磁通量子化现象。其闭合磁通是磁通量 $\Phi_0=\dfrac{h}{2e}$ 的整数倍，其中 h 为普朗克常数，e 为电子电荷。在弱磁场中，磁通量子化是由环内的屏蔽电流 I 来维持的，环的内磁通为：

$$\Phi=\Phi_e-L_sI=n_0\Phi \tag{10.1}$$

式中，L_s 为超导环的电感；Φ_e 为外磁通；n_0 为最小临界磁场时超导环的环数（$n_0=1$）。

当环路屏蔽电流为零时，磁通量子化就被破坏。在环路中使屏蔽电流不为零的那些点，通常叫作“弱连接”或“弱耦合”。

约瑟夫逊所考虑的原始的“弱连接”模型，是用绝缘氧化层隔开的两个超导体构成的。如果氧化层足够薄，那么，电子对势垒的穿透性就会导致在两个“隔离”的电子系统间产生一个不大的耦合能量，这时，绝缘层两侧的电子对可以交换但没有电压出现。约瑟夫逊指出通过结的电流为：

$$I=I_c\sin\theta \tag{10.2}$$

式中，I_c 为超导体的临界电流；θ 为结两侧超导体的相位差。

如果流过结的电流比 I_c 大，就会出现直流电压，并且相位差 θ 也会按交流约瑟夫逊方程的形式而振荡：

$$\frac{d\theta}{dt}=\frac{2eU}{h} \tag{10.3}$$

式中，U 为结上的直流电压。

由式（10.3）可看出，伴随直流电压的产生将出现一个交变电流，其频率为：

$$f=\frac{2e}{h}U \tag{10.4}$$

式（10.2）和式（10.3）分别是直流约瑟夫逊效应和交流约瑟夫逊效应的数学表达式。

10.1.3 几种超导传感器的结构

利用约瑟夫逊效应，由超导体 - 绝缘薄膜 - 超导体构成的约瑟夫逊结，通称为隧道结。目前生产的几种隧道结如图 10.1 所示。图 10.1（a）是绝缘薄膜为 2mm～5mm 的氧化层或大约厚度为 50nm 的半导体，该隧道结由于近年来工艺水平的提高，可以生产稳定的器件。

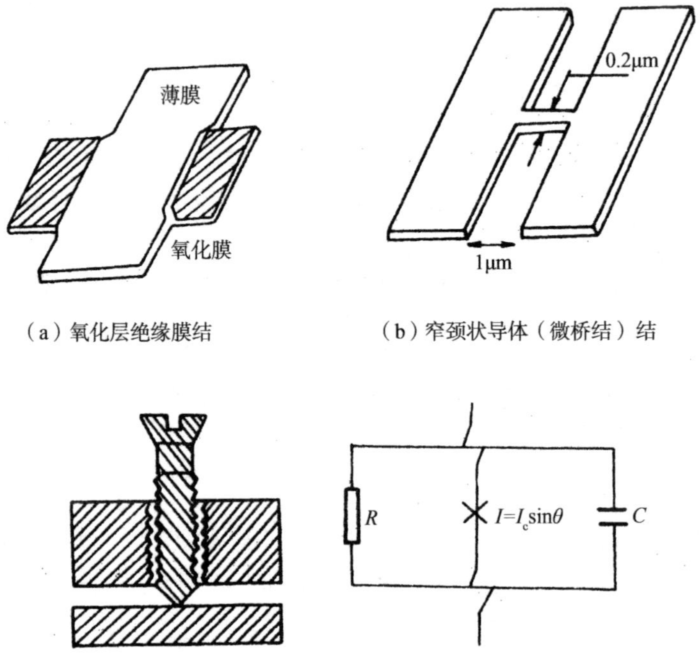

（a）氧化层绝缘膜结　　（b）窄颈状导体（微桥结）结

（c）铌螺钉结构结　　（d）等效电路

图 10.1　几种约瑟夫逊结及其等效电路

图 10.1（b）是一种“弱连接”的窄颈状超导体连接两个薄膜的结构，该结构也称为微桥结，其颈间距离约为 1μm。为了进一步减小临界电流，可通过正常金属衬底的方法实现。制作这种结的工艺难度较大，稳定性也不如隧道结。

图 10.1（c）是用铌螺钉结构形成的“弱连接”。尖的铌螺钉轻轻接触在超导平面上，然后固定住。这种点接触的形式有较好的信噪比，但因其稳定性差，不适于大量生产。

图 10.1（d）是“弱连接”的等效电路，它被描述成一个与相位有关的电流、电阻、电容的并联形式。

10.1.4　超导传感器的分类

1. 直流 SCQID

直流 SCQID 由一个超导环上的两个约瑟夫逊结构成，并且两个并联的结都是直流偏置的，如图 10.2（a）所示。

假定每个结的临界电流都是 I_c，因电容均为 C，每个结都有电阻（R）性分路，以便消除电流-电压特性曲线的滞后作用。从而要求其系数 β 为：

$$\beta = \frac{2\pi I_c CR^2}{\Phi_0} \leqslant 1 \tag{10.5}$$

图 10.2（b）是器件的 I-V 特性曲线，穿过回路的磁通为 $\Phi = n\Phi_0$ 和 $\Phi = \left(n + \frac{1}{2}\right)\Phi_0$。SCQID的临界电流作为 Φ 的函数而周期性变化。如果 SCQID 被一个大于临界电流的稳定电流偏置，则器件两端的电压被加在环上的外磁场所调制，如图 10.2（c）所示，并以 Φ_0 为周期而变化。对双结来说，电流调制深度随环的电流 I_s 和结的临界电流 I_c 而决定。

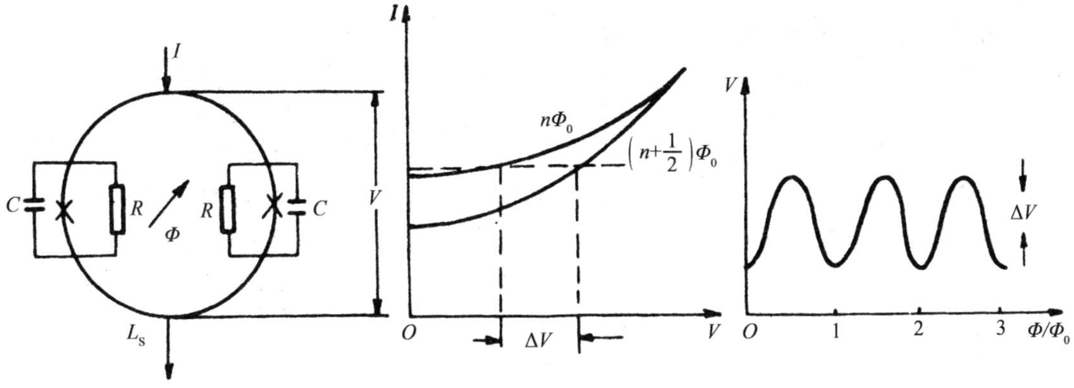

（a）等效电路　（b）器件的I-V曲线　（c）以Φ_0为周期的变化曲线

图 10.2　直流 SCQID 的等效电路及输出特性 I-V 曲线

在 SCQID 中，热噪声功率是$\frac{1}{2}\frac{K_B T}{\text{Hz}}$，其中 K_B 是玻尔兹曼常数，T 是绝对温度；而在电感中每赫兹（Hz）平均能量是$\frac{1}{2}L_s I_N^2$，其中 I_N 是电流噪声，所以$\overline{I_N^2} = \frac{K_B T}{L_s}$。相应的磁通噪声为$\overline{\Phi_N^2} = L_s^2 \cdot I_N^2 = L_s K_B T$，这个值应小于磁通量子的一半的平方。于是：

$$L_s < \frac{\Phi_0}{4K_B T} \tag{10.6}$$

由式（10.6）可知，当 $T = 4\text{K}$ 时，$L_s < 10^{-3}\text{H}$，加之其他影响，其曲型值为 $L_s \approx 10^{-9}\text{H}$。

同时，考虑到$\frac{L_s I_c}{\Phi_0}$减小到 1 以下时灵敏度迅速下降，而当$\frac{L_s I_c}{\Phi_0}$增加到 1 以上时灵敏度仅仅缓慢下降，因此，通常选取$\frac{L_s I_c}{\Phi_0} \approx 1$。用这样的选择，可得到最大电流的一半，即$\frac{\Phi_0}{2L_s}$。因此，当外磁通变化时，SCQID 两端的电压调制深度近似等于动态电阻 R 乘以临界电流的调制深度：

$$\Delta V = R\Delta I_c = R\frac{\Phi_0}{2L_s} \tag{10.7}$$

对于典型器件参数 $R \approx 1\Omega$，$L_s \approx 10^{-9}$H，按上式计算出的调制深度 $\Delta V \approx 1\mu$V，使测量遇到困难。从 1974 年以来，工艺已做了重大改进，其中最成功的直流 SCQID 是氧化物势垒结制作的，电阻性的分路使其无回滞现象。其性能大大提高，已制成了商品化的直流 SCQID 测量仪器。

2. 射频 SCQID

射频 SCQID 是由一个约瑟夫逊结的低电感（<1nH）超导环构成的。该结由射频恒流源偏置，它以电感方式耦合到 SCQID 上，偏置线圈同时也是检测线圈，如图 10.3（a）所示。

当外磁通改变时，由于作为外磁通函数的 SCQID 的环孔的作用，加在谐振槽路两端的射频电压也发生周期性的变化。当通过 SCQID 的磁通是 $n\Phi_0$ 时，槽路两端的射频电流 I_{rf} 和电压 V_{rf} 特性曲线是由一系列增长式阶梯组成；当磁通为 $\left(n+\frac{1}{2}\right)\Phi_0$ 时，I_{rf}-V_{rf} 曲线也呈阶梯上升，如图 10.3（b）所示。对于一定的 I_{rf}，V_{rf} 的值作为外磁通的函数按周期 Φ_0 而变化，如图 10.3（c）所示。因此，可以通过槽路射频电压 V_{rf} 的变化来测量外磁通。

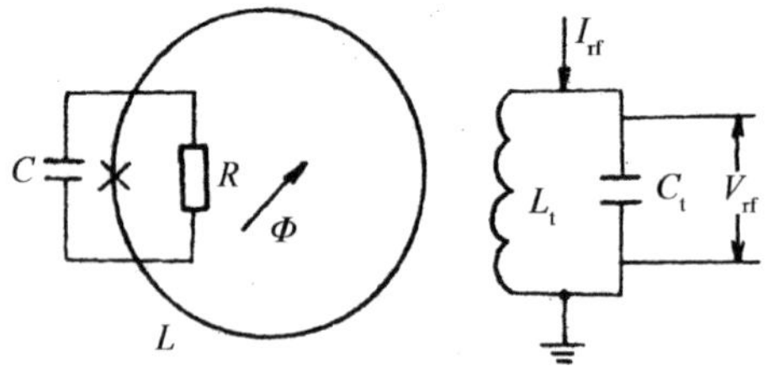

（a）射频SCQID等效电路

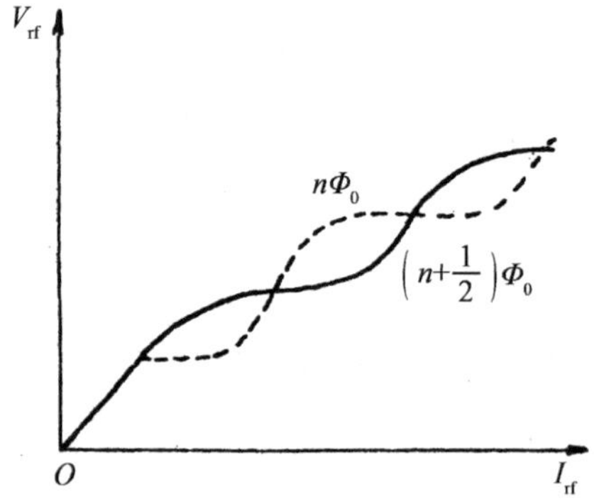

（b）阶梯形 I_{rf}-V_{rf} 曲线

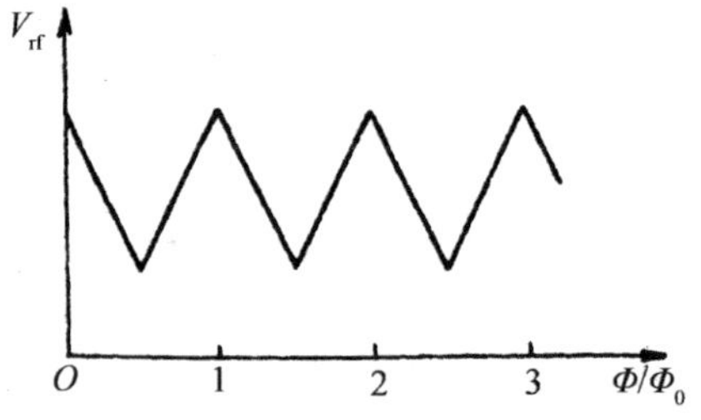

（c）以 Φ_0 为周期的变化曲线

图 10.3　射频 SCQID 及输出特性

为了提高信噪比，I_{rf} 通常选择 I_{rf}-V_{rf} 曲线的第一个台阶，射频 SCQID 的偏置频率通常选择在 20MHz~30MHz。为了提高灵敏度和得到更宽的频带，可使用更高的偏置频率，最高偏置频率可达 430MHz。

射频 SCQID 通常都是选择在“回滞”的模式下工作，它的条件是$\frac{2\pi L_s I_c}{\Phi_0}>1$。在这种条件下，$\Phi$ 对 Φ_0 的关系曲线中有一个负斜率的曲线区域。曲线的负斜率部分是不稳定的，当外磁通变化时，内磁通仅仅沿曲线正斜率部分改变，且出现回滞，如图 10.4 所示。当满足条件$\frac{2\pi L_s I_c}{\Phi_0}\leqslant 1$ 时，称为非回滞的或感应的模式。

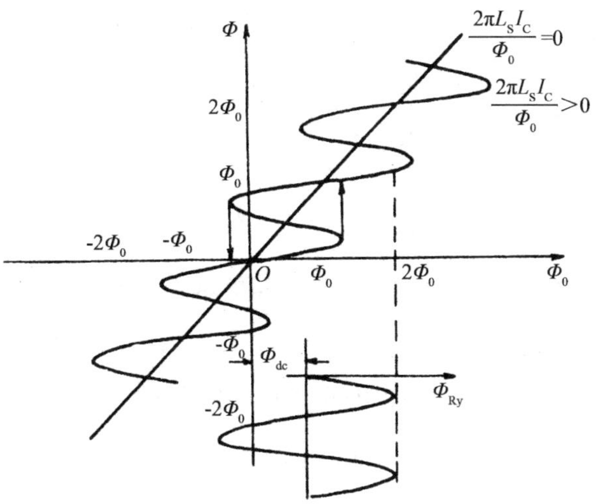

图 10.4　射频 SCQID 的回滞曲线

在回滞模式下的射频 SCQID 的电压调制深度是：

$$\Delta V_{\mathrm{rf}}=\omega L_t\frac{\Phi_0}{2M}=\frac{\omega\Phi_0}{2K}\sqrt{\frac{L_t}{L_s}} \tag{10.8}$$

式中，ω 为射频偏置的角频率；L_t 为偏置线圈的电感；$M=K\sqrt{L_sL_t}$为 L_t 与环耦合的互感系数；K 为 L_s 与 L_t 之间的耦合系数。

由式（10.8）中看到，为了得到较大的输出信号幅度，可以选择较高的偏置频率 ω 或者增大 L_t 和减小 L_s 来实现；但是，必须注意，ω 不能太高，否则 $L_s\omega\gg R$，将破坏回滞的工作模式。同时也要注意，为了使环中量子跃迁只发生在相邻量子态之间，则要求结的临界电流满足$\frac{3}{2}\Phi_0>L_sI_c>\frac{1}{2}\Phi_0$；否则发生多通量的跃迁，使检测灵敏度下降。当然，减小耦合系数 K，也可获得较大的输出幅度；但是，K 值太小，将会导致谐振电路和超导环之间不存在耦合而无法工作。单纯追求提高输出幅值不是最佳选择，还应当尽量减小噪声。对于典型的射频SCQID，$\omega=2\times10^{-8}\,\mathrm{s}^{-1}$，$L_s=10^{-9}\,\mathrm{H}$，$L_t=10^{-7}\,\mathrm{H}$，$K=0.2$，代入式（10.8）中，$\Delta V_{\mathrm{rf}}\approx10\,\mu\mathrm{V}$。

10.1.5　SCQID 测量系统

用 SCQID 测量磁通或磁场的测量系统由信号输入电路、前置放大电路、锁相放大电路和反馈电路构成。由于射频 SCQID 的制作比直流 SCQID 容易，在实用中，多数使用射频

SCQID组成磁通或磁强的测量系统。所以，下面以射频 SCQID 为例，介绍其测量系统工作原理，如图 10.5 所示。对于直流 SCQID 测量系统，除偏置不同外，主要测量电路与射频 SCQID 测量系统基本相同。

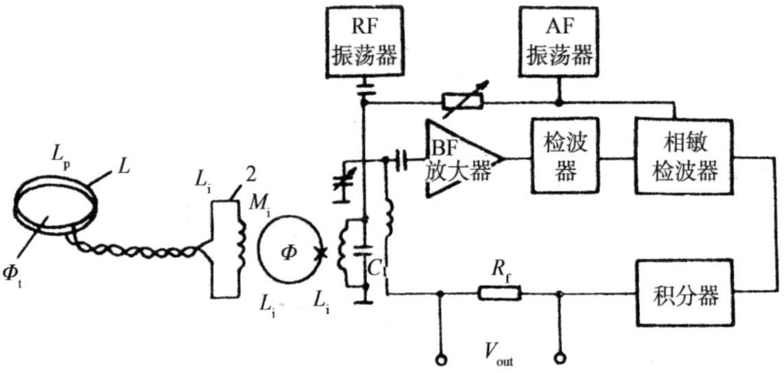

图 10.5　射频 SCQID 测量电路图

作为磁通传感器的 SCQID 总是工作在磁通锁定回路中，实际的使用相当于“指零仪”。磁通锁定环和反馈回路可将 SCQID 的响应锁定在响应曲线的峰点上。

调制磁通的大小为$\frac{\Phi_0}{2}$（峰-峰），并小于槽路带宽的调制频率。它通过槽路的电感引入 SCQID。在槽路两端的射频电压是已调制的电压。为了把信号放大后再解调出来，用工作在调制频率上的相敏检波器对低频输出进行同步检波，再经积分放大，通过反馈电阻 R_f 反馈给槽路的调制线圈。这样，如果有一个磁通误差信号 $\delta\Phi$ 加到 SCQID 上，那么反馈电流就产生一个抵消 $\delta\Phi$ 的反向磁通。因此，输出电压 V_o 和 $\delta\Phi$ 成正比。

为了把被测的磁通变化传给 SCQID，还需要采用磁通变换器。磁通变换器是把被测的磁通高效地传递给 SCQID 的转换器件，它是用超导线把电感为 L_p 的探测线圈 1 和电感为 L_i 的输入线圈 2 接成的闭合线圈，如图 10.5 所示。如果探测线圈的匝数为 N_p，输入线圈与超导环之间的互感为 M_i，当外磁通 Φ_e 进入探测线圈，则有超导电流 I 通过环路，因此：

$$N_p\Phi_e + (L_p + L_i) I = 0 \tag{10.9}$$

由于进入超导环的磁通 $\Phi = -M_iI$，则有：

$$\frac{\Phi}{\Phi_e} = \frac{N_pM_i}{L_p + L_i} \tag{10.10}$$

引入耦合系数 K_i，由 $M_i = K_i\sqrt{L_iL_s}$，得到：

$$\frac{\Phi}{\Phi_e} = \frac{N_pK_i\sqrt{L_iL_s}}{L_p + L_i} \tag{10.11}$$

若取 $L_s = 1\text{nH}$（环内径为 2mm），$L_p = L_i = 0.4\mu\text{H}$（探测线圈直径为 50mm），$N_p = 1$，$K_i = 0.5$，按式（10.11）可得$\frac{\Phi}{\Phi_e} = 0.0125$，即具有 1.25% 的磁通变换效率；但考虑到探

测线圈与输入线圈的截面积之比是 $50^2: 2^2 \approx 600$ 时，则总的磁通变换率为 8 倍。

SCQID 测量系统可构成超导量子磁强计，其磁场分辨率可达$\frac{10^{-14}\text{T}}{\sqrt{\text{Hz}}}$，是迄今最灵敏的磁强计。

到目前为止，商品化的 SCQID 都要求传感器在液氦的超低温下使用。由于液氦的费用昂贵和操作复杂，大大限制了 SCQID 的推广应用；但是，自 1986 年以来，科学家们已经研制出了新型的高温超导材料，例如钇钡铜氧等超导材料，其转换温度已经达到 100K，从而使超导技术从液氦的束缚下解放出来，为在液氮温区以上的应用提供了可能。利用这种高温超导材料，已经观测到液氮温区的约瑟夫逊效应，不久的将来将会出现更高温区中的超导传感器。

10.2 智能传感器

智能传感器在检测及自动控制系统中具有相当于人的五感（即视、听、触、嗅、味等）的重要作用。自动化系统的功能愈全，系统对传感器的依赖程度也愈大。在高级控制系统中，智能传感器是一项关键技术。从前面章节所介绍的仿生传感器就已经看到，新型传感器不仅要“感知”外界的信号，还要把“感知”到的信号进行必要的加工处理，两者结合实现传感器的优异功能是今后传感器发展的必然趋势。传感器的智能化是科学技术发展的结果，也是科学技术发展的需要。智能传感器（Intelligent Sensor 或 Smart Sensor）的概念最初是美国宇航局（NASA）在开发宇宙飞船过程中形成的，宇宙飞船在太空中飞行时，需要知道它的速度、姿态和位置等数据。为了宇航员能正常生活，需要控制舱内温度、气压、湿度、加速度、空气成分等，因而要安装大量的传感器，进行科学试验、观察也需要大量的传感器。要处理如此之多的由传感器所获取的信息，需一台大型电子计算机，而这在飞船上是无法做到的。为了不丢失数据，又要降低成本，于是提出了分散处理数据的设想。智能传感器自 20 世纪 70 年代初出现以来，已成为当今传感器技术发展中的主要方向之一。

10.2.1 智能传感器的定义及其功能

智能传感器是为了代替人和生物体的感觉器官并扩大其功能而设计制作出来的一种装置。人和生物体的感觉有两个基本功能：一是检测对象的有无或检测变换对象发生的信号；另一个是判断、推理、鉴别对象的状态。前者称为“感知”，而后者称为“认知”。一般传感器只有对某一物体精确“感知”的本领，而不具有“认识”（智慧）的能力。智能传感器则可将“感知”和“认知”结合起来，起到人的“五感”功能的作用。

什么是智能传感器？至今尚无公认的科学定义，但是，很多人认为智能传感器是将“传感器与微型计算机组装在一块芯片上的装置”。或者认为智能传感器是将“一个或数个敏感元件和信号处理器集成在同一块硅或砷化镓芯片上的装置”。显然，这种定义过于狭窄。

美国宇航局 Langleg 研究中心的 Breckenridgc 和 Husson 等人认为智能传感器需要具备下列条件：（1）由传感器本身消除异常值和例外值，提供比传统传感器更全面、更真实的信息；（2）具有信号处理（例如包括温度补偿、线性化等）功能；（3）随机整定和自适应；

(4) 具有一定程度的存储、识别和自诊断功能；(5) 内含特定算法并可根据需要改变。

不论哪一种定义都说明了智能传感器的主要特征就是敏感技术和信息处理技术的结合。也就是说，智能传感器必须具备“感知”和“认知”的能力。如要具有信息处理能力，就必然要使用计算机技术；考虑到智能传感器体积问题，自然只能使用微处理器等。

10.2.2 传感器智能化的技术途径

传感器智能化途径很多，下面介绍最主要的3条途径。

1. 传感器和信号处理装置的功能集成化

利用集成或混合集成方式将敏感元件、信号处理器和微处理器集成在一起，利用驻留在集成体内的软件，实现对测量过程的控制、逻辑判断和数据处理以及信息传输等功能，从而构成功能集成化的智能传感器。这类传感器具有小型化、性能可靠、能批量生产、价廉等优点，因而，被认为是智能传感器的主要发展方向。

例如，多功能集成FET生物传感器是将多个具有不同固有成分选择的ISFET（单个有选择性的场效应管）和多路转换器集成在同一芯片上，实现多成分分析。日本电气公司已经研制成能检测葡萄糖、尿素、维生素K和白蛋白四种成分的集成FET传感器。

另外一种功能集成传感器是将多个具有不同特性的气敏元件集成在一个芯片上，利用图像识别技术处理传感器而得到的不同灵敏度模式，然后将这些模式所获取的数据进行计算，与被测气体的模式比较，便可辨别出气体种类和确定各自的浓度。

2. 基于新的检测原理和结构，实现信号处理的智能化

采用新的检测原理，通过微机械精细加工工艺和纳米技术设计新型结构，使之能真实地反映被测对象的完整信息，这也是传感器智能化的重要技术途径之一。

人们研究的多振动智能传感器就是利用这种方式实现传感器智能化的实例。

工程中的振动通常是多种振动模式的综合效应，常用频谱分析方法解析振动。由于传感器在不同频率下的灵敏度不同，势必造成分析上的失真。现在采用微机械加工技术，在硅片上制作出极其精细的沟、槽、孔、膜、悬臂梁、共振腔等，构成性能优异的微型传感器。

加工时，首先在片上，外延生长片状悬臂梁的振动板；然后，在其上生长一层SiO_2绝缘膜；再在SiO_2上生成起应变片作用的多晶硅膜；最后，在应变片的电极部分与振动板的自由端处蒸金，形成电极敏感部分。多层结构工艺结束后，从自由端处打一小孔，采用各向异性腐蚀工艺进行深度加工，形成硅单晶片状悬臂梁，同时在硅片上集成信号处理器。采用这种精细加工工艺，可以构成完整的多振动的信号感知和处理的智能传感器。

目前，人们已能在2mm×4mm硅片上制成50条振动板，其谐振频率为4kHz~14kHz的多振动智能传感器。

3. 研制人工智能材料

近几年来，人工智能材料AIM（Artificial Intelligent Materials）的研究已成为当今世界上的高新技术领域中的一个研究热点，也是全世界有关科学家和工程技术人员主要的研究课题。

所谓人工智能就是研究和完善达到或超过人的思维能力的人造思维系统。其主要内容包括机器智能和仿生模拟两大部分。前者是利用现有的高速、大容量电子计算机的硬件设备，研究计算机的软件系统来实现新型计算机原理论证、策略制定、图像识别、语言识别和思维模拟，这是人工智能的初级阶段。后者，则是在生物学已有成就的基础上，对人脑和思维过程进行人工模拟，设计出具有人类神经系统功能的人工智能机。为了达到上述目的，无疑，计算机科学是实现人工智能的必要手段，而仿生学和材料学则是推动人工智能研究不断前进的两个车轮。从图 10.6 可知智能材料的重要性。

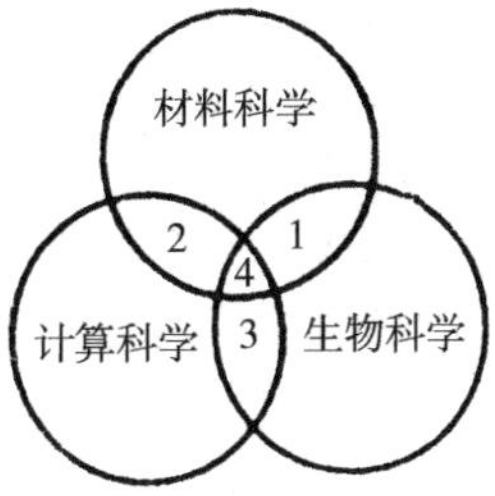

1. 仿生材料学；
2. 计算材料学；
3. 人工智能学（计算生物学）；
4. 人工智能材料科学

图 10.6　人工智能与材料学的关系

人工智能材料是继天然材料、人造材料、精细材料后的第四代功能材料。它有三个基本特征：能感知环境条件的变化（普通传感器的功能），进行自我判断（处理器功能）以及发出指令和自行采取行动（执行器功能）。显然，人工智能材料除具有功能材料的一般属性（即电、磁、声、光、热、力等特定功能）能对周围环境进行检测的硬件功能外，还能按照反馈的信息，具有进行调节和转换等软件功能。这种材料具有自适应自诊断、自修复自完善和自调节自学习的特性，这是制造智能传感器极好的材料。因此，人工智能材料和智能传感器是不可分割的两个部分。

智能材料是一种结构灵敏性材料，其种类繁多、性能各异。按电子结构和化学键分为金属、陶瓷、聚合物和复合材料等几大类；按功能特性又分为半导体、压电体、铁弹体、铁磁体、铁电体、导电体、光导体、电光体和电致流变体等几种；按形状分则有块材、薄膜和芯片智能材料。前两者常用作分离式智能元器件或者传感器（Discrete Intelligent Componts，简称 DIC），后者则主要用作智能混合电路和智能集成电路（Intelligent Integrated Circuit，简称 IIC）。几种智能材料的主要特性及其应用，可见表 10.1 所示。

表 10.1　几种智能材料的功能特征和应用

种类	功能和效应	主要材料	智能元器件应用举例
半导体陶瓷	自诊断和自调节功能 热阻效应 PTC NTC	$BaTiO_3$，$SrTiO_3$，Mn，Ni，CoFe 等过渡金属氧化物	测温、控温开关、取代温控线路和保护线路
	自诊断和自调节功能 湿阻效应和气阻效应	MgO/ZrO_2（碱性/酸性） 异质结界面电阻变化	快速检测微波炉的湿度和温度，调节烹调火候和时间，取代复杂的检测线路。不需高温清洗，具有自诊断和自修复功能
	自诊断和自修复功能 湿阻效应和电化学反应	CuO/ZnO（p/n 多孔陶瓷） 异质结界面电阻变化 水分子和污秽在高温上可自行分解	快速检测环境湿度和 CO 泄漏，具有启动电压低（$<0.5V$），灵敏度高，不需清洗，可连续重复使用（即自修复功能）的功能

（续表）

种类	功能和效应	主要材料	智能元器件应用举例
合金	自诊断和自调节功能 形状记忆效应	Ni-Ti，Cu-Zn-Al，Fe-Ni-C，Fe-Ni-Co-Ti 等可逆马氏相变超弹性材料	利用形状记忆效应对温度的可逆敏感特性，在可自动启合式卫星天线、高压管道的自膨胀接口等方面有特殊应用
氧化物薄膜	自诊断和自调节功能 （电子+离子）混合导电性材料的场致变色效应和光记忆效应	WO_3，MoO_3，NiO，普鲁士蓝 $PBKFe_3$ +［（Fe_2 +CN）$_6$］Fe_4^3 +［Fe_2 +（CN）$_6$］$_3$ · $6H_2O$	利用电致变色效应和光记忆效应作成电色显示器和低压（<2V）自动调光窗口材料，既可减轻空调负荷又能节约能源，在建筑物窗玻璃、汽车玻璃和大屏幕显示等领域有广泛用途
高聚物薄膜	自诊断和自调节功能 热（释）电效应和热记忆效应	PVDF 等	利用热电效应和热记忆效应可用于智能红外摄像和智能多功能自动报警，取代复杂的检测线路
光导纤维	自诊断功能 光电效应	光导纤维 Si 等	利用埋于大跨度桥梁内光导纤维因桥梁过载开裂，光路被切断而自动报警，取代复杂的检测线路

10.2.3 应用举例

根据上述内容，智能传感器是“电五官”与“微电脑”的有机结合，对外界信息具有检测、判断、自诊断、数据处理和自适应能力的集成一体化的多功能传感器。这种传感器还具有与主机自动对话，自行选择最佳方案的能力。它还能将已取得的大量数据进行分割处理，实现远距离、高速度、高精度的传输。目前，这类传感器尚处于研究开发阶段，但是已出现不少实用的智能传感器。

例如，二维自适应图像传感器，如图 10.7 所示。

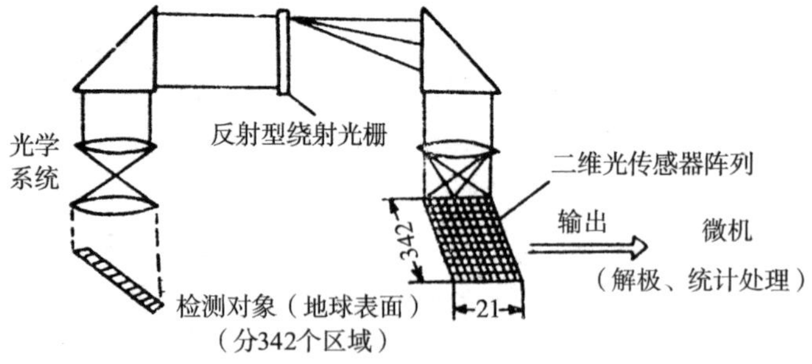

图 10.7　二维自适应图像智能传感器

它是利用 CCD（电荷耦合器件）二维阵列摄像仪，将检测图像转换成时序的视频信号，在电子电路中产生与空间滤波器相应的同步信号，再与视频信号相乘后积分，改变空间滤波器参数，移动滤波器光栅，以提高灵敏度，实现二维自适应图像传感的目的。

又如，利用大规模集成电路技术，将传感器和计算机集成在同一块硅片上，实现三维多功能的“单片智能传感器”，如图 10.8 所示。它将二维集成发展成三维集成技术，实现多层结构。它将传感器功能、逻辑功能和记忆功能等集成在一个硅片上，这是智能传感器的一个重要发展方向。

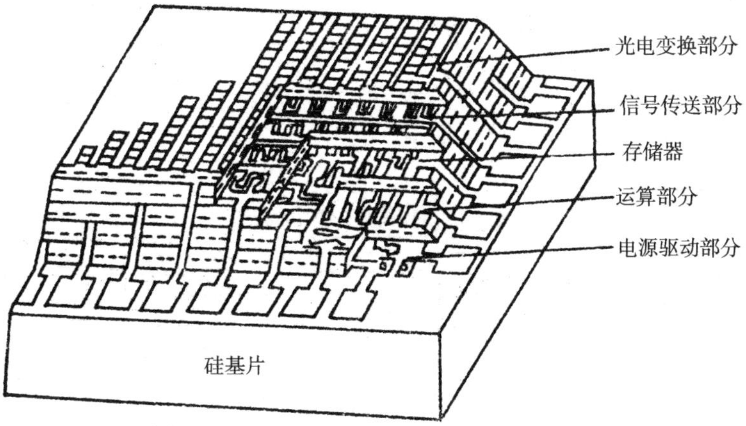

图 10.8　三维多功能单片智能传感器

10.2.4　智能传感器的发展前景

人工智能材料和智能传感器，在最近几年以及今后若干年的时间内，仍然是世人瞩目的一门科学。虽然，在人工智能材料及智能器件的研究方面已向前迈进了重要一步；但是，目前，人们还不能随意地设计和创造人造思维系统，而只能处在实验室中开拓研究的初级阶段。今后人工智能材料和智能传感器的研究内容主要集中在如下几个方面：

（1）利用微电子学，使传感器和微处理器结合在一起实现各种功能的单片智能传感器，仍然是智能传感器的主要发展方向之一。例如，利用三维集成（3DIC）及异质结技术研制高智能传感器“人工脑”，这是科学家近期的奋斗目标。日本正在用 3DIC 技术研制视觉传感器就是其中一例。

（2）微结构（智能结构）是今后智能传感器的重要发展方向之一。“微型”技术是一个广泛的应用领域，它覆盖了微型制造、微型工程和微型系统等各种学科与多种微型结构。

微型结构是指在 1μm ~ 1mm 范围内的产品，它超出了人们的视觉辨别能力。在这样的范围内加工出微型机械或系统，不仅需要有关传统的硅平面技术和深厚知识，还需要对①微切削加工；②微制造；③微机械；④微电子四个领域的知识有一个全面的了解。这四个领域是完成智能传感器或微型传感器系统设计的基本知识来源。

人们希望，微电子与微机械的集成，即微电子机械系统（MEMS）能够在未来得到迅速发展，以带动智能结构的发展。微型化技术是促成这种集成的重要因素，因此，智能传感器系统的中心在于微电子与微机械的集成。

实现智能传感器特别重要的四个相关技术包括：硅、厚膜、薄膜和光纤技术。同样应包括如下材料加工技术（工艺）：

① 各向异性和各向同性、块硅的刻蚀。
② 表面硅微切削。
③ 活性离子刻蚀。
④ 自然离子刻蚀。
⑤ 激光微切削。

这些技术和工艺是今后智能传感器必须一一攻克的课题。研究和制造智能传感器和微型传感器系统的支撑性技术和工艺可由图 10.9 表示。

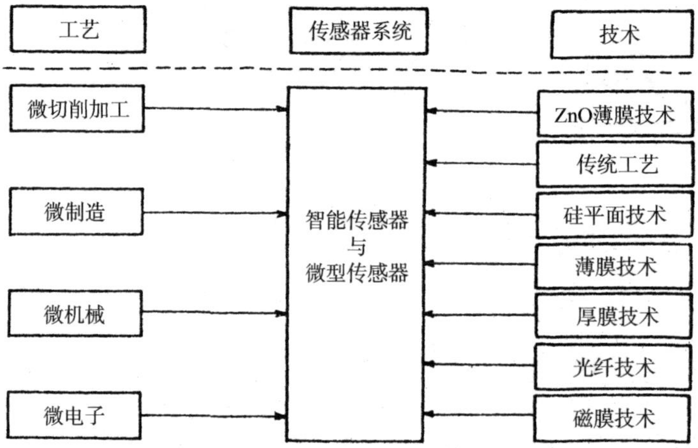

图 10.9　智能传感器和微型传感器系统的支持技术与工艺

在未来 20 年内，微机械技术的作用将会同微电子在过去 20 年所起的作用一样振撼人类，全球微型系统市场价值十分巨大，批量生产微型结构和将其置入微型系统的能力对于全球性市场的开发具有重要作用。“微型”工程技术将会像微型显微镜以及电子显微镜一样影响人类的生活，促进人类进步和科学技术的进一步发展。因此，这也是人类今后数十年内研究的重要课题之一。

（3）利用生物工艺和纳米技术研制传感器功能材料，以此技术为基础研制分子和原子生物传感器是一门新兴学科，是二十一世纪的超前技术。

纳米科学是一门集基础科学与应用科学于一体的新兴科学。它主要包括纳米电子学、纳米材料、纳米生物学等学科。纳米科学具有很广阔的应用前景，它将促使现代科学技术从目前的微米尺度（微型结构）上升到纳米或原子尺度，并成为推动二十一世纪人类基础科学研究和产业技术革命的巨大动力，当然也将成为传感器（包括智能传感器）的一种革命性技术。

我国科学家在这项前沿科学技术领域已经取得了重大技术突破。在 1991 年，已成功地在硅表面上操纵单个硅原子，并已揭示了这种单原子操纵的机理是电场蒸发效应。1992 年，首次成功地连续移动硅表面上的单个原子，从而在原子表面上加工出了单原子尺度的特殊结构，如单原子线和单原子链等。1993 年，首次成功地连续把单个硅原子施加到硅表面的精确位置上，并在其表面上构成了新颖的单原子沉积的特殊结构，如单原子链等，并能保持硅表面上原有的原子结构不被破坏，还能用单原子修补硅表面上的单原子缺陷。这些基础实验结果证明了利用单个原子存储信息的可能性。1994 年，首次成功地实现了单原子操纵的动态实时跟踪，制作出了单原子扫描隧道显微镜纳米探针，实现了单原子的点接触，并观测到扫描隧道显微镜纳米探针和物质表面之间形成的纳米桥及其延伸和纳米桥延伸断裂时的动态过程。1995 年，成功地在硅表面上制备出原子级平滑的氢绝缘层，并在其表面上对单个氢原子进行了选择性脱附（即移动操纵），加工出硅二聚体原子链，这是目前世界上最小的二聚体原子链结构。1996 年，首次成功地将从硅的氢绝缘表面上提取的氢原子重新放回到该表面上，再次去饱和表面上的硅悬键。1997 年，首次成功地实现了单原子的双隧道结，并成功地控制和观测到单个电子在此双隧道结中的传输过程，这是目前世界上在最小单位上（单原子尺度）进行的单电子晶体管的基础研究。

单原子操纵技术研究已为未来制作单分子、单原子、单电子器件，大幅度提高信息存储量，为实施遗传工程学中生物大分子的单原子置换以及物种改良，为实现材料科学中的新原子结构材料研制，为智能传感器研制等提供了划时代的科学技术的实验和理论基础。

在世界范围内，已利用纳米技术研制出了分子级的电器，如碳分子电线、纳米开关、纳米马达（其直径只有 10nm）和纳米电机等。可以预料纳米级传感器将应运而生，使传感器技术产生一次新飞跃，人类的生活质量将随之产生质的改观。

（4）完善智能器件原理和智能材料的设计方法，也将是今后几十年极其重要的课题。

为了减轻人类繁重的脑力劳动，实现人工智能化、自动化，不仅要求电子元器件能充分利用材料固有物性对周围环境进行检测，而且兼有信号处理和动作反应的相关功能，因此必须研究如何将信息注入材料的主要方式和有效途径，研究功能效应和信息流在人工智能材料内部的转换机制，研究原子或分子对组成、结构和性能的关系，进而研制出“人工原子”，开发出“以分子为单位的复制技术”，在“三维空间超晶格结构和 K 空间”中进行类似于“遗传基因”控制方法的研究，不断探索新型人工智能材料和传感器件。

我们要关注世界科学前沿，赶超世界先进水平。当前，以各种类型的记忆材料和相关智能技术为基础的初级智能器件（如智能探测器和控制器、智能红外摄像仪、智能天线、太阳能收集器、智能自动调光窗口等）要优先研究，并研究智能材料（如功能金属、功能陶瓷、功能聚合物、功能玻璃和功能复合材料以及分子原子材料）在智能技术和智能传感器中的应用途径，从而达到发展高级智能器件、纳米级微型机器人和人工脑等系统的目的，使我国的人工智能技术和智能传感器技术达到或超过世界先进水平。

10.3 超导、智能传感技术工程应用举例

超导、智能传感技术的典型应用，以智能传感器为例，列举以下几个应用实例。

10.3.1 ST-3000 系列智能压力传感器

霍尼韦尔（Honeywell）SF-3000 系列智能压力传感器是美国霍尼韦尔公司 20 世纪

80 年代研制的产品，是世界上最早实现商品化的智能传感器。它可以同时测量静压、差压和温度三个参数。图 10.10 给出其原理图。图中包括检测和变送两部分，被测的力或压力通过隔离的膜片作用于扩散电阻上，引起阻值的变化。扩散电阻接在惠斯通电桥中，电桥的输出代表被测压力的大小。在硅片上制成两个辅助传感器分别检测静压力和温度。在同一个芯片上检测出的差压、静压、温度三个信号，经多路开关分时地送接到 A/D 转换器中进行模数转换，变成数字信号送到变送部分。由微处理器负责处理这些数字。存储在 ROM 中的主程序控制传感器工作的全过程。PROM 负责进行温度补偿和静压校准。RAM 中存储设定的数据，EEPROM 作为 ROM 的后备存储器。现场通信器发出的通信脉冲叠加在传感器输出的电流信号上。I/O 一方面将来自现场通信器的脉冲从信号中分离出来，送到 CPU 中；另一方面将设定的传感器数据、自诊断结果、测量结果送到现场通信器中显示。SF-3000 系列智能压力传感器可通过现场通信器来设定检查工作状态。

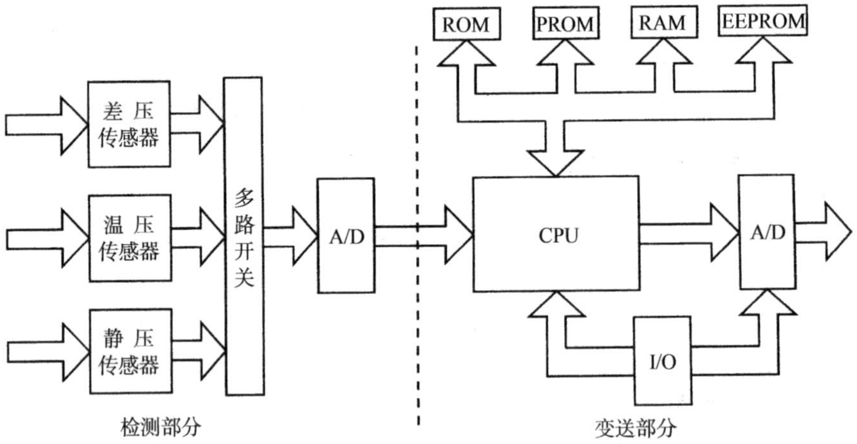

图 10.10　ST-3000 系列智能压力传感器原理图

10.3.2　EJA 差压变送器

EJA 差压变送器是日本横河电机株式会社于 1994 年开发的高性能智能式差压传感器。它利用单晶硅谐振式传感器，采用微电子机械加工技术，精度高达 0.075%，具有高稳定性和可靠性。图 10.11 给出其工作原理图。其核心部分是单晶硅谐振式传感器，它的结构是在一单晶硅片上采用微电子机械加工技术，分别在表面的中心和边缘制做两个形状、大小完全一致的 H 状谐振架，又处于微型真空腔中，使其既不与充灌液接触，又确保振动时不受空气阻尼的影响。谐振梁处于永久磁铁提供的磁场中，与变压器、放大器构成一正反馈回路而产生振荡。当单晶硅片上下表面受到压力并形成压差时将产生形变，中心受到压缩力，边缘受到张力。因此，两个 H 状谐振梁分别感受不同应变作用，中心谐振架受压缩力而频率减小，边侧谐振架受张力而频率增加，两个频率之差对应不同值的压力信号。将频率信号送到脉冲计数器中，再将频率之差直接送到微处理器中进行数据处理，给 D/A 转换器转换成与输入信号相对应的（4mA ~ 20mA）电流信号。

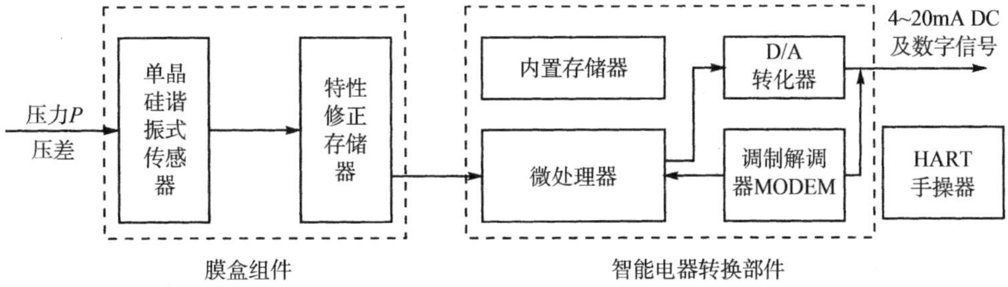

图 10.11　EJA 差压变送器工作原理图

EJA 差压变送器具有很好的温度特性是因为两个谐振架的形状、尺寸完全一样。当温度变化时，一个增加，一个减少，变化量一致，相互抵消。膜盒组件中的特性修正存储传感器的环境温度，静压及输入输出特性的修正数据，微处理器利用它们进行温度补偿，校正静压特性和输入输出特性。EJA 差压变送器具有自诊断和通信功能。手持式终端 BT200 或 275 可预定、修改、显示变送器的参数，监控输入输出值和自诊断结果，设定恒定电流输出。手持式终端接到（4mA ~ 20mA）信号线上即可使用。它采用 BRAIN 通信协议。通信期间不会影响电流信号。

10.3.3　利用通用接口（USIC）构成的智能温度压力传感器

图 10.12 给出用通用接口（USIC）构成的智能温度压力传感器。在该智能传感器中，利用压阻效应测量压力变化，同时利用半导体 PN 结的温度特性测量温度。压力传感器由具有压阻效应的敏感元件构成测量电桥，当受外界压力作用时，电桥失去平衡，放大输出电压。因为无须使用多路开关，输出信号直接提供给运放 A 构成差动放大电路。其输出通过一个 RC 网络组成的低通的单极点滤波器提供给 A/D 转换器。温度传感器采用 PN 结。电阻 R 和温度传感器（二极管）构成分压电路，当温度变化时，由于 PN 结的正向导通电阻变化，从而使分压电路上的压降有所变化，该信号提供给运放 B 构成的两极点切比雪夫滤波器，其增益达到 4mv/℃。ADC 的精度受到运放 A 的 CMRR 的限制。采用 0.1% 的电阻可达到 55dB。尽管在制作传感器时采用多种手段仍不能消除压力传感器的非线性，特别是热灵敏度漂移，而温度传感器更是一个非线性元件，采用模拟的方法很难修正这些误差，因此，校准、线性化和偏移校准由 RISC 处理器在数字电路中控制，片外 EEPROM 可用来储存数据进行查表处理等工作。从而使传感器的测量精度更高。USIC 通过串行接口 RS485 同现场总线控制器连接，这样，采用通用接口芯片构成的智能压力传感器就通过现场总线连入测控系统。

10.3.4　人工神经网络智能传感器

人工神经网络是由大量基本元件——神经元相互连接而成的。每个神经元的结构和功能比较简单，但大量神经元组成的神经网络具有复杂功能。人工神经网络是一个非线性的并行处理系统，采用发布式存储结构，信息分布在神经元之间的连接强度（即权重）上，存储区和计算区合在一起。识别混合气体中的成份传统上是先将各种气体成分分离出来，然后分别用适合于各种气体的传感器进行检测，现已研究出用人工神经网络和气体微传感

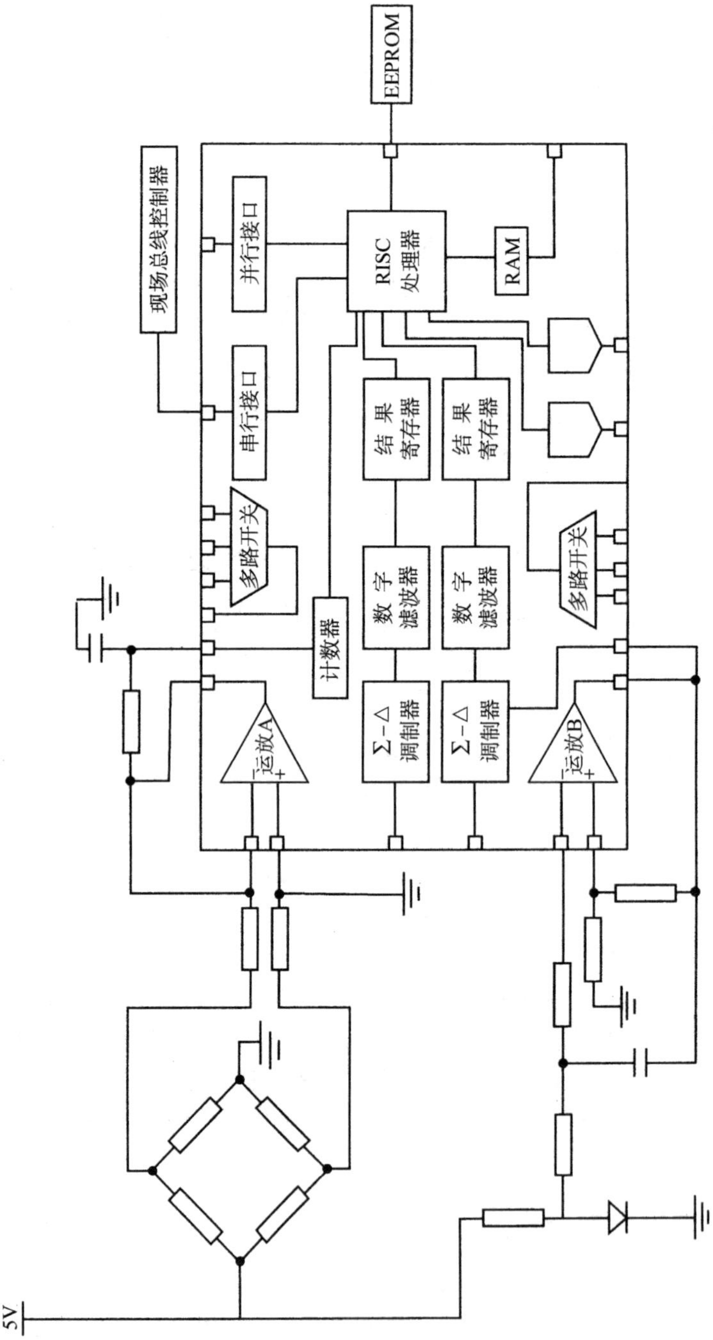

图10.12 通用接口(USIC)构成的智能温度压力传感器

器组成的智能传感器，不用分离就可将混合气体中的各种气体成分检测出来。

美国阿夷国家实验室（Argomne National Lab）研究出一种采用人工神经网络技术的智能传感器，它可以从混合气体中将各种气体识别出来。整个系统由气体微传感器、数据采集电路和计算机组成。

（1）气体微传感器由陶瓷金属复合材料制成，上下两个铂电极之间夹着掺杂的氧化锆，下电极是一层2μm的Ni/NiO，下面是625μm的AL_2O_3衬底，衬底下有加热元件。锗电极具有透气性，气体能透过铂电极与电极之间的电解质发生电离反应。不同气体在不同电压条件与电解质的反应情况不同，产生的电流不同，这样得到伏安（V-A）曲线。不同的传感器采用不同的电解质材料制作，可以产生几种气体反应特征，因此能够识别复杂的气体。

（2）循环伏安测量法。根据采集电路用于测量不同气体作用于传感器时的伏安特性，该系统用带有IEEE-488接口的程控电源和数字电压表对传感器进行采样。由计算机控制程控电源给传感器的两电极上加上直流电压，电压由-V逐渐增加到+V，再由+V降至-V，循环地加入变化电压，即循环伏安测量法。被测气体与夹层中的电解质发生反应，在不同的电压作用下产生不同的电流。数字电压表测出在各个输入电压下的输出电流，得到伏安特性曲线。某种气体在某一电压作用下，电流会突然变大或变小，而在伏安特性曲线上显示一个峰或谷，这就是气体的特征电压。不同气体的特征电压不同，通过其曲线即可识别。如图10.13是CO_2和O_2在各自特性电压下表现的不同特征，O_2表现峰值，CO_2表现谷值。

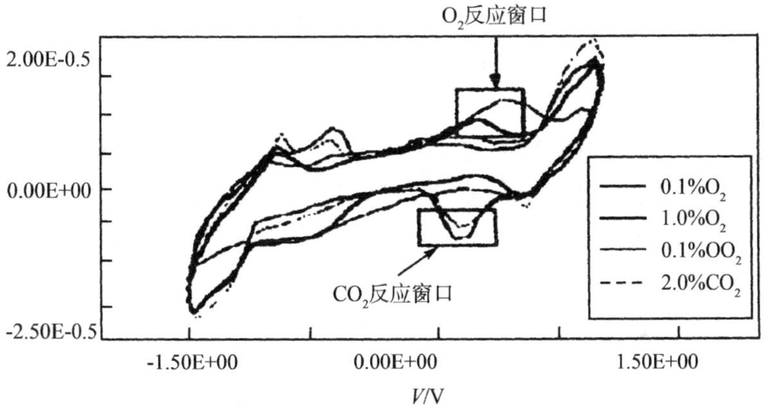

图10.13　气体传感器对O_2和CO_2的响应特征

（3）智能气体传感器利用人工神经网络进行气体识别，采用三层前馈网络，每个神经元是网络中的一个节点。神经网络的工作过程分为训练和识别两个阶段。训练时将样本加在网络的输入端，通过反复训练来修正神经元之间的权重，使神经网络获取合适的映射关系，即可得到输入样本下的正确输出。

神经网络电子鼻用于检测气体，现已有许多产品，传统的电子鼻存在非线性和重复性差等缺点。采用人工神经网络的智能气体传感器可以解决此问题。

10.3.5 其他智能传感器

1. 超声智能传感器

美国 Merritt 系统公司（MSI）开发了两种超声智能传感器，一种测距范围为 150mm～3000mm，采样频率为 40Hz，精度为 2.5mm；另一种是高精度型，测距范围为 25mm～600mm；采样频率为 200Hz；精度为 0.25mm。它们的工作频率为 40kHz。传感器有以微处理器为中心的数据处理电路，通过测量超声波而得到传感器到目标的距离。传感器通过标准串行口与 PC 机通信，用户可以通过图形化人机接口监视目标距离，还可以根据需要改变传感器的参数。

2. 智能加速度传感器

德国 strohrmann 制作了二维加速度传感器阵列，每个方向上有 3 个传感器。加速度传感器的信号经过放大器放大，输出模拟信号 2.5V ±0.5V，然后经过模数转换成数字信号，原始数据的处理是通过 EEPROM 中的程序来完成的。经过处理的数据存入 RAM 中，然后由串行通信通道将数据传给主系统。传感器的自检是通过在电极上加电压产生静电力的方法来实现的。

3. 智能红外传感器

这种传感器是用来模拟生物眼睛。初期阶段模拟昆虫眼睛，更进一步则用来模拟人的眼睛，加之神经网络技术的发展，允许进行“图样”识别和物体辨识。智能红外传感器可用于军事目标搜索，报警，跟踪，空间飞行和航空监视系统，机器人和工业处理系统，环境监测和污染警告系统。它要进行滤波和其他信号处理，进行相关处理，从背景中提取有用和必要的数据。智能红外传感器今后的发展趋势是研制集成化的信号读出和处理电路，以便对信息滤波和提取进行时间和空间相关处理。它可和神经网络相结合，应用前景更为广阔，特别是在机器人，运载工具制导和环境监制中越来越显示它的优越性。

4. 二维自适应图像传感器

它是利用 CCD 二维阵列摄像仪，将检测图像转换成时序的视频信号，在电子电路中产生与空间滤波器相应的同步信号，再与视频信号相乘后积分，改变空间滤波器参数，移动滤波器光栅，以提高灵敏度，实现二维自适应图像传感的目的。还有利用大规模集成电路技术，将传感器和计算机集成在同一块硅片上，实现二维并发展三维集成技术，实现多层结构，它将传感器功能、逻辑功能和记忆功能等集成在一个硅片上。这是智能传感器的一个重要发展方向。

总之，智能传感器的应用日益广泛，种类会越来越多。如智能式驾驶员酒后开车监控器、实用智能湿度传感器、智能型光纤辐射多路温度巡回检测系统，等等。

10.4 小　结

1. 超导传感器
   - ① 原理：利用某些材料的“超导效应”
   - ② 主要类型
     - 直流 SCQID 超导传感器
     - 射频 SCQID 超导传感器
   - ③ 用途：医疗、国防科研、交通运输等领域。例如：核磁共振图像检测仪、磁场磁通探测仪（又称超导量子磁强计）、磁悬浮列车等都属超导传感技术的典型应用

2. 智能传感器
   - ①原理：传感器与计算机融汇（集成）一体
   - ②特点：具有信息真实、信号处理、随机整定、自适应、自诊断、识别、根据需要修改内含特定算法的器件
   - ③用途：航天航空、国防、科研、医疗、生物、工业生产、家用电器等各个领域

10.5 习　题

1. 什么叫“超导效应”？
2. 超导传感器是基于什么原理制成的？超导传感器有何用途？
3. 智能传感器的定义是什么？
4. 智能传感器有何特点和用途？

参 考 文 献

[1] 张洪润，张亚凡．传感技术与应用教程．北京：清华大学出版社，2005.4

[2] 张洪润，张亚凡．传感技术与实验．北京：清华大学出版社，2005.7

[3] 张洪润．实用自动控制．成都：四川科学技术出版社，1993.12

[4] 张洪润，智能系统设计开发技术．成都：成都科技大学出版社，1997.12

[5] 张洪润，傅瑾新．传感器应用电路200例．北京：北京航空航天大学出版社，2006.8

[6] 张洪润，刘秀英，张亚凡．单片机应用设计200例．北京：北京航空航天大学出版社，2006.7

[7] 张洪润等．电工电子技术教程．北京：科学出版社，2007.3

[8] 张洪润．电子线路与电子技术．北京：清华大学出版社，2005.4

[9] 张洪润，吕泉等．电子线路及应用．北京：清华大学出版社，2005.4

[10] 张洪润，杨指南，陈炳周等．智能技术．北京：北京航空航天大学出版社，2007.2

[11] 张洪润，马平安，张亚凡．单片机原理及应用．北京：清华大学出版社，2005.4

[12] 张洪润等．单片机应用技术教程．北京：清华大学出版社，2003.12

[13] 吕泉．现代传感器原理及应用．北京：清华大学出版社，2006.6

[14] 森村正真，山崎弘郎．传感器工程学［M］．孙宝元，译．大连：大连理工大学出版社，1988

[15] H. K. P. 纽伯特．仪器传感器［M］．中国计量科学院，等译．北京：科学出版社，1985

[16] R. 梯尔．非电量电测法［M］．鲍贤杰，译．北京：人民邮电出版社，1981

[17] 常健生．检测与转换技术．北京：机械工业出版社，1981

[18] 王绍纯．自动检测技术．北京：冶金工业出版社，1988

[19] 王仪祥等．传感器原理及应用．天津：天津大学出版社，1991

[20] 张洪润等．传感器技术大全．北京：北京航空航天大学出版社，2007

[21] 袁希光．传感器原理．太原：太原机械学院出版社，1981